辽宁省教育厅

U0671110

中国东北小蜂及青蜂志

娄巨贤　方　红　丁秀云◎编　著

北京师范大学出版集团
BEIJING NORMAL UNIVERSITY PUBLISHING GROUP
北京师范大学出版社

图书在版编目（CIP）数据

中国东北小蜂及青蜂志／娄巨贤，方红，丁秀云编著.—北
京：北京师范大学出版社，2011.2
ISBN 978-7-303-12002-4

Ⅰ.①中… Ⅱ.①娄…②方…③丁… Ⅲ.①小蜂科-昆虫
志-东北省②青蜂科-昆虫志-东北省 Ⅳ.① Q969.54

中国版本图书馆 CIP 数据核字（2010）第 260357 号

营 销 中 心 电 话　　010-58802181 58808006
北师大出版社高等教育分社网　http://gaojiao.bnup.com.cn
电 子 信 箱　　beishida168@126.com

出版发行：北京师范大学出版社　www.bnup.com.cn
　　　　　北京新街口外大街 19 号
　　　　　邮政编码：100875

印　　刷：北京京师印务有限公司
经　　销：全国新华书店
开　　本：155 mm × 235 mm
印　　张：25.5
字　　数：508 千字
版　　次：2011 年 2 月第 1 版
印　　次：2011 年 2 月第 1 次印刷
定　　价：51.00 元

策划编辑：姚斯研　　责任编辑：姚斯研
美术编辑：毛　佳　　装帧设计：天之赋设计室
责任校对：李　菡　　责任印制：李　啸

前 言

　　本书所记述的小蜂和青蜂在昆虫的分类地位上，隶属于膜翅目 Hymenoptera 细腰亚目 Apacrita 中不同的两个总科，即小蜂总科 Chalcidoidea 和青蜂总科 Chrysidoidea。传统上，细腰亚目又分为寄生部 Parasitica 和针尾部 Aculeata。所谓寄生部，即此类昆虫在繁殖时，雌虫用产卵管先将寄主刺穿，然后将卵产在寄主内部，小蜂总科昆虫即属于寄生部。而针尾部的昆虫，其产卵器失去产卵功能，特化成螫针，产卵时将腹部末端的几节伸长，来完成产卵功能；卵从螫针的基部产出，不需经过螫针，青蜂总科昆虫即属于针尾部。

　　这两大类昆虫，几乎都是益虫，在自然界对控制害虫种群数量、保持生态平衡，以及在害虫的生物防治上都具有重要的作用，是我们人类需要保护和加以利用的重要对象。

　　近些年来，我国对寄生蜂的分类研究取得了很大的进展，发表了很多论文和专著；但其中记述的多为我国南方或山海关（长城）以南的种类。中国东北地区从事寄生蜂分类研究的人员很少，基础较差，发表的论文甚少，更无系统专著出版。为此，作者总结 20 多年来在东北地区的研究成果，并参考国内多位专家的资料，编著成《中国东北小蜂及青蜂志》，旨在为我国东北地区寄生蜂资源调查和区系分类研究提供一份基础资料。此书记述了小蜂总科中的 14 个科 278

种（含 1 亚种），其中包括作者过去已发表的 1 新属 31 新种和将在此书中发表的 4 新种 17 中国新记录种，同时厘定 1 个属，建立 1 新组合种；还记述了青蜂总科中的 4 个科 26 种。全书共记述 18 个科 304 种（其中含 1 亚种）。每种除有较详细的特征描述外，绝大多数种类还附有形态特征图。

编著此书所用标本分别采自：辽宁省（沈阳、大连、千山、黑山、医巫闾山、绥中、阜新、朝阳），吉林省（长春、吉林、长白山、辽源、安图、敦化、延吉、龙井），黑龙江省（哈尔滨、伊春、佳木斯、饶河、镜泊湖）。我国东北地域辽阔，地形和植被多样，农、林、牧业的各类寄生蜂资源十分丰富。但我们因受经费的限制，采集的地点不够普遍，采集的季节比较单一（多在暑期），采到的标本肯定不够齐全，对此作者深感缺憾。为了较全面地反映东北地区小蜂及青蜂资源，作者也把自身未采到，但在国内已有记载的种类纳入本书中，以供研究者参考。

值此书稿完成之际，作者特别感谢：著名昆虫分类学家、浙江大学何俊华教授多年来的支持和鼓励，书稿完成后又蒙何教授审阅，并提出宝贵的修改意见；辽宁省昆虫学会名誉理事长、沈阳农业大学张治良教授，积极支持和建议本书的出版并审阅书稿。作者还十分感谢在编写本书过程中参考或引用过他们资料的各位专家，分别是：浙江大学何俊华教授及徐志宏教授；华南农业大学许再福教授；福建农林大学林乃铨、黄健及刘长明教授；中国科学院动物研究所廖定熹、黄大卫及肖晖研究员；中国林业科学院杨忠岐研究员；东北林业大学李成德教授等。另外，加拿大生物分类研究中心的 C. M. Yoshimoto 博士、J. Huber 博士；意大利那波里大学的 G. Viggiani 教授；美国加州大学的 J. D. Pinto 教授无私地惠赠文献资料；沈阳化工研究院袁静博士及沈阳农业大学 92 届硕士研究生于兴国参加部分研究工作；李宝春副教授帮助采集标本，并做了很多实际工作；特别是本书得到了辽宁省教育厅高等学校科技专著出版基金项目的资助，才使本书得以出版。在此，一并表示衷心的感谢！

此书是一本实用性很强的图书，可供农业、林业、生物学领域的科研人员和广大植物保护科技工作者及相关大专院校师生识别、鉴定农林害虫的寄生蜂时使用。

由于我们的业务水平和人员有限，书中一定会存在错误和不足之处，敬请广大读者不吝批评指正！

编著者
2010 年 8 月于沈阳农业大学

目　录

第 1 章

小蜂总科 Chalcidoidea

概　述

1. 成虫的形态特征及描述术语(图 1)

此类昆虫属于微小至小型个体，体长 0.3～10 mm 之间，但绝大多数为 1～3 mm，极少数在 10 mm 以上(体长的测量是从额顶前缘至腹部末节背板后缘的长度，不含产卵器露出的部分)。体色变化多样，很多种类具金属光泽。

(1)头部

头部背面观：可见有 1 对复眼和 3 个单眼；前方中央的 1 个单眼称中单眼(或称前单眼)，后方的 2 个称侧单眼(或称后单眼)。3 个单眼呈三角形排列，其围成的区域称单眼区。2 个侧单眼间的距离，简称 POL；侧单眼与复眼间的距离，简称 OOL；中单眼与侧单眼间的距离，简称 MPOL(或 OL)；侧单眼与后头缘的距离，简称 OCL(螯蜂科则用 OPL)；复眼与后头缘的距离，简称 TL。POL，OOL，MPOL，OCL 与 TL 之间的比例以及其与单眼直径的比例是分类鉴定上常用的特征之一。另外，头宽与头长(额顶至后头缘)的比例，额顶的长宽比例、额顶宽(中单眼处 2 复眼间距离)与头宽之比，也是常用的分类特征。额顶是指中单眼的上方、复眼背上方和后头脊之间的区域。

头部前面观可见下列结构：

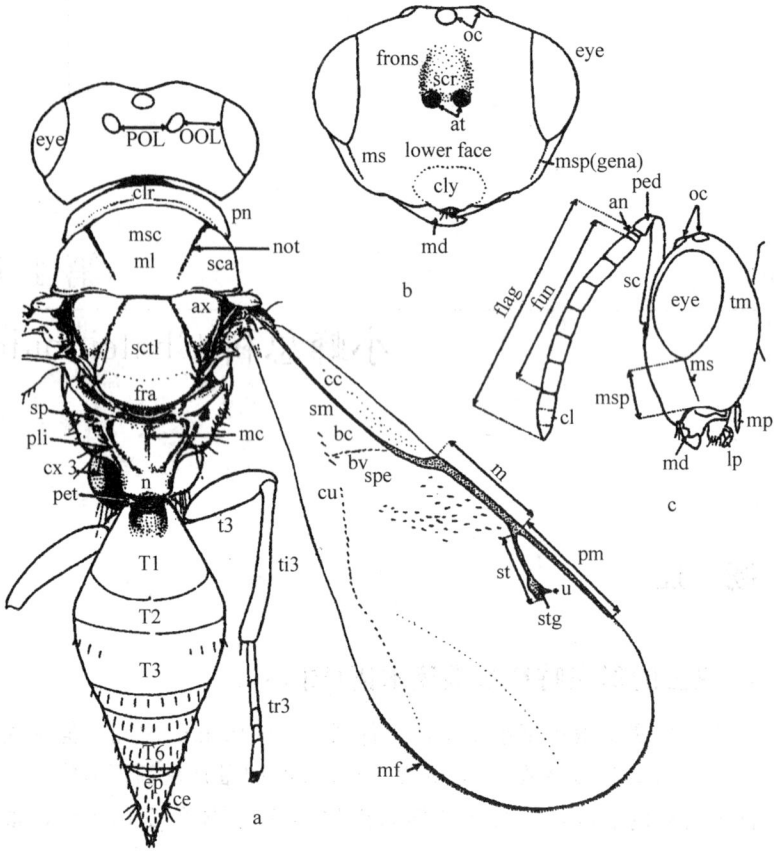

图 1　小蜂总科概形图

a. 金小蜂 *Megadicylus dubius* 整体图；b. 蝶蛹金小蜂 *Pteromalus puparum* 头，前面观；c. 蝶蛹金小蜂 *Pteromalus puparum* 头，侧面观

an. 环状节；ax. 三角片；at. 触角窝；bv. 基部毛带（基脉）；bc. 基室；cc. 缘室；ce. 尾须；cl. 棒节；clm. 颈；clr. 领；cly. 唇基；cu. 肘脉；cx3. 后足基节；ep. 腹端背拱；f3. 后足腿节；flag. 鞭节；fra. 小盾片沟后区；fun. 索节；lp. 下唇须；m. 缘脉；mc. 中脊；md. 上颚；mf. 缘缨；ml. 中胸盾片中叶；mp. 下颚须；ms. 颚眼沟（颊沟）；msc. 中胸盾片；msp. 颚眼距；mst. 中胸前侧片；mt. 后胸背板；n. 并胸腹节颈部；not. 盾纵沟；oc. 单眼；occ. 后头；OCL. 侧单眼与后头缘间距；OOL. 单复眼间距；ped. 梗节；pet. 腹柄；pli. 褶；pm. 后缘脉；pn. 前胸背板；POL. 侧单眼间距；prp. 并胸腹节；sc. 柄节；sca. 中胸盾片侧叶；scr. 触角洼；sctl. 小盾片；sm. 亚缘脉；sp. 气门；st. 痣脉；stg. 痣（结）；T1～T6. 腹部第 1～6 节背板；tg. 翅基片；ti3. 后足胫节；tm. 上颊；tr3. 后足跗节；u. 爪形突

（引自 Boucek）

复眼：1 对，椭圆形至圆形，位于头部两侧，占头部较大部分。

触角：1 对，着生在两复眼内侧的中部至近口缘处。触角膝状，5～13 节；主要由支角突、柄节、梗节和鞭节组成，支角突不计入触角节数；鞭节可分为环状节（1～3 节，少数无）、索节（1～7 节）、棒节（1～3 节）。触角通过触角窝与头部相接。触角是否扁平膨大，雄虫触角是否有分支，触角各节的长宽比例，索节的分亚节数，棒节的分节与否，各部分的形状、颜色，索节和棒节上的感觉器及形状，都是重要的分类特征。

额唇基区：指中单眼以下，复眼之间，包括唇基的头壳前面的区域。该区可分为三部分：额（或称上脸）、下脸和唇基。额是指中单眼以下、触角窝以上、两复眼内缘之间的区域。有些种类额区平坦，或膨起，或凹陷。额的中央在触角窝背方纵向凹陷，是容纳触角柄节的地方，称触角注。额区亦称颜面。下脸是指触角窝以下、唇基以上、两复眼内侧的区域。唇基：位于脸下面的区域。唇基上有口上沟与脸相接。唇基端缘的形态在分类上具有很重要的意义。上颚：位于唇基下侧方，一般向内弯曲，其末端具 1～4 齿，关闭时左右两上颚端部相接。

颚眼距：复眼下缘与上颚基部间的距离。

头顶：头部上方两复眼间的部位称头顶。前方以中单眼为界，后方以后头脊为界。

后头脊：是后头与头顶和颊之间的一条脊。有些种类后头脊完整，有些不完整，有些则缺。

颊：是头部侧方复眼与后头脊之间的区域。

上颊：为颊的上方部分。上颊与头顶之间或上颊与颊之间实际上都没有分界线。有些种类的上颊明显，有些上颊缺。

头部后面观可见下列结构：

后头：是后头脊与后头孔间的环形区域。

后头孔：是后头中央的圆形开孔，头部器官即经此孔通往胸部。

下颚须及下唇须：口器后部两侧共有 1 对下颚，中央有 1 片下唇；下颚基部有下颚须，一般为 4 节；下唇基部有下唇须，一般为 3 节。下颚须和下唇须节数比例称颚唇须节比，在螯蜂科中是分亚科的重要特征。颚唇须节比包括：2/1，2/2，3/2，4/2，4/3，5/2，5/3，6/2 和 6/3。

(2)胸部

这里所指的胸部实际上是指形态学上的前胸、中胸、后胸加腹部第 1 节（即并胸腹节）构成的中躯。从背面观可见前胸背板、中胸背板（包括中胸盾片、三角片、小盾片）、后胸背板和并胸腹节。

前胸：一般宽而短，横形；有些前胸背板发达的种类，其前部尖窄，向前伸至后头孔称为颈，后部扩大和中胸盾片几乎在一个平面上，称为领。侧面观前胸背板较大，呈三角形。

中胸：中胸背板前方的骨片称中胸盾片，后方的小骨片称小盾片。中胸盾片上通常有 2 条纵沟称盾纵沟。中胸盾片被盾纵沟分为中央的中区和两侧的侧区。有盾纵沟的种类，其盾纵沟完整或不完整；有些种类缺盾纵沟。多数种类在中、后胸侧板间有 1 条沟，称中后胸侧板沟。在中胸盾片后方的两侧各有一三角形骨片称三角片。三角片的前缘是否平直或突出前伸，三角片的内角是否有相接、相遇或分开等情况，都是分类的依据。在三角片后方的一块骨片称为小盾片；其上的刻纹类型、刚毛或鳞毛数目、着生方式、是否向后扩展，是重要的分类特征。小盾片的长度是沿中线测量的。

后胸：后胸背板位于小盾片后方，通常为一狭条形，在小盾片后方中央为后小盾片，两侧又称腋槽。

并胸腹节：位于后胸背板后方，背面观一般为横形，其表面有些种类具脊、刻点或皱纹；有些则无。并胸腹节的长度沿中线测量。

翅：绝大多数小蜂具有发达的前翅和后翅，偶有无翅或短翅型种类。前翅形状变化较大，有些种类宽圆，有些种类狭长。翅脉极为退化，仅具亚缘脉、缘前脉、缘脉、后缘脉和痣脉；有些种类无后缘脉。翅面多有纤毛，少数种类光裸；有些种类翅面具有特殊的斑纹；翅端半部的边缘具缘毛。总之，前翅的长宽比例、翅脉长短及各脉间的长度之比、翅面纤毛的分布情况、斑纹有无及缘毛长短等特征都是分类的重要依据。后翅狭窄，很少用于分类。

足：3 对足，一般细长，部分种类后足腿节膨大，其腹缘有齿，胫节呈弓形弯曲。足的转节 2 节，跗节 3～5 节；后足胫节末端通常具 1～2 个端距；有些种类后足胫节端距特别粗大强壮。

(3)腹部

膜翅目细腰亚目昆虫原始的第 1 腹节已与后胸合并为并胸腹节，第 2 腹节形成腹柄，因此实际上见到的第 1 腹节乃真正的第 3 腹节。腹柄之后可见 7 节统称柄后腹；通常所指腹长即测量此部中线的长度，不含产卵器露出的部分。腹部末节背板上的两侧着生有尾须（或称臀刺突），其上的刚毛叫臀突鬃。腹部的形状、长短、有无腹柄以及腹柄的长短、柄后腹各节背板的长宽之比以及各背板前后缘的中央是否突出或凹陷、尾须的发达程度及其着生位置是靠前或靠后，都因小蜂的种类而异，都是鉴定小蜂的依据。

产卵器：是由内瓣、三角板（或第 1 产卵瓣）、外瓣（由第 9 腹背板特化而来）、产卵管干、产卵管鞘构成。产卵管全长是指产卵管干长加产卵管鞘长；有些种类产卵管隐蔽，有些种类伸出腹末之外，外露部分的长度是由末腹节背板的末端量至产卵管鞘的末端。

雄外生殖器：以金小蜂科为例，其雄外生殖器是由阳茎和阳茎鞘两部分构成。阳茎交尾时伸出，平时缩入阳茎鞘。阳茎由阳茎内突支持，后者是两条几丁质棒。阳茎在端部向腹面弯曲。阳茎鞘背侧面具阳基侧突，它占据阳茎鞘的大部，末端尖，具 2 根端毛。腹面中央有一叫做阳茎腹铗的构造，其两侧各有一突起，叫阳基腹铗尖突，两侧各具 1 根长毛。在阳基腹铗尖突内侧生有 1 对拳头状的抱器。抱器端部有一排共 4 个小齿，叫做抱器突趾（黄大卫，肖晖，2005）。其他小蜂类的雄外生殖器与此大同小异。目前除赤眼蜂科的雄外生殖器在分类上应用较普遍以外，其他小蜂应用得较少。

2. 习性

寄生方式：小蜂类昆虫绝大多数种类营寄生性生活，寄生于其他各种昆虫（主要是害虫）体内，被寄生的昆虫叫做寄主昆虫。小蜂的寄生方式及其与寄主的关系相当复杂多样。按照寄主昆虫的发育阶段可分为单期寄生和跨期寄生两种类型。小蜂将卵产入寄主昆虫某一个虫期并在该虫期内完成个体发育的，即为单期寄生；单期寄生分为卵寄生、幼虫寄生、蛹寄生、成虫寄生。小蜂将卵产入寄主昆虫某一虫期之后，需要寄主发育到下一个或两个虫期才能完成其个体发育的，即为跨期寄生；跨期寄生分为卵—幼虫寄生；幼虫—蛹寄生；蛹—成虫寄生；卵—幼虫—蛹寄生；幼虫—蛹—成虫寄生；后两种情况较为少见。按照小蜂在一个寄主体内产卵数量的多少，可分为单寄生和聚集寄生；单寄生即小蜂在一个寄主体内只产 1 粒卵，发育出 1 个小蜂；聚集寄生即小蜂在一个寄主体内产 2 个以上的卵，发育出 2 个或一群小蜂。按照寄生蜂对寄主寄生时间的先后又分为初寄生和重寄生。小蜂第 1 次寄生寄主的即为初寄生。初寄生蜂寄生之后又被其他小蜂再次寄生即为重寄生。重寄生甚至有三重或四重寄生的。如果初寄生蜂所寄生的是农业害虫，那么初寄生蜂是益虫，而重寄生蜂就是害虫，三重寄生蜂则是益虫；如果初寄生蜂所寄生的是益虫，情况则与上述的相反，初寄生蜂是害虫，重寄生蜂是益虫，三重寄生蜂是害虫，以此类推。在搞害虫测报或分析虫情时应注意这种情况。此外还分内寄生、外寄生；抑性寄生和容性寄生。有的寄生蜂可以寄生多种寄主（多食性），有的只在少数近缘种类上寄生（寡食性），也有的只能寄生一种寄主（单食性）。除寄生性的种类以外，也有少数种类为植食性，为害植物种子和嫩枝等；也有两者兼而有之；还有捕食性的种类，捕食害虫卵或小幼虫等。

小蜂的生殖方式：绝大多数种类是正常的有性生殖，但也有孤雌生殖和多胚生殖的。

寄主范围：小蜂的寄主极其广泛，包括几乎所有的昆虫纲内翅部的各个目，以及许多外翅部昆虫和蛛形纲的种类。

3. 分类

小蜂总科昆虫与其他膜翅目昆虫的主要区别是：触角呈膝状弯曲；翅脉极其简单，除少数细蜂外在膜翅目中是没有这样的；前胸背板后缘与翅基片之间有胸腹侧片相隔而不相接；产卵器和姬蜂、瘿蜂一样，不是从腹部末端伸出而是从腹末前方的腹面伸出；足的转节2节。凡符合这些特征的膜翅目昆虫即为小蜂；但也有少数小蜂还有一两项特征不完全符合的，如蚁小蜂科的触角不呈膝状，前胸与胸腹侧片融合为一而与翅基片相接，因此无胸腹侧片，但其他特征均与小蜂一致，所以仍然属于小蜂总科昆虫。

小蜂总科是膜翅目中种类较多、分类最困难的类群之一。不同的分类学家在科的数目上有不同的意见，采用9科、11科、18科、21科和24科都有。但目前的研究认为本总科由21个科组成。其中除多节小蜂科 Rotoitidae 在中国尚未发现外，其余20个科在我国均有分布。我国东北地区小蜂种类也相当丰富，作者在东北地区经过20余年的采集和鉴定，已知有小蜂共16个科；目前榕小蜂科 Agaonidae、褶翅小蜂科 Leucospidae、四节金小蜂科 Tetracampidae 和长痣小蜂科 Tanaostigmatidae 在东北地区尚未发现。此书记述了其中14个科278种（含1亚种）；内含4个新种17个中国新记录种。现将中国小蜂总科分科检索表（未包括长痣小蜂科，因当时国内尚无该科的报道）转载如下。

中国小蜂总科分科检索表（何俊华、徐志宏等，2004）

1. 雌蜂头部与体呈水平方向，颜面凹陷甚深；雄蜂前、后足甚短而肥胖，其胫节长不及腿节一半，中足很细；雄蜂常无翅；触角粗，3～9节。生活于无花果等植物内（图2）·········· ◎榕小蜂科 Agaonidae
   头与体多呈垂直方向；雄蜂前、后足胫节不特别短缩 ··············· 2
2. 腹柄长，2节，翅具网纹形的气泡状刻纹，长柄、长缨、翅脉退化；

后翅端部 2 分叉；前胸背板后缘伸达翅基片（图 3）·················
··················· **柄腹柄翅小蜂科 Mymarommatidae**
腹柄 1 节或不明显；翅不全如上述；前胸背板后缘多不伸达翅基片
·· 3

3. 跗节 3 节；触角短，索节最多 2 节；前翅后缘脉退化，有的属翅上
纤毛呈放射状排列；体长约 0.5 mm；卵寄生蜂（图 4）··········
·················· **赤眼蜂科 Trichogrammatidae**
跗节 4 节或 5 节；其他特征不全相同 ·················· 4

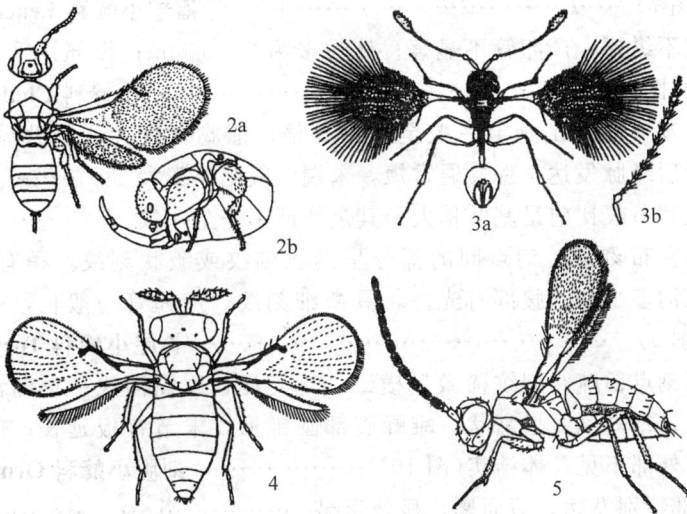

图 2～5　小蜂总科各科图
2. 榕小蜂科 Agaonidae，雌性（a）及雄性（b）；3. 柄腹柄翅小蜂科 Mymarom-matidae，雌性（a）及雄性触角（b）；4. 赤眼蜂科 Trichogrammatidae；
5. 缨小蜂科 Mymaridae
（图 2 引自 Nikol'skaja；图 3 引自林乃铨；图 4～5 引自 Goulet et Huber）

4. 触角间距离大；触角长，无环状节，雄蜂鞭形，雌蜂末端呈棍棒状；
额颜区在触角着生部位上方具横沟，沿复眼内缘伸展；翅基常呈柄
状，翅缘具长缨；产卵管一般伸出；体长常短于 1 mm，体多为黄褐
或黑色，无金属光泽；卵寄生蜂（图 5）········ **缨小蜂科 Mymaridae**
触角间距离小，一般接近，小于触角至复眼的距离；触角长度一般
短，一般有环状节，颜面无缝沟 ·················· 5
5. 后足基节扁平膨大；翅长过腹部末端，呈楔状或前后缘近于平行；
雄蜂触角索 4 节，其 1～3 节常有分支，雌蜂索节 3 节；体呈铁黑

色或具黄色斑纹(图 6) ······ ◎扁股小蜂科 Elasmidae

后足基节不扁平膨大，其他特征不完全一致 ······ 6

6. 后足腿节特别膨大，腹面具齿，后足胫节弧状弯曲；体中至大型，强度骨化，无金属光泽 ······ 7

后足腿节正常，如极少数膨大并具齿，则后足胫节直、且后足基节至少 3 倍长于前足基节；体细长，有金属光泽 ······ 8

7. 前翅纵褶，可见原始翅脉痕迹；产卵管长，弯向腹部背面前方，长的其末端可达于胸部；体长 2.5～16 mm；体黑色，具黄色或红色斑纹(图 7) ······ ◎褶翅小蜂科 Leucospidae

前翅不纵褶，产卵管不显著；体长多为 2～5 mm；腹部几乎无黄色斑纹(图 8) ······ 小蜂科 Chalcididae

8. 后足基节比前足基节一般至少大 3 倍；前胸背板大；盾纵沟完整；前翅后缘脉发达，痣脉通常短，末端一般肥厚膨大 ······ 9

后足基节仅比前足基节稍大；其余特征不完全一致 ······ 10

9. 胸部密布刻点，刻点间的部分呈网状刻纹或皱状刻纹，稍有光泽；盾纵沟多少深；腹部有光泽，具微细刻纹；产卵管一般长，体多少细(图 9) ······ 长尾小蜂科 Torymidae

胸部刻点稀疏，刻纹稀微呈横皱，有光泽；盾纵沟浅；腹部常有粗刻纹，雄蜂刻纹呈窝状；雌蜂腹部圆锥形，末节背板延长；产卵管短，外部不见；体结实(图 10) ······ 刻腹小蜂科 Ormyridae

10. 胸部特别发达，短而厚，显著隆起 ······ 11

胸部不特别发达，不显著隆起 ······ 12

11. 腹部很短；第 1、2 腹节背板长，覆盖其余腹节，呈横形隆起；背面观前胸横形；小盾片末端无长突起；前翅痣脉不短；触角呈膝状，12 节，具 1 环状节(图 11) ······ 巨胸小蜂科 Perilampidae

腹部很长；第 2 腹节背板长，覆盖其余腹节，呈卵圆形略侧扁；背面观前胸隐蔽；小盾片末端常具长的叉状突起；前翅痣脉很短；触角不呈膝状，10～14 节，无特化的环状节(图 12) ······

······ 蚁小蜂科 Eucharitidae

12. 前胸背板背面呈长方形，大；体无金属光泽，黑色，有时带黄斑；胸部常有粗刻点，盾纵沟完全；雄蜂腹部圆有长柄，触角索节有直的长毛；雌蜂腹部长卵圆形，多少侧扁，末端呈犁头状(图 13) ······

······ 广肩小蜂科 Eurytomidae

前胸背板背面狭，至少在中央狭；体或有金属光泽；胸部网状刻纹细，腹部一般不隆起 ······ 13

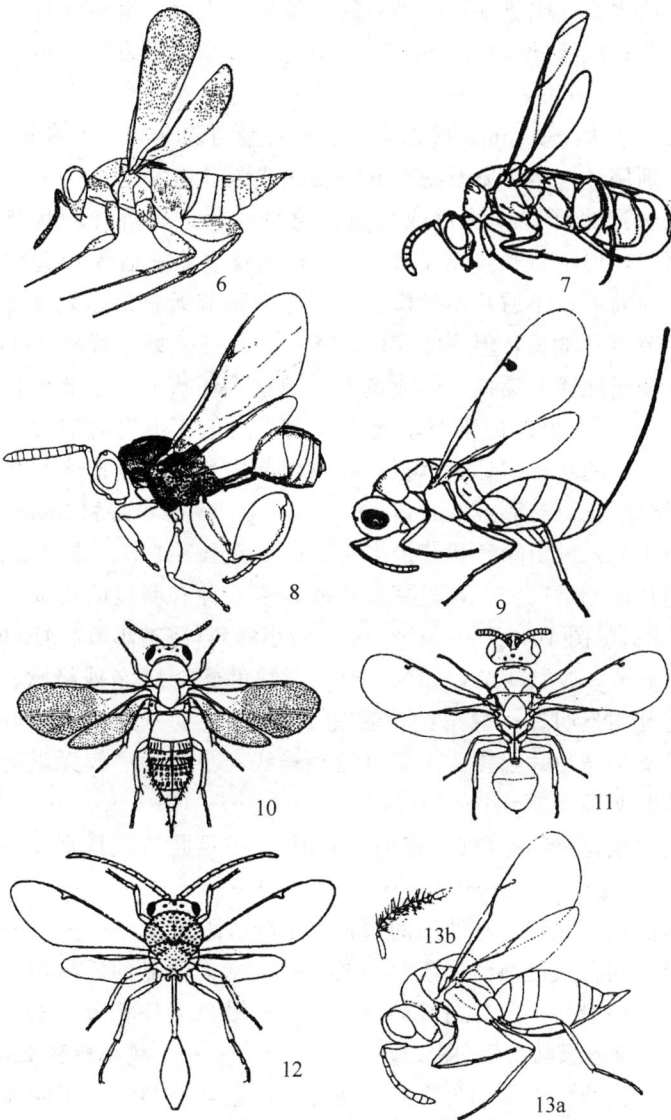

图 6～13　小蜂总科各科图

6. 扁股小蜂科 Elasmidae；7. 褶翅小蜂科 Leucospidae；8. 小蜂科
Chalcididae；9. 长尾小蜂科 Torymidae；10. 刻腹小蜂科 Ormyridae；
11. 巨胸小蜂科 Perilampidae；12. 蚁小蜂科 Eucharitidae；13. 广肩
小蜂科 Eurytomidae，雌性(a)及雄性触角(b)

（图 6、图 8 引自 Goulet et Huber；图 7、图 11 引自 Peck 等；

图 9、图 13 引自何俊华等；图 10、图 12 引自 Nikol'skaja）

13. 体长约 1 mm 或更小；体平；腹部宽阔，无柄；触角除环状节不超过 8 节；后缘脉及痣脉不发达；中足胫节端距较发达；后胸背板悬骨大 ………………………………………………………… 14

  体长一般大于 1 mm；腹部多少具柄；触角除环状节大多超过 8 节，但个别例外；后缘脉及痣脉其一发达或两者均发达 …………… 15

14. 体无金属光泽，体黄色或褐色，很少黑色；触角有环状节；棒节 1～4 节，但不特长，索节 1～4 节，不特别小；盾纵沟完整；三角片突向前方；小盾片不呈横肋状；并胸腹节无三角形光亮部分；中足胫节距通常长，但不膨大（图 14）………… **蚜小蜂科 Aphelinidae**

  体有金属光泽，黑色，间或黄色；触角无环状节；棒节极长而不分节，有 2～4 个扁的索节；无盾纵沟；三角片不突向前方；小盾片短，呈横肋状形似后胸背板；并胸腹节中部具三角形光亮部分；中足胫节距长，有刺或叶状齿（图 15）…… ⊙**棒小蜂科 Signiphoridae**

15. 跗节 4 节，触角除环状节最多 9 节；索节至多 4 节，雄蜂常有分支；三角片前端常前伸，超过翅基连线；多数种有明显的盾纵沟；前足胫节距直（图 16）………… **姬小蜂科（寡节小蜂科）Eulophidae**

  跗节 5 节，少数 4 节，如为 4 节，则触角至少 11 节或缘脉、后缘脉及痣脉均不明显；触角经常超过 10 节；索节一般多于 4 节，雄蜂不分支；三角片前端常不超过翅基连线；小盾片一般无纵沟；前足胫节距明显弯曲 ………………………………………………… 16

16. 中胸侧板完整膨起（雄性旋小蜂分割）；中足胫节距特别发达，长且大 …………………………………………………………… 17

  中胸侧板不完整，有凹陷的沟；中足胫节距正常 ……………… 18

17. 整个中胸背板逐渐圆形隆起，或扁平；常无明显的盾纵沟；三角片横形，一般与小盾片前方形成一弧线；触角无环状节，索节不多于 6 节；前翅缘脉常短（图 17）……………… **跳小蜂科 Encyrtidae**

  整个中胸背板不是均匀隆起，往往有凹陷或平整；具不明显的盾纵沟；三角片向后延长；触角 1 环状节，索节 7 节；前翅缘脉长（图 18）………………………………………… **旋小蜂科 Eupelmidae**

18. 前胸背板大，钟形，后缘不明显，同中胸盾片密切结合；盾纵沟完全；触角 11～12 节；雄蜂跗节常为 4 节；前足胫节距小 …………

  ……………………………… ◎**四节金小蜂科 Tetracampidae**

  前胸背板小，不呈钟状，后缘明显；盾纵沟完全或不完全；跗节常为 5 节；前足胫节距明显，弯曲（图 19）… **金小蜂科 Pteromalidae**

  （注：◎东北地区未见的科，⊙本书未写的科）

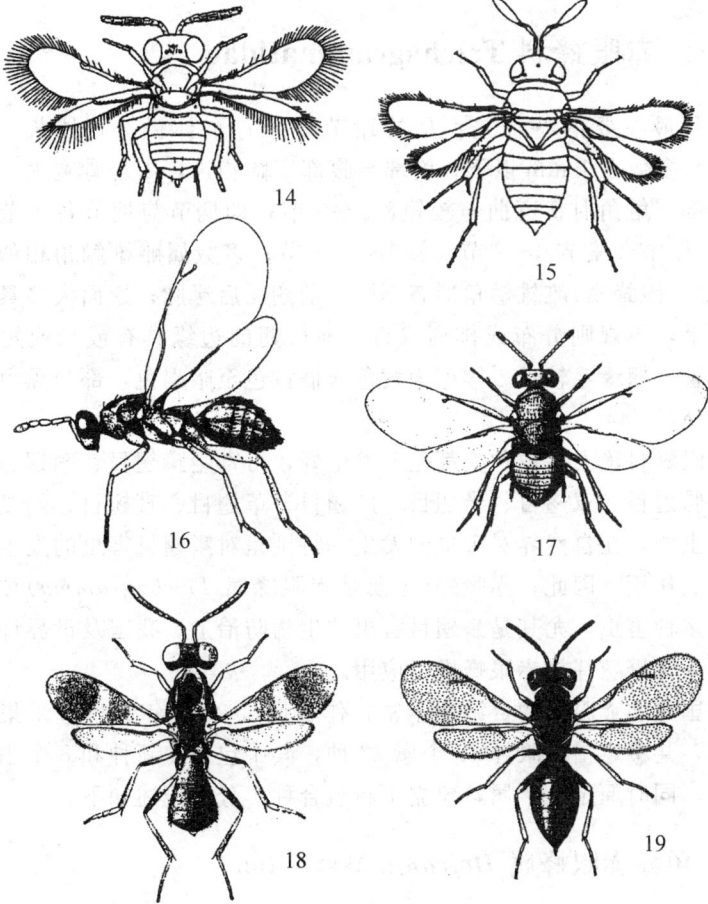

图 14～19　小蜂总科各科图

14. 蚜小蜂科 Aphelinidae；15. 棒小蜂科 Signiphoridae；16. 姬小蜂科
（寡节小蜂科）Eulophidae；17. 跳小蜂科 Encyrtidae；18. 旋小蜂
科 Eupelmidae；19. 金小蜂科 Pteromalidae

（图 14、图 15 引自 Nikol'skaja；图 16、图 17 引自 Gauld and Bolton；
图 18、图 19 引自 Kamiya）

一、赤眼蜂科 Trichogrammatidae

本科最主要的特征是：足的跗节 3 节；个体微小，体长 0.2～1.2 mm，多数在 1 mm 以下；胸部与腹部广阔相连，内悬骨宽大，向后伸入腹部；触角肘状弯曲，较短，5～9 节；即柄节与梗节各 1 节，环状节 1～2 节，索节 0～2 节，棒节 1～5 节；多数属雌雄触角相似，少数属（如赤眼蜂属）雌雄触角形态不同。前翅无后缘脉；翅面大多具有微小的纤毛，不规则分布或排列成行；前后翅的边缘具有或长或短的缘毛，而且后翅缘毛较长。体色为黄色或橘黄色至暗褐色，部分黑色，无金属光泽（图 4）。

赤眼蜂科绝大多数种类都是卵寄生蜂，可寄生鳞翅目、鞘翅目、膜翅目、脉翅目、双翅目、半翅目、广翅目、革翅目、直翅目、蜻蜓目等很多害虫卵，在自然界对害虫的发生、特别是对鳞翅目害虫的发生有很大的控制作用。因此，赤眼蜂（主要是赤眼蜂属 *Trichogramma*）被广泛地用于多种害虫，尤其是鳞翅目害虫的生物防治上。我国及世界许多国家通过人工繁殖释放赤眼蜂进行应用。

中国东北赤眼蜂的资源很丰富，作者通过 20 多年的调查采集及分类鉴定，共鉴定出赤眼蜂 28 个属 72 种，其中包括 1 新种和 8 个中国新记录种，同时厘定 1 个属，建立 1 新组合种。分别记述如下。

1. 单棒赤眼蜂属 *Doirania* Waterston

属征：体扁平，触角 5 节，即柄节、梗节、环状节、索节、棒节各 1 节。棒节短而粗，可与寡索赤眼蜂属 *Oligosita* 明显区别。

本属目前世界只知有 2 种，其中分布在日本和我国的为同一种，分布在印度尼西亚的为另一种，后者可寄生椰绿蚧斯和 *Sexara nubila* 卵，前一种寄主不明。本书记述分布在本地区的 1 种。

(1) 长棒单棒赤眼蜂 *Doirania longiclavata* Yashiro, 1980（图 20）

雌：体长 0.8～0.9 mm，全体褐色，但头顶、触角柄节、各足转节、腿节末端、胫节末端、跗节及翅脉黄褐色；复眼及单眼黑色；翅透明。

头部明显宽于胸部；触角着生于两复眼下缘连线之上，粗短，由 5 节组成，即柄节、梗节、环状节、索节、棒节各 1 节。除环状节外，各节均有若干刚毛。柄节长为宽的 2 倍左右，稍长于梗节；梗节长为宽的 1.5 倍；环状节大而明显；索节近扁圆形，长明显小于宽；棒节纺锤

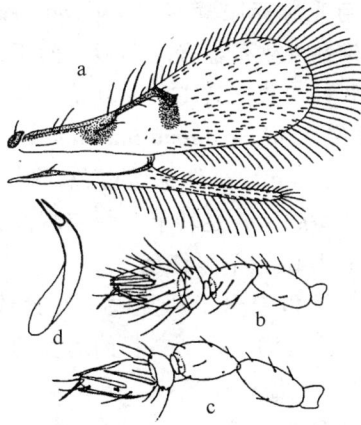

图 20　长棒单棒赤眼蜂 *Doirania longiclavata* Yashiro
a. 前后翅(♀)；b. 触角(♀)；c. 触角(♂)；d. 雄外生殖器
(引自林乃铨)

形，长为宽的 1.7 倍，明显长于柄节，其上有 4 条条形感觉器和 1 个锥状感觉器位于顶端。

体略扁平，胸部仅及腹长的 0.6 倍。中胸盾及小盾片各具 2 根刚毛，中央有一浅褐色纵带。内悬骨末端开裂分 2 叶，伸达腹部的 0.3 左右处。前翅透明，长为宽的 3 倍；翅脉长而直，末端伸达前翅一半；缘脉与亚缘脉约等长，相当于痣脉的 3 倍；痣脉与缘前脉下方各有一灰褐色小晕斑；痣脉以外翅面纤毛较密，排列不规则；缘毛较长，最长者约为翅宽的一半。后翅狭窄，翅面纤毛 3 列。足较粗壮，各节具毛。

腹部近卵圆形，末端钝圆，产卵器长约为腹部的 0.4 倍，与后足胫节等长，末端不伸出腹末。

雄：体色、大小等特征与雌性相似，但触角各节的长宽比例略有不同。雄性外生殖器为一简单弯管，长为宽的 5 倍，约为后足胫节长的 0.46 倍。

寄主：未知。

分布：辽宁(沈阳、阜新、北镇)、吉林(长春)、黑龙江(佳木斯、镜泊湖)、福建、湖北。

2. 刀管赤眼蜂属 *Xiphogramma* Nowicki

属征：体形特殊，产卵器非常发达似马刀状，产卵管伸出腹末很长，使本属与其他各属的赤眼蜂很容易区别。本属种类前翅翅面纤毛稠密，翅脉很短等特征与光脉赤眼蜂属 *Aphelinoidea* 很相似，但本属的触角、雌性产卵器及雄性外生殖器等均明显不同于光脉赤眼蜂属。

目前世界已知有 3 种，我国有 1 种，其寄主未知。

(2)印度刀管赤眼蜂 *Xiphogramma indicum* Hayat，1980(图 21)

雌: 体长 1.05～1.1 mm。全体深黄褐色，但头顶、触角柄节、中胸小盾片至并胸腹节、翅脉、各足转节、腿节端部、胫节及中后足的第 1、2 跗节为淡黄褐色；复眼、单眼红色。

头部稍宽于胸部，触角着生于两复眼下缘连线之上方，由 7 节组成，除环状节外，各节均具刚毛，柄节长约为宽的 3 倍，相当于梗节的 1.2 倍；梗节长为宽的 2.1 倍；环状节 2 节，第 1 节较大，第 2 节紧贴索节基部；第 1 索节长稍大于宽，第 2 索节长小于宽，略短于第 1 索节，2 索节各具 1 条形感觉器和若干锥状感觉器；棒节 1 节，纺锤状，长为宽的 2.5 倍，明显长于柄节，其上具若干条形感觉器及锥状感觉器。

胸部具细密刻纹，中胸盾马蹄形，小盾片横形，其上各具 4 根刚毛；内悬骨宽大，伸达腹部的 0.4 左右，末端具浅裂。前翅宽圆，长为宽的 2 倍，翅脉伸达翅长的 0.44 处；痣脉短，长度仅及缘脉的 0.3 左右；翅面密布纤毛，除中毛列(M)、中肘横毛列(M-Cu)和臀毛列(A)的基部排列规则外，其余散乱分布；缘毛短，最长者不足翅宽的 0.1

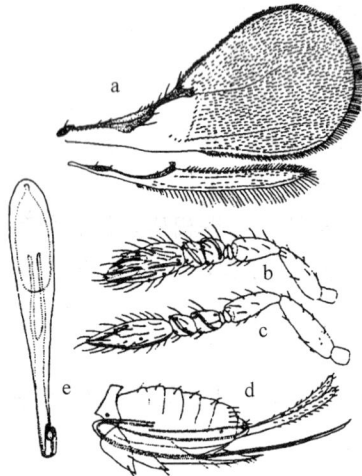

图 21 印度刀管赤眼蜂 *Xiphogramma indicum* Hayat

a. 前后翅(♀)；b. 触角(♀)；c. 触角(♂)；d. 腹部(♀，侧面观)；e. 雄外生殖器
(引自林乃铨)

倍。后翅翅面具 4 列纤毛。足较粗大，密具纤毛，中足腿节端部有 1 粗刺毛。

腹部侧扁，产卵器极其发达，马刀状，前方抵达胸部，后端伸出腹末很长，全长相当于腹长的 2 倍，等于后足胫节的 3.5 倍；下生殖板发达，末端伸出腹末以外。

雄：体色及大部分特征与雌虫相似。但触角各节较细长，棒节上的条形感觉器也较少；腹部不侧扁；雄外生殖器细长，明显分为阳基和阳茎两部分，末端向腹面强度弯曲。阳茎明显长于内突，两者全长短于阳基而长于后足胫节。

分布：辽宁（阜新、朝阳）、福建。

3. 赤眼蜂属 *Trichogramma* Westwood

属征：体粗短，前翅宽圆，翅脉呈"S"形弯曲，翅面纤毛分布成列，具中肘横毛列（M-Cu），雌雄触角异型，雌虫触角 7 节，即柄节、梗节各 1 节，环状节 2 节，索节 2 节，棒节 1 节；雄虫触角 5 节，其索节与棒节愈合成 1 大节，其上生有粗大长刚毛。

本属是赤眼蜂科中种类最多的大属之一。目前全世界已知有 140 多种，我国有 24 种，其寄主非常广泛，可寄生 500 多种害虫卵，特别是对鳞翅目等农林害虫有很大的抑制作用。由于本属种类之间的大小、形态上的差别很小，其体色又常随温度的变化而改变，因此鉴定起来难度很大，目前主要以雄性外生殖器的形态特征作为鉴定种的依据。赤眼蜂属雄性外生殖器各部位结构名称见图 22。本书记述分布在本地区的 10 种，种类如下。

(3)松毛虫赤眼蜂 *Trichogramma dendrolimi* Matsumura，1926（图 22）

雄：体长 0.5～1.4 mm。体黄色，腹部黑褐色。触角毛长，最长的相当鞭节最宽处的 2.5 倍。前翅臀角上的缘毛长约为翅宽的 1/8。外生殖器的阳基背突有明显宽圆的侧叶，末端伸达 D 的 3/4 以上；腹中突长为 D 的 3/5～3/4；中脊成对，向前延伸至中部而与一隆脊连合，此隆脊几乎伸达阳基的基缘；钩爪伸达 D 的 3/4。阳茎与其内突等长，两者全长相当于阳基的长度，短于后足胫节。

雌：有人试验，体色随温度和寄主的不同而变化。

寄主：寄主非常广泛，可寄生于多种鳞翅目害虫卵。

分布：辽宁（沈阳、大连、千山）、吉林（长春、吉林、延吉）、黑龙江（佳木斯、镜泊湖）。据记载，自黑龙江至海南均有分布。

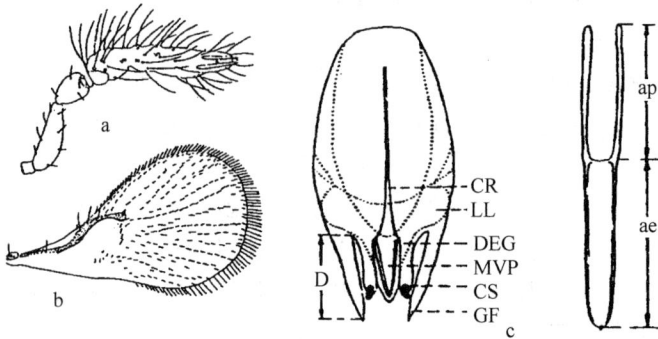

图 22　松毛虫赤眼蜂 *Trichogramma dendrolimi* Matsumura(♂)

a. 触角；b. 前翅；c. 外生殖器

雄外生殖器：左—阳基：GF：阳基侧瓣；CS：钩爪；MVP：腹中突；
DEG：阳基背突；LL：阳基背突侧叶；CR：中脊；D：腹中突基部至阳基侧
瓣末端的距离。右—阳茎：ae：阳茎；ap：阳茎内突

（引自林乃铨）

(4)玉米螟赤眼蜂 *Trichogramma ostriniae* Pang et Chen，1974(图 23)

雄：体长 0.6 mm 左右。体黄色，前胸背板及腹部黑褐色。触角鞭
节细长，鞭节上的毛最长者约为鞭节最宽处的 3 倍。前翅臀角上的缘毛
长为翅宽的 1/6。雄性外生殖器的阳基背突呈三角形，基部收窄，两边
向内弯曲，末端伸达 D 的 1/2；腹中突呈三角形，其长为 D 的 4/9；中
脊成对，向前伸展的长度仅相当于阳基的 1/2；钩爪伸达 D 的 1/2，相
当于阳基背突伸展的水平。阳茎稍长于其内突，两者之和近于阳基的全
长，明显短于后足胫节。

雌：体黄色，前胸背板、腹基部及末端黑褐色。产卵器稍短于后足

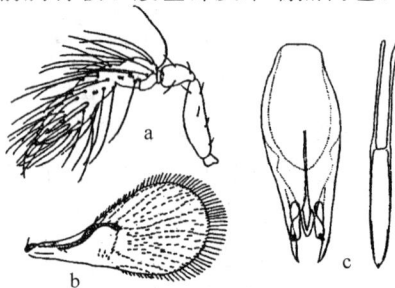

图 23　玉米螟赤眼蜂 *Trichogramma ostriniae* Pang et Chen(♂)

a. 触角；b. 前翅；c. 外生殖器

（引自林乃铨）

胫节。

寄主：玉米螟、黄刺蛾、柑橘卷叶蛾、柑橘凤蝶等害虫卵。

分布：辽宁（沈阳）、吉林（延吉）、北京、河北、山西、山东、河南、安徽、江苏、浙江、湖北、江西、福建。

(5)广赤眼蜂 *Trichogramma evanescens* Westwood，1833（图 24）

雄：体长 0.6 mm。体暗黄色，头、前胸及腹部黑棕色。触角毛甚长，且末端尖锐，其中最长者近于鞭节最宽处的 2.45 倍。前翅臀角上的缘毛约为翅宽的 1/6。外生殖器的阳基背突高度骨化，广三角形，有较宽的圆弧形侧缘，基部收窄，末端伸达 D 的 1/3，腹中突呈锐三角形，其长约为 D 的 1/4～1/3，中脊成对，向前伸达阳基的 1/3；钩爪伸达 D 的 1/2。阳茎稍长于其内突，两者之和稍长于阳基的全长，短于后足胫节。

雌：体色与雄性相同。产卵器与后足胫节等长。

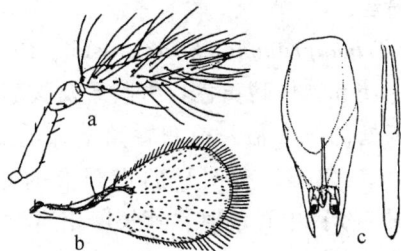

图 24　广赤眼蜂 *Trichogramma evanescens* Westwood(♂)

a. 触角；b. 前翅；c. 外生殖器

（引自林乃铨）

寄主：甘蓝夜蛾、菜粉蝶、毒蛾科、夜蛾科、螟蛾科、卷蛾科、灯蛾科、小菜蛾科、凤蝶科、食蚜蝇科等。

分布：据记载分布在辽宁、吉林、黑龙江、北京、内蒙古、山西。

(6)黏虫赤眼蜂 *Trichogramma leucaeniae* Pang et Chen，1974（图 25）

雄：体长 0.6 mm。体黄色，腹部黑褐色，最长的触角毛稍长于鞭节最宽处的 2 倍。前翅臀角缘毛长约为翅宽的 1/6。外生殖器的阳基背突三角形，基部收窄，两边向内弯曲，末端伸达 D 的 1/2，腹中突呈锐三角形，两边具隆起的纵脊，纵脊从基部向两侧延伸，突出于阳基的腹面；腹中突长为 D 的 1/4～1/3，钩爪末端与阳基背突末端齐平。阳茎与其内突等长。两者全长相当于阳基全长的 1.2 倍，短于后足胫节。

雌：体色与雄性相同。产卵器稍长于后足胫节。

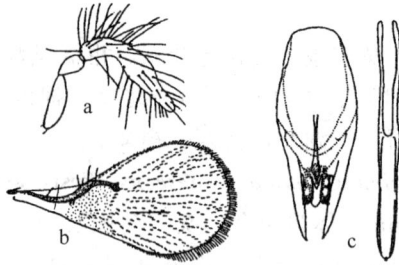

图 25　黏虫赤眼蜂 *Trichogramma leucaeniae* Pang et Chen(♂)

a. 触角；b. 前翅；c. 外生殖器

（引自庞雄飞、陈泰鲁）

寄主：黏虫卵。

分布：辽宁(沈阳)、北京、河北、山西、山东、河南、安徽、浙江、湖北、江西、福建。

(7)螟黄赤眼蜂 *Trichogramma chilonis* Ishii，1941(图 26)

雄：体长 0.5～1 mm。体暗黄色，中胸盾及腹部黑褐色。触角毛最长者相当于鞭节最宽处的 2.5 倍。前翅臀角上缘毛长约为翅宽的 1/6。外生殖器的阳基背突三角形，有明显的半圆形的侧叶，末端达 D 的 1/2，腹中突长为 D 的 1/3；中脊成对，其长度相当于 D 的长度；钩爪末端伸达 D 的 1/2 左右。阳茎与其内突等长，两者全长相当于阳基长度，略短于后足胫节。

雌：有人试验，在不同温度条件下培养出来的雌成虫，其体色有变化。

寄主：稻纵卷叶螟、二化螟、稻螟蛉等多种鳞翅目昆虫卵。

分布：据记载分布在辽宁、广东、广西、贵州、湖南、湖北、江西、安徽、山东、山西、浙江、云南。

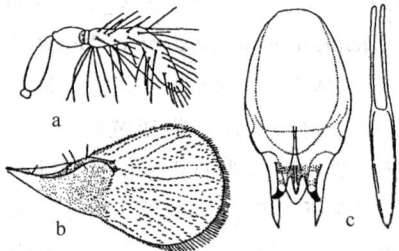

图 26　螟黄赤眼蜂 *Trichogramma chilonis* Ishii(♂)

a. 触角；b. 前翅；c. 外生殖器

（引自林乃铨）

(8)稻螟赤眼蜂 *Trichogramma japonicum* **Ashmead，1904（图 27）**

雄：体长 0.5～0.8 mm。体黑褐至暗褐色。触角柄节淡黄色，其余黄褐色。触角毛最长者为鞭节最宽处的 2.5 倍。前翅臀角上的缘毛长为翅宽的 1/5。外生殖器的腹中突不明显；中脊自两钩爪之间向基部伸出，长为阳基全长的 1/4；阳基背突末端钝圆，基部渐次收窄而无侧叶；钩爪伸达 D 的 1/2。阳茎明显长于其内突，两者全长相当于阳基的长度，等于或稍长于后足胫节。

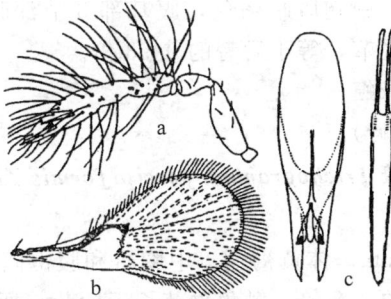

图 27　稻螟赤眼蜂 *Trichogramma japonicum* **Ashmead（♂）**

a. 触角；b. 前翅；c. 外生殖器

（引自林乃铨）

雌：体色与雄虫相似。产卵器略超出腹端。

寄主：二化螟、稻纵卷叶螟、稻螟蛉等多种鳞翅目害虫卵。

分布：据记载分布在辽宁、安徽、湖北、湖南、江苏、浙江、江西、四川、广东、广西、贵州、福建。

(9)铁岭赤眼蜂 *Trichogramma tielingensis* **Zhang et Wang，1982（图 28）**

雄：体长 0.8 mm。体暗黄褐色。中胸盾和腹部暗褐色。前翅最宽

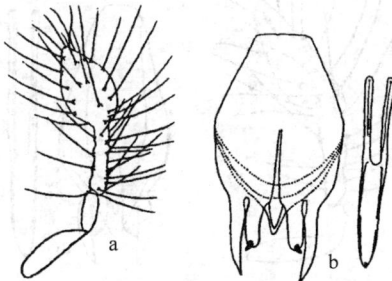

图 28　铁岭赤眼蜂 *Trichogramma tielingensis* **Zhang et Wang（♂）**

a. 触角；b. 外生殖器

（引自张荆、王金玲）

处约为臀角缘毛长度的 8.5 倍。触角鞭节长度约为柄节与梗节之和；鞭节棒状短而膨大，触角上的长毛约为鞭节宽的 2.7 倍。外生殖器的阳基基部略狭窄，阳基最宽处为基部宽的 2.8 倍。阳基背突无侧叶，两侧甚窄如新月形，仅在中部突出呈三角形，末端伸达 D 的 3/8；腹中突三角形，末端尖锐，边缘直，伸达 D 的 3/7；中脊长约为腹中突长的 2 倍，但略短于 D；钩爪末端伸达 D 的 2/3。阳茎略长于其内突，两者之和短于阳基的长度。

雌：体暗黄色，中胸盾暗褐色，腹基部 3 节深暗褐色，端部暗色。产卵器稍短于后足胫节，等于后者的 0.93 倍。

寄主：亚洲玉米螟。

分布：辽宁(铁岭)。

(10)铗突赤眼蜂 *Trichogramma forcipiformis* Zhang et Wang, 1982 (图 29)

雄：体长 0.8 mm。体黄褐色。中胸盾和腹部暗褐色。前翅最宽处约为臀角缘毛长度的 7.8 倍。触角鞭节长于柄节与梗节之和，最长的刚毛约为鞭节最宽处的 2.1 倍。外生殖器的阳基基部较窄，阳基最宽处为基部宽的 2.6 倍。阳基在其端部的 1/3 处，亦即侧瓣的基部处，显著缢缩，因此阳基侧瓣显呈铗形突；阳基背突无侧叶，略呈三角形，末端伸达 D 的 4/7；腹中突末端尖锐，伸达 D 的 3/7；钩爪末端伸达 D 的 4/7，与阳基背突的末端在同一水平面上。阳茎略短于其内突，两者之和等于阳基的长度。

雌：体黄褐色，中胸盾暗褐色，腹基部 2～3 节每节后半部呈暗褐色横带，腹部末端暗褐色，其余各节黄色。翅特征同雄性。产卵器略长于后足胫节，其长度为后者的 1.05 倍。中胸盾片前毛短，后毛长，后

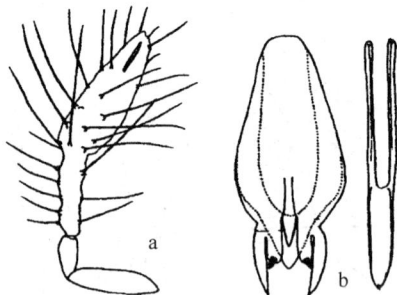

图 29　铗突赤眼蜂 *Trichogramma forcipiformis* Zhang et Wang(♂)

a. 触角；b. 外生殖器

(引自张荆、王金玲)

毛为前毛的 5.6 倍。

寄主：亚洲玉米螟。

分布：辽宁（铁岭）。

(11) 庞氏赤眼蜂 *Trichogramma pangi* Lin, 1987（图 30）

雄：体长 0.5～0.64 mm。全体黄褐色，但额、各足胫节及前中足跗节淡黄褐色。触角鞭节长度相当于柄节、梗节长度之和的 2.1 倍，其上约具鞭毛 60 根，最长者为鞭节最宽处的 2 倍左右，鞭节上有若干锥状感觉器和 3 个条形感觉器。前翅长为宽的 2 倍；最长缘毛相当于翅宽的 1/6。外生殖器 D 的长度约为阳基长的 1/4；腹中突尖三角形，小而明显，长度仅及 D 的 1/7；钩爪伸达 D 的一半，阳基背突基部无明显收窄，末端钝圆，伸达 D 的一半以上，略超出两钩爪末端；中脊成对，其长度与 D 相当，末端伸至阳基的 1/2 处。阳茎与其内突等长，两者全长略长于阳基，为后足胫节的 2/3 左右。

雌：未采到。

分布：辽宁（沈阳、千山、北镇）、福建。

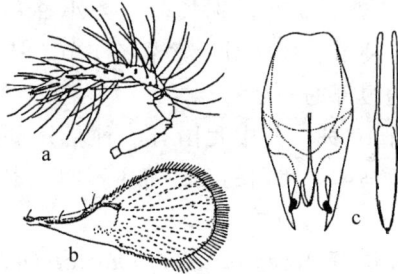

图 30　庞氏赤眼蜂 *Trichogramma pangi* Lin（♂）

a. 触角；b. 前翅；c. 外生殖器

（引自林乃铨）

(12) 毒蛾赤眼蜂 *Trichogramma ivalae* Pang et Chen, 1974（图 31）

雄：体长 0.6 mm。体黄褐色。前胸背板及腹部黑褐色。触角上最长的毛为鞭节最宽处的 2 倍。前翅臀角上的缘毛长约为翅宽的 1/6。外生殖器的阳基背突强度骨化，有宽大的半圆形侧叶和锐三角形尖刀状中叶，末端达 D 的 2/3；腹中突强度骨化，其长度为 D 的 1/2；中脊成对，向前伸达阳基的 2/5；钩爪末端伸达 D 的 5/8，阳茎长于内突，两者长度之和长于阳基的全长，短于后足胫节。

雌：黄褐色，腹基部和末端黑褐色。产卵器略长于后足胫节。

寄主： 榆毒蛾、榆绿天蛾、黄刺蛾和黏虫的卵。

分布： 辽宁（沈阳、大连）、河北、安徽。

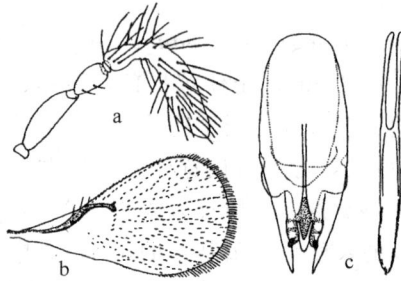

图 31 毒蛾赤眼蜂 *Trichogramma ivalae* Pang et Chen(♂)

a. 触角；b. 前翅；c. 外生殖器

(引自庞雄飞、陈泰鲁)

4. 缨翅赤眼蜂属 *Megaphragma* Timberlake

属征： 个体微小，多数体长 0.2 mm 左右，是已知昆虫个体最小的类群之一。前后翅狭窄，缘毛特别长，与缨小蜂科 Mymaridae 相似。触角 6 节，即柄节、梗节、环状节、索节各 1 节，棒节 2 节；内悬骨大而长，末端向后伸达腹部的一半。

本属世界共知有 10 种，其中我国有 4 种。分布在国外的 6 种，其寄主均为缨翅目的蓟马卵，我国的 4 种寄主不明。本书记述分布在本地区的 2 种。

(13)异索缨翅赤眼蜂 *Megaphragma anomalifuniculi* Yuan et Lou, 1997(图 32)

雄： 体长 0.26 mm 左右，前翅长 0.21 mm。全体淡黄褐色，头部

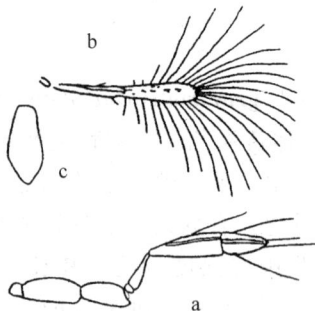

图 32 异索缨翅赤眼蜂 *Megaphragma anomalifuniculi* Yuan et Lou(♂)

a. 触角；b. 前翅；c. 雄外生殖器

色稍深；复眼黑色，单眼微红色。

头正面观近倒三角形，宽大于高；复眼较大，长约为头高的 0.6
倍。触角着生在两复眼中部的连线上，由 6 节组成；柄节近圆柱形，长
为宽的 2.5 倍；梗节近梨形，长为宽的 1.8 倍，等于柄节长的 0.8 倍；
环状节 1 节，明显；索节 1 节，长锥形，长是基部最宽处的 3 倍，分别
等于柄节长的 0.6 倍和梗节的 0.8 倍；棒节 2 节，长纺锤形，长度接近
宽度的 5 倍；第 1 棒节长而大，长为索节的 1.9 倍；第 2 棒节较短，相
当于第 1 棒节长的 0.65 倍；各棒节上均具条形感觉器和长刚毛。胸部
约为腹长的一半，无刻纹，内悬骨长大，伸至腹长的一半，末端不分
叶。前翅极狭窄，长为宽的 8 倍左右；翅脉伸达翅长的 0.54 处，痣脉
短，痣脉以外翅面约具 8 根纤毛；缘毛约 27 根，甚长，最长缘毛为翅
宽的 5.4 倍。后翅翅面无纤毛，缘毛 11 根。腹部粗壮，末端钝圆。雄
外生殖器为简单管状，长约为宽的 2.6 倍，相当于后足胫节长的
0.34 倍。

雌：体长 0.24 mm。体色及大部分特征与雄虫相似；产卵器相当于
后足胫节的 1.2 倍，端部不突出腹末。

寄主：未知。据资料记载，此类赤眼蜂的寄主是缨翅目蓟马卵。

分布：吉林(长春)、黑龙江(佳木斯、镜泊湖)。

(14)斜索缨翅赤眼蜂 *Megaphragma deflectum* Lin, 1992(图 33)

雌：体长 0.28～0.29 mm。全体黄褐色，但触角、各足节(后足基
节除外)淡黄褐色；翅脉及前翅痣脉以内翅面灰褐色，端半部翅面透明。

头稍宽于胸部，触角着生于两复眼之间中部，离唇基较远，由 6 节
组成。柄节长为宽的 3.5 倍，相当于梗节的 1.45 倍；梗节长为宽的
1.8 倍；环状节近扁三角形；索节与棒节基部斜接，结合紧密，故使棒
节似呈 3 节状，长为宽的 2 倍；第 1 棒节大，长为宽的 1.2 倍，上生若
干刚毛；端棒节锥状，长为宽的 2.2 倍，其上生有若干刚毛和条形感觉
器，感觉器末端明显突出棒节顶端以外。胸部约为腹长的 0.7 倍，中胸
盾、小盾片各具 2 根纤毛；内悬骨宽大，伸达腹部的一半。前翅长为宽
的 7 倍，翅脉伸达翅长的 0.56；痣脉以外翅面无纤毛，痣脉以内翅面
具灰褐色晕纹；缘毛 33 根，最长者为翅宽的 4.3 倍。后翅翅面无纤毛；
缘毛 18 根。腹部圆锥形，产卵器很发达，长为腹长的 0.8 倍，相当于
后足胫节的 1.9 倍，末端稍突出腹末。

雄：体长 0.27 mm。体色及形态特征与雌虫相似；但触角第 2 棒节
较短，无明显的条形感觉器，端部具 3 根长毛。外生殖器为简单管状，
稍向腹面弯曲，长为后足胫节的一半。

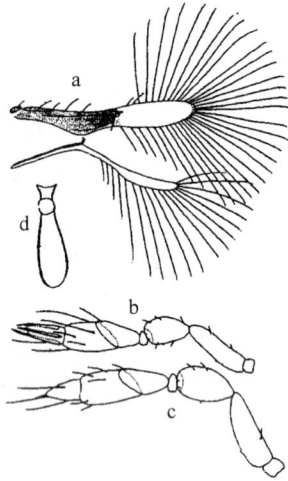

图 33　斜索缨翅赤眼蜂 *Megaphragma deflectum* Lin

a. 前后翅(♀)；b. 触角(♀)；c. 触角(♂)；d. 雄外生殖器

(引自林乃铨)

寄主：未知。

分布：辽宁(沈阳、大连)、吉林(长春、长白山)、黑龙江(佳木斯、镜泊湖)、福建。

5. 爱波赤眼蜂属 *Epoligosita* Girault

属征：前翅形态特殊，末端尖圆，翅脉长而直，超过翅长一半以上，翅面无纤毛，缘毛长，体色淡。触角 5～6 节，具柄节、梗节、环状节、索节各 1 节，棒节 1～2 节。胸部中央具纵纹；内悬骨长；中足基跗节长，且有 1 长毛。

目前本属全世界已知有 16 种，我国有 8 种。本书记述 4 种，其中 2 种为中国新记录种。

(15)中华爱波赤眼蜂 *Epoligosita sinica* Viggiani et Ren，1986(图 34)

雄：体长 0.7 mm。全体黄白色，但上颚端部黄褐色；触角、翅基片、前翅缘前脉下缘、各足跗节淡灰褐色，复眼、单眼黑色。

头与胸部等宽，触角着生于两复眼下缘连线之上方；柄节与梗节等长，柄节长为宽的 2.8 倍，梗节长为宽的 2.6 倍；环状节发达；索节圆筒形，长为宽的 1.3 倍，相当于梗节的 0.4 倍；棒节 2 节，纺锤形，长为宽的 2.9 倍，具若干较长的刚毛；第 1 棒节小于第 2 棒节，长为后者的 0.8 倍；第 2 棒节除具刚毛外，尚具若干条形感觉器。胸部相当于腹

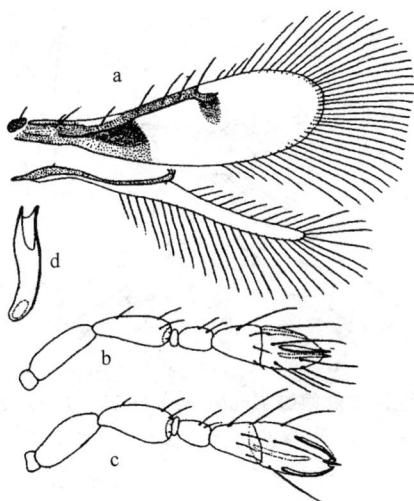

图 34　中华爱波赤眼蜂 *Epoligosita sinica* Viggiani et Ren

a. 前后翅（♂）；b. 触角（♂）；c. 触角（♀）；d. 雄外生殖器

（引自林乃铨）

长的 0.6 倍左右；中胸盾和小盾片各具 2 根刚毛，无明显刻纹。前翅长为宽的 3.3 倍；翅脉伸达翅长的 0.6 处；缘毛不特别长，最长者约为翅宽的 1.2 倍；缘前脉以下翅面具灰褐色晕纹。后翅与前翅等长，后翅缘毛略短于前翅缘毛。中足基跗节最长，等于第 2 跗节长的 1.3 倍，前、后足各跗节大约等长。外生殖器简单管状，稍向腹面弯曲，长仅为后足胫节的 0.55 倍。

雌：体长 0.7～0.75 mm，体色及大部分特征与雄虫相似，但触角末端钝而不尖。产卵管长为腹部的 0.7 倍，等于后足胫节的 2.2 倍，端部稍露出腹末。

寄主：未知。

分布：辽宁（沈阳、大连、阜新）、福建、广东。

(16)双色爱波赤眼蜂 *Epoligosita bicolor* Hayat et Viggiani, 1981，中国新记录种(图 35)

雌：体长 0.5～0.7 mm，翅长 0.29 mm。大体为淡黄色，但头深褐色，并胸腹节两侧、腹部第 1 节两侧和腹末 2 节为褐色；复眼、单眼黑色，前翅基部 1/3 翅面烟褐色。

头高大于宽，复眼占头高一半以上，上颚 3 齿。触角着生于两复眼下缘连线之上方；柄节较粗壮，长为宽的 1.43 倍，稍长于梗节；梗节

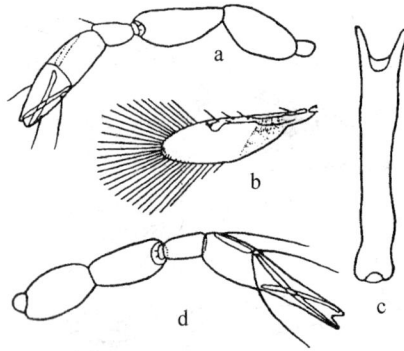

图 35　双色爱波赤眼蜂 *Epoligosita bicolor* Hayat et Viggiani
a. 触角(♀)；b. 前翅(♀)；c. 雄外生殖器；d. 触角(♂)

长为宽的 2.2 倍；环状节明显；索节长大于宽，相当于梗节长的一半；棒节 2 节，分节不十分清楚，长为宽的 3.3 倍，上有若干条形感觉器和刚毛。胸部无明显刻纹，并胸腹节中部有一三角形突起，内悬骨伸达腹部 1/3 处。前翅长为宽的 3.67 倍，末端尖圆；翅脉伸达翅长的 0.6 左右，缘脉长于亚缘脉及缘前脉；缘毛长，最长者为翅宽的 1.7 倍。后翅与前翅近等长，翅脉不足翅长的一半，缘毛与前翅缘毛近等长。腹部末端尖，产卵器长为后足胫节的 1.7 倍，末端明显露出腹外。

雄：体长 0.65 mm 左右。体色略深于雌性，触角棒节较雌虫粗短；雄外生殖器简单管状；长为宽的 6.4 倍，相当于后足胫节的 0.7 倍。

寄主：未知。

分布：辽宁(沈阳)、吉林(长春、吉林)、黑龙江(佳木斯、镜泊湖)。

(17)光盾爱波赤眼蜂 *Epoligosita nudipennis*（Kryger, 1918），中国新记录种(图 36)

雌：体长 0.6 mm 左右，翅长 0.29 mm。全体淡黄色；但上颚、产卵管黄褐色，复眼、单眼黑色，前、后翅脉淡黄褐色；前翅基部浅灰色。

头正面观近圆形，高稍大于宽，复眼不及头高的一半，触角着生于两复眼下缘连线稍上方；柄节近圆柱形，长为宽的 2.2 倍；梗节约与柄节等长，长为宽的 2 倍稍多；环状节明显；索节近正方形；棒节 2 节，长为宽的 4.2 倍，为索节的 6.2 倍，上生若干条形感觉器和刚毛；第 1棒节长稍大于宽，第 2 棒节长为宽的 2.1 倍。中胸盾和小盾片无刻纹，内悬骨伸达腹部的一半。前翅端部较圆，长为宽的 1.4 倍；翅脉伸达翅

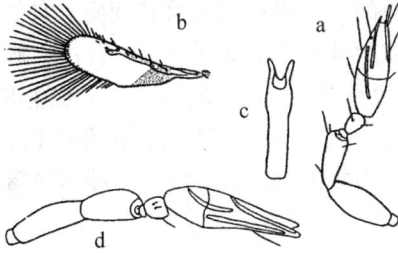

图 36　光盾爱波赤眼蜂 *Epoligosita nudipennis*（Kryger）
a. 触角（♀）；b. 前翅（♀）；c. 雄外生殖器；d. 触角（♂）

长的 0.67 处，痣脉基部缢缩，其端部的外前方翅面上有 2 根纤毛。后翅短于前翅，最长缘毛约为前翅缘毛的 0.75 倍。产卵器几乎不突出，长为后足胫节的 1.5 倍。

雄：体长 0.52 mm 左右。头、身体两侧及足的颜色较深。外生殖器简单管状，长为宽的 5 倍，相当于后足胫节的 0.63 倍。

寄主：未知。

分布：辽宁（沈阳）、吉林（长春、辽源）。

（18）长管爱波赤眼蜂 *Epoligosita longituba* Lin，1990（图 37）

雌：体长 0.7 mm。全体淡黄色，但上颚端部、前翅缘前脉基部以内翅面、产卵管及其基部两侧黄褐色；复眼、单眼黑色。

头部略宽于胸部；触角较细长，着生在两复眼下缘连线之上方；柄节长为宽的 3 倍，梗节长为宽的 2.5 倍，与柄节等长；环状节明显；索节长为宽的 1.8 倍，约为梗节长的一半左右；棒节 2 节，长纺锤形，末端渐尖，2 节全长相当于柄节的 1.8 倍；第 1 棒节近圆筒形，长为宽的 1.3 倍，不足第 2 棒节的一半；第 2 棒节长锥形，长为宽的 2.8 倍，其上生有若干条形感觉器和刚

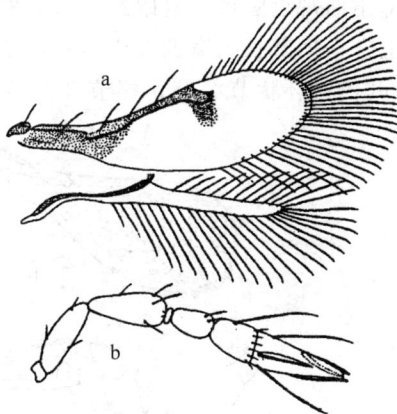

图 37　长管爱波赤眼蜂 *Epoligosita longituba* Lin（♀）
a. 前后翅；b. 触角
（引自林乃铨）

毛。胸部相当于腹长的 0.6 倍；内悬骨长而宽，伸达腹部的一半。前翅
长为宽的 3.3 倍；翅脉伸达翅长的 0.65 左右；痣脉粗短，仅为缘脉长
的 0.25 倍；最长缘毛为翅宽的 1.2 倍。后翅与前翅约等长，后翅最长
缘毛略短于前翅缘毛，与前翅宽度相当。腹部圆锥状，长为胸部的 1.5
倍；产卵器发达，长为腹部的 0.85 倍，端部明显露出腹末。

雄：未采到。

寄主：未知。

分布：辽宁（沈阳）、黑龙江（佳木斯）、福建。

6. 光脉赤眼蜂属 *Aphelinoidea* Girault

属征：前翅较长，端部圆形，翅脉短而直，缘脉粗短，短于亚缘
脉，痣脉很短；翅面纤毛稠密，不规则分布。触角 5～8 节，即柄节、
梗节各 1 节，环状节 1～2 节，索节消失，棒节 2～3 节；棒节各节紧密
相连。

本属目前全世界已知有 34 种，我国已知有 5 种。本书记述分布在
本地区的 2 种。

(19) 长翅光脉赤眼蜂 *Aphelinoidea dolichoptera*（Nowicki，1933）（图 38）

雌：体长 0.78 mm，前翅长 0.5 mm。头部、触角棒节、胸部两侧
及腹部暗褐色；胸部中央、各足腿节为浅黄褐色；触角除棒节外各节、
足除腿节外各节为灰白色；上颚端部及产卵器为黄褐色；复眼、单眼红
色；前后翅脉及前翅翅脉下方翅面为暗褐色。

头部正面观近圆形，复眼约占头高的一半，触角着生在两复眼下缘
连线稍上方；柄节长为宽的 3.1 倍；梗节长为宽的 2.5 倍，相当于柄节
长的 0.68 倍；环状节 2 节；棒节 3 节，纺锤形，长为宽的 2.5 倍，第

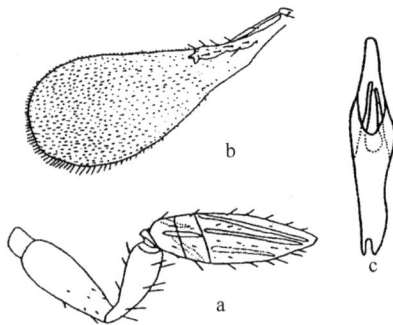

图 38 长翅光脉赤眼蜂 *Aphelinoidea dolichoptera*（Nowicki）
a. 触角（♀）；b. 前翅（♀）；c. 雄外生殖器

1、第 2 节横宽，两节全长不及第 3 节长；棒节各节均生有条形感觉器和短毛。胸部具细刻纹，中胸盾和小盾片各具 4 根刚毛；内悬骨短小，仅伸至腹部 0.2 左右，末端两裂。前翅长为宽的 2.5 倍；翅脉伸至翅长的 0.36 处，缘脉肿大，痣脉极短；翅面纤毛稠密，散乱分布；缘毛短，最长者仅及翅宽的 1/14。腹部细长，长为头胸之和的 1.29 倍，末端尖；产卵器发达，比腹部长，长为后足胫节的 2.5 倍，端部突出腹末，突出部分占产卵器长的 1/8。

雄：大小及体色与雌虫相似。雄外生殖器明显分阳基和阳茎两部分，阳基长为宽的 4.3 倍，与后足胫节近等长。

寄主：未知。

分布：辽宁（沈阳、北镇、阜新）、新疆。

(20)土耳其光脉赤眼蜂 *Aphelinoidea anatolica* Nowicki，1936(图 39)

雌：体长 0.7～0.8 mm，前翅 0.56 mm。大体褐黄色，但头顶黄褐色，各足腿节和胫节两端、第 1 和第 2 跗节黄白色；前后翅脉、前翅翅脉以内翅面烟褐色；后翅基部烟褐色区未达翅脉末端，颜色稍浅。复眼、单眼深红色。

头部正面观近圆形，复眼占头高的一半。触角着生在两复眼下缘连线上；柄节长为宽的 3.1 倍；梗节长为宽的 2.4 倍，相当于柄节长的 0.77 倍；环状节 2 节；棒节 3 节，长为宽的 2.8 倍，相当于柄节长的 1.6 倍；第 1 棒节与第 2 棒节连接特别紧密，仅在腹面有一不完全的分界线；第 3 棒节明显大于基部 2 节，为 2 节全长的 2.6 倍，上有 5 个条形感觉器。胸部短于腹部，具刻纹；内悬骨伸达翅长的 1/3 处，末端两裂。前翅长为宽的 2.3 倍，翅脉伸达翅长的 0.35 处，缘毛短，不及翅宽的 1/10。翅面的中部，由于纤毛极其微小，因此形成 1 个透明区域。

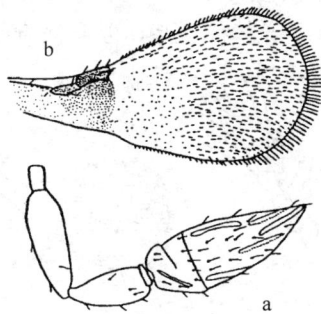

图 39　土耳其光脉赤眼蜂 *Aphelinoidea anatolica* Nowicki

a. 触角(♀)；b. 前翅(♀)

后翅短于前翅，最长后缘毛为翅宽的 1.6 倍，翅面纤毛 3 列。腹部短于头胸之和，末端钝圆；产卵器短小，长为后足胫节的 2.1 倍，端部突出腹末，突出部分占产卵器长的 3/5。

雄：与雌虫相似，但体色较浅，触角较短小。雄外生殖器分阳基和阳茎两部分，长为宽的 2.9 倍，相当于后足胫节长的 0.56 倍。

寄主：未知。

分布：辽宁(朝阳)、新疆。

7. 尤氏赤眼蜂属 *Uscana* Girault

属征：触角索节消失，棒节 4 节，各节具条形感觉器和刚毛，有的第 1 棒节还保留索节特征；环状节 1 节(有的个体似乎还有第 2 环状节)；颜面触角槽凹陷；前翅宽圆，缘脉直，痣脉下方翅面常具暗色昙纹斑，翅面纤毛规则排列，中肘横毛列(m-Cu)与臀毛列(A)基部几乎汇合。雌虫产卵器短，从腹部的中后部生出；雄外生殖器短小，简单管状。

本属目前世界已知有 24 种，我国已知有 6 种。在已知的种类中有 10 种寄生豆象科和吉丁虫科害虫卵。本书记述本地区 4 种，其中包括 1 新记录种。

(21)赛内尤氏赤眼蜂 *Uscana senex*（Grese，1923），中国新记录种(图 40)

雌：体长 0.52 mm，前翅 0.39 mm。全体褐色，前足胫节和中、后足胫节末端以下浅色；复眼、单眼红色；前翅除缘前脉基部的后方具一小昙纹斑外，其余翅透明。

头部正面观宽大于高，复眼较大，占头高的 0.72；触角着生在两复眼下缘连线上；柄节明显较粗，长为宽的 2 倍，相当于梗节长的 1.55 倍；梗节长为宽的 2 倍左右，上具数条横脊纹；环状节可见 1 节，

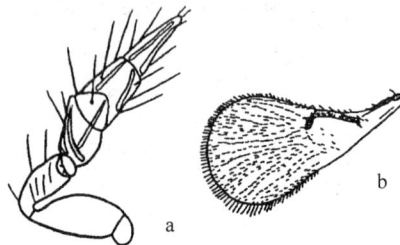

图 40 赛内尤氏赤眼蜂 *Uscana senex*（Grese）
a. 触角(♀)；b. 前翅(♀)

棒节 4 节，细长，长为宽的 3.9 倍，相当于柄节长的 1.9 倍；各棒节均具条形感觉器和长毛。胸部中胸盾及小盾片具细刻纹，内悬骨伸至腹部 0.4 倍处，末端分 2 叶。前翅宽圆，长为宽的 1.85 倍，翅脉伸达翅长 0.5 左右；缘脉长于缘前脉而短于亚缘脉，约为痣脉的 1.5 倍；翅面纤毛基本成列，具中肘横毛列；缘毛短，最长者仅为翅宽的 0.14 倍左右。后翅长为宽的 12 倍，翅面纤毛 3 列，后缘毛约为翅宽的 2 倍。腹部略短于头、胸长之和，末端较钝；产卵器约为腹长的 0.45 倍，与后足胫节近等长，末端不外露。

寄主： 未知。

分布： 辽宁(大连)、黑龙江(镜泊湖)。

(22) 长白尤氏赤眼蜂 *Uscana changbaiensis* **Lou et Cao, 1997**(图 41)

雄： 体长 0.72 mm，前翅 0.53 mm。全体黄褐色，足除后足基节及腿节与体色相同外，其余浅黄色，前翅端缘、痣脉以内翅面暗色半透明；复眼、单眼鲜红色。

头宽大于头高，复眼占头高的 0.56 倍；触角着生在两复眼的中部，8 节；柄节长为宽的 3 倍；梗节长为宽的 1.87 倍；环状节 2 节，仅 1 节明显，呈倾斜状；索节缺如；棒节 4 节，较细长，长为宽的 4.25 倍，分别等于柄节及梗节长的 1.7 倍及 2.26 倍；第 1 棒节最小、横形；第 2~4 棒节均长大于宽，各节具若干条形感觉器和长刚毛。胸部短于腹部，具细刻纹。前翅较宽圆，长为宽的 2.1 倍；翅脉伸至翅长的 0.52 倍处，缘脉长于缘前脉而短于亚缘脉，相当于痣脉的 2 倍；翅面纤毛排列甚规则，17 列，中肘横毛列不明显；缘毛较长，长为翅宽的 0.4 倍。后翅长为宽的 10.6 倍，翅脉伸达翅长的 0.47 处，翅面纤毛 2 列，后缘毛长

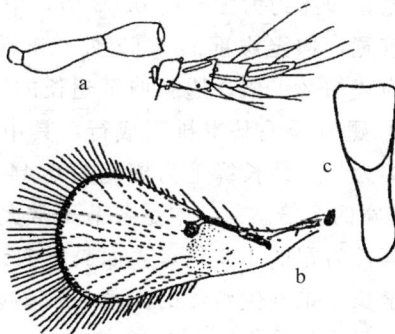

图 41　长白尤氏赤眼蜂 *Uscana changbaiensis* Lou et Cao(♂)

a. 触角；b. 前翅；c. 雄外生殖器

为翅宽的 2.2 倍,稍短于前翅缘毛。腹部与头、胸之和近等长。雄外生殖器简单管状,短小,长为宽的 3.3 倍,等于后足胫节长的 0.4 倍。

寄主:未知。

分布:吉林(长白山)。

(23)粗腿尤氏赤眼蜂 *Uscana femoralis* Lou, 1996(图 42)

雄:体长 0.44 mm。全体暗黄褐色,但头顶及胸部背面较浅;后足腿节黑褐色;复眼、单眼红色;翅脉灰褐色,前翅痣脉以内翅面浅灰色半透明,其余翅面透明。

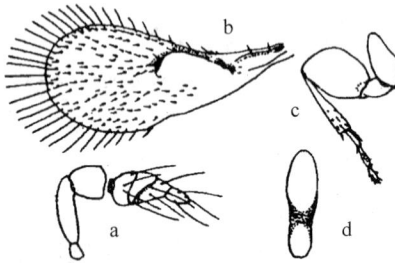

图 42 粗腿尤氏赤眼蜂 *Uscana femoralis* Lou(♂)
a. 触角;b. 前翅;c. 后足;d. 雄外生殖器

头与胸近等宽,头顶具细刻纹。触角短粗,柄节长为宽的 3 倍,相当于梗节的 1.4 倍;梗节甚粗,呈杯状,长宽相等;环状节 2 节,第 1 节明显,第 2 节微小不明显;索节消失;棒节 4 节,第 1~3 节均宽大于长,各节基部严重重叠,端棒节尖锐;棒节全长约为宽的 2.4 倍,相当于柄节的 1.47 倍,等于柄节与梗节长度之和的 0.85 倍;各棒节具数个条形感觉器和刚毛。胸部约为腹长的 0.62 倍,中胸盾及小盾片各具 4 根刚毛;内悬骨较宽,伸至腹部的 0.52 处,末端具一圆形小缺口。前翅中等宽圆,长为宽的 2.1 倍,翅脉伸至翅长的 0.56 处,缘脉短于亚缘脉而长于痣脉;翅面纤毛基本排列成行,具中肘横毛列(m-Cu);缘毛较本属其他种类为长,最长缘毛为翅宽的 0.44 倍。后翅长为宽的 9 倍,后缘毛约为翅宽的 2 倍。前、中足各节正常大小;后足腿节极度粗大,呈卵圆形,其长为宽的 1.4 倍,表面具纵向纹;胫节长于腿节,亦长于 3 个跗节的全长。雄外生殖器的阳基与阳茎愈合,呈简单管状,长为宽的 3.2 倍,等于后足胫节长的 0.42 倍。

雌:体的大小、颜色与雄虫相似。但触角较雄虫稍长;棒节长为宽的 3.3 倍,等于柄节的 2.1 倍。前翅缘毛较雄虫稍短,最长缘毛仅为翅宽的 0.4 倍。3 对足正常大小，后足腿节不特别粗大。产卵器为腹长的 0.62 倍左右，等于后足胫节长的 1.44 倍，端部略露出腹末。

分布：辽宁(大连)、黑龙江(镜泊湖)。

(24)豆象尤氏赤眼蜂 _Uscana callosobruchi_ Lin，1994(图 43)

雌虫体长 0.48～0.50 mm，雄虫体长 0.45～0.48 mm。本种体色及大部分特征与粗腿尤氏赤眼蜂 _U. femoralis_ Lou 非常相似。主要区别有 3 点：①本种前翅缘毛明显较粗腿尤氏赤眼蜂为短，最长缘毛不足翅宽的 1/6，后者为翅宽的 0.4 倍；②本种翅面上的纤毛分布规则，排列成行，后者翅面上的纤毛基本排列成行，不十分规则；③本种触角棒节相对较粗，长为宽的 2.75 倍，相当于柄节的 1.8 倍；后者触角棒节较细长，长为宽的 3.3 倍，相当于柄节的 2.1 倍。

寄主：绿豆象卵。

分布：据记载分布在辽宁(沈阳)、福建。

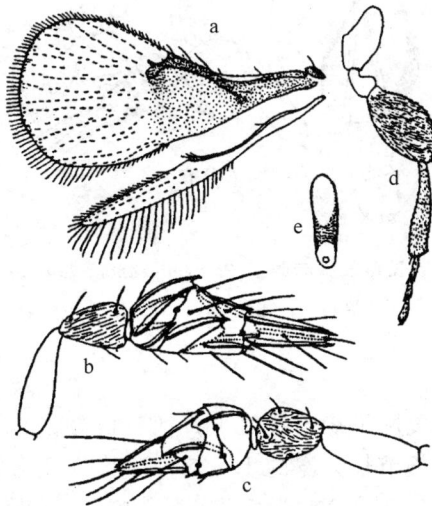

图 43　豆象尤氏赤眼蜂 _Uscana callosobruchi_ Lin
a. 前后翅(♀)；b. 触角(♀)；c. 触角(♂)；d. 后足(♂)；e. 雄外生殖器
(引自林乃铨)

8. 长脉赤眼蜂属 _Pterygogramma_ Perkins

属征：触角 8 节，具柄节、梗节、环状节各 1 节，索节缺如；棒节 5 节，不特别膨大。前翅翅脉长，明显超过翅长的一半；翅面纤毛大体规则排列。产卵器长，前方达腹部基部，端部伸出腹末之外。

本属迄今共知有 11 种，我国有 3 种。经作者鉴定，辽宁分布 1 种。在已知的种类中，其中 4 种可分别寄生叶蝉科和角蝉科等害虫卵。

(25)长角长脉赤眼蜂 *Pterygogramma longius* Lin，1994(图 44)

雄：体长 0.68 mm，翅长 0.45 mm。大体暗黄褐色，但触角柄节、胸部背面、前中足大部分为淡黄色；复眼、单眼红色；翅基部稍具暗灰色，其余翅面透明。

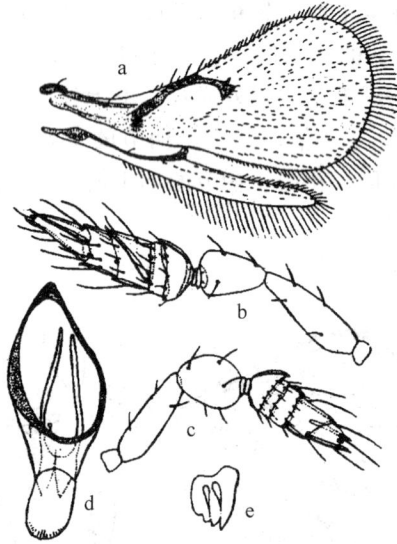

图 44　长角长脉赤眼蜂 *Pterygogramma longius* Lin
a. 前后翅(♀)；b. 触角(♀)；c. 触角(♂)；d. 雄外生殖器(背面观)；e. 上颚
(引自林乃铨)

触角着生在两复眼下缘连线之上；柄节长为宽的 3.16 倍，相当于梗节长的 1.7 倍；梗节长为宽的 1.7 倍；环状节可见 1 节，索节消失；棒节 5 节，长为宽的 3 倍，约为柄节长的 1.6 倍；第 1 棒节鳞片状，倾斜；第 2 棒节最短小，横条状；第 1～3 棒节各节均宽大于长，第 4 棒节长宽近相等，与端棒节等长；各棒节具稀疏刚毛，第 3～5 棒节各具数个条形感觉器。胸部具细网纹；前翅长为宽的 1.89 倍，翅脉伸达翅长的 0.58 处，略呈"S"形弯曲；痣脉较长，等于或略长于缘脉，具细长的颈部；翅面纤毛较密，大体规则排列，具中肘横毛列。缘毛长为翅宽的 0.21 倍。外生殖器短而宽，阳基长为宽的 2.31 倍，基部高度骨化呈黑色圆环状；阳茎明显短于其内突，两者全长略短于阳基长度，为后足胫节长的 0.45 倍。

雌：体长 0.7 mm 左右。大体与雄虫相似，但触角棒节较长，末端较尖；前翅缘毛较短；体色亦较雄虫为深。雌虫产卵管短于腹部，为腹长的 0.56 倍，等于后足胫节长的 1.48 倍，末端不明显伸出腹末。

分布：辽宁（大连）、福建。

9. 拟纹赤眼蜂属 *Lathromeroidea* Girault

属征：前翅较长，中等宽大，末端圆；翅面纤毛规则排列，中肘横毛列（m-Cu）、中毛列（M）、肘毛列（Cu）和臀毛列（A）的基部汇聚在一起。触角 9 节，环状节 2 节，无索节，棒节 5 节，其上具刚毛和条形感觉器。前足腿节末端有 1 粗毛，中足胫节外侧有许多刺毛和 1 端距。

本属世界已知有 8 种，我国已知有 2 种。目前只知 *L. odnata* 可寄生蜻蜓卵，*L. nigrella* 和我国台湾地区的 1 未定名种，可在稻田寄生黑尾叶蝉卵，其余寄主不明。

(26) 黑色拟纹赤眼蜂 *Lathromeroidea nigra* Girault，1912（图 45）

雌：体长 0.6～0.65 mm。体壁较厚，不易破碎。全体黑褐色，但头顶、触角柄节、前足胫节及第 1、2 跗节、中后足胫节端部及第 1、2 跗节为黄褐色；上颚及产卵管褐色；复眼、单眼深红色；翅脉暗褐色，前翅翅脉之下翅面具灰褐色昙纹，其余翅面透明。

头正面观扁圆形，明显宽于胸部，复眼较大，表面具细纤毛；触角生在两复眼下缘连线稍上方，较粗短，除环状节外，各节具刚毛；柄节长为宽的 3.7 倍，等于梗节长的 1.4 倍；梗节长为宽的 1.7 倍；环状节 2 节，第 2 环状节略小；无索节；棒节 5 节，长纺锤形，长为宽的 2.8

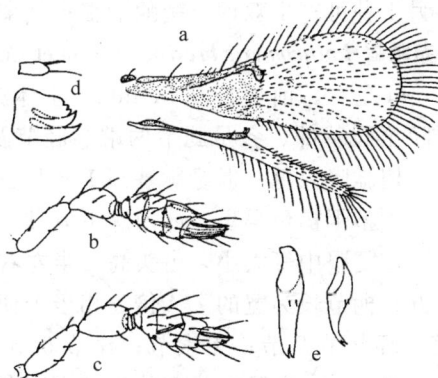

图 45　黑色拟纹赤眼蜂 *Lathromeroidea nigra* Girault
a. 前后翅（♀）；b. 触角（♀）；c. 触角（♂）；d. 上颚及下颚须；e. 雄外生殖器
（引自林乃铨）

倍,等于柄节长的 1.6 倍;第 1 棒节最小,第 3、4 棒节最宽大,除第 5 棒节长大于宽外,其余棒节均横宽,第 3~5 棒节具条形感觉器。胸部具明显刻纹;中胸盾和小盾片各具 4 根刚毛;内悬骨短而宽,伸达腹部的 0.3 处,端部分 2 叶。前翅中等宽大,长为宽的 2.6 倍;翅脉较直,达翅长的一半;缘脉短于亚缘脉,约为痣脉的 2.8 倍;痣脉基部明显收窄;翅面纤毛较粗而密,规则排列,中肘横毛列清楚;缘毛中等长短,长为翅宽的 0.43 倍。后翅翅面具 3 列纤毛,最长后缘毛等于翅宽的 3 倍,稍短于前翅最长的缘毛。足的各节均具细毛,各胫节端部内侧具 1 距状刚毛。产卵器高度骨化,长为腹部的 0.75 倍,等于后足胫节的 1.4 倍,端部不明显露出腹末。

雄: 雄性外生殖器简单管状,长为宽的 3.7 倍,等于后足胫节长的 0.46 倍,基部宽圆,端部扁平且分叉,稍向腹面弯曲。

分布: 辽宁(沈阳、阜新、千山、北镇)、吉林(长春、吉林、辽源、敦化、安图)、黑龙江(哈尔滨)、北京、广西。

10. 纹翅赤眼蜂属 *Lathromeris* Foerster

属征: 雌雄触角棒节 5 节,末端常有 1 棒状端突,基部第 1 棒节最小,与索节相似;索节缺如;环状节 2 节,第 2 节很小,紧贴在棒节基部。前翅缘脉较长,翅面纤毛规则分布,中肘横毛列消失。有很多种类雌性下生殖板发达,包在产卵管之外。

本属世界已知有 22 种,我国有 4 种,本书记述本地区的 2 种。据记载,在已知的种类中,除有 2 种可分别寄生同翅目的角蝉、沫蝉和 1 鳞翅目害虫卵外,另 1 种可寄生双翅目瘿蚊幼虫;其余种类寄主不明。

(27)短茎纹翅赤眼蜂 *Lathromeris brevipenis* Lou et Cong, 1997(图 46)

雌: 体长 0.7 mm 左右,前翅长 0.51 mm。全体深褐色,但头顶、中胸(除中胸盾之外)至腹基部、各足腿节两端、胫节及跗节淡黄褐色;复眼、单眼暗红色;翅脉暗褐色,但缘脉基部 1/2 灰白色;全翅暗色半透明,痣脉下方具一大型烟褐色晕斑,缘前脉下方具一小晕纹。

头宽稍大于头高,复眼中等大小,占头高一半左右。触角着生在两复眼下缘连线的上方;柄节长为宽的 2.4 倍,相当于梗节的 1.4 倍;梗节长为宽的 2.5 倍;环状节 2 节;无索节;棒节 5 节,长为宽的 2.85 倍,相当于柄节的 1.68 倍,基部 4 节宽均大于长,第 3 棒节最宽大,端棒节长为宽的 1.4 倍,末端具一很长的棒状端突。中胸盾具网状刻纹。前翅长为宽的 2.3 倍;翅脉末端达翅长的 0.56 倍处,缘脉与亚缘脉近等长,长于缘前脉;缘毛较短,最长者为翅宽的 0.29 倍。后翅长

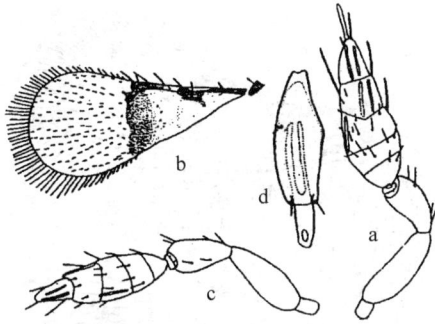

图 46　短茎纹翅赤眼蜂 *Lathromeris brevipenis* Lou et Cong
a. 触角(♀)；b. 前翅(♀)；c. 触角(♂)；d. 雄外生殖器

为宽的 10 倍左右；最长后缘毛为后翅宽的 1.7 倍，与前翅缘毛近等长；翅面纤毛 3 列。腹部约等于头、胸部长度之和；内悬骨伸达腹部 1/3 处，末端分 2 叶；产卵器发达，长为后足胫节的 1.8 倍，末端伸出腹末之外。

雄：基本特征与雌虫相似，但体色稍淡，触角棒状节较细、较短，末端无棒状端突。雄外生殖器明显分阳基和阳茎两部分；阳基长为宽的 2.5 倍，阳基侧瓣极短，其上各有 1 根小毛，无腹中突；阳茎明显短于其内突，两者全长仅及后足胫节的 0.4 倍。

分布：辽宁(大连、阜新)。

(28)锤棒纹翅赤眼蜂 *Lathromeris tumiclavata* Lin，1994(图 47)

雌：体长 1~1.15 mm。全体深褐色，但头顶、小盾片至第 1 腹节背板、各足腿节两端、中后足胫节末端及第 1~2 跗节色较淡；上颚及产卵管褐色；复眼、单眼深红色；翅脉淡黄褐色，痣脉及缘前脉基部下方各有一淡黄褐色小晕纹，其余翅面透明。

头部明显宽于胸部；触角着生在两复眼之间中下方，较粗壮，除环状节外，各节具刚毛；柄节长为宽的 3 倍，相当于梗节的 1.5 倍；梗节长为宽的 1.7 倍；环状节 2 节，第 2 节明显小于第 1 节；棒节 5 节，近卵圆形，长为宽的 2 倍，等于柄节长的 1.2 倍；各棒节宽度均大于长度，第 3~5 棒节有若干条形感觉器，棒节顶端有一棒状端突，明显突出棒节之外。胸部具细刻纹，中胸盾具 4 根长刚毛，小盾片除具 4 根长刚毛外，其两侧中部还各具 1 根细毛；内悬骨伸至腹部的 1/3；末端分 2 叶。前翅中等宽大，长为宽的 2.2 倍；翅脉较直，伸至翅长的 0.56 处，缘脉稍短于亚缘脉，等于痣脉的 3 倍；翅面纤毛中等稠密，分布成

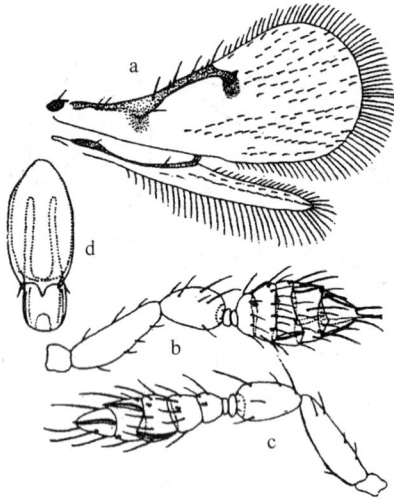

图 47 锤棒纹翅赤眼蜂 *Lathromeris tumiclavata* **Lin**

a. 前后翅(♀)；b. 触角(♀)；c. 触角(♂)；d. 雄外生殖器

(引自林乃铨)

列，无中肘横毛列；最长缘毛为翅宽的 1/4。后翅长为宽的 12 倍左右，最长后缘毛稍长于前翅缘毛，翅面纤毛近于 2 列。足的各节具细毛，各胫节内端具 1 距状刚毛，后足胫节外端还有 1 齿状刺毛。产卵器高度骨化，约占腹长的 0.7，等于后足胫节的 1.8 倍，末端稍外露；下生殖板较发达，伸至产卵管的 0.6 处。

雄：体长 0.95～1.05 mm。体色及大部分特征与雌虫相似，但触角棒节较细长，末端无棒状端突。外生殖器粗短，阳基简单，仅具短小的阳基侧瓣和骨化较弱的腹中突；阳茎短于其内突，两者全长与阳基相等，仅及后足胫节长的 0.4 倍。

分布：辽宁(大连)、福建。

11. 刺角赤眼蜂属 *Haeckeliania* Girault

属征：体型较小，触角环状节 2 节，无索节，棒节 5 节，结构特殊，上有粗大、前弯且常有分支的刚毛；下颚须 2 节；前翅中等宽阔；缘脉略短于缘前脉，中肘横毛列(m-Cu)与臀毛列(A)基部相汇合。

本属目前只知有 9 种，我国有 3 种，本书记述 1 种，所有种类的寄主均不明。

(29)长缨刺角赤眼蜂 *Haeckeliania longicilia* **Lou et Cao, 1997**(图 48)

雄：体长 0.68 mm，翅长 0.45 mm。全体浅黑色，但腹部各节间

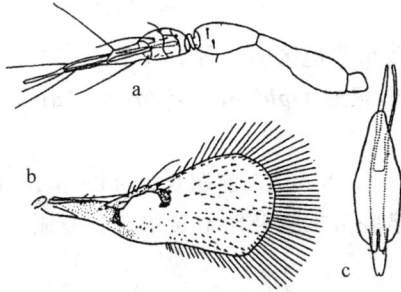

图 48　长缨刺角赤眼蜂 *Haeckeliania longicilia* Lou et Cao
a. 触角(♂)；b. 前翅(♂)；c. 雄外生殖器

灰白色；复眼、单眼红色；翅脉褐色，缘前脉及痣脉下方各具一褐色小
晕纹，缘前脉以内翅面半透明，其余翅面透明。

头横宽；上颚 3 齿；下颚须 2 节，端部具 3 毛。触角着生在两复眼
中部连线的下方，细长，9 节组成；柄节长为宽的 4 倍，等于梗节长的
1.65 倍；梗节长为宽的 2 倍；环状节 2 节，仅第 1 环状节明显；索节缺
如；棒节 5 节，长锥状，长为宽的 5 倍，为柄节长的 1.6 倍；基部 3 节
略膨大，且相互重叠；第 4 节长为宽的 2 倍；第 5 节特长，与基部 4 节
长度之和相等；第 2~5 棒节各具条形感觉器和粗长刚毛。胸部具细刻
纹。前翅中等宽阔，长为宽的 2.16 倍；翅脉端部强度弯曲，末端伸达
翅长的一半；缘脉上具 3 根刚毛，最后的 1 根刚毛特别长；缘毛较长，
长为翅宽的 0.47 倍；翅面纤毛较稀少，大体排列成行，中肘横毛列不
明显。后翅最长缘毛为翅宽的 2 倍，翅面纤毛 2 列。各足腿节及胫节外
侧具成排的细毛，中足胫节端距发达，长于基跗节。雄外生殖器分阳基
和阳茎两部分；阳基长卵圆形，长为宽的 3.25 倍，钩爪略伸出阳基侧
瓣末端之外；阳茎略长于其内突，两者全长为后足胫节长的 0.94 倍。

雌：未采到。

分布：黑龙江(镜泊湖)。

12. 曲脉赤眼蜂属 *Ophioneurus* Ratzeburg

属征：前翅宽大，末端扁圆，缘毛短，痣脉较宽与缘脉强度弯曲；
翅面主要毛列排列规则；触角索节消失，棒节 5 节，末端尖削；下颚须
2 节。

本属目前世界只知有 9 种，我国有 4 种，在此 9 种中，已知有 2 种
可分别寄生桃小象 *Rhynchites betulae* 和杏虎 *R. auratus* 卵，其他种类

寄主不明。

本书记述分布在东北地区的 3 种。

(30)短管曲脉赤眼蜂 *Ophioneurus brevitubatus* Lou et Cong，1997 (图 49)

雌：体长 0.67～0.78 mm，前翅长 0.44～0.59 mm。全体黑褐色，但触角、口器、各足胫节末端及跗节黄褐色；复眼、单眼红色；翅脉灰褐色，翅面透明。

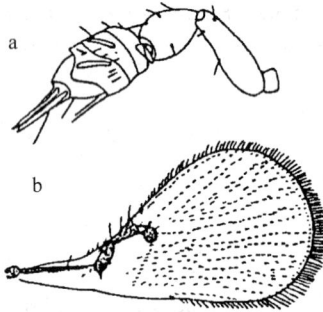

图 49 短管曲脉赤眼蜂 *Ophioneurus brevitubatus* Lou et Cong(♀)
a. 触角；b. 前翅

头正面观近圆形，复眼占头高的 0.64，表面具微毛；上颚强大，端部具 3 齿；下颚须 2 节，末端具 3 毛。触角 9 节，着生在两复眼下缘连线的上方；柄节长为宽的 2.85 倍，等于梗节长的 1.3 倍；梗节长为宽的 1.5 倍；环状节 2 节，嵌于棒节基部，不易看清；索节消失；棒节 5 节，长为宽的 2.5 倍，相当于柄节长的 1.7 倍，基部 4 节特殊膨大，并相互重叠呈卵圆形，端棒节长锥状，细而尖，其长约等于棒节全长的 0.42 倍；除第 1 棒节外，其余各棒节均具条形感觉器及刚毛。胸部略短于腹部，内悬骨末端分 2 叶。前翅宽圆，长为宽的 1.8 倍，翅脉伸达翅长的 0.47 处；缘脉与缘前脉几乎等长，痣脉基部略收窄；翅面纤毛规则排列，中肘横毛列显著，呈一直线状排列；缘毛短，最长者仅为翅宽的 0.16 倍。后翅最长缘毛接近翅宽的 2 倍，为前翅最长缘毛的 1.5 倍。足正常大小，各足基节至胫节具细网状纹，各足胫节外缘具一排细毛。腹部粗短，明显短于头胸部长度之和；末端钝；产卵器甚短，约占腹长的 0.65 倍，与后足胫节等长，末端不外露。

雄：未采到。

分布：辽宁(沈阳)、黑龙江(镜泊湖)。

(31)侧腹曲脉赤眼蜂 *Ophioneurus lateralis* Lin，1994(图 50)

雌：体长 0.62～0.75 mm，翅长 0.47～0.48 mm。全体黄褐色，但头顶、触角柄节、前足胫节及各足跗节色较浅；复眼、单眼红色；翅脉大部分褐色，但缘脉与缘前脉之间的一段为白色；痣脉、缘前脉下方各具一灰褐色小晕斑，其余翅面透明。

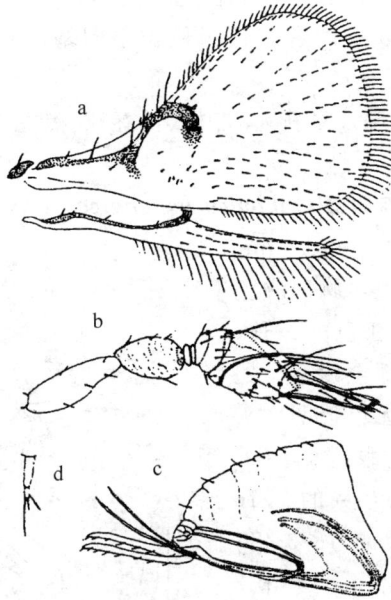

图 50　侧腹曲脉赤眼蜂 *Ophioneurus lateralis* Lin(♀)
a. 前后翅；b. 触角；c. 腹部(侧面观)；d. 下颚须
(引自林乃铨)

头明显宽于胸部，复眼较大，占头高的 0.68 倍；触角着生在两复眼下缘连线的上方，9 节；柄节长为宽的 3 倍，相当于梗节的 1.5 倍；梗节长为宽的 1.6 倍；环状节 2 节，第 2 节很小；索节消失；棒节 5 节，基部较粗，端部极尖，长为宽的 3.5 倍，等于柄节长的 1.7 倍；第 1、第 2 节明显短小，具短毛，无条形感觉器；第 3 节最宽大，长宽近相等；第 4 节横宽，长约为宽的 0.5 倍；端棒节最细长，长约为宽的 3 倍，接近棒节全长的一半；第 3～5 棒节具条形感觉器和长刚毛。胸部略短于腹部，具细纵纹，内悬骨短，末端尖不分叶。前翅极宽，长为宽的 1.76 倍；翅脉伸达翅长的 0.48 处，缘脉短于缘前脉和亚缘脉，稍长于痣脉；痣脉粗大，与缘脉成圆形弯曲；翅面纤毛中等密度，排列成行，具中肘横毛列；缘毛短，最长者为翅宽的 0.17 倍。腹部侧扁，产卵器高度发达，长为腹部的 1.5 倍，相当后足胫节的 2.5 倍，前方扩展至胸部，后端 1/3 伸出腹末。

雄：体色与雌虫相同。但触角棒节较短，长为宽的 3.3 倍，端棒节不特别细长；腹部短于胸部，不侧扁；前翅缘毛较长，为翅宽的 1/5。雄外生殖器的阳基长椭圆形，末端具钩爪及侧瓣，钩爪伸出侧瓣末端之外；腹中突及阳基背突消失，中脊短，向后伸至阳基长的 0.39 左右。阳茎与其内突近等长，两者全长明显长于阳基，约为后足胫节的 1.1 倍，端部略伸出腹末。

分布：辽宁(沈阳、阜新)、吉林(长春)、黑龙江(佳木斯、伊春)、广西。

(32)长脊曲脉赤眼蜂 *Ophioneurus longicostatus* Lin，1994(图 51)

雄：体长 0.49～0.51 mm。全体黄褐色至暗褐色，胸部颜色较深；复眼、单眼红色；头顶、触角、各足胫节端部至跗节、翅脉淡黄褐色，全翅无色透明。头部触角着生在两复眼之间中下方，较短；柄节长为宽的 3.16 倍，相当于梗节长的 1.73 倍；梗节长为宽的 1.47 倍；环状节 2 节，第 2 节较大；索节缺如；棒节 5 节，短锥形，长为宽的 2.26 倍，相当于柄节的 1.37 倍；各棒节分界清楚，不重叠，第 1～4 节长均小于宽，第 2 节最宽大，第 3 节最长，端棒节最小；各棒节均具粗长的刚毛，无明显的条形感觉器。胸部具刻纹，中胸盾和小盾片各具 4 根刚毛；内悬骨伸至腹长的 1/3，末端不分叶。前翅宽阔，长为宽的 1.75 倍；翅脉不达翅长的一半，强度弯曲；缘脉短于缘前脉和亚缘脉，与痣脉近等长；翅面纤毛较密，排列成行，具中肘横毛列；最长缘毛为翅宽的 1/4。各足具细毛，各胫节内端具 1 距状刚毛。雄外生殖器的阳基长椭圆形，末端具侧瓣、钩爪和腹中突；钩爪伸出侧瓣端部之外；腹中突长度超过钩爪的一半；中脊细长，伸至阳基后缘；阳茎与其内突等长，两者全长明显长于阳基，稍长于后足胫节。

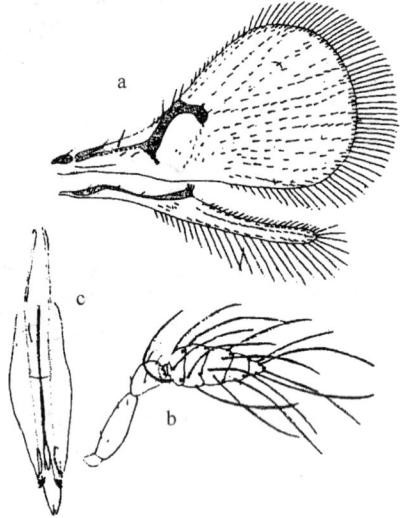

图 51　长脊曲脉赤眼蜂

Ophioneurus longicostatus Lin(♂)

a. 前后翅；b. 触角；c. 雄外生殖器

(引自林乃铨)

　　雌：未采到。据林乃铨描述，体长 0.57 mm，体色及大部分特征与雄虫相似。但触角棒节明显长于雄性，其上的粗刚毛比雄性的短而直。产卵器发达，长度与腹部相近，为后足胫节长的 2 倍，产卵管约有 1/4 伸出腹末之外。

　　分布：辽宁(沈阳)、黑龙江(佳木斯、伊春)、福建。

13. 布氏赤眼蜂属 *Bloodiella* Nowicki

　　属征：前翅宽阔，末端呈开阔圆形；缘毛很短；翅面纤毛排列成行；缘脉不长，约为亚缘脉的 1/2；亚缘脉与缘前脉间明显成折断状；痣脉较长，末端呈圆形扩展；后翅不很窄。触角具环状节及索节各 1 节，索节明显宽于梗节；棒节 3 节，强烈膨大，呈卵圆形。雌虫产卵管不突出；雄虫腹部很短，触角梗节很长，与柄节近等长。

　　目前本属世界共知有 4 种，其中分布在海地的 1 种，寄生同翅目蛾蜡蝉科的 1 种害虫(*Ormenis* sp.)卵；分布在非洲的 1 种，寄生鞘翅目 Clytridae 科的 *Gynandrophthalmae weisi*；另外 2 种寄主不明。我国过去没有该属的记录，作者 1993 年 8 月在东北三省首界昆虫学者学术讨论会上首次报道了该属赤眼蜂在我国的分布，但未定种名，现在经过鉴定为中国新记录种，记述如下。

　　(33)安达布氏赤眼蜂 *Bloodiella andalusica* Nowicki，1935，中国新记录种(图 52)

　　雌：体长 1.0 mm 左右，翅长 0.55 mm。大体黑褐色，但各足第 1～2 跗节、前足胫节、中后足膝部及胫节末端为黄色；复眼、单眼红色；触角黄褐色，但梗节及柄节色较深，产卵管黄褐色。

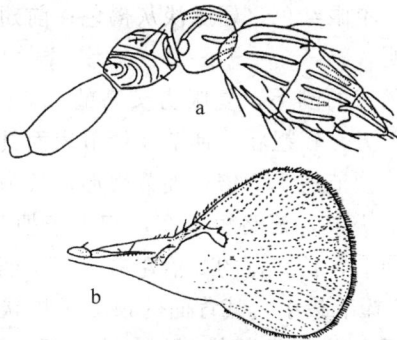

图 52　安达布氏赤眼蜂 *Bloodiella andalusica* Nowicki(♀)
a. 触角(制片时有移动)；b. 前翅

触角着生在两复眼下缘连线稍上方，柄节长为宽的 2.2 倍，相当于梗节长的 1.53 倍，表面具微细而稀疏的刻纹；梗节长为宽的 1.5 倍，表面具明显的脊状刻纹；环状节 1 节；索节 1 节，宽略大于长，显著宽于梗节，其端部与棒节略斜接；棒节 3 节，显著膨大呈卵圆形，明显宽于索节，其长为宽的 2.1 倍，等于柄节长的 1.8 倍，第 1 棒节最宽大，末棒节最小；索节及棒节各节具一排条形感觉器（在制片时压力过大，使触角有的脱节）。胸部具纵纹，内悬骨末端略有凹陷。前翅很宽，长为宽的 1.52 倍，翅脉伸达翅长的 0.51 处，缘脉长为亚缘脉的一半，缘前脉与缘脉间有一小缺口，亚缘脉与缘前脉间成折断状，痣脉基部缢缩。翅面纤毛大多数排列成行，具中肘横毛列（m-Cu），翅的缘毛极短。腹部粗短，产卵器全长为腹长的 0.58 倍，等于后足胫节长的 0.88 倍，末端与腹末平齐。

雄：未采到。

分布：辽宁（阜新）；国外分布于土耳其、西班牙。

14. 斯赤眼蜂属 *Soikilla* Nowicki

属征：前翅宽圆；翅脉短，不足翅长的 1/2，缘脉短而粗；痣脉短，端部不呈圆形扩展；缘毛短；翅面纤毛大体规则排列，无中肘横毛列（m-Cu）。雌雄触角异型，雌虫 7 节，成 1：1：1：1：3 式；雄虫触角 8 节，成 1：1：1：2：3 式。雌虫产卵器很短，雄虫外生殖器由阳基和阳茎两部分构成。

此属目前世界只知有 3 种，我国有 1 种，寄主均不明。

(34)亚洲斯赤眼蜂 *Soikilla asiatica* Lou et Yuan, 1997（图 53）

雌：体长 0.9～1.0 mm。大体褐色，但腹部各节节间淡色；头部及触角黄褐色，复眼、单眼红色；翅脉淡灰褐色；前翅基部略带暗色，半透明，其余翅面透明。

头部具刻纹和稀疏的刚毛，复眼占头高的 0.69 左右。触角着生在两复眼下缘连线的下方，较粗壮，柄节及梗节表面具微细刻纹；柄节长为宽的 2.9 倍，等于梗节的 1.8 倍；梗节梨形，长为宽的 1.3 倍；环状节 1 节，明显；索节 1 节，长略短于宽，相当于梗节长的 0.54 倍；棒节 3 节，膨大为卵圆形，长为宽的 2 倍左右，等于柄节长的 1.3 倍；第 2 棒节最宽大，第 3 棒节最小，其背面的顶端呈指状突出；各棒节具数个条形感觉器和刚毛。胸部具网状刻纹，中胸盾、小盾片各具 2 根刚毛；内悬骨伸至腹部的 0.42 处，末端分 2 叶。前翅长为宽的 1.86 倍，翅脉很短，仅达翅长的 0.39 倍处；缘脉短粗，明显短于亚缘脉，缘脉

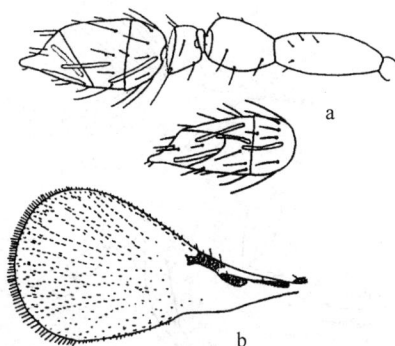

图 53　亚洲斯赤眼蜂 *Soikiella asiatica* Lou et Yuan
a. 触角(♀)；b. 前翅(♀)

与缘前脉交界处有一断裂痕；痣脉甚短，末端不呈圆形扩展；翅面纤毛基本排列规则，但翅的基半部纤毛甚少，无中肘横毛列；缘毛甚短，最长者不及翅宽的 0.1 倍。腹部较长，长为头胸之和的 1.3 倍；产卵器甚短，全长约为腹长的 0.25 倍左右，等于后足胫节长的 0.77 倍，端部与腹末平齐。

雄：未采到。

分布：辽宁(北镇、阜新)。

15. 窄翅赤眼蜂属 *Prestwichia* Lubbock

属征：体背多毛；前翅狭长，缘脉长而直，触角 7 节，即柄节、梗节、环状节、索节各 1 节，棒节 3 节较短，基部与索节广阔相连；足长，中后足胫节多毛，爪发达。

迄今本属世界已知共 5 种，其中中国有 2 种，在此 5 种中，已知 3 种寄生仰泳蝽科、蝎蝽科、固头蝽科、龙虱科、水甲科及蜻蜓等 10 多种水生昆虫卵。

(35)潜水窄翅赤眼蜂 *Prestwichia aquatica* Lubbock，1864(图 54)

雌：体细长，长 0.91 mm。头部深褐色，复眼黑色，前胸、中胸盾片及腹部褐色；触角、胸的大部、前足及产卵器黄褐色；前翅基部灰褐色，端部半透明。

头部明显宽于胸部；上颚 3 齿；下颚须 1 节，端部具 2 毛。触角着生在两复眼之间的中下方；柄节长为宽的 4.4 倍；梗节长为宽的 2 倍，相当于柄节长的 0.45 倍；环状节 1 节，大而明显；索节 1 节，似杯状，

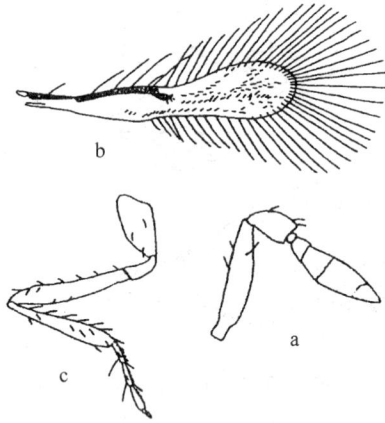

图 54　潜水窄翅赤眼蜂 *Prestwichia aquatica* Lubbock
a. 触角；b. 前翅；c. 前足

宽略大于长，与棒节广阔连接；棒节 3 节，不特别膨大，长为宽的 3.5 倍，短于柄节，为柄节长的 0.74 倍；第 1 棒节长略大于宽；第 2 棒节最大，与端棒节斜向连接，界限不十分清楚，其长约为宽的 1.3 倍；端棒节长宽相等；各棒节及索节上的刚毛少而短，未见明显的条形感觉器。胸部狭窄，窄于头部和腹部，中胸盾片圆形，表面具网状纹，深色，两侧各具 1 根刚毛；小盾片无刻纹，两侧各具 1 根刚毛。前翅狭长，长为宽的 4.8 倍，最长缘毛在翅的端部，长为翅宽的 1.8 倍；翅脉长而直，伸达翅长的 0.54 处，缘脉长于亚缘脉，痣脉短，向后方倾斜。足细长，多毛，爪发达。腹长为胸部的 1.5 倍，明显宽于胸部，各腹节背板后缘的中央部分向内凹陷。产卵器发达，全长与腹长相等，末端明显伸出腹末，伸出部分占全长的 0.28 倍。

雄：未采到。

分布：黑龙江（哈尔滨）。

16. 异茎赤眼蜂属 *Eteroligosita* Viggiani

属征：触角及翅的形态特征与寡索赤眼蜂属 *Oligosita* 极其相似，主要区别是：本属雄性外生殖器的构造特殊，阳茎双节状，基部阳茎内突短而不对称，末端具一弯曲的带状构造。

此属迄今共知 3 种，我国有 2 种，已知分布在以色列的 1 种寄生 1 种麦蛾卵，余者寄主不明。

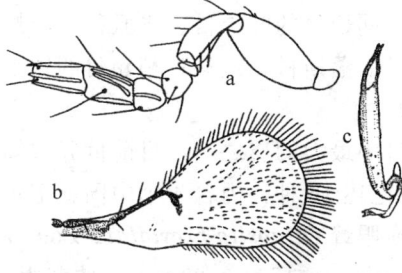

图 55　带形异茎赤眼蜂 *Eteroligosita zonata* Lin
a. 触角（♀）；b. 前翅（♀）；c. 外生殖器
（引自林乃铨）

(36)带形异茎赤眼蜂 *Eteroligosita zonata* Lin，1994(图 55)

雌：体长 1.0 mm 左右，前翅长 0.71 mm。全体黄褐色，但头顶、前中足胫节及跗节、腹部第 1~4 节背板后半段淡黄色；复眼、单眼黑色；触角及翅脉暗褐色；前翅痣脉及亚缘脉之下方翅面各具一烟褐色昙纹，其余翅面透明。

头部触角着生在两复眼下缘连线稍上方，除环状节外，各节均具若干刚毛；柄节长为宽的 3.3 倍；梗节长为柄节的 0.73 倍；环状节 1 节，大而明显；索节 1 节，长为宽的 1.7 倍，相当于柄节的 0.46 倍；棒节 3 节，长为宽的 3.86 倍，为柄节长的 1.7 倍；由基棒节至端棒节长度依次递增，端棒节的顶端近平齐；各棒节具若干条形感觉器。中胸盾及小盾片中央具 1 淡色纵带；内悬骨伸达腹部 1/3 处，末端分 2 叶。前翅端部中等宽圆，长为宽的 2.3 倍，翅面纤毛密，毛列不清楚；最长缘毛近翅宽的 1/4。腹部明显长于头、胸部之和；产卵器占腹长的 0.44 倍，等于后足胫节长的 1.1 倍，末端露出腹外，露出部分占产卵器全长的 0.15 倍。

雄：体长 0.81~0.9 mm。体色及形态与雌性相同。雄外生殖器的阳基退化；阳茎双节状，基部简单管状，端部向腹面强度弯曲并具一带状附属器，扭曲于阳茎近端部；阳茎长度约等于后足胫节长的 0.9 倍。

分布：辽宁(沈阳)、吉林(长春、吉林)、福建。

17. 寡索赤眼蜂属 *Oligosita* Walker

属征：触角 7 节，即柄节、梗节、环状节、索节各 1 节，棒节 3 节，较长，端部具端突或亚端突；前翅窄长至宽圆，翅面纤毛稀少至稠密；翅脉较直，多数超过翅长的一半以上；缘毛较长。

本属种类可寄生同翅目的叶蝉科、飞虱科、沫蝉科；半翅目的盲蝽科、长蝽科；直翅目的螽斯科、蝗科；鞘翅目的铁甲虫科；双翅目的瘿蚊科等 39 种害虫卵。

本属是赤眼蜂科中最大的属之一，目前世界共知有 140 余种，其中我国有 35 种。本书记述 16 种，内含 4 个中国新记录种。

(37)短翅寡索赤眼蜂 *Oligosita brevialata* Lou, 2001(图 56)

雌：体长 0.82 mm，前翅长 0.29 mm。体黄褐色，但头部色较深，腹部带粉红色；复眼黑色；触角黄褐色，但末端 2 节黑褐色；足浅黄褐色；翅脉暗黄色，痣脉下方具 1 烟褐色晕纹斑；翅面自缘前脉基部至翅的末端，为灰黄色半透明。

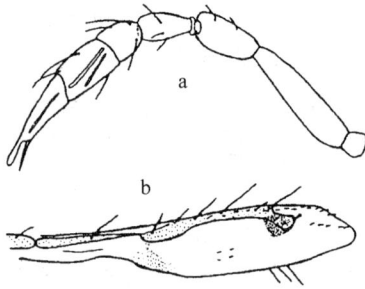

图 56　短翅寡索赤眼蜂 *Oligosita brevialata* Lou(♀)
a. 触角；b. 前翅

触角着生在两复眼下缘的连线上，细长；柄节长为宽的 3.5 倍；梗节长为宽的 2 倍，相当于柄节长的 0.57 倍；环状节 1 节；索节 1 节，长为宽的 1.9 倍；棒节 3 节，细长，长为宽的 4.9 倍，相当于柄节长的 1.4 倍；第 1 棒节最短，长宽相等；第 2 棒节长为宽的 1.9 倍；第 3 棒节圆锥形，与第 2 棒节近等长，末端具 1 棒状端突及 1 粗大刚毛；第 2、3 棒节具条形感觉器。胸部具微细纵刻纹，中胸盾及小盾片各具 2 根刚毛；内悬骨伸达腹的 0.42 处，末端分 2 叶。前翅短翅型，略向前呈肘状弯曲；翅长为宽的 5.8 倍，基部窄，端部斜切状，形似砍刀；翅脉长而直，伸至翅长的 0.8 处；翅面纤毛少而小；翅的缘毛甚少，仅在与痣脉相对应的后缘具 3 根缘毛，其长为翅宽的 0.6 倍。后翅短于前翅，翅端不呈截状，但翅的尖端近 1/4 无缘毛，仅在翅的后缘约具 15 根缘毛，最长缘毛为前翅缘毛的 1.5 倍。腹部约等于头胸长度之和，圆锥形；产卵器占腹长的 0.66 左右，等于后足胫节长的 1.6 倍，端部不露出腹末。

　　雄：未采到。

　　分布：吉林（长白山）。

　　(38)黑翅寡索赤眼蜂 *Oligosita nigriptera* **Yuan et Cong, 1997（图 57）**

　　雌：体长 0.8～0.9 mm，前翅长 0.43～0.47 mm。大体黑红色，但中胸小盾片至腹部第 2 节黄褐色，颊、前胸、前后足基节、腿节及胫节大部分暗黑色；触角柄节及梗节褐色，棒节黑白间杂；复眼、单眼黑色；前翅缘前脉至痣脉之后方翅面烟褐色，不透明。

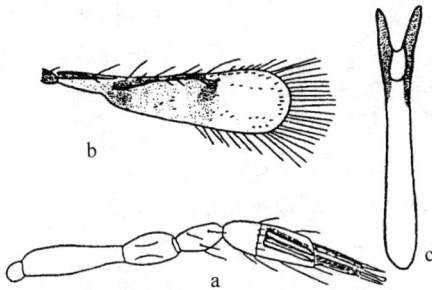

图 57　黑翅寡索赤眼蜂 *Oligosita nigriptera* Yuan et Cong

a. 触角（♀）；b. 前翅（♀）；c. 雄外生殖器

　　触角着生在两复眼下缘的连线上，细长；柄节长为宽的 3.1 倍；梗节长为宽的 2.1 倍，相当于柄节长的 0.6 倍；环状节 1 节；索节 1 节，长为宽的 1.8 倍；棒节长锥形，长为宽的 4.3 倍，等于柄节长的 1.4 倍；第 1 棒节最短，长宽近相等；第 2 棒节最长大，长为宽的 1.8 倍；第 3 棒节锥状，略短于第 2 节；第 2、第 3 棒节具条形感觉器，端棒节还有 1 棒状端突，突出棒节之外。胸部中胸盾近圆形，具网状纹；中胸盾及小盾片各具 1 对刚毛；内悬骨伸至腹部 0.5 处，末端分 2 叶。前翅长为宽的 3.7 倍。翅脉较长，达翅长的 0.66 倍；翅面纤毛稀少；缘毛中等长短，最长者与翅宽相等。腹部长卵圆形，产卵器约占腹长的 0.6，等于后足胫节长的 1.4 倍，端部稍露出腹末。

　　雄：体长 0.73～0.90 mm，翅长 0.37～0.45 mm。身体的红色部分明显比雌虫浅，呈褐色或略带红色；触角棒节明显短于雌虫，长约为宽的 2.9 倍，等于柄节的 1.2 倍，末端无棒状端突。生殖器为简单管状，长为宽的 4.9 倍，等于后足胫节长的 0.64 倍。

　　分布：辽宁（沈阳、阜新）、吉林（辽源）、黑龙江（哈尔滨、佳木斯、镜泊湖）。

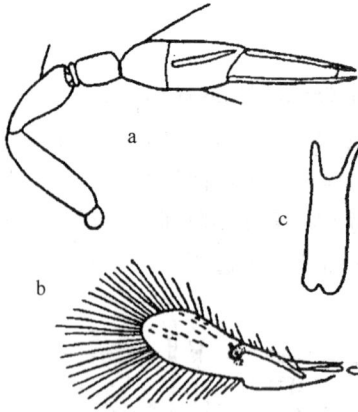

图 58　曲缘寡索赤眼蜂 *Oligosita pallida* Kryger
a. 触角（♀）；b. 前翅（♀）；c. 雄外生殖器

（39）曲缘寡索赤眼蜂 *Oligosita pallida* Kryger, 1918，中国新记录种（图 58）

雌：体长 0.47 mm，翅长 0.33 mm。全体淡黄色，但头顶、产卵管为淡黄褐色；翅脉除痣脉外灰白色，痣脉烟褐色，其下方有 1 小烟褐色晕纹。复眼、单眼黑色。

触角着生在两复眼中部连线的下方，柄节长为宽的 3 倍左右；稍长于梗节；梗节长为宽的 2.5 倍；索节 1 节，长大于宽；棒节 3 节，长为宽的 4.4 倍；第 1 棒节最短，第 3 棒节最长，端部具 1 棒状端突；第 2、3 棒节还具条形感觉器。中胸盾及小盾片具细刻纹，各具 1 对刚毛；内悬骨伸达腹部 0.4 处。前翅后缘的中部向内凹入，翅长为其宽度的 3.8 倍；翅脉伸达翅长的 0.6 处，缘脉稍长于亚缘脉；翅面纤毛稀少，分布在痣脉以外翅面的前半部分；缘毛较长，最长者为翅宽的 1.5 倍。后翅翅面无纤毛。产卵器不及腹长的一半，约等于后足胫节长的 1.2 倍，末端稍露出腹末。

雄：体长 0.49 mm，翅长 0.32 mm。体色与雌虫相似，但体侧为烟褐色。外生殖器简单管状，长为宽的 4 倍，等于后足胫节长的 0.56 倍。

寄主：不明。据记载寄生 1 种小叶蝉 *Erythroneura eburnea*。

分布：吉林（长春、吉林、辽源、长白山）、黑龙江（佳木斯、镜泊湖）；丹麦，英国，土尔其，前南斯拉夫。

（40）波多寡索赤眼蜂 *Oligosita podolica* Nowicki, 1935，中国新记录种（图 59）

雌：体长 1.06 mm，翅长 0.67 mm。全体黄色，但头部、后胸两侧及并胸腹节、后足基节、腹部各节基半部深褐色；触角及翅脉灰白色，缘前脉和痣脉下方各具 1 深色小晕纹；复眼、单眼黑色。

触角着生在两复眼之间的中部，柄节长为宽的 2.78 倍；梗节长为宽的 2.5 倍，相当于柄节长的 0.8 倍；环状节 1 节；索节 1 节，长大，长为宽的 2 倍，相当于柄节的 0.56 倍；棒节长为宽的 4.1 倍，相当于

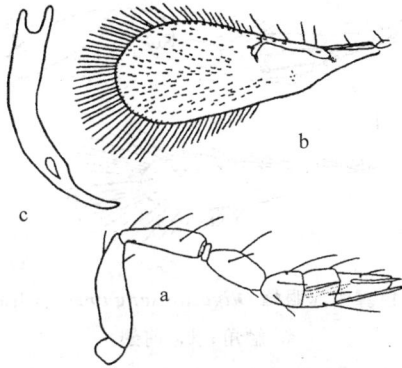

图 59　波多寡索赤眼蜂 *Oligosita podolica* Nowicki
a. 触角(♀)；b. 前翅(♀)；c. 雄外生殖器

柄节长的 1.3 倍，各节除具刚毛外，第 2、第 3 棒节尚具条形感觉器，棒节末端具 1 棒状端突。胸部无明显刻纹，中胸盾及小盾片中央具 1 纵沟，并各具 1 对刚毛。前翅长为宽的 2.6 倍；翅脉伸达翅长的 0.48 处，缘脉稍长于亚缘脉，痣脉基部收缩；翅面纤毛较多，较密，仅主要毛列排列成行；缘毛相对较短，最长者为翅宽的 0.47 倍左右。后翅翅面纤毛 2 列；最长缘毛约与前翅缘毛等长。产卵器与后足胫节约等长。

雄：体长 0.89 mm，翅长 0.61 mm。体色及大部分特征与雌虫相似。外生殖器端半部向腹面弯曲，长约为后足胫节的 0.7 倍。

分布：辽宁(沈阳、北镇)、吉林(长春、吉林、辽源、长白山、敦化)、黑龙江(佳木斯)。

(41)血色寡索赤眼蜂 *Oligosita sanguinea* (Girault, 1911)，中国新记录种(图 60)

雌：体长 0.5～0.7 mm，翅长 0.36 mm。全体大部分鲜红色，但颜面、前胸背板黄褐色；各足除基节和端跗节颜色稍深外，均为浅黄白色；触角暗褐色，并间杂白色部分；复眼、单眼黑色；翅脉灰白色，痣脉烟褐色，其下方具烟褐色小晕纹。

触角着生在两复眼下缘的连线上；柄节长为宽的 3.1 倍；梗节长为宽的 1.8 倍，相当于柄节长的一半；环状节 1 节；索节 1 节，长为宽的 1.8 倍，相当于柄节的 0.4 倍；棒节细长，长为宽的 3.3 倍，相当于柄节长的 1.4 倍；第 1 棒节最短，第 3 棒节最细长，第 2、第 3 棒节具条形感觉器；棒节顶端具 1 棒状端突，明显伸出棒节之外。胸部具细刻纹，中胸盾及小盾片各具 1 对刚毛；内悬骨伸达腹部 1/3；末端分叶不

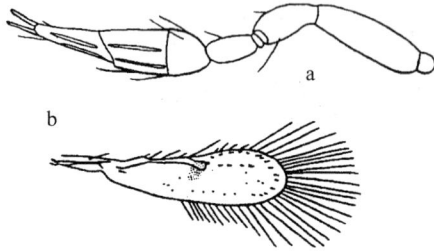

图 60　血色寡索赤眼蜂 *Oligosita sanguinea* (Girault)(♀)
a. 触角；b. 前翅

明显。前翅长为宽的 4.2 倍，翅脉伸达翅长的 0.6 处；缘脉与亚缘脉近等长；翅面纤毛稀少，除缘脉下方近后缘处有数根短纤毛外，其余分布在痣脉以外翅面，仅痣脉外方的 1 列和翅边缘的 1 列排列成行；缘毛较长，长为翅宽的 1.4 倍。腹部圆锥形，产卵器约为后足胫节长的 1.2 倍，末端稍伸出腹末。

雄：未采到。

寄主：据资料记载可寄生 1 种瘿蚊卵。

分布：辽宁(阜新)、黑龙江(镜泊湖)。

(42)细寡索赤眼蜂 *Oligosita gracilior* Nowicki，1935，中国新记录种(图 61)

雄：体长 0.61 mm，翅长 0.36 mm。全体浅黄褐色，局部色略深呈黄褐色；复眼、单眼黑色；前翅缘前脉和痣脉下方各具 1 烟褐色小晕纹斑。

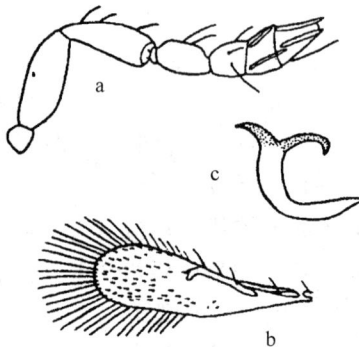

图 61　细寡索赤眼蜂 *Oligosita gracilior* Nowicki
a. 触角(♂)；b. 前翅(♂)；c. 雄外生殖器

触角着生在两复眼下缘连线之上方；柄节长为宽的 2.4 倍；梗节稍短于柄节，长为宽的 2.67 倍；环状节 1 节；索节 1 节，长为宽的 1.8 倍，相当于柄节长的 0.53 倍；棒节 3 节，较短，长为宽的 3.1 倍，相当于柄节长的 1.29 倍，棒节各节长度近相等，第 2、3 棒节具条形感觉器，端棒节无端突。中胸盾和小盾片中央具 1 纵沟，并各具 1 对刚毛；内悬骨短小，向后伸达腹部的 0.26 处，末端不明显分裂。前翅长为宽的 3.5 倍；翅脉伸达翅长的 0.55 处，缘脉与亚缘脉近等长；翅面纤毛中等稠密，不规则分布；缘毛稍短于翅宽。腹部与头胸长度之和近相等。外生殖器基部分叉并强度骨化，端部强度弯曲成半圆形。

雌：未采到。

分布：辽宁（阜新、大连）；法国，意大利，捷克，土耳其。

(43) 日本寡索赤眼蜂 *Oligosita japonica* Yashiro，1979（图 62）

雌：体长 0.75～0.81 mm。全体黄褐色，但头顶、中胸背板、腹部第 1 和第 2 节、各足转节、腿节两端、胫节和基部 2 跗节为淡黄褐色；前翅痣脉之下、缘前脉基部各具 1 灰褐色小昙纹，其余翅面透明。

触角着生在两复眼下缘连线之上，较粗短；柄节长为宽的 3 倍，相当于梗节长的 1.6 倍；环状节明显；索节近圆形，长略小于宽，相当于梗节长的一半；棒节 3 节，粗短，长为宽的 1.8 倍，与柄节约等长；各棒节均横宽，并具长刚毛，第 2、第 3 棒节各具若干条形感觉器，端棒

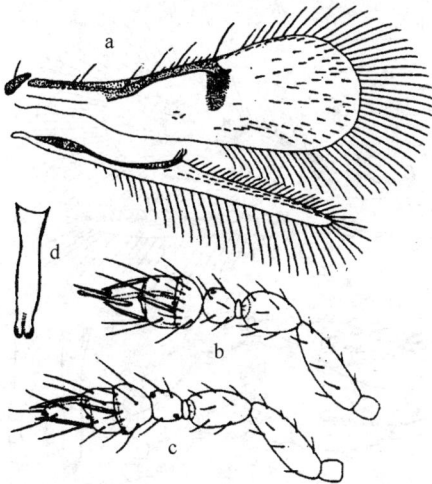

图 62 日本寡索赤眼蜂 *Oligosita japonica* Yashiro
a. 前后翅（♀）；b. 触角（♀）；c. 触角（♂）；d. 雄外生殖器
（引白林乃铨）

节末端具 1 棒状端突。中胸盾及小盾片具网状刻纹，并各具 1 对刚毛；后胸背板及并胸腹节具纵纹；内悬骨伸达腹部的 0.45 处，末端分 2 叶；前翅长为宽的 2.9 倍；翅脉伸达翅长的 0.6 处，缘脉略短于亚缘脉；翅面纤毛中等密度，大部分纤毛分布在痣脉以外的翅面上，大致成列；缘毛中等长短，长为翅宽的 0.6 倍。腹部粗短，两侧具细网纹；产卵器长为腹部的 0.62 倍，等于后足胫节长的 1.33 倍，末端不外露。

雄：体长 0.75 mm。体色及大部分特征与雌虫相似，但触角棒节较细，末端无端突；前翅略窄长，纤毛略稀。外生殖器简单管状，长为宽的 5.5 倍，等于后足胫节长的 0.54 倍。

分布：辽宁(沈阳、大连、绥中、阜新)、吉林(辽源、安图)、黑龙江(哈尔滨、佳木斯)。

(44)欧洲寡索赤眼蜂 *Oligosita mediterranes* Nowicki，1935(图 63)

雌：体长 0.66～0.76 mm。全体淡黄褐色，但并胸腹节两侧、后足基节、各足端跗节及产卵管为褐色；复眼、单眼黑色；前翅痣脉、缘前脉基部下方各具褐色小晕纹；翅透明。

触角着生在两复眼下缘连线的上方，除环状节外，各节均具刚毛；柄节长为宽的 3 倍，相当于梗节的 1.67 倍；梗节长为宽的 1.4 倍；环状节明显；索节近圆形，长为宽的 1.3 倍；棒节 3 节，长为宽的 2.5 倍左右，相当于梗节的 2 倍；第 1 棒节长小于宽，第 2 棒节长宽约相等，

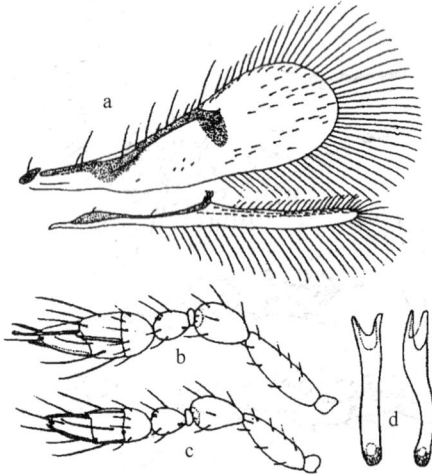

图 63 欧洲寡索赤眼蜂 *Oligosita mediterranes* Nowicki

a. 前后翅(♀)；b. 触角(♀)；c. 触角(♂)；d. 雄外生殖器

(引自林乃铨)

与端棒节约等长，第 2、第 3 棒节各具数个条形感觉器。棒节末端具 1 棒状端突。中胸盾及小盾片具网状纹，其上各具 1 对刚毛；内悬骨末端分 2 叶；后胸背板及并胸腹节具纵刻纹。前翅长为宽的 3.2 倍，翅脉伸达翅长的 0.62 处；翅面纤毛较稀，大部分纤毛分布在痣脉以外翅面上，不成列；最长缘毛接近翅的宽度；痣脉及缘前脉基部下方各具 1 褐色小晕斑。腹部粗短，各腹节两侧具稀网纹；产卵器为腹长的 0.55 倍，等于后足胫节长的 1.25 倍，末端不外露。

雄：体色及大部分特征与雌虫相似，但触角棒节稍短；外生殖器为简单管状，稍向腹面弯曲，长度为后足胫节的 0.85 倍。

分布：辽宁（沈阳、大连）、吉林（吉林、敦化、安图、长白山）、黑龙江（哈尔滨、佳木斯、镜泊湖）、福建。

(45)叶蝉寡索赤眼蜂 Oligosita nephotetticum Mani，1939（图 64）

雌：体长 0.60～0.66 mm。全体黄褐色，但头顶、翅脉及腹部第 1～4 节背板后半部淡黄褐色；复眼、单眼黑色，翅透明。

触角着生在两复眼内侧的中下方，柄节长为宽的 4.1 倍，相当于梗节的 1.9 倍；梗节长为宽的 1.5 倍；环状节显著；索节长略小于宽，不及梗节的一半；棒节 3 节，纺锤形，长度与柄节相当；第 1、第 2 棒节宽大于长，第 3 棒节长为宽的 1.5 倍；第 2、第 3 棒节除具刚毛外，还有数个条形感觉器。前翅较宽大，末端斜圆，长为宽的 3.4 倍；翅脉伸

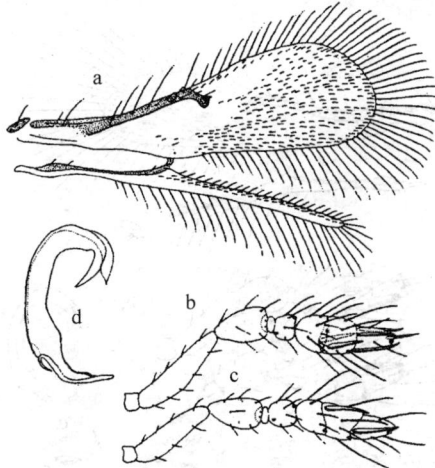

图 64　叶蝉寡索赤眼蜂 Oligosita nephotetticum Mani

a. 前后翅（♀）；b. 触角（♀）；c. 触角（♂）；d. 雄外生殖器

（引自林乃铨）

达翅长的一半左右；缘脉长于亚缘脉；翅面纤毛稠密，散乱分布。缘毛较短，接近翅宽的 0.8 倍。腹部各节后缘具 1 横排稀刚毛，第 1～5 节背板后半部具纵皱纹。产卵器发达，与腹部近等长，为后足胫节长的 1.3 倍，明显露出腹末。

雄：体长 0.6 mm。体色及大部分特征与雌虫相似。但触角棒节略细，条形感觉器较少；腹部第 5 节以后背板褐色；第 1～3 节背板后半部具纵皱纹。外生殖器强度弯曲成弧形，末端细尖。

寄主：据记载可寄生黑尾叶蝉、褐飞虱以及其他叶蝉、飞虱卵。

分布：辽宁（沈阳）、吉林（安图）、湖北、湖南、江西、广东、广西、福建。

(46) 飞虱寡索赤眼蜂 *Oligosita yasumatsui* Viggiani et Subba Rao, 1978（图 65）

雌：体长 0.57 mm。全体黄褐色，但头顶、翅脉以及第 1～4 腹节背板后半部为淡黄褐色；复眼、单眼黑色，翅透明。

头部触角着生在两复眼内侧的中下方，较短，除环状节外，各节均具刚毛；柄节长为宽的 3.5 倍，为梗节长的 1.5 倍；梗节长为宽的 1.5 倍；环状节明显；索节长小于宽，仅及梗节长的 0.4 倍；棒节 3 节，纺锤形，长于柄节，相当于梗节的 1.75 倍；第 1、第 2 棒节均横宽，第 3 棒节长稍大于宽；第 2、第 3 棒节具条形感觉器。中胸盾马蹄形，小盾片横形，各具 1 对刚毛；内悬骨短，仅达腹部的 0.3 倍左右。前翅较狭

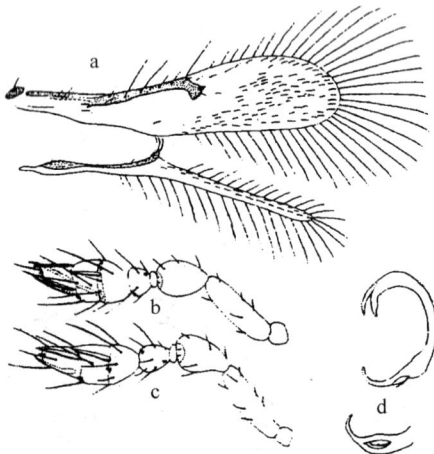

图 65　飞虱寡索赤眼蜂 *Oligosita yasumatsui* Viggiani et Subba Rao

a. 前后翅（♀）；b. 触角（♀）；c. 触角（♂）；d. 雄外生殖器

（引自林乃铨）

长，长为宽的 4.3 倍；翅面纤毛中等稠密，散乱分布；缘毛较长，长为翅宽的 1.25 倍。腹部长锥形，第 1～3 节背板具细纵纹。产卵器长为腹部的 0.6 倍，等于后足胫节的 1.3 倍，端部稍露出腹末。

雄：体长 0.51 mm。体色及主要特征与雌虫相似。但腹末第 5、6 节背板褐色；前翅较细长，翅面纤毛略少。外生殖器半圆形弯曲，端部尖细。

寄主：据国外资料记载可寄生褐飞虱、白背飞虱、二条黑尾叶蝉、二点黑尾叶蝉等卵。

分布：黑龙江（镜泊湖）、湖北、江西、福建、广东。

(47)肿脉寡索赤眼蜂 Oligosita krygeri Girault，1929(图 66)

雌：体长 0.90～0.95 mm。全体淡黄褐色，但前、中胸背板及并胸腹节两侧、各腹节背板前半部、产卵器、后足基节及各足端跗节为褐色；复眼、单眼黑色；前翅痣脉及缘前脉下方各有一褐色小昙斑，翅透明。

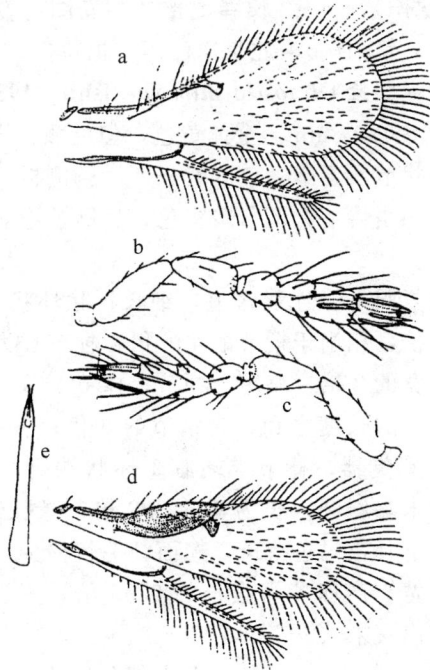

图 66　肿脉寡索赤眼蜂 Oligosita krygeri Girault
a. 前后翅(♀)；b. 触角(♀)；c. 触角(♂)；d. 前后翅(♂)；e. 雄外生殖器
（引自林乃铨）

触角着生在两复眼下缘连线之上，除环状节外各节均具刚毛；柄节长为宽的 3.1 倍，相当于梗节的 1.3 倍；梗节长为宽的 2.1 倍；环状节明显；索节近圆形，长略大于宽，约为梗节长的一半；棒节 3 节，长锥形，等于柄节长的 1.3 倍；第 1 棒节最短，长小于宽；第 2 棒节最长，长为宽的 1.3 倍，第 3 棒节略短于第 2 棒节；端部 2 棒节各具数个条形感觉器。前翅末端较宽圆，长为宽的 2.5 倍；翅脉接近翅长的一半；缘脉长于亚缘脉及缘前脉；翅面纤毛较多，大部分排列成行；缘毛较短，长为翅宽的 0.4 倍。腹部第 1～5 背板后半段具纵皱纹；产卵器占腹长的 0.75 倍，为后足胫节长的 1.7 倍，稍露出腹末。

雄：体长 0.85 mm 左右。体色及大部分特征与雌虫相似。但前翅略窄，缘毛较长，为翅宽的 0.64 倍；痣脉基部、缘脉及缘前脉显著肿大，并愈合成一体。外生殖器阳茎内突端部愈合，长为后足胫节的 0.75 倍。

寄主：据资料记载可寄生黑尾叶蝉、大青叶蝉等卵。

分布：辽宁（沈阳）、吉林（长春、吉林、安图、敦化、延吉、长白山）、黑龙江（伊春、镜泊湖）、北京、江西、福建。

(48) 长突寡索赤眼蜂 *Oligosita shibuyae* Ishii，1938（图 67）

雌：体长 0.96～1.04 mm。全体黄色，但上颚、产卵管黄褐色；触角柄节、梗节、环状节及索节、前胸背板、后胸侧板、各足胫节、跗节及翅脉淡灰褐色，触角棒节大部分暗褐色；痣脉及缘前脉之下方各具灰褐色晕斑，翅透明。

触角着生在两复眼下缘连线之上，细长；除环状节外各节具刚毛；柄节长为宽的 3.5 倍，相当于梗节的 1.6 倍；梗节长为宽的 2 倍；环状节明显；索节长为宽的 2 倍，略短于梗节；棒节 3 节，长锥形，相当于柄节、梗节及环状节的长度之和，为索节的 3 倍；各棒节均长大于宽，端部 2 棒节具条形感觉器；棒节末端有 1 棒状端突，明显伸出棒节之外。前翅略窄长，末端斜圆，长为宽的 3.8 倍；缘脉约与亚缘脉等长；痣脉基部收窄，其下具灰褐色痣斑；翅面纤毛较稀少，排列不规则；缘毛较长，略长于翅宽。产卵器占腹长的 0.56 倍，等于后足胫节的 1.5 倍，端部不明显露出腹末。

雄：体长 0.92～0.95 mm。体色及大部分特征与雌虫相似。但触角棒节较短，长为宽的 3.1 倍；棒节端部无端突；前翅略窄，长为宽的 4.5 倍；外生殖器简单管状，稍向腹面弯曲，长为宽的 7 倍，等于后足胫节的 0.65 倍。

寄主：据资料记载，可寄生黑尾叶蝉、褐飞虱等卵。

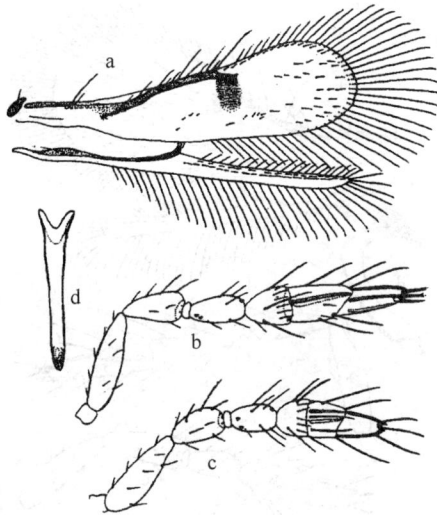

图 67　长突寡索赤眼蜂 *Oligosita shibuyae* Ishii
a. 前后翅(♀)；b. 触角(♀)；c. 触角(♂)；d. 雄外生殖器
（引自林乃铨）

分布：辽宁(沈阳、大连、阜新)、吉林(辽源、安图)、黑龙江(镜泊湖)、北京、湖北、湖南、江西、福建、广东、广西、浙江、台湾。

(49)长索寡索赤眼蜂 *Oligosita elongata* Lin，1994(图 68)

雄：体长 0.85～0.9 mm。全体黄褐色，但头顶、第 1～3 节腹节背板后半部、翅脉淡黄褐色；复眼、单眼黑色；前翅痣脉之下、缘前脉基部具灰褐色小昙斑；其余翅面基本透明。

触角着生在两复眼下缘连线之上，除环状节外，各节具刚毛；柄节长为宽的 3.6 倍，等于梗节的 1.16 倍；梗节长为宽的 3 倍；环状节明显；索节长柱形，长为宽的 2.5 倍，等于梗节的 0.63 倍；棒节长锥形，长为宽的 3.6 倍，等于柄节长的 1.15 倍；第 1 棒节长稍大于宽，第 2 棒节长宽约相等，第 3 棒节最长；第 2、第 3 棒节具数个条形感觉器。胸部具刻纹；前翅长为宽的 2.6 倍，端部中等宽圆；翅脉达翅长的 0.53 倍，缘脉略长于亚缘脉；翅面纤毛较密，大多散乱分布；缘毛较短，仅及翅宽的 0.45 倍。腹部第 1～3 节背板后半部具纵纹；外生殖器向腹面强度弯曲，长为后足胫节的 0.7 倍左右。

雌：体长 0.89～0.92 mm。体色及大部分特征与雄虫相似。但触角更细长，索节长为宽的 2.6 倍，等于梗节的 0.7 倍；棒节长为宽的 5.2 倍，等于柄节的 1.35 倍；各棒节均长大于宽，端棒节具 2 个条形感觉

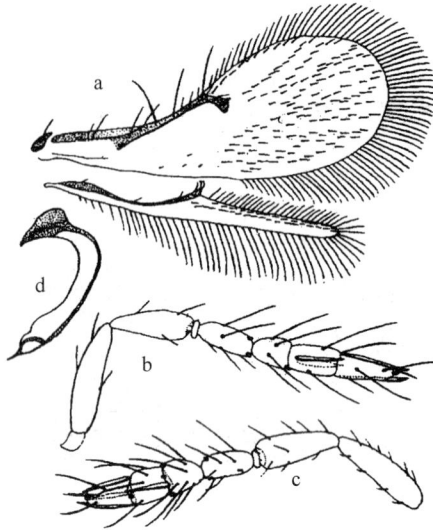

图68 长索寡索赤眼蜂 *Oligosita elongata* Lin

a. 前后翅(♀)；b. 触角(♀)；c. 触角(♂)；d. 雄外生殖器

(引自林乃铨)

器延长的刺状亚端突。产卵管约占腹长的一半，等于后足胫节长的0.8倍，不突出腹末。

分布：辽宁(沈阳)、北京、福建。

(50)稀毛寡索赤眼蜂 *Oligosita sparsiciliata* Lin，1994(图69)

雌：体长0.58～0.6 mm。全体淡黄色，但上颚端部、产卵管及其基部黄褐色，复眼、单眼黑色；翅透明。

触角着生在两复眼下缘连线之稍上方，粗短，除环状节外各节具刚毛；柄节长为宽的4倍，等于梗节的1.6倍；梗节长为宽的1.8倍；环状节大而明显；索节最细，长为宽的1.5倍，等于梗节长的0.6倍；棒节长为宽的3倍，等于柄节长的1.2倍；第1棒节长稍大于宽，第2、第3棒节等长，第2棒节长略小于宽，第3棒节长为宽的1.25倍；第2、第3棒节具条形感觉器，顶端有1棒状端突明显突出。前翅略窄长，末端斜圆，长为宽的4倍；翅面纤毛稀少，大多分布在痣脉以外的前缘至翅顶端和痣脉以外的翅面上；缘毛较长，长为翅宽的1.5倍；翅透明无曼纹。腹部长锥形，无刻纹。产卵器占腹长的0.8左右，相当于后足胫节长的2.4倍，端部稍露出腹末。

雄：触角棒节端部无棒状端突；外生殖器管状，端部稍向腹面弯曲，长为后足胫节的0.54倍左右。

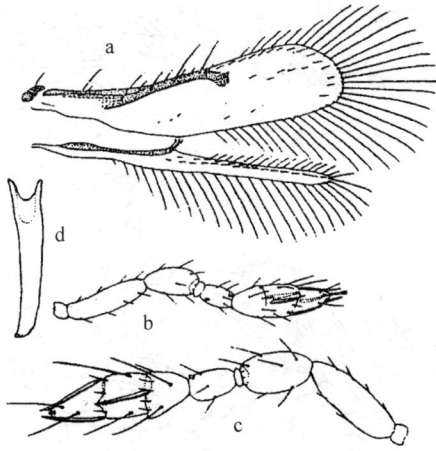

图 69　稀毛寡索赤眼蜂 *Oligosita sparsiciliata* Lin

a. 前后翅(♀)；b. 触角(♀)；c. 触角(♂)；d. 雄外生殖器

(引自林乃铨)

分布：辽宁(沈阳)、福建。

(51)灰翅寡索赤眼蜂 *Oligosita polioptera* Lin，1994(图 70)

雌：体长 0.67～0.70 mm。全体大部分暗灰褐色，但头部、中后胸及并胸腹节背板、各足跗节、中足膝部、后足胫节端部色较浅；复眼、单眼黑色；前翅痣脉以内翅面淡灰褐色，具较大痣斑，端半部翅面透明。

触角着生在两复眼下缘连线之上，除环状节外，各节具刚毛；柄节长为宽的近 3 倍，等于梗节的 1.5 倍；梗节长为宽的近 2 倍；环状节明显；索节长为宽的 1.54 倍，等于梗节的 0.7 倍；棒节长为宽的 4.2 倍，等于柄节与梗节的长度之和；第 1 棒节最短，长稍大于宽；第 2 棒节最长，长为宽的 1.65 倍；第 3 棒节长于第 1 棒节而稍短于第 2 棒节，长为宽的 2 倍；第 2、第 3 棒节具条形感觉器，顶端有 1 明显棒状端突。前翅长为宽的 3.85 倍；翅脉伸达翅长的 0.68 处，缘脉稍长于亚缘脉；翅面纤毛较稀少，大多分布在痣脉以外的翅面上，不规则排列。缘毛较长，最长缘毛为翅宽的 1.2 倍。产卵管占腹长的 0.67 倍，全长为后足胫节的 1.6 倍，端部稍露出腹末。

雄：体长 0.65～0.68 mm。触角棒节端部无棒状端突；外生殖器简单管状，基部骨化程度较深；端部向腹面稍弯曲，其长为后足胫节的 0.62 倍。

分布：辽宁(沈阳、医巫闾山)、湖北、福建。

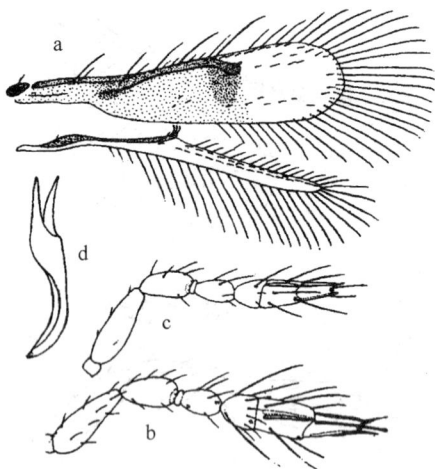

图70 灰翅寡索赤眼蜂 *Oligosita polioptera* Lin

a. 前后翅(♀)；b. 触角(♀)；c. 触角(♂)；d. 雄外生殖器

（引自林乃铨）

(52)长翅寡索赤眼蜂 *Oligosita longialata* Lin，1994(图 71)

雌：体长 1.0～1.1 mm。全体黄褐色，但上颚褐色，产卵管黄褐色，触角梗节、环状节、索节淡灰褐色，第 1 棒节灰褐色，第 2、第 3棒节暗褐色，痣脉及缘前脉基部具烟褐色晕斑，翅透明。

触角着生在两复眼下缘连线之上，细长；柄节长为宽的 3.8 倍，相

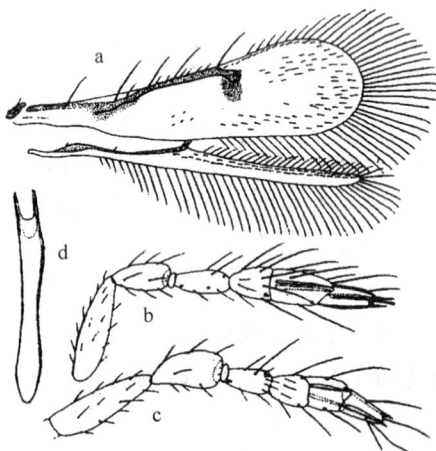

图71 长翅寡索赤眼蜂 *Oligosita longialata* Lin

a. 前后翅(♀)；b. 触角(♀)；c. 触角(♂)；d. 雄外生殖器

（引自林乃铨）

当于梗节的 1.8 倍；梗节长为宽的 2 倍；环状节明显；索节长为宽的 2.4 倍，与梗节近等长；棒节 3 节，长为宽的 4.4 倍，相当于柄节、梗节长度之和的 0.88 倍；第 1 棒节最粗短，第 2 棒节长而大，端棒节介于两者之间；第 2、第 3 棒节具条形感觉器，棒节末端有一显著的棒状端突。前翅略窄长，长为宽的 3.5 倍，翅脉伸达翅长的 0.65 处，缘脉长于亚缘脉；翅面纤毛略多，大部分分布在痣脉以外的翅面上，排列不规则；缘毛较短，明显短于翅宽。腹部稍长于头胸部之和。产卵器极发达，全长占腹部的 0.92，等于后足胫节的 2.2 倍；末端明显露出腹末。

雄：体长 1 mm。体色及大部分特征与雌虫相似。但触角棒节较短，端部无棒状端突。外生殖器简单管状，端部向腹面稍弯，长为后足胫节的 0.7 倍。

分布：辽宁（沈阳）、北京、福建。

18. 长痣赤眼蜂属 *Japania* Girault

属征：触角环状节 1 节，索节 2 节，小而横宽；棒节 3 节，较长；第 1 棒节最短，第 2 棒节最宽大，第 3 棒节锥形；第 1、第 2 棒节斜接并重叠；第 2、第 3 棒节分界清楚。上颚 3 齿，下颚须 2 节。前翅末端宽圆，缘脉短；痣脉长，基部收窄；具中肘横毛列（m-Cu）。产卵管发达，明显伸出腹末；下生殖板大而明显。

此属世界已知有 6 种，其中我国有 2 种；本书记述分布在本地区的 1 新种。

(53) 异索长痣赤眼蜂 *Japania anomalifuniculata* Lou et Yuan, sp. nov.，新种（图 72）

雌：体长 0.61～0.68 mm，翅长 0.46～0.48 mm。体褐色至深褐色，但头顶、触角、中胸、各足胫节端半部及跗节黄褐色；复眼、单眼红色；翅脉浅褐色，翅面透明。

头正面观近圆形，触角着生在两复眼下缘连线之上；柄节长为宽的 3.16 倍，相当于梗节长的 1.3 倍；梗节长卵形，长为宽的 2 倍，其上具 6 条横脊纹；环状节 1 节；索节 2 节，第 1 索节长宽近相等，第 2 索节甚短，横条形，紧贴在第 1 索节端部；棒节 3 节，较细长，长为宽的 4.6 倍；各节均长大于宽，第 1、第 2 节斜接。各棒节具数个条形感觉器和长刚毛。胸部具细刻纹，中胸盾及小盾片中央具 1 纵带及 4 根刚毛；内悬骨伸至腹长的 0.32 处，末端不分叶。前翅末端宽圆，长为宽的 1.9 倍左右；翅脉伸至翅长的 0.54 处；痣脉长，长于缘脉而短于亚缘脉，基部缢缩呈长颈状；缘脉与翅的前缘不分离，缘脉与缘前脉间有

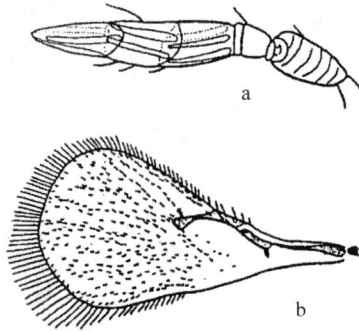

图 72 异索长痣赤眼蜂，新种 *Japania anomalifuniculata* Lou et Yuan，sp. nov.
a. 触角(未含柄节)(♀)；b. 前翅(♀)

一小裂口。翅面纤毛较密，大体规则排列，具中肘横毛列(m-Cu)；缘毛中等长短，最长者为翅宽的 0.25 倍左右。各足腿节及胫节具细刻纹，前足胫节外侧具 2 个齿状突起。产卵器发达，着生于腹基部，端部稍突出腹末；下生殖板覆盖产卵管的基部。

雄：未采到。

寄主：未知。据记载，本属的模式种可寄生 1 种叶蝉卵。

分布：辽宁(沈阳)。

标本：正模♀，辽宁(沈阳)，1991-Ⅷ-5，娄巨贤；副模1♀，辽宁(沈阳)，1994-Ⅵ-11，娄巨贤。

鉴别特征：本新种与粗腹长痣赤眼蜂 *Japania trachyphloia* Lin 相近似；但本新种触角第 2 索节甚短；本新种前翅缘毛比后者长，长为翅宽的 0.25 倍左右，后者最长缘毛不足翅宽的 0.16 倍；两者易于区别。

19. 邻赤眼蜂属 *Paracentrobia* Howard

属征：触角环状节 2 节；索节 2 节广阔连接，但分节明显；棒节 3 节，较长。前翅长，端部圆；缘毛中等长短；翅面纤毛稠密，散乱或规则排列。

此属目前世界已知有 45 种，我国有 6 种，本地区仅知 1 种。据记载，已知有 14 种可分别寄生大叶蝉科、叶蝉科、飞虱科、沫蝉科、角蝉科、盲蝽科、长蝽科、龟甲科、螽斯科及蜻蜓目等 20 多种昆虫卵。

(54)六斑邻赤眼蜂 *Paracentrobia*(P.) *yasumatsui* Subba Rao，1974(图73)

雌：体长 0.95～1.05 mm，全体深黄色，但第 4～6 腹节背板两侧各具暗褐色斑块；复眼、单眼深红色；翅脉灰褐色，痣脉及缘前脉下方

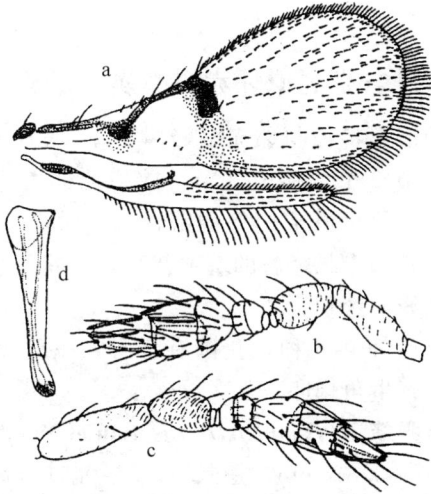

图 73　六斑邻赤眼蜂 *Paracentrobia*（*P.*）*yasumatsui* Subba Rao
a. 前后翅(♂)；b. 触角(♂)；c. 触角(♀)；d. 雄外生殖器
（引自林乃铨）

各具烟褐色昙斑，直达翅的后缘，其余翅面透明。

复眼表面具细纤毛；触角着生在两复眼之间的中部，较粗壮；柄节长为宽的 2.75 倍，相当于梗节的 1.45 倍；梗节长为宽的 1.5 倍；柄节及梗节均具细横脊纹；环状节 2 节，第 2 节与索节紧密相连；索节 2 节，大小接近，均宽大于长；棒节 3 节，长为宽的 2.7 倍，为柄节长的 1.6 倍；第 2 棒节最宽大，第 2、第 3 棒节除具刚毛外，还有条形感觉器。前翅长为宽的 2.4 倍，翅脉伸至翅长的一半左右；缘脉稍短于亚缘脉，相当于痣脉的 3.4 倍；翅面纤毛较密，主要毛列排列成行，中肘横毛列具 3 根粗纤毛；缘毛短，长为翅宽的 1/6 左右。腹部圆锥形，稍长于头胸部之和，各节背板两侧均具细网纹；产卵器占腹长的 0.77 倍，等于后足胫节长的 2.3 倍，端部明显露出腹末；下生殖板极短小，长度仅及产卵管的 1/3。

雄：体长 0.98 mm，与雌虫相似，但各腹节背板两侧均具 1 暗褐色斑；外生殖器明显分阳基和阳茎两部分，阳基长为端部宽的 8.8 倍，阳基侧瓣等构造分化不清楚，阳茎与其内突约等长，两者全长等于阳基的 1.35 倍，为后足胫节长的 0.8 倍左右。

寄主：据国外资料记载，可寄生叶蝉、飞虱等卵。

分布：辽宁(沈阳、大连、阜新)、吉林(长春、吉林、辽源)、北京、福建。

20. 伊赤眼蜂属(别名似邻赤眼蜂属)*Ittys* Girault

属征：本属的形态特征与邻赤眼蜂属 *Paracentrobia* 极其相似，触角环状节 2 节，索节 2 节，棒节 3 节。前翅端部中等宽圆，翅脉长而直，缘毛中等长短，翅面纤毛中等稠密，具中肘横毛列(m-Cu)。本属的雄性外生殖器除具邻赤眼蜂属的基本特征外，其阳基还有阳基侧瓣等构造，可与邻赤眼蜂属区别。

此属迄今世界已知共 6 种，我国有 3 种，东北地区有 2 种。据记载，已知有 2 种可寄生角蝉卵。

(55)毛足伊赤眼蜂 *Ittys multiciliatus* Lou et Wang, 2001(图 74)

雌：体长 0.75～0.83 mm，翅长 0.47～0.51 mm。体黄褐色，前胸背板、并胸腹节、腹部各节背板两侧、各足基节及后足腿节黑褐色，翅脉黄白色；前翅痣脉以内翅面烟褐色，半透明；复眼、单眼红色。

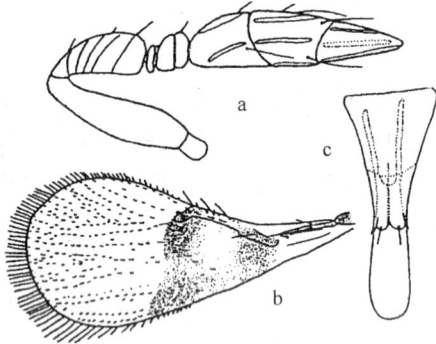

图 74 毛足伊赤眼蜂 *Ittys multiciliatus* Lou et Wang
a. 触角(♀)；b. 前翅(♀)；c. 雄外生殖器

复眼表面具稀疏微毛；触角着生在两复眼下缘连线的上方；柄节长为宽的 3.8 倍，等于梗节长的 1.4 倍；梗节长为宽的 2.3 倍，背面具有横脊纹；环状节 2 节，第 1 环状节明显，第 2 环状节紧贴在索节基部；索节 2 节，紧密连接，横宽，第 1 索节略长于第 2 索节；棒节 3 节，长为宽的 3.7 倍，等于柄节长的 1.5 倍；第 1 棒节长宽近相等，第 2 棒节长为宽的 1.3 倍，稍长于第 1 棒节，第 3 棒节长为宽的 1.9 倍，与第 2 棒节几等长；各棒节均具条形感觉器和稀疏刚毛。中胸背板具微细纵刻纹；前翅长为宽的 2.1 倍，翅脉伸至翅长的 0.52 处，缘脉略短于亚缘脉而长于缘前脉；翅面纤毛基本排列成行，具中肘横毛列；缘毛中等长短，最长者约为翅宽的 0.25 倍。产卵器发达，与腹部几等长，等于后足胫节长的 2.75 倍，末端稍外露。

雄：体长 0.74 mm 左右，体色、特征与雌虫相似，但触角棒节明显粗短，长为宽的 2.5 倍，其上刚毛明显密而长。外生殖器的阳基长为基部宽的 1.75 倍，为端部宽的 3.9 倍，基部平直，端部具很短的阳基侧瓣，钩爪不发达，末端各具 1 细毛；中脊单一，阳茎略长于其内突，两者全长为阳基长的 1.35 倍，等于后足胫节长的 0.54 倍。

寄主：寄生在荻草叶鞘内的 1 种飞虱卵。

分布：辽宁（沈阳、阜新）、吉林（长春、吉林龙潭山）、黑龙江（哈尔滨）。

(56)大伊赤眼蜂 *Ittys ceresarum*（Ashmead, 1888）(图 75)

雌：体长 1.2~1.36 mm。大体黄褐色，胸部背面、各足胫节及第 1~2 跗节、腹部各节节间色较浅；头部略带红褐色，复眼、单眼红色，触角第 2 索节黄白色，前翅痣脉及缘前脉下方各具不大的烟褐色晕纹，其余翅面透明。

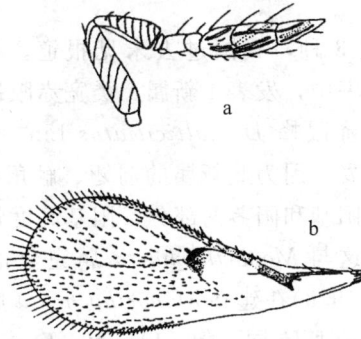

图 75　大伊赤眼蜂 *Ittys ceresarum*（Ashmead）(♀)
a. 触角；b. 前翅

头顶具横刻纹；触角着生在两复眼下缘连线上，较细长；柄节长为宽的 3.4 倍，相当于梗节的 1.79 倍；梗节长为宽的 2 倍；柄节、梗节具斜向细脊纹；环状节 2 节，第 2 环状节紧贴在索节基部；索节 2 节，第 1 索节柱状，长为第 2 索节的 1.4 倍，第 2 索节长宽近相等；棒节细长，长为宽的 4.6 倍，等于柄节长的 1.35 倍；第 1 棒节最短，第 3 棒节最长，各棒节具条形感觉器和刚毛。前翅较长，长为宽的 2.3 倍，翅脉长略超过翅长的 1/2，缘脉与缘前脉间有一断裂痕；翅面纤毛较密，仅主要毛列排列成行，其余散乱分布，具中肘横毛列；缘毛较短，最长者近翅宽的 1/5。足较长，前足胫节外侧具 4 个小齿突；后足基节较长、几与腿节等长。腹部显著长于头胸部之和，长锥形，各节背板后缘具若干刚毛。产卵器较发达，全长与腹长相等，相当后足胫节长的 2.9 倍，末端伸出腹末之外，露出部分略超过后足胫节的 1/2。

雄： 未采到。

寄主： 据国外资料记载，寄生 1 种蜡天牛卵。

分布： 辽宁(沈阳)、吉林(长春、辽源)、黑龙江(哈尔滨、佳木斯)。

21. 摩纳赤眼蜂属 *Monorthochaeta* Blood

异名： 类宽赤眼蜂属 *Densufens* Lin。

属征： 前翅不很宽阔，翅面纤毛分布不规则；缘毛短；翅脉较直，缘脉较长，明显长于缘前脉和痣脉，稍短于亚缘脉。触角除柄节、梗节外，环状节 1 节，索节 2 节；2 索节紧密结合，分界不十分显著；雌虫棒节 3 节，不显著膨大；雄虫棒节 2 节或 3 节。雌虫产卵器稍露出腹末；雄虫外生殖器明显分阳基和阳茎两部分，其构造与宽翅赤眼蜂属 *Ufens* 相似。

此属迄今共记述 3 种，我国过去未见报道。林乃铨 1994 年在其《中国赤眼蜂分类》一书中，发表 1 新属：类宽赤眼蜂属 *Densufens* Lin，属模式种为多毛类宽赤眼蜂 *D. multiciliatus* Lin。作者经过详细研究，认为此新属建立的不妥，因为此新属的前翅、触角环状节 1 节、索节 2 节、雄虫外生殖器分阳基和阳茎两部分，阳基高度骨化与宽翅赤眼蜂属 *Ufens* 相似等特征，这与 *Monorthochaeta* 属完全相符；虽然雄虫触角棒节 3 节，与 Blood(1923)在建立 *Monorthochaeta* 属时所描述的无翅雄虫触角棒节 2 节似乎有所不同，但 *Monorthochaeta* 属包括的 3 种，其中有 2 种：*M. galatica* Nowicki 及 *M. platensis* (De Santis) 其雄虫触角棒节均为 3 节。另外，Doutt 和 Viggiani(1968)在其《赤眼蜂科分类》一文中，早已记述 *Monorthochaeta* 属雄虫触角棒节为 2 节或 3 节。因此笔者将类宽赤眼蜂属 *Densufens* Lin 作为 *Monorchochaeta* 属的异名，厘定 *Densufens multiciliatus* Lin 为 *Monorthochaeta multiciliatus* (Lin)。记述如下。

(57) 多毛摩纳赤眼蜂 *Monorthochaeta multiciliatus*（Lin），nov. comb.（图 76）

雌： 体长 0.81～0.95 mm，翅长 0.62～0.65 mm。全体暗褐色，但头顶、中胸盾及小盾片、腹基部 3 节各节间浅褐色；各足胫节两端及第 1～2 跗节浅褐色；复眼、单眼深红色；翅脉除缘脉与缘前脉交界处

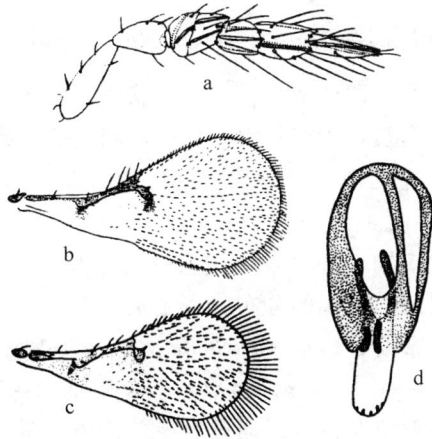

图 76　多毛摩纳赤眼蜂 *Monorthochaeta multiciliatus*（Lin），nov. comb.
a. 触角（♀）；b. 前翅（♀）；c. 前翅（♂）；d. 雄外生殖器
（a、b 引自林乃铨）

黄白色外，其余暗灰褐色；缘前脉基部下方及痣脉下方翅面各具 1 烟褐色晕纹，其余翅面透明。

头部横宽，头顶近平截；上颚 3 齿，下颚须 1 节，末端具 2 毛。触角生在两复眼中部连线稍下方，8 节；柄节长为宽的 3 倍，相当于梗节长的 1.8 倍；梗节长为宽的 1.5 倍；环状节 1 节；索节 2 节，斜向、紧密相连，全长为其宽的 1.5 倍，宽、并高于棒节；第 2 索节向后严重倾斜，其端部覆盖在第 1 棒节基部。棒节 3 节，不显著膨大，长为宽的 4.8 倍，相当于柄节长的 1.9 倍，第 1 棒节最短，第 2 棒节最宽大，端棒节最长，占全长的 0.4；各索节及棒节均具条形感觉器。前翅长为宽的 2 倍，翅脉较直，伸达翅长的 0.48 处，在缘脉之后有明显的后缘脉；缘脉长于痣脉及缘前脉，稍短于亚缘脉；翅面纤毛较密，仅主要毛列排列规则，具中肘横毛列；缘毛短，最长者为翅宽的 0.15 倍。产卵器短于腹长，等于后足胫节长的 1.6 倍，末端略伸出腹末。

雄：体长 0.79 mm，翅长 0.58 mm。大体与雌虫相似，但触角棒节明显较短；前翅缘毛较雌虫长，长为翅宽的 0.21 倍左右；腹端部两侧各具 1 大型深色螺纹状斑。外生殖器的阳基长为宽的 2 倍，高度骨化，端部具阳基侧瓣及钩爪；钩爪基部至阳基基部有 1 粗中脊；阳茎长于其内突，两者全长等于后足胫节的 0.56 倍；阳茎内突高度骨化。

分布：辽宁（沈阳、大连）、吉林（辽源）、黑龙江（哈尔滨）、河北（霸县）、北京。

22. 多毛赤眼蜂属 *Chaetostrichella* Girault

属征：触角 5 节，即柄节、梗节、环状节、索节、棒节各 1 节；棒节长于柄节，梗节延长，索节长大于宽。前翅较宽，缘脉长而直，长于亚缘脉；痣脉短，近无柄。产卵器发达，端部显著伸出腹末；体及足多毛。

此属迄今世界仅知 1 种，我国过去一直未见报道，作者于 1997 年首次报道该属赤眼蜂在我国的分布。寄主不明。

(58)彭根多毛赤眼蜂 *Chaetostrichella pungens*（Mayr，1904）（图 77）

雌：体长 1.07~1.15 mm。体黑色，仅腹部第 1~4 节节间略带黄褐色；复眼黑色，单眼黄白色；翅脉黑褐色，翅透明。

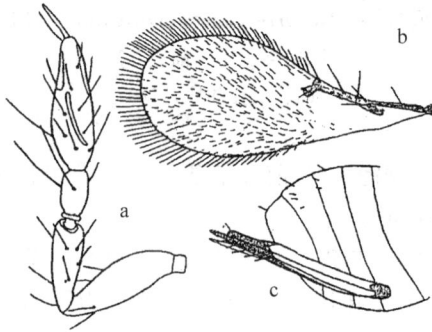

图 77　彭根多毛赤眼蜂 *Chaetostrichella pungens*（Mayr）(♀)
a. 触角；b. 前翅；c. 腹部

头顶及额区两侧具长刚毛；复眼表面具微毛；触角着生在两复眼下缘连线的下方，5 节，即柄节、梗节、环状节、索节、棒节各 1 节；除环状节外，各节均具长刚毛；柄节长为宽的 3.2 倍，相当于梗节的 1.26 倍；梗节相当长，长为宽的 1.43 倍；棒节长为宽的 3.27 倍，等于柄节的 1.18 倍，其上具数个条形感觉器，顶端具 1 端突。胸部无刻纹，中胸盾及小盾片各具 2 根粗大刚毛。前翅长为宽的 2.45 倍；翅脉较短，伸达翅长的 0.44 处；缘脉长而直，长于亚缘脉；痣脉短；翅面纤毛密而长，散乱分布；缘毛长为翅宽的 0.24 倍左右。足细长，各足腿节及胫节的前后缘具成排的刚毛，各足跗节的后缘密具成排的细短毛。腹部长于头胸之和，第 1~5 节背板后半部具纵纹，第 3~6 节具 1 横列稀刚毛。产卵器全长为腹长的 1.1 倍，等于后足胫节长的 2.1 倍，全长的 1/3 露出腹末之外；下生殖板非常发达，从两侧包在产卵器之外，其上具数根刚毛。

分布：黑龙江（镜泊湖）。

23. 毛翅赤眼蜂属 *Chaetostricha* Walker

属征：触角棒节 3 节，长而尖；索节 2 节，第 1 索节短小，第 2 索节长，圆筒形；环状节 2 节；翅面纤毛排列规则，具中肘横毛列（m-Cu）；缘脉长而直，痣脉基部明显收窄。前足胫节外侧常有齿状突。雌虫产卵器长，显著突出腹末。

迄今本属共知 22 种，我国有 5 种；其中有些种类可寄生蚧科、盲蝽科、长蝽科、铁甲科、叶蜂科等多种害虫卵。本书记述分布在本地区的 2 种。

(59)长尾毛翅赤眼蜂 *Chaetostricha silvestrii*（Kryger，1920）（图 78）

雌：体长 0.62～0.74 mm。体黄褐色，各腹节中部呈暗色横带；头部棕褐色，复眼、单眼红色；足浅黄褐色，产卵管鞘暗褐色；翅透明，翅脉灰白色。

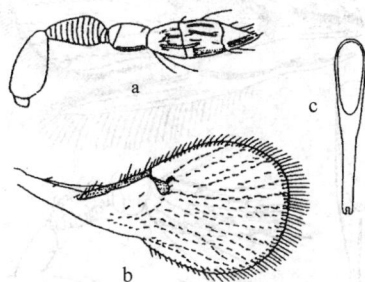

图 78　长尾毛翅赤眼蜂 *Chaetostricha silvestrii*（Kryger）
a. 触角（♀）；b. 前翅（♀）；c. 雄外生殖器

头顶具细刻纹；触角着生在两复眼下缘连线的上方，除环状节及第 1 索节外，其余各节均具刚毛。柄节长为宽的 2.45 倍，等于梗节长的 1.3 倍；梗节长为宽的 1.7 倍；环状节 2 节，第 2 环状节不显著；索节 2 节，第 1 索节微小，不及第 2 索节的 1/3；棒节 3 节，长纺锤形，长为宽的 3.4 倍，等于柄节长的 1.7 倍，各棒节长度大体相似，具条形感觉器。胸部无刻纹，中胸盾及小盾片各具 4 根刚毛，内悬骨末端分 2 叶。前翅长为宽的 2 倍，翅脉伸至翅长的一半；缘脉与亚缘脉几等长，痣脉收窄如颈状；翅面纤毛规则排列，中肘横毛列清楚；缘毛较短，最长缘毛不足翅宽的 1/4。前足胫节外侧具 1 很大的齿状突。腹部长于头胸部之和，略侧扁；产卵器极发达，基部延伸至胸部之下，端部伸出腹末甚长(全长的 1/2 以上)，并略向上弯曲；产卵管全长超过体长，等于后足胫节的 5.5 倍。

雄： 体长 0.61～0.75 mm，大体与雌虫相似，但腹部不侧扁。外生殖器简单管状，阳基与阳茎愈合，其背面开口处占阳基长的 0.4 左右，阳基全长等于后足胫节的 1.7 倍。

分布： 吉林(长春、辽源)、黑龙江(哈尔滨、佳木斯、伊春)。

(60)圆索毛翅赤眼蜂 *Chaetostricha cirifuniculata* Lin，1994(图 79)

雌： 体长 0.83 mm。全体淡黄褐色，但触角除柄节以外各节、各足基节、各腹节背板后缘、产卵管基部及产卵管鞘端部暗黄褐色；上颚及产卵管褐色；复眼、单眼深红色；翅脉暗灰褐色，痣脉以内翅面具淡烟褐色晕纹，其余翅面透明。

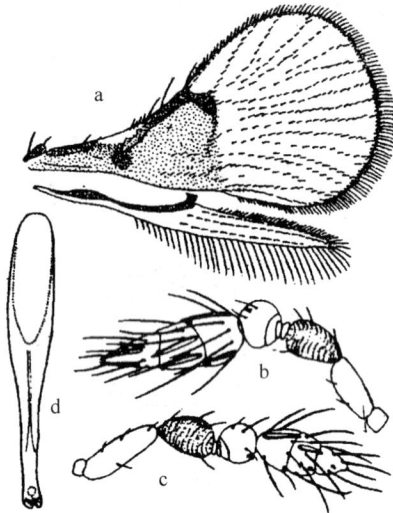

图 79　圆索毛翅赤眼蜂 *Chaetostricha cirifuniculata* Lin
a. 前后翅(♀)；b. 触角(♀)；c. 触角(♂)；d. 雄外生殖器
(引自林乃铨)

触角着生在两复眼下缘连线的稍上方，除环状节及第 1 索节外，各节均具刚毛。柄节粗短，长为宽的 2.1 倍，稍长于梗节；梗节长为宽的 1.6 倍，具横脊纹；环状节 2 节，仅第 1 环状节显著；索节 2 节，紧密结合成圆形，长小于宽，相当于梗节的 0.6 倍，第 1 索节环节状；棒节 3 节，长为宽的 3.1 倍，等于柄节的 2.4 倍；第 1 棒节最宽大，第 3 棒节最长；各棒节均具条形感觉器。前翅极宽圆，长为宽的 1.8 倍；翅脉伸达翅长的一半；缘脉稍短于亚缘脉，具较长刚毛；翅面纤毛规则排列，具中肘横毛列；缘毛短，不足翅宽的 1/10；前足胫节外侧有 1 明显的齿状突。腹部略侧扁，产卵管极发达，长为腹部的 1.4 倍，等于后足胫节的 2.6 倍，端部显著伸出腹末之外；下生殖板强大，末端伸至产卵管的一半。

雄： 体长 0.8 mm。大体与雌虫相似，但触角棒节较细短，长为宽的 2.3 倍，为柄节长的 1.2 倍；腹部不侧扁。外生殖器简单管状，阳基与阳茎愈合，末端稍向腹面弯曲；其背面开口不足阳基长度的一半，阳基全长等于后足胫节的 1.44 倍。

分布： 据记载分布于辽宁（西丰）、福建。

24. 圆翅赤眼蜂属 *Poropoea* Foerster

属征： 体侧扁，前翅宽圆，翅脉呈"S"形弯曲，缘脉明显不与翅的前缘接触；翅面纤毛较稀，排列规则，中肘横毛列（m-Cu）清楚；后翅较宽大；雌雄触角均为 9 节，索节及棒节上均有许多条形感觉器；雄虫触角各节连接不紧密；雌虫产卵管多数发达，显著伸出腹末之外。

此属目前已知 15 种，其中我国 7 种。寄主为鞘翅目的钳颚象虫和卷叶象甲卵。本书记述东北地区的 4 种。

(61) 中国圆翅赤眼蜂 *Poropoea chinensis* Lou，1996（图 80）

雄： 体长 0.79 mm。全体黑褐色，但腹部各节间、前足膝部及胫节内侧、各足胫节末端及跗节黄褐色；上颚红褐色，复眼深红色；触角柄节及梗节褐色，鞭节黄褐色。翅透明，亚缘脉、缘前脉及痣脉端部为暗黑色，缘脉及痣脉基部黄白色。

头正面观上宽下窄，宽略大于高，头顶具横刻纹；上颚强大具 4 齿，下颚须 2 节，末端具 3 毛。触角着生在两复眼下缘连线的上方，由 9 节组成，末端 3 节较其前 2 节连接紧密，各节接触面宽广，明显分化成索节和棒节。柄节长为宽的 3.6 倍，相当于梗节长的 2.6 倍；梗节长为宽的 1.6 倍；环状节 2 节，微小；索节 2 节，约等长，分别为各自宽度的 1.7 倍和 2 倍，第 1 索节较第 2 索稍宽；棒节 3 节，不膨大，长为柄节的 1.57 倍，第 1、第 3 棒节近等长，第 2 棒节略短。各索节及棒节生有 1 排条形感觉器和短刚毛。前翅宽阔，末端圆，长为宽的 1.57 倍，翅脉强度弯曲，痣脉末端伸至翅长的 0.52 处，缘脉不与翅的前缘接触，缘前脉特别膨大，呈结节状；缘毛短，约为翅宽的 0.1 倍；翅面纤毛共有 16 条毛列（上下两面各有 8 条毛列），中肘横毛列（m-Cu），有 7 根纤毛。腹部侧扁。外生殖器较细长，阳基长为宽的 4.5 倍，钩爪细长，略

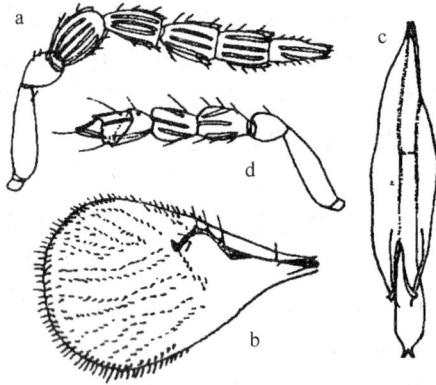

图 80　中国圆翅赤眼蜂 *Poropoea chinensis* Lou
a. 触角(♂)；b. 前翅(♂)；c. 雄外生殖器；d. 触角(♀)

突出阳基侧瓣之外，阳茎及其内突全长明显长于阳基，与后足胫节约等长。

雌：体长 0.81 mm。产卵器全长 0.6 mm，伸出腹末长度 0.2 mm。体色较雄虫略浅，触角索节和棒节较雄虫色深。触角较雄虫为短，柄节长为宽的 3.37 倍，等于梗节长的 2.3 倍；梗节长为宽的 1.27 倍；2 索节近等长，均长大于宽；棒节略膨大，各节紧密结合呈长卵形，第 1、第 2 棒节严重斜接并重叠，第 2、第 3 棒节略斜接，棒节长为宽的 2.3 倍，与柄节近等长，与其前 2 索节之和几乎相等，其上具稍长的刚毛。腹部侧扁。产卵器极发达，约为腹长的 2 倍，为后足胫节的 2.9 倍，全长的 1/3 露出腹末。

分布：辽宁(沈阳)、黑龙江(佳木斯)。

(62)榛卷象圆翅赤眼蜂 *Poropoea coryli* Lou，1996(图 81)

雌：体长 1.1 mm。产卵器全长 0.66 mm，伸出部分长 0.19 mm。全体黑褐色，但头顶、前足胫节末端及第 1~2 跗节、翅脉大部分黄褐色；触角柄节黑褐色，鞭节黄褐色；复眼深红色。

触角着生在两复眼下缘连线上，柄节长为宽的 2.9 倍，相当于梗节长的 2 倍；梗节长为宽的 1.8 倍；棒节纺锤形，长为宽的 1.8~2 倍，略短于前方 2 索节长度之和，相当于柄节长的 1.1 倍；棒节各节略斜接，第 1、第 2 棒节宽大，端棒节很小，不足第 2 棒节的 1/2；各索节和棒节具条形感觉器和短刚毛。前翅长为宽的 1.8 倍，痣脉末端伸至翅长的 0.51 处；缘毛短，不足翅宽的 0.1 倍；翅面纤毛共有 18 条毛列(上下两面各 9 列)，中肘横毛列有 6~7 根纤毛。腹部明显侧扁，产卵

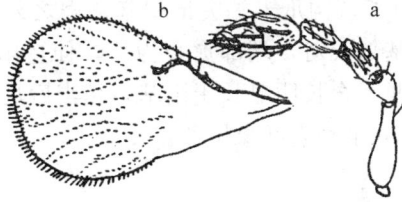

图 81　榛卷象圆翅赤眼蜂 *Poropoea coryli* Lou(♀)
a. 触角；b. 前翅

器长为腹长的 1.5 倍，为后足胫节的 2.6～2.7 倍，全长的 0.3 倍伸出腹末。

雄：体长 1.04 mm。大体与雌虫相似，但触角较长，而且环状节以上的各节连接不紧密，末端 3 节未形成明显的棒状节；鞭节上的条形感觉器明显多于雌虫，并成 2～3 横排分布在各节上。外生殖器的阳基长为宽的 4.26 倍，钩爪末端突出阳基侧瓣之外，腹中突与侧瓣平齐，阳茎及其内突全长明显长于阳基，等于后足胫节的 1.18 倍。

寄主：自榛卷叶象甲 *Apoderus coryli* 及梨卷叶象甲 *Byctiscus betulae* 卵育出。

分布：辽宁(沈阳)。

(63)日本圆翅赤眼蜂 *Poropoea morimotoi* Hirose，1963(图 82)

雌：体长 1.52～1.58 mm。全体黑褐色，但头顶、上颚、腹部腹板、产卵管褐色至黄褐色；产卵管鞘灰褐色；翅脉、前中足腿节两端及其以下各节、后足胫节两端及跗节为淡黄褐色；复眼、单眼暗红色。

触角着生在两复眼下缘连线的上方，较细长，除环状节外，各节均具细刚毛；柄节长为宽的 3.5 倍，相当于梗节长的 2.8 倍，梗节长稍大于宽；环状节 2 节，微小；索节 2 节，长度大致相等，分别为各自宽度的 1.7 倍和 1.9 倍，第 1 索节略粗；棒节 3 节，稍长于两索节长度之和，相当于柄节长的 1.3 倍；第 1 棒节最粗大，端棒节最短小；各索节及棒节均密布条形感觉器和短刚毛。前翅显著宽圆，长仅为宽的 1.6 倍；翅脉强度弯曲，缘脉不与翅的前缘接触，痣脉端部伸至翅长的 0.53 倍处；翅面纤毛排列规则，共 16 列；中肘横毛列有 4 根纤毛；缘毛极短小。腹部极度侧扁；产卵管长度超过腹部的 2.5 倍，等于后足胫节的 4 倍，前方扩展至中胸之下，后端近一半长度伸出腹末之外。

雄：体长 1.36～1.5 mm。大体与雌虫相似，但触角更细长，鞭节上的条形感觉器更多。外生殖器较细长，阳基长为宽的 5.2 倍，D 的长度等于阳基全长的 1/7；钩爪末端突出阳基侧瓣之外；腹中突端部与阳基侧瓣平齐；中脊基部成对，端部愈合为一，伸达阳基的 3/4。阳茎为其内突的 1.4 倍，两者全长明显长于阳基，相当后足胫节的 1.1 倍。

寄主： 可寄生 10 余种卷叶象甲卵。

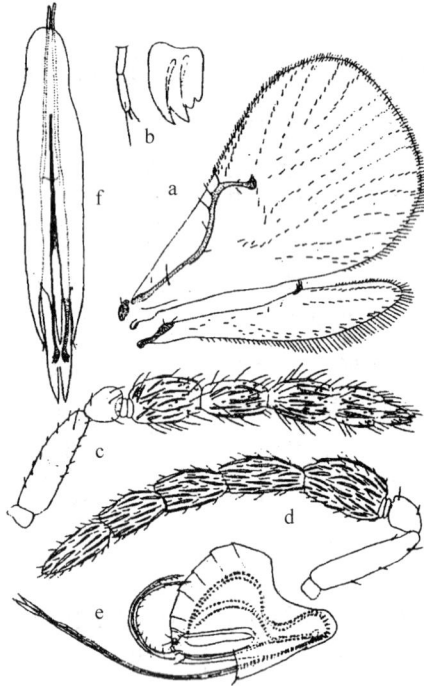

图 82　日本圆翅赤眼蜂 *Poropoea morimotoi* Hirose
a. 前后翅（♀）；b. 上颚及下颚须；c. 触角（♀）；d. 触角（♂）；
e. 腹部侧面观（♀）；f. 雄外生殖器
（引自林乃铨）

分布： 辽宁(沈阳)、湖北、福建、云南；日本。

(64)榆卷叶象圆翅赤眼蜂 *Poropoea tomapoderus* Luo et Liao, 1994 (图 83)

雌： 体长 1.53～1.58 mm。头黑色，微有光泽；头顶有倒"元宝"形黄褐色斑。复眼、单眼红色；中单眼前方及颜面黑褐色。触角除梗节背面暗褐色外，其余各节褐色至黄褐色；胸部黑色；各足腿节端部、跗节和前足胫节，中、后足胫节端部黄白色外，其余部位褐色或暗褐色。翅透明，翅脉褐色。腹部和产卵管鞘暗褐色，产卵器褐色。

颜面从头顶黄色斑前缘至触角窝间凹陷，从口缘至触角窝两外侧各

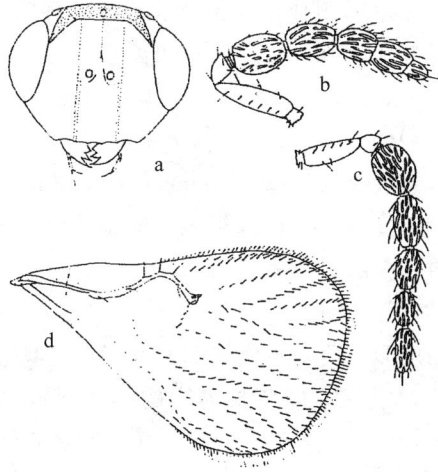

图 83　榆卷叶象圆翅赤眼蜂 *Poropoea tomapoderus* Luo et Liao

a. 头正面观；b. 触角(♀)；c. 触角(♂)；d. 前翅

(引自罗维德，廖定喜)

有一条纵沟；在两触角窝间有一纵向小三角形隆起。触角着生在两复眼下缘连线稍上方，除环状节外，其余各节均长大于宽；柄节长为宽的 3.5 倍，等于梗节长的 3.1 倍；梗节长宽几乎相等；第 1、第 2 索节大致等长、等宽，刚毛短而少；棒节 3 节，其长等于或略短于 2 个索节长度之和，第 1 棒节最宽大，端棒节最短小，仅为第 2 棒节长的 1/2。索节及棒节均具条形感觉器和短刚毛。前翅长为宽的 1.7 倍，缘脉不达翅的前缘并与痣脉构成半圆弧；翅面纤毛规则排列，正面 9 行毛列，反面8 行毛列；中肘横毛列由 3～4 根纤毛排成一竖行。各足腿节和基节具网纹。腹部侧扁；产卵器极发达，伸出腹末的长度约为体长的 3/5。产卵管末端有 4 个锯齿突。

雄：体长 1.45～1.47 mm。触角比雌虫长，鞭节无棒状节和索节之分；第 1 节最长而宽，几无刚毛，其长为宽的 1.2 倍，第 2 节与末节几等长，第 4 节最短。

寄主：榆卷叶象甲 *Tomapoderus ruficollis* 卵育出。

分布：辽宁(沈阳、大连)、黑龙江(佳木斯)、北京。

25. 异赤眼蜂属 *Asynacta* Foerster

属征：前翅宽大，末端圆；缘脉不与前缘紧密接触；翅面纤毛稠密、散乱分布，仅主要毛列排列规则，中肘横毛列(m-Cu)和肘毛列

(Cu)不明显。触角由 8 节组成,即柄节、梗节、环状节各 1 节,索节 2 节,棒节 3 节;索节和棒节上具感觉器和长毛。

此属目前仅知有 3 种,其中分布在我国的 2 种,分别寄生于榆紫叶甲和黄栌双钩跳甲 *Ophriola xanthospilota* 卵。

(65)榆紫叶甲赤眼蜂 *Asynacta ambrostomae* Liao,1987(图 84)

雌:体长 1~1.2 mm。全体黑褐色,复眼暗紫红色;前中足腿节端部、各足胫节两端及全部跗节淡黄褐色;触角、翅脉灰褐色;上颚、产卵器黄褐色;翅面全部透明。

头正面观倒三角形,两复眼内侧颜面凹陷,且具纤毛。触角着生在两复眼下缘连线的稍上方;柄节长为宽的 3.25 倍,等于梗节的 2 倍;梗节长为宽的 1.32 倍;环状节 1 节,明显;2 索节长度相等,均长小于宽,第 1 索节稍宽大;棒节 3 节,长为宽的 1.9 倍,仅及柄节长的 0.9 倍;各棒节均横宽,各节交界处稍重叠;第 1 棒节与端棒节近等长,第 2 棒节最宽大;各索节和棒节具条形感觉器和轮生长毛。前翅长为宽的 1.7 倍,翅脉呈弓形弯曲,端部略超过翅长的一半;缘脉不与前缘接触;翅面纤毛稠密,仅第 1 径毛列(R_1)、中毛列(M)和臀毛列(A)

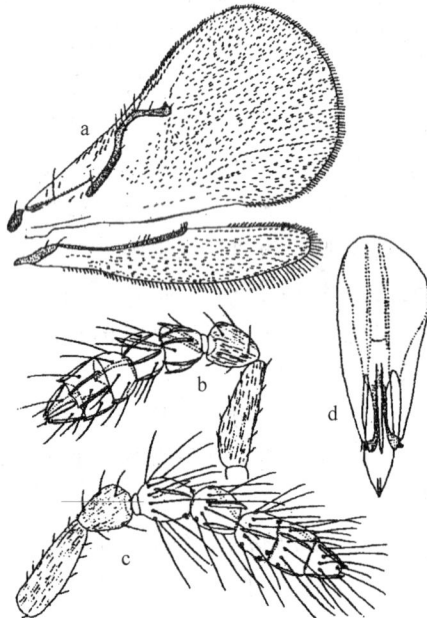

图 84　榆紫叶甲赤眼蜂 *Asynacta ambrostomae* Liao
a. 前后翅(♀); b. 触角(♀); c. 触角(♂); d. 雄外生殖器
(引自林乃铨)

排列规则，其余散乱分布；缘毛极短，长者仅及翅宽的 0.05 倍。腹部不侧扁；产卵管占腹长的 0.42 倍左右，相当于后足胫节的 0.6 倍。

雄：体长 1～1.1 mm。触角各鞭节上的刚毛明显比雌虫长而多；外生殖器分阳基和阳茎两部分；D 的长度约为阳基的 0.31 倍，腹中突细长，末端与钩爪平齐，稍伸出阳基侧瓣之外；中脊不明显；阳茎等于其内突的 1.74 倍，两者全长明显长于阳基，为后足胫节的 0.63 倍。

寄主：自榆紫叶甲卵育出。

分布：辽宁（沈阳、铁岭）、吉林（长春、白城）、内蒙古。

26. 断脉赤眼蜂属 *Mirufens* Girault

属征：雌雄触角异型；雌虫触角 9 节，即柄节、梗节各 1 节，环状节、索节各 2 节，棒节 3 节；雄虫触角 10 节，即棒节末端比雌虫多 1 小节，而且其索节及棒节上具有轮生的长刚毛，与雌虫明显不同。前翅宽阔，翅端圆，缘毛短，缘脉与翅的前缘接触或分离，缘前脉与缘脉之间有一明显的断裂痕。痣脉长于缘脉和缘前脉；前足胫节外缘具有一列齿状突。

此属目前已知有 16 种，其中我国有 5 种；已知有 9 种可分别寄生角蝉和叶蝉卵。本书记述分布在本地区的 4 种。

(66) 沈阳断脉赤眼蜂 *Mirufens shenyangensis* Lou，1991（图 85）

雌：体长 1.2 mm 左右。体黑褐色，腹部各节间略带褐色，上颚及产卵管棕色。触角淡褐色，梗节背面横脊纹黑色。各足基节、腿节大部、胫节中部外缘浅黑色，其余各部分黄褐色。

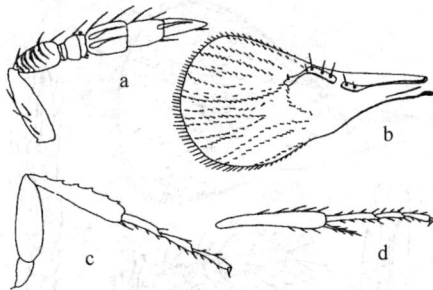

图 85　沈阳断脉赤眼蜂 *Mirufens shenyangensis* Lou
a. 触角；b. 前翅；c. 前足；d. 中足

触角着生在两复眼下缘连线的稍下方，柄节长为宽的 3.2 倍；梗节约具 7 条横脊纹，长为宽的 1.75 倍，约等于柄节长的 2/3；环状节 2

节，第1环状节甚小；2索节均宽过于长，第2索节甚短，片状，2索节长度之和等于梗节长的1/2；棒节细长，3节，第1、第3棒节近等长，第2棒节略短；棒节全长为其宽度的4倍，约等于柄节长的1.8倍；各棒节具数个条形感觉器和长刚毛。前翅长为宽的1.83倍，翅脉伸至翅长的0.56倍处；缘脉不与前缘紧接，缘脉与痣脉约等长，缘前脉与缘脉间有明显的断裂痕。翅面纤毛排列规则，具中肘横毛列；缘毛长为翅宽的1/9左右。前足胫节外缘具一列(6个)齿状突；中足胫节端距很长，并具芒状分枝。腹部长于头胸之和，端部尖；产卵器为腹长的1.1倍，等于后足胫节长的2.66倍，末端约1/9露出腹末之外。

雄：未采到。

寄主：自山定子树皮内的1种叶蝉卵育出。

分布：辽宁(沈阳)、吉林(长春、吉林龙潭山、长白山)。

(67)筒茎断脉赤眼蜂 *Mirufens tubipenis* Lou，1997(图86)

雄：体长1.04 mm。全体黑褐色，但前中足腿节两端、胫节两端及其内侧、后足胫节两端及各足第1、第2跗节为黄褐色；触角柄节及梗节黑褐色，其余部分浅褐色；复眼、单眼红色；翅脉浅褐色。

触角细长，索节及棒节上具轮生的长刚毛；柄节长为宽的4.28倍，等于梗节长的1.87倍；梗节长为宽的1.77倍，上具明显横脊纹；环状节2节，第2环状节稍大；索节2节，均长大于宽，第2索节稍大；棒节不膨大，除正常的3节外，末端还有1小节，总长度为其最宽处的5.14倍，等于柄节长的2.46倍，各棒节均长大于宽，第1棒节最宽而短，第3棒节最长，第2、第3棒节具条形感觉器；棒节上最长刚毛为

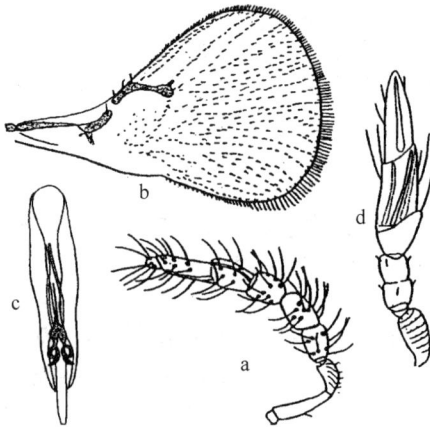

图86 筒茎断脉赤眼蜂 *Mirufens tubipenis* Lou
a. 触角(♂)；b. 前翅(♂)；c. 雄外生殖器；d. 触角(♀)

棒节最宽处的 1.78 倍。前翅宽圆，长为宽的 1.65 倍，缘脉不与前缘紧密接触，其长与缘前脉近相等，明显短于痣脉和亚缘脉，缘脉与缘前脉间有一断裂口；翅面纤毛规则排列，具中肘横毛列；缘毛短，仅为翅宽的 1/10 左右。中后足腿节短于胫节，中足胫节端距无芒状分枝；前足胫节外侧缘具齿状突。外生殖器圆筒形，高度骨化；阳基长为宽的 5.1 倍；钩爪明显短于阳基侧瓣，形态特殊，末端具粗大的钩状齿；中脊单一；阳茎与其内突约等长，两者全长相当于阳基的 0.9，等于后足胫节长的 1.04 倍。

雌：体长 1.17 mm。大体与雄相似，但触角明显短，2 索节各节的长与宽近相等；棒节膨大，长为宽的 4.2 倍，各节长度之比为 13：18：20，其上有条形感觉器和稀疏刚毛。产卵器发达，全长等于后足胫节长的 3.4 倍，后端约 1/7 伸出腹末。

分布：吉林（吉林龙潭山）。

(68) 宽翅断脉赤眼蜂 *Mirufens platyopterae* Lou，1997（图 87）

雄：体长 1.02 mm。全体黑褐色，但前足腿节末端、胫节两端、中后足胫节两端及各足跗节为浅褐色；触角柄节及梗节黑褐色，鞭节褐色；复眼、单眼红色；翅脉褐色。

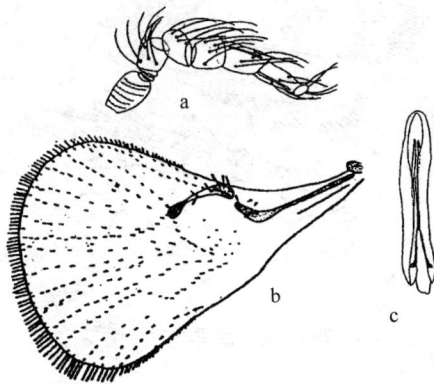

图 87　宽翅断脉赤眼蜂 *Mirufens platyopterae* Lou（♂）
a. 触角（未含柄节）；b. 前翅；c. 雄外生殖器

触角细长，索节、棒节具轮生长刚毛，刚毛特别长，长为棒节最宽处的 2.17 倍；梗节近圆形，长为宽的 1.5 倍，上具 7 条横脊纹；环状节 2 节；索节 2 节，约等长，均长与宽近相等；棒节不膨大，除正常的 3 节外，端部尚有 1 小节，总长度为最宽处的 3.66 倍，相当于梗节长的 3 倍，等于 2 索节全长的 1.87 倍；第 1 棒节最宽，长宽近相等；第 2

棒节最长,长为宽的 1.6 倍;第 3 棒节长为宽的 2 倍。前翅显著宽圆,末端近平截,长为宽的 1.55 倍;缘脉不与翅的前缘紧密接触;缘脉极短,略短于缘前脉,两者间有断裂口;痣脉很长,长为缘脉的 2.33 倍。翅面纤毛规则排列,具中肘横毛列;缘毛短,仅为翅宽的 1/10。前足胫节外缘具 5 枚齿状突;中足胫节端距无芒状分枝。外生殖器圆筒形,阳基长为宽的 6 倍;钩爪未达阳基侧瓣末端,端部具 2 齿;中脊单一;阳茎略短于其内突,二者全长约为阳基长的 0.9 倍,与后足胫节近等长。

雌:未采到。

分布:辽宁(沈阳)。

(69)长管断脉赤眼蜂 *Mirufens longitubatus* Lin,1994(图 88)

雌:体长 0.9～1 mm。全体暗黄褐色,但头顶、前足转节及腿节、中后足腿节两端、各足胫节及跗节淡黄褐色;复眼、单眼暗红色;翅脉灰褐色;上颚及产卵管黄褐色。

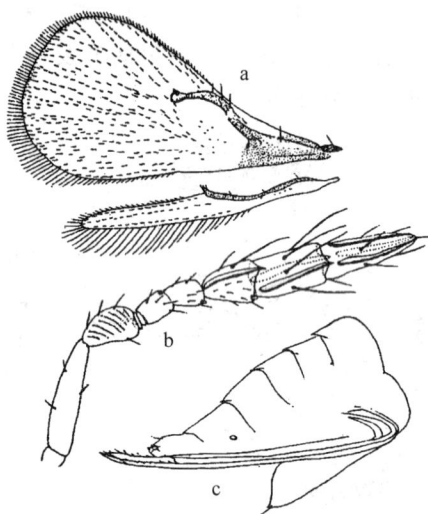

图 88 长管断脉赤眼蜂 *Mirufens longitubatus* Lin(♀)
a. 前后翅;b. 触角;c. 腹部侧面观
(引自林乃铨)

触角着生在两复眼下缘连线稍上方,柄节长为宽的 4.2 倍,等于梗节长的 2 倍;梗节长为宽的 1.6 倍;环状节 2 节,第 2 环状节较大;2 索节均为短柱状,大小相近,长为宽的 1.3 倍;棒节 3 节,长纺锤形,长为宽的 5.4 倍,接近柄节长的 2 倍;各棒节长度之比为 22:33:40,

各具 1、2、3 个条形感觉器和若干长刚毛。前翅长为宽的 1.88 倍，缘脉不与前缘接触，明显短于痣脉及缘前脉，后两者长度接近，稍长于亚缘脉的一半；缘前脉端部具一断口；翅面纤毛较密，排列规则，具中肘横毛列；缘毛短，最长者仅及翅宽的 0.15 倍。前足胫节外侧缘具 3 枚齿状突；中足胫节端距不特别长，无芒状分枝。产卵管较发达，长为腹部的 1.4 倍，等于后足胫节的 3.5 倍，后端约 1/6 伸出腹末之外。

雄：未采到。

分布：辽宁(沈阳、阜新、绥中)、吉林(长春、吉林)、黑龙江(哈尔滨)。

27. 类断赤眼蜂属 Pseudomirufens Lou

属征：本属的前翅宽阔，缘脉不与翅的前缘紧密接触，前足胫节外缘具齿状突，触角梗节具明显的横脊纹，以及雄性外生殖器等特征均与断脉赤眼蜂属 Mirufens Girault 极为相似，但两属雄虫触角的形态明显不同；本属的棒节为 2 节，其索节及棒节上具稀疏的刚毛；而后者的棒节除正常的 3 节外，末端尚具 1 小节，其索节及棒节上具密而轮生的长刚毛；本属的前翅缘脉与痣脉几乎等长，而后者的缘脉明显短于痣脉。

本属系作者于 1998 年所建立，迄今除属的模式种外，世界尚无其他种类的报道。

(70)短索类断赤眼蜂 *Pseudomirufens curtifuniculus* Lou et Yuan, 1998(图 89)

雄：体长 0.79~0.97 mm。全体黑褐色，但头顶、触角柄节及梗节腹面，各足腿节和胫节的两端、第 1 和第 2 跗节，腹部第 1~3 节节间为淡黄褐色；复眼、单眼红色；翅脉暗褐色，翅面透明。

头顶具刻纹及稀疏细毛；触角着生在两复眼下缘连线的上方，细长；柄节长为宽的 4.5 倍，等于梗节的 1.57 倍；梗节粗大，长为宽的 2

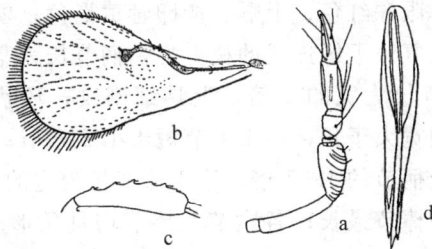

图 89　短索类断赤眼蜂 *Pseudomirufens curtifuniculus* Lou et Yuan(♂)
a. 触角；b. 前翅；c. 前足胫节；d. 雄外生殖器

倍，其背面约具 10 条横脊纹；环状节 2 节；索节 2 节，第 1 节长宽近相等，第 2 节甚短，呈横条状；棒节 2 节，不膨大略窄于梗节，长为宽的 3.88 倍，等于柄节长的 1.15 倍，各棒节具数个条形感觉器和长刚毛。中胸盾及小盾片具细网纹，内悬骨末端略有凹陷，不明显形成 2 叶状。前翅宽圆，长为宽的 1.93 倍；翅脉伸至翅长的 0.56 处，缘脉不与翅的前缘紧密接触，痣脉与缘脉近等长；翅面纤毛排列规则，具中肘横毛列 (m-Cu)；缘毛较短，最长者接近翅宽的 1/5。足较粗壮，前足胫节外缘具 6 枚齿状突；中足较细，胫节端距长为基跗节的 0.84；后足胫节粗壮，具细网纹，胫节外缘具 5~6 枚小齿状突。腹部较粗壮，外生殖器细长，圆锥状，明显分阳基和阳茎两部分；阳基长为宽的 5.3 倍，钩爪不发达，未伸达阳基侧瓣末端；阳茎略短于其内突，两者全长与阳基几乎相等，等于后足胫节长的 1.36 倍。

雌：未采到。

分布：吉林(吉林市龙潭山)。

28. 宽翅赤眼蜂属 *Ufens* Girault

属征：前翅显著宽大，扁圆形，末端近平截；缘毛很短；痣脉较长，约与缘脉长度相当，基部明显收窄；翅面主要毛列排列规则。雌雄触角异型，雌虫 9 节，除柄节、梗节外，环状节 2 节；索节 2 节，分界不明显；棒节 3 节；雄虫触角 10 节，棒节除正常的 3 节外，末端还有 1 小节；各索节及棒节具轮生的长刚毛。

目前本属共知有 22 种，我国有 5 种；据记载，有 4 种可寄生螟蛾科、螽斯科、叶蝉科和盾蚧科等害虫卵。此书记述 2 种。

(71) 异型宽翅赤眼蜂 *Ufens anomalus* Lin，1994(图 90)

雌：体长 0.61 mm。全体暗黄褐色，但头顶、前中足转节及腿节全部，后足腿节端部、各足胫节及第 1、2 跗节淡黄褐色；触角、翅脉淡灰褐色；复眼、单眼深红色；上颚、产卵管黄褐色；翅透明。

触角着生在两复眼下缘连线的稍上方，柄节长为宽的 4 倍，等于梗节的 1.8 倍；梗节长为宽的 2 倍，上具细刻纹；环状节 2 节；索节 2 节，紧密相连，均宽大于长，第 1 索节短于第 2 索节；棒节 3 节，长为宽的 3.1 倍，等于柄节的 1.37 倍；第 1 棒节长为宽的 0.75 倍，第 2 棒节长稍大于宽，端棒节最长；各索节及棒节均具条形感觉器和长刚毛。前翅长为宽的 1.8 倍，翅脉伸至翅长的 0.43 倍处；缘脉与痣脉近等长，短于缘前脉；缘前脉前端具一弱点，后端明显突入翅面，且具 1 列纤毛；翅面纤毛稠密，仅主要毛列排列规则，中肘横毛列明显；缘毛短，

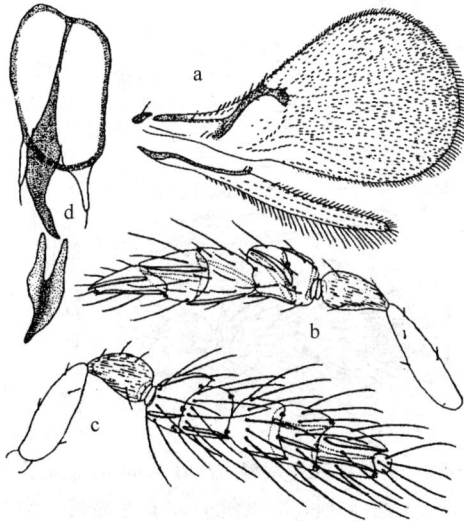

图 90　异型宽翅赤眼蜂 Ufens anomalus Lin
a. 前后翅(♀)；b. 触角(♀)；c. 触角(♂)；d. 雄外生殖器
(引自林乃铨)

最长者仅为翅宽的 0.06 倍。产卵管占腹长的 0.73 倍，等于后足胫节的 1.2 倍，端部不突出腹末；下生殖板等于产卵管的 0.64 倍。

雄：体长 0.73 mm。触角各鞭节具轮生长刚毛，棒节除正常 3 节外，端部还有 1 圆形小节。外生殖器的阳基宽大，长为宽的 2 倍，稍短于后足胫节，端部除阳基侧瓣和腹中突外，无钩爪；阳基背面开口宽大，长为阳基全长的 0.79 倍；阳茎等于其内突的 1.3 倍，两者全长等于后足胫节的一半。

分布：辽宁(沈阳、大连、北镇、绥中)、北京。

(72)折脉宽翅赤眼蜂 Ufens rimatus Lin, 1993(图 91)

雌：体长 0.78 mm 左右，翅长 0.57 mm。全体暗黄褐色，但头顶、第 1 腹节背板中央、各足胫节端部及跗节淡黄色；复眼、单眼深红色；翅脉烟褐色，前翅缘前脉下方具一烟褐色小晕斑，其余翅面透明。

触角着生在两复眼下缘连线的上方，除环状节外，各节均具刚毛；柄节长为宽的 3.4 倍；梗节长为宽的 1.4 倍，相当于柄节的 0.63 倍，上具脊状纹；环状节 2 节；索节 2 节，紧密结合；第 1 棒节短而横宽，第 2 节长宽近相等，上有条形感觉器；棒节 3 节，长为宽的 3.6 倍，各节长度近相等，相互斜接，上有条形感觉器。前翅长为宽的 1.63 倍，翅脉伸至翅长的 0.5 处；缘前脉与缘脉间有一断裂口；翅面纤毛规则排

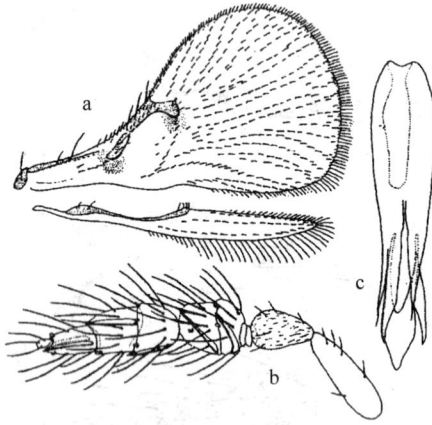

图 91 折脉宽翅赤眼蜂 *Ufens rimatus* Lin(♂)
a. 前后翅；b. 触角；c. 外生殖器
（引自林乃铨）

列，具中肘横毛列；缘毛极短，最长者不足翅宽的 0.1 倍。产卵器发达，长为腹部的 0.8 倍，相当后足胫节长的 1.6 倍，末端显著伸出腹外，伸出部分占产卵器全长的 0.15 倍。

雄：体长 0.70～0.75 mm。大体与雌虫相似，但触角棒节除正常的 3 节外，末端尚有 1 卵圆形小节，全长为其宽度的 2.89 倍，相当于柄节长的 1.42 倍；除端部小节外，各棒节长度接近，第 1 棒节最宽大，向端部渐尖；各索节及棒节均具条形感觉器和轮生长刚毛。外生殖器较细长，阳基长为宽的 4.14 倍，等于后足胫节的 1.38 倍；D 的长度占阳基全长的 0.4，无腹中突；阳基侧瓣细窄，端部具 1 毛；钩爪长而宽，伸出阳基侧瓣之外；阳茎短于其内突，两者全长为阳基的 0.47 倍，等于后足胫节的 0.65 倍。

分布：吉林（敦化、长白山）、广东。

二、缨小蜂科 Mymaridae

缨小蜂也叫柄翅小蜂（图 5），是一类小型寄生蜂，体长 0.35～1.8 mm。无金属光泽，大多黄至暗褐色，具浅色或暗色斑纹。触角无环状节。雌虫 8～11 节，棒节扩大，不分节或分 2～3 节；雄虫触角丝状，10～13 节。中胸背板的盾纵沟完整，小盾片相当大，三角片远离，并胸腹节较长。翅狭长，边缘具或长或短的缘毛，后翅基部均为柄状，前翅缘脉明显短化或不发达，痣脉特别短，无后缘脉。足的跗节 4~5 节。腹部具长的腹柄，或仅有缢缩，或与胸部广阔连接；产卵管隐藏至露出腹末很长。

该科小蜂均为其他昆虫卵的寄生蜂，主要寄生同翅目叶蝉总科 Cicadelloidea 和飞虱科 Delphacidae，以及半翅目的网蝽科 Tingidae 和盲蝽科 Miridae，鞘翅目的象甲科 Curculionidae 和龙虱科 Dytiscidae。

该科是个大科，全世界已知 105 属，1380 余种。我国已知 20 属 64 种。作者 1994 年 3 月报道中国东北地区缨小蜂科 16 个属。由于作者对该科尚缺乏全面系统的研究，因此本书只记述 9 个属 21 种，其中包括 3 个新种，9 个中国新记录种。

东北地区缨小蜂科分属检索表

1. 腹与胸广阔连接，无腹柄，内悬骨明显伸入腹部 …………………… 2
   腹与胸连接处仅有缢缩或具有腹柄，内悬骨几乎不伸入腹内 …… 5
2. 足的跗节 4 节 ……………………………………………………… 3
   足的跗节 5 节 ……………………………………………………… 4
3. 雌虫触角 9 节。索节 6 节，棒节 1 节；前翅狭窄，具长缘毛；雄虫触角 13 节，丝状；体多为小型 ……… 缨翅缨小蜂属 *Anagrus* Haliday
   雌虫触角 11 节。索节 6 节，棒节 3 节，强烈扩展呈卵形；前翅较宽，端部尖圆，缘毛中等长短；雄虫触角 13 节；体型较小 ……………
   …………………………………… 三棒缨小蜂属 *Stethynium* Enock
4. 雌虫触角 8 节。索节 5 节，棒节 1 节；前翅极狭窄，具长缘毛，翅的后缘近基部呈缺切状；雄虫触角 10 节；体微小 ………………………
   ………………………………… 微翅缨小蜂属 *Alaptus* Westwood
   雌虫触角 9 节。索节 6 节，棒节 1 节、特别粗大；前翅极狭窄，具长缘毛，翅的后缘近基部无缺切状；体小型，略侧扁；雄虫触角 11 节，鞭状……………………………………… 大棒缨小蜂属 *Litus* Haliday
5. 腹与胸连接处具有缢缩，但无明显的腹柄；足的跗节 4 节 ……… 6
   腹部具有明显的腹柄 ……………………………………………… 9
6. 雌虫下生殖板发达，呈犁头形包在产卵器的腹方 ………………… 7
   雌虫下生殖板不发达；前翅缘脉较长，翅的前缘长于后缘；翅面纤毛粗壮，前翅肘状部有 1 条斜向毛列 …………………………… 8
7. 雌虫触角 8 节。索节 5 节，第 5 索节特别长大；棒节 1 节；前翅狭长，前后缘近平行，具长缘毛；翅面纤毛极少；雄虫触角 12 节，鞭节第 2 节小，呈环节状 ……… 平缘缨小蜂属 *Parallelaptera* Enock

雌虫触角9节。索节6节；棒节1节；前翅具长缘毛，翅面基部无纤
毛。雄虫触角13节，鞭节第2节不呈环节状 ………………………
……………………………… 爱丽缨小蜂属 *Erythmelus* Enock

8. 雌虫触角9节。索节6节；棒节1节；前翅较狭窄，缘毛中等长短；
   雄虫触角12节 ………… 长缘缨小蜂属 *Anaphes* Haliday
   雌虫触角10节。索节6节；棒节2节；雄虫触角12节 …………
   ……………………………… 二棒缨小蜂属 *Patasson* Walker

9. 腹部具短腹柄，足的跗节5节 ………………………………… 10
   腹部具长的腹柄，至少柄长大于柄宽，足的跗节4~5节 ……… 12

10. 前翅较宽大，缘毛短；雌虫触角10或11节，索节7或8节；雄虫
    触角13节；体多为大型 ………… 柄翅缨小蜂属 *Gonatocerus* Nees
    前翅极狭窄且向后弯曲，缘毛长；体微小 ………………… 11

11. 雌虫触角9节。索节6节；棒节1节，长大 ……………………
    ……………………………… 长棒缨小蜂属 *Sphegilla* Debauche
    雌虫触角10节。索节7节，第2索节呈环节状；雄虫触角12节，
    鞭节第2及第4节呈环节状 …………………………………
    ……………………………… 弯翅缨小蜂属 *Camptoptera* Foerster

12. 足的跗节4节；雌虫触角9节，索节6节，棒节1节；雄虫触角13
    节 ……………………………………………………………… 13
    足的跗节5节；雌虫触角11节，索节8节；雄虫触角13节；并胸
    腹节具明显的隆脊 ………………… 杀卵缨小蜂属 *Ooctonus* Haliday

13. 前后翅正常，前翅无翅柄，后翅不发生退化 ………………… 14
    前翅具极长的翅柄，呈桨状，翅的缘毛甚长；后翅退化、不发达。
    雌虫触角柄节很长，中段收窄，第2索节特别长 …………………
    ……………………………… 缨小蜂属 *Mymar* Curtis

14. 触角柄节具有脊纹 …………………………………………… 15
    触角柄节无脊纹。前翅缘脉短，似呈点状，缘毛不很长；并胸腹节
    有中脊，腹柄插入处之上有1小齿或突起；体多为大型 …………
    ……………………………… 多线缨小蜂属 *Polynema* Haliday

15. 柄节上的脊纹呈鳞片状，并胸腹节光滑无隆脊，前翅缘脉不膨大…
    ……………………………… 冠缨小蜂属 *Stephanodes* Enock
    柄节上的脊纹为横形，并胸腹节具有"V"字形隆脊，末端交靠于腹
    柄连接处之上，多少成明显的突起；前翅翅面上的纤毛有的基部加
    粗……………………………… 阿缨小蜂属 *Acmopolynema* Ogloblin

1. 微翅缨小蜂属 *Alaptus* Westwood

属征：足的跗节 5 节，腹部与胸部广阔连接，无腹柄；内悬骨特别发生，宽大，伸入到腹部很深处；雌虫触角索节 5 节，棒节 1 节；雄虫触角鞭节 8 节；前翅极狭窄，具长缘毛，翅的后缘近基部处向内凹入，呈缺切状；个体微小型。

本属世界已知约 60 种，主要分布在古北区（25 种）、澳洲区（17 种）和新北区（6 种），我国此前尚无报道；笔者于 1999 年发表 2 新种，现记述如下。

(73) 辽宁微翅缨小蜂 *Alaptus liaoningensis* Lou et Cao，1999（图 92）

雌：体长 0.34～0.39 mm；体黄褐色，但头顶、触角端部 4 节、中胸盾片及腹的大部分暗褐色；触角基部 4 节及各足浅黄色；复眼红色，单眼黄褐色；翅透明。

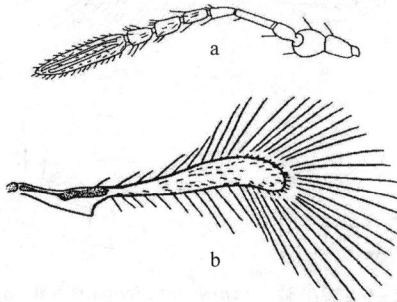

图 92　辽宁微翅缨小蜂 *Alaptus liaoningensis* Lou et Cao
a. 触角（♀）；b. 前翅（♀）

触角 9 节，全长 0.32 mm，柄节粗而短，长为宽的 1.33 倍，与梗节几乎等长；梗节膨大，近球形；索节 6 节，各索节均长大于宽；第 1 节最短，短于梗节；第 2 节最长，长为宽的 3.9 倍，等于第 1 节长的 1.83 倍；棒节 1 节，长为宽的 4.5 倍，明显长于其前方 3 个索节长度之和，其上具数个条形感觉器。触角自基部起，各节的长度之比为 8：8：6：11：8：8：8：7：27。中胸盾片长为宽的 0.58 倍，表面具刻纹；内悬骨伸至腹长的 0.52 处。前翅略向后方弯曲，长 0.35 mm，宽 0.04 mm，长为宽的 8.8 倍；翅脉末端伸至翅长的 0.34 处；缘脉上具 2 根刚毛；翅的边缘具 43～45 根长缘毛；最长缘毛 0.17 mm，等于翅宽的 4.33 倍，等于翅长的 0.49 倍；在翅面周缘的内侧具 1 列纤毛，翅面中央具 1 不完整的纤毛列。后翅甚窄，长 0.33 mm，翅缘约具 29 根长缘毛，最长缘毛 0.13 mm，翅面具 1 列纤毛。产卵器全长 0.19 mm，略长于腹部，分别等于腹长及后足胫节长的 1.29 倍和 1.43 倍，末端略突出腹末。

雄：未采到。

分布：辽宁(沈阳)。

(74)长尾微翅缨小蜂 *Alaptus longicaudatus* Lou et Cao, 1999(图 93)

雌：体长 0.56～0.63 mm。全体黄褐色，但头及腹的端半部深褐色；触角棒节黑褐色，其余部分黄白色；足浅黄色；产卵管两侧黄褐色，其余大部分黑褐色；复眼深红色。

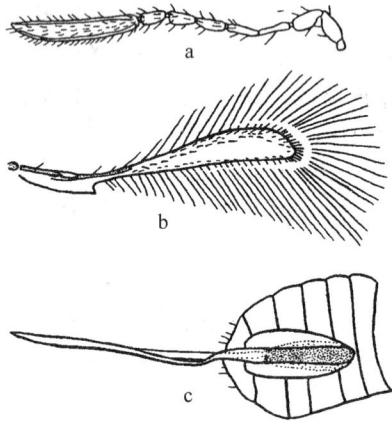

图 93　长尾微翅缨小蜂 *Alaptus longicaudatus* Lou et Cao(♀)

a. 触角；b. 前翅；c. 腹部

触角 8 节，全长 0.48 mm；柄节长为宽的 2.5 倍，梗节长为宽的 1.4 倍；索节 5 节，第 1 与第 2 索节等长，长于其他各索节，亦长于梗节，约为梗节长的 1.2 倍；第 2 索节长为宽的 3.5 倍；棒节 1 节，相当长，长为宽的 6.25 倍，等于其前方 4 个索节长度之和，其上具数个条形感觉器。触角自基部起，各节的长度之比为 20：6：7：7：6：6：6：25。胸部具刻纹，内悬骨伸至腹部的 0.43。前翅长 0.57 mm，长为宽的 8.86 倍，在翅的后缘基部 1/4 处呈缺切状；翅脉伸至翅长的 0.31 处，缘脉上具 1 粗大长刚毛和 2 短毛；翅缘具 62～64 根长缘毛(包括短毛)，最长缘毛 0.222 mm，长为翅宽的 3.47 倍；在翅面上，除沿翅缘具 1 列纤毛外，在中央线的前方具 1 完整的纤毛列。后翅与前翅近等长，翅缘具 48 根长缘毛，最长者 0.20 mm，翅面具 1 列纤毛。中足胫节基部 1/3 处的外缘，具 1 粗大的长刚毛。腹部略宽于胸部，末端钝；产卵器特别发达，全长 0.7 mm，为体长的 1.2 倍，端部 2/3 以上露出腹末之外，露出的长度等于后足胫节长的 2.25 倍。

雄：体长 0.62 mm。触角 10 节，全长 0.62 mm，鞭节 8 节，鞭状；各节长度之比为 20：13：19：19：18：21：21：21：21：21。外生殖器由阳基和阳茎两部分构成，阳基短小，其长为宽的 3.5 倍，约等于后足胫节长的 0.33 倍；阳茎略长于阳基。

分布：吉林(长白山)、黑龙江(镜泊湖)。

2. 大棒缨小蜂属 *Litus* Haliday

属征：足的跗节 5 节，腹部与胸部广阔连接，无腹柄；内悬骨明显伸入腹内，中胸背板具盾纵沟，三角片强烈向前延伸；翅狭长，具长缘毛；头及中胸盾具网状刻纹。雌虫触角 9 节，索节 6 节，棒节 1 节、显著膨大；雄虫触角 11 节，鞭状，末节不膨大。多为小型种类。

此属世界已描述的有效种共 14 种。作者 1994 首次报道我国东北地区的 2 个中国新记录种，分别记述如下。

(75)短索大棒缨小蜂 *Litus cynipseus* Haliday，1883(图 94)

雌：体长 0.57～0.63 mm。体及触角黑褐色，各足腿节褐色，胫节及跗节黄褐色。

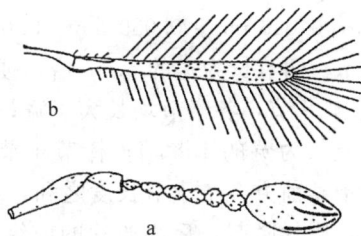

图 94　短索大棒缨小蜂 *Litus cynipseus* Haliday(♀)
a. 触角；b. 前翅

触角全长 0.474 mm，自基部起各节长度依次为：0.122 mm，0.048 mm，0.025 mm，0.029 mm，0.025 mm，0.025 mm，0.025 mm，0.025 mm，0.128 mm。柄节长为宽的 5 倍，梗节长为宽的 1.9 倍；索节 6 节，各节近等长，自基部起依次膨大，后 2 索节球形；棒节特殊膨大呈卵形，长为宽的 2.3 倍，略长于其前方 4 个索节的长度之和，其上具数个条形感觉器；前翅狭长，直伸，长 0.718 mm，长为宽的 13.5 倍；缘毛长 0.284 mm，为翅最宽处的 5.3 倍；翅脉伸至翅长的 0.35

处，翅透明，翅面上的纤毛散乱分布。后翅与前翅近等长，极窄；前后翅的缘毛近等长。腹部略长于胸部，光滑无刻纹，第1腹背板发达，覆盖腹的大部分；产卵器较短，约为腹长的0.66，端部与腹末平齐。

雄：未采到。

分布：辽宁（沈阳）；国外分布欧洲。

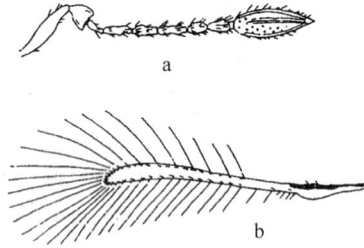

图95　奇大棒缨小蜂 *Litus distinctus* Botoc(♀)
a. 触角；b. 前翅

(76)奇大棒缨小蜂 *Litus distinctus* Botoc，1964（图95）

雌：体长 0.41～0.53 mm。体褐色；中胸盾、第1腹节及触角为深褐色，复眼红色，足黄褐色。

触角9节，全长 0.519 mm，自基部起各节长度依次为：0.126 mm，0.042 mm，0.032 mm，0.048 mm，0.039 mm，0.039 mm，0.035 mm，0.035 mm，0.123 mm。柄节长为宽的 5.57 倍；梗节短而宽，呈杯状，长为宽的 1.73 倍；索节 6 节，各索节均长大于宽；各索节宽度，自第 1 节起依次递增，末索节长为宽的 1.8 倍；棒节 1 节，长为宽的 2.7 倍，与柄节近等长，略长于其前方 3 个索节长度之和，其上具数个条形感觉器。中胸盾纵沟完整，盾片隆起，后小盾片的前缘向后凹入；中胸盾片及后小盾片表面具网纹。前翅极窄，略弯曲，长 0.6 mm，长为宽的 15 倍；缘毛长 0.186 mm，长为翅宽的 4.76 倍；翅脉伸至翅长的 1/4 左右，缘脉与亚缘脉约等长，痣脉不显著；翅面仅在周缘内侧具 1 列纤毛，其余翅面裸露无毛。腹部较短，第 1 腹背板特别发达，几乎覆盖全部腹节；产卵器较短，约为腹长的 0.56 倍，端部不超出腹末。

雄：未采到。

分布：辽宁（沈阳）、吉林（长春、辽源、长白山）、黑龙江（佳木斯）；国外分布罗马尼亚。

3. 缨翅缨小蜂属 *Anagrus* Haliday

属征：腹与胸广阔相连，无腹柄，内悬骨伸入腹内；足的跗节

4 节；后小盾片中间分开成两半，三角片向前延伸达到中胸盾片两侧；雌虫触角 9 节，索节 6 节，棒节 1 节；前翅狭窄，具长缘毛。雄虫触角 13 节，鞭状。

自从 1883 年 Haliday 以 *Ichneumon atomus* Linnaeus 作为属的模式种建立本属以来，先后共发表了 130 余个新种；但有的作者当时描述的比较简单，采用的特征也不规范；有的仅以检索表的形式，一次性发表几十个新种，而且又无插图；因此导致同物异名的大量出现。目前本属的有效种约 100 种，中国有 17 种（何俊华信中提供）。本书记述 7 种，其中包括 2 新种和 3 中国新记录种。

(77) 何氏缨翅缨小蜂，新种 *Anagrus hei* Lou et Yu, sp. nov.（图 96）

雌：体长 0.76 mm。前翅长 0.64 mm，产卵器全长 0.51 mm。全体黑褐色；但中胸后小盾片及足黄褐色；复眼深红色；单眼黄色，其边缘略带红色；产卵器黑色。

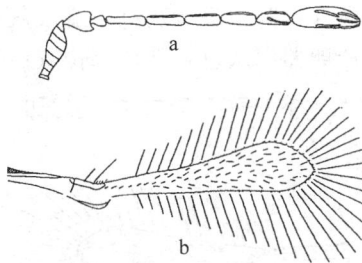

图 96　何氏缨翅缨小蜂 新种 *Anagrus hei* Lou et Yu, sp. nov.（♀）
a. 触角；b. 前翅

头部与胸等宽，头顶光滑，复眼较小；触角 9 节；除柄节、梗节外，索节 6 节，棒节 1 节；自基部起，各节长度依次为：0.09 mm，0.043 mm，0.020 mm，0.059 mm，0.059 mm，0.055 mm，0.056 mm，0.052 mm，0.109 mm。柄节粗壮，表面具横纹，其长为宽的 3 倍；梗节杯状，长为柄节的 0.48 倍，与柄节近等宽；第 1 索节最小，仅为梗节的 0.465 倍；第 2、第 3 索节等长，稍长于其后各索节；第 4～6 索节近等长，其宽度依次递增；棒节纺锤形，长为宽的 3.3 倍，等于第 5、第 6 索节的长度之和。触角各节感觉器的数目是：第 3～5 索节各 1 个，第 6 索节 2 个，棒节 5 个。胸部中胸盾纵沟附近无鬃毛，内悬骨长稍大于宽；前翅长为宽的 7 倍，短于体长；翅面纤毛不具无毛区，在翅面最宽处生有 8～9 列纤毛；缘毛长为翅宽的 2 倍；翅脉端毛不足次毛长的 2 倍；稍短于缘脉的长度。腹部较长，接近胸长的 2 倍；产卵器明显长于腹长，前端自腹基部生出，端部伸出腹末，伸出部分占产卵器全长的1/4.5，产卵器全长为前足胫节长的 3.3 倍。

雄：未采到。

标本：正摸♀，吉林(辽源)，1991-Ⅶ-25，于兴国采。

鉴别特征：该新种与 *Anagrus delicates* Dozier 相似，都有较长的产卵器；但后者触角第 2 索节长为宽的 6 倍，第 3 索节短于第 4～6 各索节，前翅最宽处具 3 列纤毛，体浅褐色；而该新种第 2 索节长为宽的4.2 倍，第 3～6 各索节几乎等长，前翅最宽处具 8～9 列纤毛，体黑褐色；两者易于区别。

注：为感谢何俊华教授对中国寄生蜂分类所做出的卓越贡献，特此命名。

(78)灰缨翅缨小蜂，新种 *Anagrus griseous* Lou et Yu，sp. nov.（图 97）

雌：体长 0.66 mm，前翅长 0.56 mm，产卵器长 0.25 mm。体灰色。触角除梗节灰白色外，其余各节灰色，复眼灰白色，中胸盾片、腹部各节背板黑灰色，产卵器深灰色，其他部位灰白色。

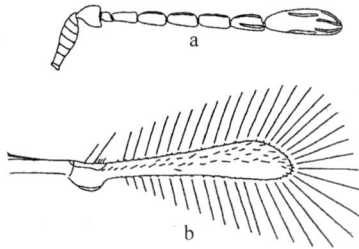

图 97 灰缨翅缨小蜂，新种 *Anagrus griseous* Lou et Yu，sp. nov.（♀）
a. 触角；b. 前翅

头正面观近圆形，宽稍大于胸；触角窝靠近复眼，两触角间距较远；触角 9 节，自基部起各节长度依次为：0.086 mm，0.036 mm，0.017 mm，0.036 mm，0.043 mm，0.046 mm，0.046 mm，0.049 mm，0.109 mm。柄节长为宽的 3.5 倍，表面具横纹；梗节宽于柄节；索节 6节，第 1 索节最小，其长近于梗节之半；第 2 索节与梗节等长，短于其后方各索节；第 3 索节，介于第 2 与第 4 节之间；第 4～6 索节近等长；棒节纺锤形，长为宽的 3.3 倍，超过第 5～6 索节长度之和。触角各节感觉器数目是：第 3～5 索节各 1 个，第 6 索节 2 个，棒节 5 个。胸部盾纵沟附近无鬃毛，内悬骨长稍大于宽；前翅长为宽的 7.67 倍，短于体长；翅面纤毛较少，端半部具无毛区，翅的最宽处具 4 列纤毛；缘毛长为翅宽的 2.19 倍；翅脉端毛不足次毛的 2 倍，与翅缘脉等长。产卵器微突出腹末或突出不明显，其长为前足胫节的 2.2 倍。

雄： 未采到。

标本： 正摸♀，辽宁（沈阳）。1991-Ⅴ-16，娄巨贤采。

鉴别特征： 该新种与 *Anagrus epos* Grault 在触角、翅、产卵器等方面很相似；但后者体黄白色，触角第 3～4 索节无感觉器，盾纵沟附近具 2 鬃毛；而该新种体灰色，触角第 3～4 索节各具 1 感觉器，中胸盾纵沟附近无鬃毛，两者易于区别。

(79) 原缨翅缨缨小蜂 *Anagrus atomus*（Linnaeus, 1767），中国新记录种（图 98）

雌： 体长 0.50 mm，前翅长 0.50 mm，产卵器长 0.24 mm。全体黄色；复眼红色，单眼黄色；触角基部 3 节黄色，端部 6 节黄褐色；头和中胸背板前缘黄褐色，产卵管黄褐色。

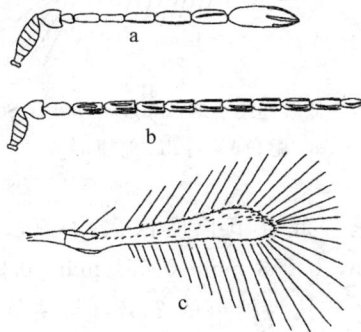

图 98　原缨翅缨缨小蜂 *Anagrus atomus*（L.）
a. 触角（♀）；b. 触角（♂）；c. 雌前翅（♀）

触角 9 节，自基部起各节长度依次为：0.076 mm，0.036 mm，0.017 mm，0.038 mm，0.037 mm，0.045 mm，0.053 mm，0.053 mm，0.186 mm。柄节较粗大，长为宽的 3 倍，表面具有横纹；梗节杯状，长宽近相等；索节 6 节，第 1 索节最小，约为梗节长的一半，第 2、3 索节近等长，第 4 索节介于第 3 与第 5 索节之间，第 5、6 索节近等长；索节宽度，自基部至端部依次递增；棒节长纺锤形，长为宽的 4 倍，约等于第 5～6 索节的长度之和，触角各节生有条形感觉器的数目是：第 4～6 索节各 1 个，棒节上 3 个。前翅狭长，长为宽的 9.5 倍，与体近等长；翅面上的纤毛较少，在翅端后半部具一无毛区；翅的最长缘毛为翅宽的 3.7 倍；缘脉长为宽的 4.5 倍，翅脉端毛是缘脉长度的 1.1 倍，是次毛长的 2 倍。腹部长大于胸，圆锥形，分节不十分明显；产卵管与腹等长，明显伸出腹末，伸出部分占产卵管全长的 1/10。

雄：头、中胸盾片前缘及腹部黑褐色，胸部黄色；触角 13 节，鞭状，鞭节各节近等长，其上各具 3～4 个感觉器，其他特征与雌虫相似。

分布：吉林（长春、辽源）；国外分布于欧洲。

(80) 似缨翅缨小蜂 Anagrus similis Soyka，1955，中国新记录种（图 99）

雌：体长 0.665 mm，前翅长 0.665 mm，产卵器长 0.332 mm。全体黄褐色；头褐色，复眼红色，单眼黄色；触角第 2～3 节灰白色，其余各节褐色；中胸背板前缘褐色。

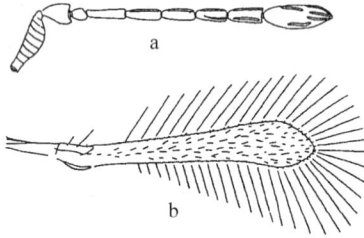

图 99 似缨翅缨小蜂 Anagrus similis Soyka
a. 触角（♀）；b. 前翅（♀）

触角 9 节，自基部起各节长度依次为：0.09 mm，0.043 mm，0.021 mm，0.057 mm，0.053 mm，0.051 mm，0.050 mm，0.053 mm，0.106 mm；柄节粗大，长为梗节的 2 倍，与梗节等宽，表面具横纹；第 1 索节最小，第 2 索节最长，其他各索节长度依次递减，宽度递增；棒节长卵圆形，长为宽的 3 倍，约等于第 6 索节长的 2 倍；触角各节上的感觉器数目是：第 3、第 4 索节各 1 个，第 5、6 索节各 2 个，棒节 5 个。前翅与体等长，长为宽的 8.3 倍；翅面纤毛不具无毛区，缘毛长不足翅宽的 2 倍；翅脉端毛长为次毛的 2 倍，稍短于缘脉长度。产卵器与腹近等长，为前足胫节长的 2.5 倍，伸出腹末部分占产卵器长的 1/8～1/9。

雄：未采到。

寄主：据 Walker(1979)报道，寄生粒状飞虱卵。

分布：辽宁（沈阳）；国外分布欧洲。

(81) 茵缨翅缨小蜂 Anagrus incarnatus Haliday，1833，中国新记录种（图 100）

雌：体长 0.680 mm，前翅长 0.612 mm，产卵器长 0.346 mm。全体黄色；头黄褐色，复眼红色，单眼黄色，触角基部 3 节黄色，其余各

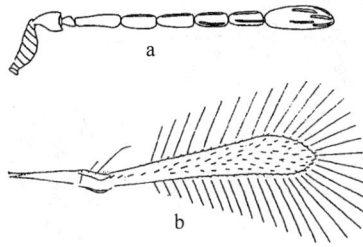

图 100　茵缨翅缨小蜂 *Anagrus incarnatus* Haliday
a. 触角(♀)；b. 前翅(♀)

节褐色，中胸背板前缘色稍深。

触角自基部起各节长度依次为：0.076 mm，0.040 mm，0.020 mm，0.065 mm，0.053 mm，0.053 mm，0.052 mm，0.053 mm，0.102 mm。柄节粗壮，表面具细横纹；梗节长为柄节之半，与柄节等宽；第 1 索节最小，长为梗节之半，第 2 索节最长，长为第 1 索节的 3 倍，第 3~6 索节近等长，其宽度依次略有增加；棒节纺锤形，长为宽的 3 倍，稍短于第 5~6 索节长度之和。触角各节生有感觉器数目是：第 3、第 4 索节各 1 个，第 5、第 6 索节各 2 个，棒节 5 个。前翅长为宽的8~10 倍，短于体长；翅面纤毛不具无毛区；缘毛长超过翅宽的 2 倍；翅缘端毛长为次毛的 2 倍，与缘脉等长。产卵器稍短于腹长，长为前足胫节长的 2.5~3 倍，末端伸出腹末，伸出部分占产卵器长的 1/9~1/8。

雄：未采到。

寄主：据 Sahad(1984)报道，寄生于褐飞虱、白背飞虱、黑尾叶蝉等卵。

分布：辽宁(沈阳)、吉林(长春)；国外分布日本，朝鲜半岛，英国，比利时。

(82)芙缨翅缨小蜂 *Anagrus flaveolus* Waterhouse，1913(图 101)

雌：体长 0.593 mm，前翅长 0.60 mm，产卵器长 0.333 mm。全体黄褐色；头、中胸盾片前缘、产卵器为褐色；复眼红色，单眼区内深褐色，触角黄褐色，棒节褐色，足大部分黄褐色。

触角 9 节，自基部起各节长度依次为：0.092 mm，0.040 mm，0.017 mm，0.051 mm，0.044 mm，0.057 mm，0.050 mm，0.050 mm，0.125 mm。柄节粗大，长为宽的 3 倍，表面具横纹；棒节与柄节等宽，其长为柄节的 1.35 倍；第 1 索节最小，长稍大于宽，其长仅为梗节的 0.43 倍；第 2 索节长为第 1 索节的 3 倍，第 3 索节稍短于第 2 索节，第

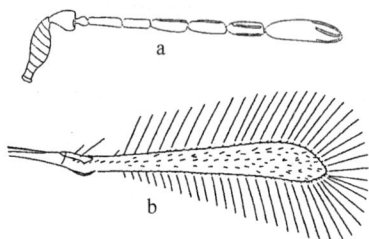

图 101 芙缨翅缨小蜂 *Anagrus flaveolus* Waterhouse
a. 触角(♀); b. 前翅(♀)

4～6 索节近等长,依次加粗;棒节长为宽的 4 倍;超过第 5～6 索节长度之和。触角各节生有感觉器数目是:第 4、第 5 索节各 1 个,第 6 索节 2 个,棒节 3 个。前翅较窄,与体等长,长为翅宽的 8～8.5 倍;翅面纤毛不具无毛区;缘毛长为翅宽的 2 倍以上,缘脉长为宽的 5.8 倍;端毛长为缘脉长的 1.3 倍,为次毛长的 3 倍多。腹长稍大于胸,产卵器与腹等长,明显伸出腹末,伸出部分占产卵器长的 1/9～1/8。

雄:未采到。

寄主:据 Sahad(1984)报道,可寄生于褐飞虱、白背飞虱卵。

分布:辽宁(沈阳)、吉林(长春、辽源)、台湾;国外分布日本,朝鲜半岛,泰国。

(83)黑缨翅缨小蜂 *Anagrus* sp.(图 102)

雌:体长 0.64 mm,前翅长 0.57 mm,产卵器长 0.29 mm。全体黑色,复眼红色,单眼黄色;触角基部第 2～3 节灰色,其余各节与体同色。

头正面观近圆形,头顶具轮纹;触角柄节具横纹,长为宽的 3 倍;梗节长为宽的 2 倍,比柄节稍宽;索节 6 节,第 1 索节最小,长为梗节

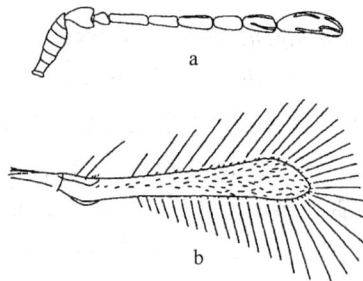

图 102 黑缨翅缨小蜂 *Anagrus* sp.(♀)
a. 触角;b. 前翅

之半；第 2 索节最长，第 3 与第 5 索节等长，第 4 与第 6 索节等长，各索节宽度依次递增；棒节膨大，长为宽的 3.3 倍，长大于第 5、6 索节长度之和。触角自基部起各节长度依次为：0.083 mm，0.04 mm，0.02 mm，0.053 mm，0.04 mm，0.046 mm，0.04 mm，0.046 mm，0.099 mm。触角各节感觉器数目是：第 4 索节 1 个，第 6 索节 2 个，棒节 5 个。胸部中胸盾片纵沟附近具 2 鬃毛，内悬骨长为宽的 1.5 倍；前翅长为宽的 8.9 倍，短于体长，翅面纤毛不具无毛区；缘毛较长，长为翅宽的 2.7 倍。翅脉端毛不足次毛长的 2 倍，为缘脉长的 1.2 倍。腹部明显长于胸部，产卵器长为前足胫节的 2.4 倍，端部伸出腹末，伸出部分占产卵器全长的 0.13。

雄：未采到。

分布：辽宁（沈阳）、吉林（辽源）。

4. 三棒缨小蜂属 *Stethynium* Enock

属征：腹部无腹柄，内悬骨明显伸入腹部，足的跗节 4 节；后小盾片中间被一纵沟分成左右两部分；前翅较宽，末端尖，缘毛较短；雌虫触角 11 节，索节 6 节，棒节 3 节，显著膨大呈卵形；雄虫触角 13 节，丝状。

本属全世界已知有 60 种，主要分布在澳大利亚，多达 53 种；我国迄今尚无报道，作者在东北三省采得本属的 1 种标本，经鉴定为叶蝉三棒缨小蜂 *Stethynium triclavatum*，记述如下。

(84) 叶蝉三棒缨小蜂 *Stethynium triclavatum* Enock，1909，中国新记录种（图 103）

雌：体长 0.67 mm，前翅长 0.6 mm，产卵器长 0.3 mm。全体黄褐色，复眼红色，单眼无色。

头正面观近圆形，与胸部等宽；触角间距较远，靠近复眼缘，触角 11 节；柄节长为梗节的 2 倍，宽度大于梗节；梗节杯状，长稍大于宽；索节 6 节，第 2 索节最长，其余各索节近等长，第 4～6 索节宽度依次递增；棒节 3 节，斜向紧密相接，形成一个不能活动的卵圆形整体，其长为宽的 2.9 倍，大于其前方的 3 个索节长度之和。自基部起，触角各节长度为：0.066 mm，0.033 mm，0.030 mm，0.040 mm，0.030 mm，0.031 mm，0.030 mm，0.032 mm，0.116 mm。前翅较宽，长约为宽的 4 倍，顶端稍尖；翅面纤毛不规则分布；翅缘的最长缘毛在翅端半部的后缘，其长接近翅的宽度；翅的缘脉很短，痣脉明显。腹与胸近等长，圆锥形；产卵器稍长于腹部，末端稍突出腹部。

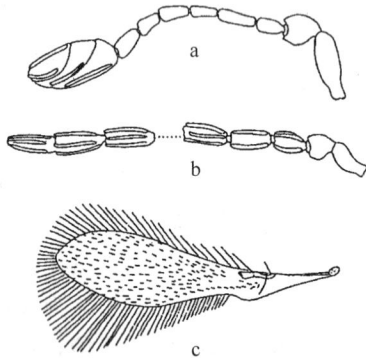

图 103　叶蝉三棒缨小蜂 *Stethynium triclavatum* Enock
a. 触角(♀)；b. 触角(♂)；c. 前翅(♀)

雄：触角 13 节，丝状，鞭节各节近等长；最末节稍短，与其前 1
节连接较紧密；各节具条形感觉器；其他特征与雌虫相同。

寄主：据资料记载，可寄生于辣椒小叶蝉等叶蝉科的昆虫卵。

分布：辽宁(沈阳)、吉林(长春、辽源)；国外分布于印度，欧洲，
北美。

5. 柄翅缨小蜂属 *Gonatocerus* Nees

属征：腹部具有短腹柄，足的跗节 5 节；前翅宽大，缘毛较短；雌
虫触角 11 节，索节 8 节，棒节 1 节；雄虫触角 13 节，丝状；触角柄节
基部的节前支角突较长；体多为大型。

本属是缨小蜂科中种类最多的大属之一，全世界共有 260 余种，我
国已知有 17 种(何俊华信中提供)。作者于 1985～1996 年在东北三省采
得大量标本，经初步鉴定，约有 20 余种，但多数尚未定出种名，现将
已鉴定出种名的 3 种(均为中国新记录种)记述如下。

**(85)沿岸柄翅缨小蜂 *Gonatocerus litoralis*（Haliday，1833），中国
新记录种(图 104)**

雌：体长 0.72 mm，前翅长 0.8 mm，产卵器长 0.26 mm。全体褐
色或黑褐色，复眼红色，单眼黄色。

头正面观近圆形，头顶具有明显或不明显的"V"字形沟，黄色；
3 个单眼分别分布在"V"字形沟的 3 个区域，呈矮三角形排列，单眼毛
3 根。触角 11 节，索节 8 节，棒节 1 节；柄节长为宽的 2.97 倍，相当
于梗节的 2.1 倍，表面具微细网纹；索节第 1～4 节最短小，各节近等
长；第 5 索节最长，第 8 索节最宽；棒节长卵形，长为宽的 3.7 倍，长

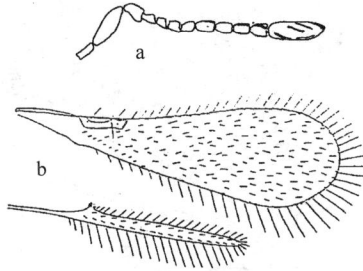

图 104　沿岸柄翅缨小蜂 *Gonatocerus litoralis*（Haliday）（♀）
a. 触角；b. 前后翅

于其前方 3 个索节的长度之和。自基部起，触角各节长度依次为：
0.104 mm，0.049 mm，0.033 mm，0.029 mm，0.032 mm，0.033 mm，
0.049 mm，0.039 mm，0.045 mm，0.043 mm，0.149 mm。

前胸背板两侧突被中突分开共成三部分，中胸盾纵沟完整，颜色稍浅，每侧具 1 鬃毛，小盾片短，后小盾片大；盾片与后小盾片表面具微弱的网纹；前翅较宽阔，翅端圆，长为宽的 3.6 倍；翅脉粗壮，长为宽的 6 倍，端部具 4 个感觉器；翅面纤毛较密，不规则分布；缘毛稍长，达翅宽的 0.416 倍；腹部稍长于胸部，卵圆形；产卵器短，不伸出腹末，臀板鬃 4 根。

雄：未采到。

分布：辽宁（沈阳）、吉林（长春、辽源）；国外分布日本，英国，德国，比利时。

(86) 长角柄翅缨小蜂 *Gonatocerus longicornis* Nees，1834，中国新记录种（图 105）

雌：体长 1.26 mm，前翅长 1.26 mm，产卵器长 0.79 mm。全体黑褐色，复眼红色，单眼黄色。触角基部第 3 节浅褐色，其余各节深褐色。足黄褐色或褐色。

本种最明显的特征是其触角细而长，触角支角突长为柄节长的1/3，其基部两侧各生有 5 个、共 10 个感觉孔，柄节长为宽的 2.86 倍，等于梗节的 2.16 倍；梗节长为宽的 1.5 倍；索节 8 节；第 1 索节最短，长为宽的 2.43 倍，与梗节等长；第 2 索节最长，等于第 1 索节长的 1.68 倍；棒节纺锤形，长为宽的 3.85 倍，明显短于其前 3 个索节长度之和。触角自基部起各节长度依次为：0.123 mm，0.057 mm，0.056 mm，0.094 mm，0.086 mm，0.072 mm，0.072 mm，0.068 mm，0.072 mm，

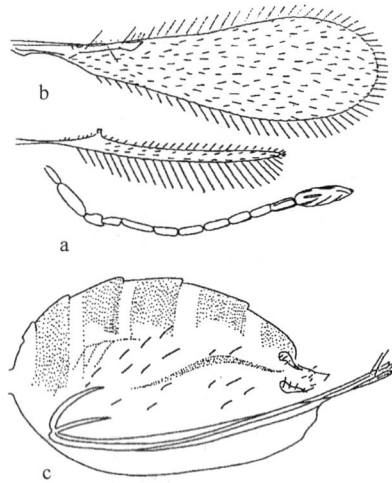

图 105　长角柄翅缨小蜂 *Gonatocerus longicornis* Nees(♀)
a. 触角；b. 前后翅；c. 腹部(侧面观)

0.063 mm，0.185 mm。中胸盾片和后小盾片具网纹；前翅长为宽的
3.65 倍；翅面纤毛较密；缘毛长为翅宽的 0.27 倍；翅脉较长，末端
尖，缘脉长为宽的 9.5 倍；前足胫节具 1 列刺。腹部长圆锥形，明显长
于胸部，臀板鬃 5～6 根，产卵器长于腹部，前方自腹基部生出，末端
伸出腹部，伸出部分占全长的 1/4；产卵器近末端两侧各具 1 根刚毛。

雄：未采到。

分布：辽宁(沈阳)、吉林(长春、辽源)、河北(霸县)；国外分布在
英国、意大利。

**(87)锐柄翅缨小蜂 *Gonatocerus acuminatus*（Walker），1846，中国
新记录种(图 106)**

雌：体长 1.22 mm，前翅长 1.0 mm，产卵器长 0.51 mm。全体黑
色，触角褐色，复眼红色，单眼黄色；前、中足胫节及各足跗节黄褐
色，其余部分黑色。

触角支角突长超过柄节之半；柄节表面具微细网纹，长为宽的
4 倍，与梗节等长；梗节长为宽的 1.8 倍，等于柄节长的 0.45 倍；索节
8 节，均长大于宽，第 1～4 节较短，各节近等长；第 5～8 索节近等
长，各节明显长于第 1～4 各索节；棒节长为宽的 4 倍，短于其前方 3
个索节长度之和。第 5～7 索节各具 2 个条形感觉器，第 8 索节具 4 个，
棒节具 8 个条形感觉器。中胸盾纵沟明显，内侧附近各具 1 鬃毛，盾片

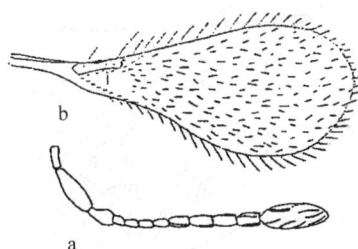

图 106 锐柄翅缨小蜂 Gonatocerus acuminatus (Walker)(♀)
a. 触角；b. 前翅

及后小盾片具条形网纹。前翅基部狭窄，端部显著宽圆，长为宽的 3 倍；翅面纤毛稠密，翅脉下方与肘毛列之间形成一无毛区；缘毛长为翅宽的 0.24 倍；各足表面具网纹，前足胫节具一列刺。腹部圆锥形，长大于胸，各腹节表面具条形纹，产卵器短于腹长，末端稍突出腹末；臀板鬃 4 根，排成一列。

雄： 未采到。

分布： 辽宁(沈阳)；国外分布于欧洲。

6. 缨小蜂属 *Mymar* Curtis

属征： 此属是缨小蜂科中一个奇特的类群。腹部具长的腹柄，柄后腹近圆形；足细长，跗节 4 节；前翅呈桨状，翅基部具极长的翅柄，翅的缘毛甚长；后翅不发达，退化成各种不同形状。雌虫触角 9 节，柄节长，中段收窄；索节 6 节，第 2 索节特别长，长于其余各索节的长度之和；雄虫触角 13 节，鞭状。

此属由 Curtis(1832)建立，迄今世界已知 13 种，中国已知有 4 种，此书记述其中的 3 种。

(88)斯里兰卡缨小蜂 *Mymar taprobanicum* Ward，1875(图 107)

雌： 体长约 0.95 mm，前翅长 0.96 mm。头及胸灰褐色，复眼红色，单眼黄白色；腹部黑褐色；触角柄节黄褐色，索节暗黑色，棒节黑色；足黄褐色，端跗节浅黑色；产卵器鞘末端浅黑色；前翅膜区端半部烟黑色。

触角 9 节，全长 0.85 mm，自基部起各节长度依次为：0.216 mm，0.06 mm，0.067 mm，0.229 mm，0.027 mm，0.027 mm，0.037 mm，0.042 mm，0.135 mm。柄节长为宽的 8 倍，梗节长为宽的 2.3 倍；第 1 索节与梗节近等长；第 2 索节特殊长，等于其余 5 个索节全长的 1.14

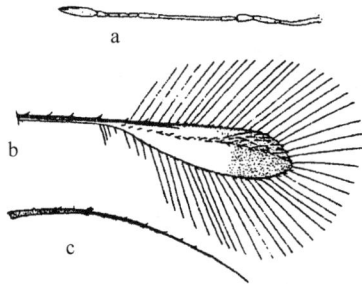

图 107　斯里兰卡缨小蜂 *Mymar taprobanicum* Ward(♀)
a. 触角；b. 前翅端半部；c. 后翅

倍；第3~6索节短小，但各节仍长大于宽；棒节纺锤形，长为宽的4
倍，与其前方4个索节长度之和近等长；棒节端半部可见4~5个条形
感觉器。前胸背板明显，中胸盾纵沟完整，小盾片发达，后小盾片窄
小；并胸腹节宽大，表面光滑。前翅具长柄，翅柄为翅膜长的1.2倍，
翅膜长为宽的4.57倍，翅缘具40~45根长缘毛，缘毛长为翅宽的4.85
倍，翅膜基半部透明，端半部烟黑色。翅面纤毛较少，仅在翅中纵线上
及翅端的前半个翅面分布有纤毛，翅的后半个翅面为无毛区，后翅退化
成粗大的刚毛状，略长于前翅翅柄。腹部短而圆，背面高度隆起；产卵
器为腹长的0.83倍，端部与腹末平齐；腹柄长等于后足基节长的
1.53倍。

雄：体长约0.84 mm。触角13节，鞭状，鞭节各节大小相似，黑
色；腹部较雌虫短小，腹的最高处在腹的近末端，其他特征与雌虫
相似。

寄主：国内寄主未详。据 Taguchi(1974)报道，在日本寄生于飞
虱卵。

分布：辽宁(沈阳、大连、北镇)、吉林(长春、辽源)、黑龙江(哈
尔滨)。

(89)模式缨小蜂 *Mymar pulchellum* Curtis，1829(图108)

雌：体长约1.05 mm，前翅长1.28 mm。全体黄褐色；头红棕色，
复眼深红色；触角柄节黄褐色，梗节及第1~3索节浅黑色，第4~6索
节淡黄色，棒节黑色；足除端跗节浅黑色外，均为黄色。

触角9节，全长1.06 mm，自基部起各节长度依次为：0.29 mm，
0.067 mm，0.074 mm，0.337 mm，0.027 mm，0.033 mm，0.033 mm，
0.04 mm，0.148 mm。柄节长为宽的8.95倍，梗节长为宽的2.5倍；

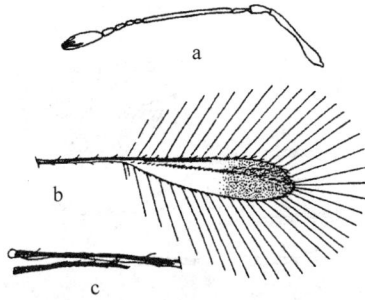

图 108　模式缨小蜂 *Mymar pulchellum* Curtis(♀)
a. 触角；b. 前翅端半部；c. 前翅基部及后翅

索节 6 节，第 2 索节等于其余 5 索节全长的 1.5 倍；第 3 索节最短，长为宽的 1.8 倍；第 6 索节较其他各索节为粗；棒节长为宽的 2.9 倍，稍长于其前 4 个索节长度之和，其上可见 5 个条形感觉器。前翅翅柄为翅膜长的 1.63 倍，翅膜长为宽的 4 倍；翅缘具有 39～45 根长缘毛，最长缘毛为翅宽的 3.1 倍；翅面基部透明，翅端黑色区不达翅膜长之半；翅面纤毛较少，仅在翅的中纵线上及翅端的前半个翅面分布有纤毛，其余翅面裸露无毛。后翅退化成杆状，无翅膜，长仅为前翅长的 0.22 倍。腹部短而圆，背面隆起，具长腹柄，腹柄长为后足基节的 1.57 倍；产卵器长为腹长的 0.77 倍，端部与腹末平齐。

雄：未采到。

分布：辽宁(沈阳)、吉林(长春)、黑龙江(哈尔滨)。

(90) 华丽缨小蜂 *Mymar regale* Enock, 1911 (图 109)

雌：体长约 1.15 mm，前翅全长 1.31 mm，产卵器长 0.26 mm。全体黄褐色；头红棕色，复眼黑红色，触角黄褐色，第 1、第 2 索节色较深，棒节黑色；腹部近末端有一深褐色横带；各足端跗节及产卵器鞘末端浅黑色；前翅端部烟黑色。

触角 9 节，各节长度依次为：0.297 mm，0.067 mm，0.083 mm，0.364 mm，0.035 mm，0.04 mm，0.054 mm，0.054 mm，0.169 mm。柄节长为宽的 11 倍，梗节长为宽的 2.75 倍；索节 6 节，第 1 索节略长于梗节；第 2 索节等于其余 5 索节总长的 1.36 倍；第 3 索节最短，长为宽的 2 倍；棒节长为宽的 2.9 倍，与其前 4 节长度之和近相等；棒节上可见 6 个条形感觉器。前翅超过体长，具长的翅柄，翅柄长为翅膜的 1.3 倍，翅膜长为宽的 3.8 倍；翅缘约有 60 根长缘毛，缘毛长为翅宽的 2.64 倍；翅面纤毛较前 2 种多，除具 1 条中纵毛列外，翅端的前大

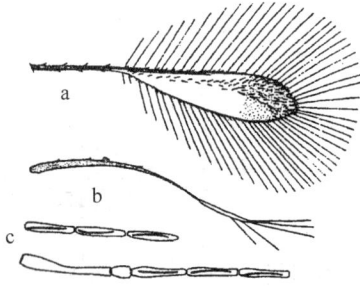

图 109　华丽缨小蜂 *Mymar regale* Enock
a. 前翅端半部(♀)；b. 后翅(♀)；c. 雄性触角基部和端部

半部分生有纤毛，翅的无毛区较前 2 种的小。后翅与前翅的翅柄等长，端部具极窄的翅膜，其顶端生有 3 根长缘毛。腹部短而圆，具长的腹柄，柄长为后足基节长的 1.7 倍。产卵器长为腹（柄后腹）长的 0.78 倍，端部与腹末平齐。

雄：体暗黄褐色，较雌虫色深。触角 13 节，鞭状，全长 2.05 mm；柄节较雌虫略短，长为宽的 8.4 倍；鞭节各节相似，每节具 2～3 个感觉器；前翅缘毛 60～63 根，后翅端部缘毛 4～5 根。

分布：辽宁(沈阳、大连)、吉林(长春)

7. 冠缨小蜂属 *Stephanodes* Enock

属征：雌虫触角 9 节，索节 6 节，通常第 1 索节长于梗节；腹部具长的腹柄，足的跗节 4 节，并胸腹节无隆脊。冠缨小蜂属与多线缨小蜂属 *Polynema* 相似，两属的区别在于：本属的前翅缘脉正常，不呈点状，后者的缘脉极短，呈点状；本属触角柄节表面具鳞片状脊纹，后者柄节表面无脊纹；本属的前胸气门前移至前胸腹侧片前缘，后者前胸气门不前移。

本属是一小属，目前世界只知 6 种，此前我国尚无报道，本书记述 1 中国新记录种。

(91)东方冠缨小蜂 *Stephanodes orientalis* Taguchi, 1978，中国新记录种(图 110)

雌：体长约 1.12 mm，前翅长 1.24 mm；全体黑色。复眼红色；触角基部 3 节黄色，第 4～9 节颜色依次加深至黑色；腹部黑褐色，腹柄黄色；足黄色。

触角 9 节，柄节、梗节粗而短；柄节长为宽的 2.3 倍，表面具鳞片

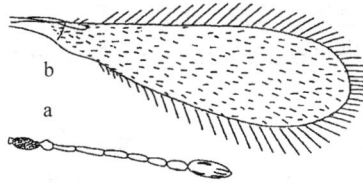

图 110　东方冠缨小蜂 *Stephanodes orientalis* **Taguchi(♀)**
a. 触角；b. 前翅

状脊纹；梗节一侧隆起，侧扁，长为宽的 1.36 倍；索节 6 节；第 1 索节长为梗节的 1.8 倍，与柄节等长或稍长；第 2 索节最长，第 5 索节最短，第 6 索节最宽；棒节长为宽的 3 倍，长于末端 2 索节长度之和；第 6 索节和棒节分别具 1 及 9 个条形感觉器。前胸气门前移至前胸腹侧片前缘，中胸盾纵沟完整；前翅长为宽的 3.9 倍，缘毛长为翅宽的 0.46 倍；翅脉短，仅达翅长的 1/4；翅面透明，具浓密的纤毛。腹部具长腹柄，圆锥形；第 1 腹节最长，其后缘达腹的最宽处；产卵器不突出腹末。

雄：未采到。

分布：辽宁(沈阳)、吉林(辽源)、河北(霸县)、台湾；国外分布日本。

8. 平缘缨小蜂属 *Parallelaptera* Enock

属征：腹部基部缢缩，无腹柄，内悬骨不伸入腹内。足的跗节 4 节。前翅较窄且直，翅的前后缘近平行，具长缘毛，翅面纤毛极少。雌性触角 8 节，索节 5 节，第 5 索节显著长大。雄性触角 12 节，鞭节第 2 节呈环节状。雌性腹部下生殖板发达，呈犁头状，从腹面包在产卵器之外。

此属由 Enock(1909)建立，模式种为 *Parallelaptera panis*，由于此属的雌性下生殖板发达，其形态与 *Erythmerus* 属相似，因此 Schauff(1984)，Huber(1986)，Yoshimoto(1990)将本属纳入 *Erythmerus* 属内；但 Subba Rao(1984)，Subba Rao 和 Hayat(1986)，Livingstone 和 Yacoob(1987)则承认本属是一独立的属，并发表了新种，由此看来，目前对本属的划分尚有争议。本作者采纳后一种分法，仍将平缘缨小蜂属 *Parallelaptera* 作为独立的属。本属已知有 5 种，其中印度 2 种，欧洲 1 种，美国 1 种，南非 1 种。我国过去无该属小蜂的分布记录；作者1994 年 3 月首次报道在我国东北地区有该属的分布，但未定种名，现在经过鉴定，为1中国新记录种，记述如下。

(92)潘平缘缨小蜂 *Parallelaptera panis* Enock，1909，中国新记录种(图 111)

雌：体长 0.61 mm，前翅长 0.35 mm，产卵器长 0.18 mm。头、胸及腹的端半部暗褐色，腹的基半部及足浅黄褐色；触角浅黄褐色，但棒节色较深；复眼红色；翅透明。

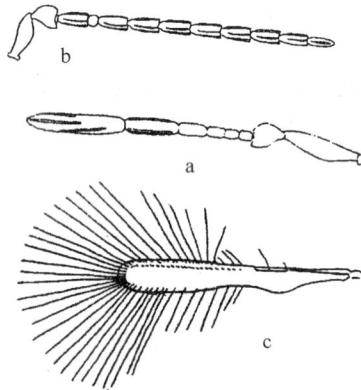

图 111　潘平缘缨小蜂 *Parallelaptera panis* Enock
a. 触角(♀)；b. 触角(♂)；c. 前翅(♀)

头顶具横纹，单眼呈矮三角形排列；触角8节，着生在两复眼下缘连线的上方；柄节不显著膨大，长为梗节的2.6倍；梗节明显宽于柄节；索节5节，各节均长大于宽，第1～2节最短，几等长，第3～5索节依次加长；第5节显著长并宽于其他各索节，与其前3节的总长稍短；各索节的端部与基部等宽；棒节较细长，不显著膨大，长为宽的5倍，与第4～5索节全长近相等；第5索节及棒节具条形感觉器。前翅窄而直，前后缘近平行。翅面纤毛少，仅在前缘附近有1列纤毛，后缘从翅的肘部向外，有7～8根纤毛排列成1短毛列，不达翅的外缘。翅的缘毛很长，最长者为翅宽的4.2倍；翅脉端毛长于缘脉，是基毛长的2倍。腹部无腹柄，卵圆形，各腹节背板两侧各具1对锥状毛，产卵器为腹长的7/10，端部明显伸出腹末。

雄：体浅黑褐色，较雌虫色深；触角12节，丝状；鞭节第2节环节状，其他各节相似，均为长柱状。

分布：辽宁(沈阳)、吉林(长春、辽源)、黑龙江(哈尔滨、佳木斯)；国外分布于欧洲。

9. 弯翅缨小蜂属 *Camptoptera* Foerster

属征；雌虫触角 10 节；索节 7 节，第 2 索节环节状；棒节 1 节；有些种类索节 6 节，第 2 索节不呈环节状；雄虫触角鞭节 10 节，第 2 节及第 4 节呈环节状。前后翅极窄，端部向后弯曲，具长缘毛；翅的后缘、与翅脉对应处呈肘状突出，足的跗节 5 节。腹部具短腹柄，柄长与宽相等。

本属分为 2 个亚属，迄今已知有 74 种，我国此前仅台湾记述 2 种，作者在东北地区采得 3 种标本，其中 1 种经鉴定为 1 新种，描述如下。

(93)傅氏弯翅缨小蜂，新种 *Camptoptera fui* Lou, sp. nov（图 112）

雌：体长 0.33 mm，前翅长 0.33 mm，产卵器长 0.073 mm。头顶、胸部、触角（基部 3 节除外）暗黄褐色，腹部浅黄褐色，足黄白色；复眼红色。

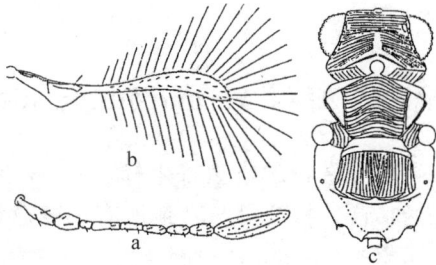

图 112　傅氏弯翅缨小蜂，新种 *Camptoptera fui* Lou, sp. nov.（♀）
a. 触角；b. 前翅；c. 头部和胸部（制片时略有移动）

头顶具横向条纹，后头区具脊梁形条纹，具后头脊。触角 9 节，柄节不膨大，长约为宽的 3.58 倍，等于梗节长的 1.59 倍；梗节杯状，稍宽于柄节；索节 6 节，各节均长大于宽；第 1 索节最短，仅为梗节长的 0.44 倍，第 2 索节最长，为第 1 索节长的 2.66 倍，第 4～6 索节等长，但宽度依次递增，颜色渐深；棒节 1 节，纺锤形，长约为宽的 3.7 倍，略长于第 4～6 索节长度之和。触角自基部起，各节长度依次为：0.043 mm，0.027 mm，0.012 mm，0.032 mm，0.024 mm，0.025 mm，0.025 mm，0.025 mm，0.083 mm。胸部前胸背板较明显，中胸盾纵沟完全，中胸盾片表面具略弯曲的横条纹；小盾片矮梯形，光滑无纹；后小盾片及三角片具纵条纹。前翅与体等长，窄而弯曲，翅的近基部、与缘脉对应的后缘，显著呈肘状突出，成为前翅的最宽处；翅缘具长缘毛，最长缘毛为翅宽的 6.3 倍；翅面具 2 列纤毛。腹部短于胸部，具短腹柄，柄宽大于柄长，产卵器约为腹长的 0.56 倍，等于后足胫节长的 0.72 倍，末端不外露。

雄：未采到

寄主：不详。

标本：正模♀（玻片标本），吉林（长春净月潭），1990-Ⅷ-15，娄巨贤、于兴国采。

鉴别特征：此新种与 *Camptoptera japonica*（Taguchi，1971）相似，区别如下：

（1）新种触角柄节不膨大，长为宽的 3.58 倍；后者柄节腹面膨大，长为宽的 2.5 倍；

（2）新种的中胸小盾片较宽大，呈矮梯形，其表面光滑无纹；后者小盾片狭窄，界限不清，表面具少数不规则条纹。

注：本新种为纪念我国已故著名动物学家、业师傅桐生教授而命名。

三、柄腹柄翅小蜂科 Mymarommatidae

该科小蜂是一类十分奇特的小型寄生蜂（图 3），其腹部具有细长、并由 2 节构成的腹柄，这一特征可与其他所有小蜂总科 Chalcidodea 寄生蜂相区别。体长 0.35～0.7 mm；口腔宽大，与头宽相当；上颚强大，但左右上颚末端不相接触；两触角窝靠近，位于两复眼之间的上方；雌虫触角 10 节，雄虫触角 13 节；前翅基部具长柄；端部翅面宽而圆，具网状纹；翅的边缘具极长的缘毛；后翅退化呈柄状，无翅膜；足的跗节 5 节，后胸背板与并胸腹节之间无隔缝。目前，该科小蜂的寄主等生物学特性尚不清楚。

本科是个小科，目前世界只知 3 属 16 种，其中 2 属 8 种为已灭绝的化石种类；现存者只有柄腹柄翅缨小蜂属 *Palaeomymar* 1 属 8 种，其中我国 2 种。

1. 柄腹柄翅小蜂属 *Palaeomymar* Meunier

属征：个体微小，体长 0.4～0.7 mm。腹部具长柄，腹柄由 2 节组成；口腔与头宽近相等；上颚强大，末端不相接；复眼较小；雌虫触角 10 节，雄虫触角 13 节；前翅具长的翅柄，后翅退化呈柄状；足的跗节 5 节。

本作者早在 1994 年 3 月已公开报道有 2 种柄腹柄翅缨小蜂在我国

东北地区的分布，但未定种名，后经鉴定属于柄腹柄翅小蜂属 *Palaeo-mymar* 中的两个不同种，一种为异形柄腹柄翅小蜂 *Palaeomymar anomalum* Blood et Kryger；另一种为赵氏柄腹柄翅小蜂 *P. chaoi* Lin。

(94) 异形柄腹柄翅小蜂 *Palaeomymar anomalum* Blood et Kryger，1922(图 113)

雌：体长 0.65～0.69 mm。头、胸部深黄褐色，柄后腹暗褐色；腹柄、各足节、触角第 1～6 索节黄色；触角柄节、梗节及棒节暗黄褐色；前翅透明，网状纹灰白色。

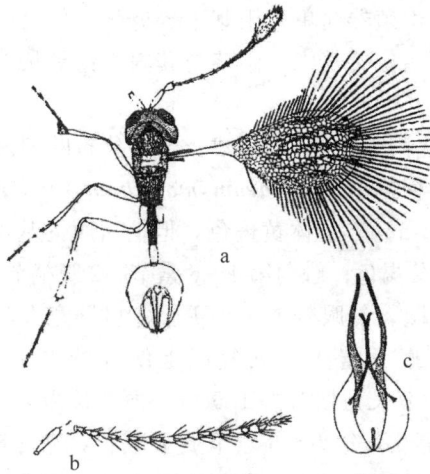

图 113　异形柄腹柄翅小蜂 *Palaeomymar anomalum*（Blood et Kryger）
a. 雌性整体图；b. 雄性触角；c. 雄性外生殖器
（引自林乃铨）

头部颜面隆起，后头区凹陷并具细刻纹。复眼较小，无单眼；触角细长，10 节，索节 7 节，棒节 1 节；柄节柱状，长为宽的 1.96 倍；梗节杯状，长为第 1 索节的 1.86 倍；第 1～6 索节长度依次递增，第 7 索节分别短于第 5、第 6 索节；第 1 索节最短，第 6 索节最长；棒节纺锤形，略短于第 5～7 索节长度之和。胸部中胸盾片、后小盾片及并胸腹节具粗糙网纹。前翅基部柄状，端部卵圆形，翅面具网状纹，翅柄占全翅长的 1/3，全翅长为最宽处的 2.5 倍左右；翅脉短粗，且直，突出在翅柄基部的前缘；翅面具粗纤毛，翅的背腹两面各有 2 行不很直的毛列，抵达翅端，其余纤毛分布在翅中部的前后缘附近；在翅的周缘生有缘毛，翅的端半部缘毛极长，45～46 根；翅的基半部缘毛明显较短，但在翅的后缘，靠近翅膜的基部，有 1 根特殊长的缘毛；翅的最长缘毛约为翅宽的 1.1 倍。后翅退化成一端部分叉的小柄,长度仅为前翅翅脉的 1/2 左右。足细长,跗节 5 节,前足基跗节具栉状毛。腹部具长的腹柄,腹柄 2 节,第 1 节背面具粗糙网纹,第 2 节光滑无纹,长度仅及第 1 节的一半,柄后腹近圆形,光滑无纹;产卵器短而宽,长度仅为腹长的 0.7 倍左右,末端略突出腹末。

雄: 未采到。据林乃铨描述:体长 0.60~0.65 mm;触角比雌性更细长,13 节,鞭节近于念珠状,各节腹面中间膨大,具轮生刚毛;第 1~6 鞭节长度依次渐增,第 7~10 节渐短,第 11 节长锥形。柄后腹圆球形,较短。雄外生殖器简单,阳基十分退化,仅余中部一叉状中脊和端部膜质部分,阳茎位于其中,阳茎与其内突约等长,两者全长相当于后足胫节的 2/5。

分布: 辽宁(沈阳、大连)、福建;国外分布欧洲。

(95)赵氏柄腹柄翅小蜂 *Palaeomymar chaoi* Lin,1994(图 114)

雌: 体长 0.42 mm。全体黄褐色,但柄后腹的基半部、产卵器、触角柄节及梗节为浅黄褐色;触角第 1~6 索节、2 腹柄节及各足为淡黄色。

头部具 3 个单眼,复眼较前 1 种更小;口器宽大,上颚 2 齿,左右 2 上颚不相交接。触角着生在两复眼上缘连线的上方,10 节;索节 7 节,棒节 1 节;柄节长为梗节的 1.5 倍,梗节长为第 1 索节的 2.45 倍,第 1~4 索节几乎等长,第 5~6 索节明显较长,第 7 节稍短于第 6 节;棒节纺锤形,长度与其前方 4 个索节的长度之和相等。胸部及并胸腹节背面具网状纹;前翅呈网球拍状,基部具长柄,柄长占全翅长的 1/4;

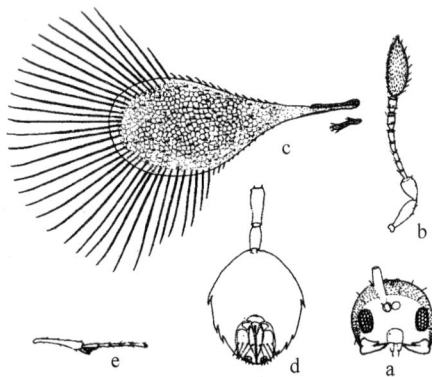

图 114 赵氏柄腹柄翅小蜂 *Palaeomymar chaoi* Lin

a. 头部正面观;b. 雌性触角;c. 前后翅;d. 腹部;

e. 胫节和跗节

(引自林乃铨)

端部翅面极度宽阔，具网状纹，全翅长为宽的 2.88 倍；翅脉短而粗，呈一直线状，长为全翅长的 0.2 倍左右；翅面纤毛较前 1 种稀少，而且也短，不规则分布，仅在翅的前后缘附近各有 1 列纤毛排列规则。翅的基半部具粗短的缘毛，端半部具 30～31 根长缘毛，最长缘毛为翅宽的 1.1 倍。后翅退化成一端部分叉的小柄，长度约为前翅翅脉长的 0.6 倍。足细长，跗节 5 节；前足胫节末端内侧，具 1 弯形分叉的刺状端距，基跗节具栉状毛。腹部具长腹柄，2 节，第 1 腹柄节长为第 2 节的 2 倍，均表面光滑无纹；柄后腹卵圆形，产卵器短，占腹长的 0.5 倍，产卵管端部与腹末平齐。

雄：未采到。

分布：辽宁（大连）、吉林（长春）、福建。

四、蚜小蜂科 Aphelinidae

体微小至小型，体长 0.2～1.4 mm，黄色、黄褐色至褐色，少数黑色，无金属光泽。体短而宽，较扁平，胸与腹广阔连接，无腹柄（图 14）。触角较短，4～9 节，但大多数种类为 5～8 节，即柄节、梗节各 1 节，索节 2～4 节，棒节 1～3 节；有些属的种类，在梗节与索节之间具有 1～3 个环状节。中胸盾纵沟深而直，三角片前伸突出，小盾片宽大，不隆起。前翅缘脉长，亚缘脉及痣脉短，无后缘脉。足的跗节 4 节或 5 节，中足胫节端距较长，但不如跳小蜂那样粗壮。产卵管不外露或露出很短。

蚜小蜂科是农林害虫的重要天敌之一，可寄生同翅目、直翅目、膜翅目、双翅目和鳞翅目等害虫，但主要是寄生同翅目的介壳虫、粉虱和蚜虫；大多数种类为害虫的内寄生，少数为外寄生；大多数种类为害虫的初寄生，少数为重寄生。很多蚜小蜂在害虫的生物防治上具有重要价值；例如：20 世纪 50 年代初，我国山东青岛曾从国外引进苹果绵蚜蚜小蜂（日光蜂）防治苹果绵蚜；80 年代在北京郊区，利用温室粉虱恩蚜小蜂防治温室粉虱；均取得良好的防治效果。

本科小蜂全世界已知有 45 属约 1 000 种。我国已记载 18 属 158 种。本人在东北地区采集一些标本，经过初步分类鉴定，共 13 属 26 种；其中申蚜小蜂属 *Centrodora* 中的 3 种和原食蚧蚜小蜂属 *Proccophagus*、异角蚜小蜂属 *Coccobius* 中各 1 种未定种名。本书记述 10 属 21 种。

注：此科记述的各种蚜小蜂引用的形态特征图，除少数署名者外，其余均引自黄建教授。

东北地区蚜小蜂科分属检索表

1. 足的跗节 4 节 ……………………………………………………… 2
   足的跗节 5 节，偶有前、中足跗节 4 节 ……………………… 4
2. 触角 5 节(触角式 1121)；前翅翅面具无毛斜带，有时无毛斜带未能
   清楚界定 ……………… 桨角蚜小蜂属 *Eretmocerus* Haldeman
   触角 7～8 节；前翅一般不具无毛斜带 ……………………… 3
3. 触角 7 节(触角式 1123)；第 1 索节一般长于第 2 索节；棒节延长，
   多与触角其余部分等长；中足基跗节不明显长过第 2 跗节，明显短
   于胫节端距；雄性触角 7 节 … 四节蚜小蜂属 *Pteroptrix* Westwood
   触角 8 节(触角式 1133)；第 2 索节通常分别短于第 1 和第 3 索节；
   雄性触角 8 节，第 2 鞭节显著短小 …………………………………
   ……………………………… 短索蚜小蜂属 *Archenomus* Howard
4. 触角至多 6 节；前翅翅面一般具无毛斜带 ……………………… 5
   触角至少 7 节；前翅翅面一般不具无毛斜带 ……………………… 9
5. 触角 4 节(触角式 1111)；中胸盾中叶具 6 根刚毛；并胸腹节仅稍长
   于后胸背板，后缘中央无扇叶突；亚缘脉具 1 根刚毛 …………………
   ……………………… 长棒蚜小蜂属 *Marlattiella* Howard
   触角 6 节(触角式 1131) …………………………………………… 6
6. 并胸腹节长，后缘中央具扇叶突 ……… 黄蚜小蜂属 *Aphytis* Howard
   并胸腹节短，后缘中央无扇叶突 …………………………………… 7
7. 身体和足具条纹或斑纹，或二者均有；前翅具透明和暗色的不同纤
   毛，或为不同的色斑 ………… 花翅蚜小蜂属 *Marietta* Motschulsky
   身体、足及前翅无上述特征 ……………………………………… 8
8. 前翅较窄长，脉序多达翅前缘中部，无毛斜带有或无；身体伸长，
   肛下板不延伸至腹末；触角棒节末端尖且略弯曲 …………………
   ……………………………… 申蚜小蜂属 *Centrodora* Foerster
   前翅阔，脉序延伸多超过翅前缘中部，具无毛斜带；身体不延长，
   肛下板突出，延伸至超过腹末；触角末端钝不弯曲 …………………
   ……………………………… 蚜小蜂属 *Aphelinus* Dalman
9. 触角 7 节 …………………………………………………………… 10
   触角 8 节 …………………………………………………………… 11
10. 触角式 1141，第 3 索节总是短于其他索节；并胸腹节明显长于后胸
    背板，前翅中域具烟褐色和透明区，或具暗色带；翅面纤毛部分

粗，通常成群排列；痣脉端部膨大；身体伸长略扁平 ··············

································· 花角蚜小蜂属 *Azotus* Howard

触角式 1132，各节颜色多不相同，且非上述特征 ··············

································· 异角蚜小蜂属 *Coccobius* Ratzeburg

11. 三角片小，明显向前突出，2 三角片之间的距离大于三角片的长度；

中胸盾中叶刚毛减少 ····································· 12

三角片大，2 三角片之间的距离约等于三角片的长度；中胸盾中叶

多毛 ····················· 食蚧蚜小蜂属 *Coccophagus* Westwood

12. 触角各节通常呈不同的颜色，柄节往往扁平，腹向膨大 ··············

···················· 原食蚧蚜小蜂属 *Prococcophagus* Silvestri

触角各节颜色一致，柄节不膨大 ··· 恩蚜小蜂属 *Encarsia* Foerster

(96) 长跗桨角蚜小蜂 *Eretmocerus longipes* Compere，1936（图 115）

雌：体长 0.78 mm。全体黄色，复眼红色。翅透明。

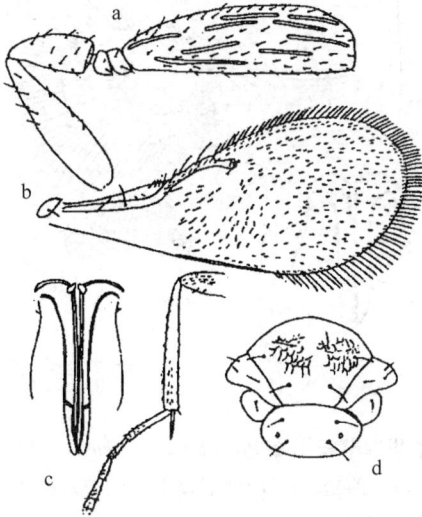

图 115　长跗桨角蚜小蜂 *Eretmocerus longipes* Compere（♀）

a. 触角；b. 前翅；c. 产卵器及中足胫节；d. 中胸背板

复眼表面具微毛，触角 5 节，桨状，触角式 1121；柄节长为宽的
4.20 倍；梗节长为宽的 1.9 倍，明显长于 2 索节的全长；2 索节环节
状，均宽大于长，第 1 与第 2 索节斜接；棒节特殊长大，长为宽的
3.47 倍，为梗节长的 3.14 倍，棒节约具 9 个条形感觉器。中胸盾中叶
具 3 对毛，每盾侧叶 3 根毛，每三角片 1 根毛，小盾片具 2 对毛，板形

感觉器近后 1 对毛。后胸背板及并胸腹节窄。前翅长为宽的 2.32 倍，缘毛短，为翅宽的 0.2 倍；亚缘脉长于缘脉，具 3 根毛；缘脉短，前缘具 2 根毛；痣脉长，端部稍膨大。翅面的无毛斜带不十分显著，不达翅的后缘。足的跗节 4 节，末跗节端部两侧伸长，似被分节；中足胫节端距明显短于基跗节。产卵管为中足胫节的 1.30 倍，第 3 产卵瓣约与中足基跗节等长。

雄：未采到。

寄主：据资料记载，寄生于粉虱类。

分布：辽宁(沈阳)、黑龙江(佳木斯)、福建。

(97)中华四节蚜小蜂 *Pteroptrix chinensis*（Howard, 1907）（图 116）

雌：体长 0.5～0.7 mm。体黄褐色。触角和足浅黄色；腹部背板浅黄至暗褐色；翅透明，缘脉下方翅面弱烟色。

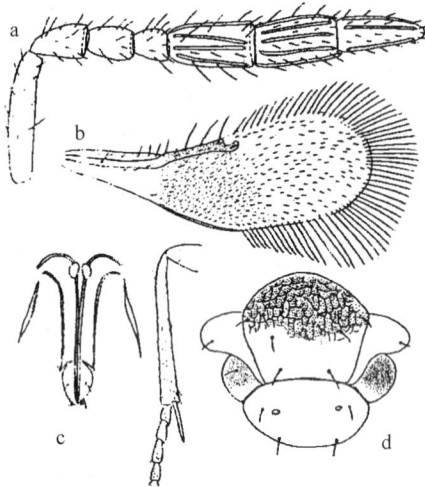

图 116　中华四节蚜小蜂 *Pteroptrix chinensis*（Howard）(♀)
a. 触角；b. 前翅；c. 产卵器及中足胫节；d. 中胸背板

复眼具微毛。触角 7 节，触角式 1123；柄节长为宽的 4.54 倍；梗节长为宽的 1.56 倍，长于第 1 索节(1.16 倍)；第 1 索节长为宽的 1.38 倍，长于第 2 索节(1.33 倍)，约为第 1 棒节长的一半，第 2 索节长略大于宽；棒节 3 节，很长，约等于柄节、梗节和索节之和，棒节各节近等长，各具 2～5 个条形感觉器。中胸盾中叶具 4～7 根毛，每盾侧叶 1 根毛，每三角片 1 根毛，小盾片具 2 对毛，板状感觉器靠近前 1 对毛。中胸内悬骨为小盾片长的近 2 倍。前翅长为宽的 2.94 倍，缘毛长，约为翅宽的 0.7～0.8 倍。亚缘脉长于缘脉，具 1 根毛；缘脉短，前缘具 4 根毛；痣脉短，端部稍膨大。翅面除基部外具稍密的纤毛。足的跗节 4 节，中足胫节端距与基部 2 跗节全长近相等。产卵管基部从第 3～4 腹节伸出，端部稍突出腹末，长为中足胫节长的 0.97 倍，第 3 产卵瓣为中足基跗节长的 1.17 倍。

雄： 未采到。

寄主： 据资料记载，寄主有各种圆蚧、盾蚧、球蚧等。

分布： 辽宁（沈阳、千山、医巫闾山）、河北、河南、江苏、浙江、福建、广东、广西。

(98)斯氏四节蚜小蜂 *Pteroptrix smithi* (Compere, 1927)，(图 117)

雌： 体长 0.6～0.7 mm。大体为褐色，头顶浅黄褐色，后头褐色；中胸盾片中叶后缘及两侧叶、小盾片及后胸背板中部黄色；腹部褐色；触角浅黄褐色；足黄色，中后足腿节及胫节基部浅褐色；翅透明，缘脉下方弱烟色。

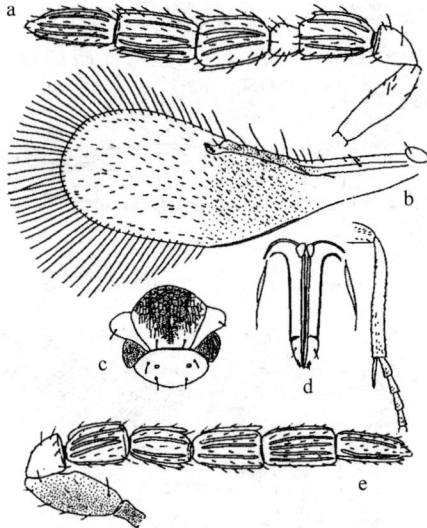

图 117 斯氏四节蚜小蜂 *Pteroptrix smithi* (Compere)
♀：a. 触角；b. 前翅；c. 中胸背板；d. 产卵器及中足胫节；
♂：e. 触角

复眼具微毛，触角窝近口缘；触角 7 节，触角式 1123。柄节长为宽的 3.6 倍；梗节显著短于第 1 索节，长于第 2 索节；第 1 索节很长，为第 2 索节长的 2.33 倍，与第 1 棒节近等长；第 2 索节显著短小，宽大于长，无条形感觉器；棒节3节，很长，约与柄节、梗节及索节之和等长；各棒节及第1索节分别具5～6个条形感觉器。中胸盾中叶具4～6根毛，每盾侧叶1根毛，每三角片1根毛，小盾片具2对毛，板形感觉器十分靠近前1对毛。前翅长为宽的2.75倍；缘毛长，为翅宽的0.6～0.7倍；亚缘脉长于缘脉，缘脉前缘具4根长毛；痣脉略伸长。足的跗节4节，中足胫节端距长于基跗节。产卵器基部从第5腹节伸出，端部略突出腹末，产卵器为中足胫节长的1～1.1倍，第3产卵瓣约与中足基跗节等长。

雄： 与雌不同处为：触角柄节膨大，第2索节与其相邻的两节相比不显著短小，并具条形感觉器。雄性外生殖器长为中足胫节的0.58倍。

寄主： 据资料记载，寄生于褐圆蚧、红圆蚧。

分布： 辽宁(沈阳、大连)、吉林(长春净月潭、吉林北山)、黑龙江(哈尔滨)、福建、广东、台湾。

(99)劳氏短索蚜小蜂 *Archenomus lauri* Mercet，1911(图118)

雌： 体长0.55～0.75 mm。体黄褐色；前胸背板、中胸两侧、并胸腹节、腹部基部褐色；触角略暗，足黄色，复眼黑色；翅透明，前翅缘脉下方翅面略微暗色。

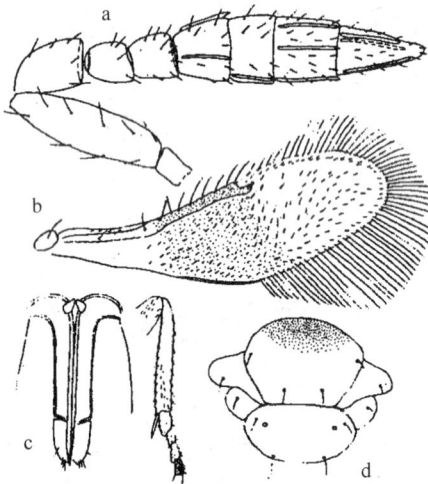

图 118　劳氏短索蚜小蜂 *Archenomus lauri* Mercet(♀)
a. 触角；b. 前翅；c. 产卵器及中足胫节；d. 中胸背板

复眼具微毛。触角8节，触角式1133，但棒节似呈4节。柄节长为宽的3.55倍；梗节短于第1～2索节长度之和，长为宽的1.8倍；第

1 索节略短于第 2 索节，长为宽的 1.38 倍；第 2 索节长为宽的 1.33 倍，第 3 索节长为宽的 1.3 倍，分别长于第 2 索节和第 1 棒节；棒节长为宽的 4 倍，短于梗节与索节的总长，为索节长的 1.26 倍；第 1 棒节长约等于宽，约与第 2 索节等长；各棒节长度为 12：17：23。除第 1、2 索节外，其余的鞭节各具 1～3 个条形感觉器。中胸盾中叶具 2 对毛，每盾侧叶和三角片各具 1 根毛，小盾片具 2 对毛，板形感觉器靠近前一对毛。前翅长为宽的 3.25 倍，缘毛长为翅宽的 0.81 倍；缘脉长于亚缘脉，前缘具 7～8 根毛；翅面中部纤毛密集，端半部纤毛较稀少。足的跗节 4 节，中足胫节端距约与基跗节等长。产卵器基部从第 2～3 腹节伸出，突出腹部末端；产卵器长为中足胫节长的 1.5 倍；第 3 产卵瓣为中足基跗节长的 1.71 倍。

雄：体色较雌性更深；触角各鞭节长约为宽的 2 倍。

寄主：据记载寄主有梨圆蚧、伪梨圆蚧、杨圆蚧、柳雪盾蚧、榆蛎蚧等。

分布：辽宁（沈阳、大连）、福建、广东。

(100) 双色短索蚜小蜂 Archenomus bicolor Howard，1898（图 119）

雌：体长 0.6～0.85 mm。体深褐色。头顶、触角、中胸盾片中叶两侧及后缘、小盾片黄色。足黄色，中、后足腿节及胫节暗色。

触角细长，少毛，8 节，触角式 1133。柄节长为宽的 5.2 倍，梗节长为宽的 1.9 倍，长于第 1、第 2 索节之和；第 1 索节长为宽的 1.25

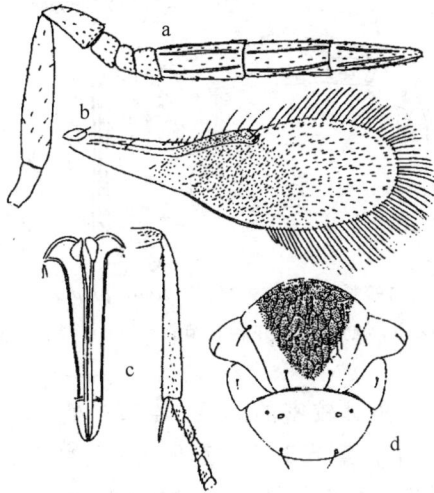

图 119 双色短索蚜小蜂 Archenomus bicolor Howard(♀)
a. 触角；b. 前翅；c. 产卵器及中足胫节；d. 中胸背板

倍，长于第 2 索节，第 2 索节宽略大于长，第 3 索节稍短于第 1 索节，宽略大于长；棒节细长，长为宽的 7.33 倍，明显大于梗节和索节的总长，为索节全长的 3.38 倍；第 1 棒节长为宽的 2.5 倍，长于索节，各棒节约等长，分别具 2～4 个条形感觉器。索节无条形感觉器。中胸盾中叶具 6 根毛，每侧叶和三角片各 1 根毛，小盾片具 2 对毛。前翅长为宽的 2.87 倍，缘毛不超过翅宽 1/2；亚缘脉长于缘脉；缘脉较粗，前缘具 4 根毛；痣脉短。足的跗节 4 节，中足胫节端距长于基跗节。产卵器基部从第 4 腹节伸出，略突出腹末，产卵器长为中足胫节的 1.3 倍，第 3 产卵瓣为中足基跗节长的 1.29 倍。

雄：触角黄色，柄节略暗；第 2 鞭节环节状，宽约为长的 3 倍。

寄主：据记载，寄主有伪梨圆蚧、梨圆蚧、杨圆蚧、匈牙利圆盾蚧、桑白盾蚧等。

分布：辽宁(沈阳、大连)、陕西、福建、广东。

(101)长白蚧长棒蚜小蜂 *Marlattiella prima* Howard，1907(图 120)

雌：体长 0.6～0.8 mm。体橙黄色。中胸盾片中叶前缘、小盾片周缘、并胸腹节后缘、腹部第 1 背板基缘、第 5～6 背板中部微暗色至暗色。翅透明。足黄色，第 3 产卵瓣浅黄色。

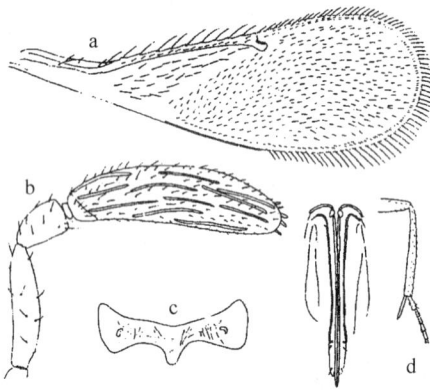

图 120 长白蚧长棒蚜小蜂 *Marlattiella prima* Howard(♀)
a. 前翅；b. 触角；c. 并胸腹节；d. 产卵器及中足胫节

复眼具微毛。触角具较密的短毛，4 节；柄节长为宽的 4.33 倍，梗节长为宽的 1.54 倍；索节 1 节，甚小，呈环状节；棒节长大，不分节，长于柄节、梗节及索节之和，长为宽的 3.63 倍，具 10 余个条形感觉器。中胸盾片中叶 6 根毛(2，2，2)，每盾侧叶 1 根毛，每三角片 2 根毛。小盾片后缘宽圆，稍短于中胸盾片中叶，具 2 对毛，板形感觉器近前 1 对毛。前翅长为宽的 2.92 倍；缘毛短，长为翅宽的 0.22 倍；亚缘脉显著短于缘脉；缘脉长，前缘具 9～11 根毛；痣脉短，端部膨大。足的跗节 5 节，中足胫节端距稍长于基跗节。腹末端稍突出。产卵管长，基部从第 2 腹节伸出，突出腹末端，产卵管为中足胫节长的 1.79 倍，第 3 产卵瓣为中足基跗节长的 1.69 倍。

雄：未采到。据廖定熹（1987）记述，雄虫与雌虫相似。体长 0.5～0.6 mm。触角仅 3 节，棒节极长大，上具许多条形感觉器。头部和胸部色较深，腹部褐色。腹末端钝圆。

寄主：据记载，寄主为日本白片盾蚧、长牡蛎蚧等。

分布：辽宁（沈阳）、黑龙江（佳木斯）、天津、浙江、江西、四川、福建。

(102）桑盾蚧黄蚜小蜂 *Aphytis proclia*（Walker，1839)（图 121）

雌：体长 0.7～1.2 mm。体淡黄色。腹部两侧各具 5 个暗色斑点；头部后头孔两侧有 1 明显的黑色横条纹，中胸背板具 1 淡色纵带，足淡黄色，前翅痣脉下方具 1 明显的暗斑，触角棒节基部色浅，端部浅黑色。

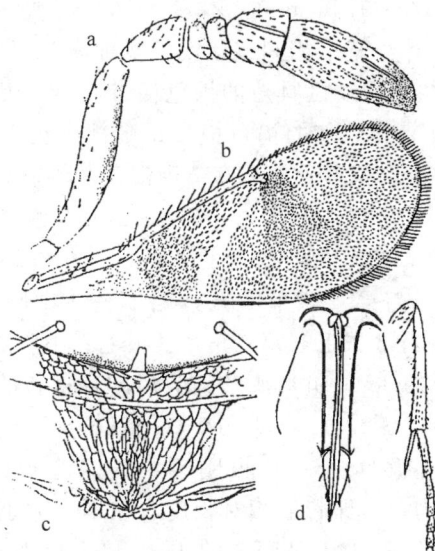

图 121 桑盾蚧黄蚜小蜂 *Aphytis proclia*（Walker)（♀)
a. 触角；b. 前翅；c. 并胸腹节；d. 产卵器及中足胫节

复眼具微毛。触角生于复眼下缘以下，6 节，触角式 1131，较粗短；柄节细长，长为宽的 4.5～6 倍，长于棒节；梗节稍长于第 3 索节；

第1索节梯形，第2索节宽为长的1.5～2倍，第3索节长稍大于宽；棒节不分节，长约为宽的3倍，稍宽于第3索节。中胸盾片中叶9～15根毛，盾侧叶2根毛，三角片1根毛，小盾片卵圆形，具4根毛，板形感觉器稍接近前1对毛。并胸腹节约为小盾片长的0.6～0.75倍；扇叶突5+5～10+10，延长，稍窄，不重叠。前翅长为宽的3倍，缘毛通常约为翅宽的1/6；亚缘脉具2根长毛，缘脉前缘具10～12根近等长的刚毛。足的跗节5节，中足胫节端距短于基跗节，产卵管约为中足胫节长的1.5倍，第3产卵瓣约为中足胫节长的0.33～0.41倍。

雄：与雌性相似。但体色比雌性略浅，腹部第1背板两侧色浅，第2～4背板全部浅色，第5和第6背板及臀节背板具微暗色的宽横带。触角棒节或多或少一律暗色。前翅的色斑较雌性浅。

寄主：据记载可寄生柳蛎蚧、桑白盾蚧、梨圆蚧、福氏梨圆蚧、柳雪盾蚧、柳黑长蚧、榆蛎蚧、红圆蚧等。

分布：辽宁（沈阳）、黑龙江、陕西、浙江、江西、湖南、四川、福建、台湾、广东。

（103）柳牡蛎蚧黄蚜小蜂 *Aphytis vandenboschi* Debach et Rosen，1976

雌：体长0.57～1.14 mm。本种与桑盾蚧黄蚜小蜂 *Aphytis proclia* 非常相似；体色基本相同或较浅。本种后头两块浅褐斑不明显；腹部第3～6背板两侧网纹区具短的褐色横带，第3腹节前缘亦具窄的褐色横带，第7腹节具完整的褐色横带；腹部中央白色。触角柄节白色，具纵褐纹；梗节、索节及棒节基部为褐色，棒节端部黑褐色。

复眼具微毛。触角基本上同 *A. proclia*。第3索节长宽近相等，具1～3个条形感觉器；棒节长约为宽的3倍（2.8～3.2），约为第3索节长的2.5～2.8倍，与第3索节等宽或略宽些。中胸盾片中叶通常具10～13根毛，每侧叶2根毛，每三角片1根毛。小盾片具4根毛，其长度约为中胸盾片长的3/4；并胸腹节约为后胸背板长的2.67～3倍，通常为小盾片长的3/5～2/3，扇叶突3+4～8+8，比 *A. proclia* 较少，较圆。前翅缘脉前缘具7～10根刚毛，腹部背板的刻纹及毛序与 *A. proclia* 基本相同。产卵管的相对长度，在不同大小的个体中变化较大；大的个体产卵管长为中足胫节的1.33倍，较小的个体为1.6倍，最小个体可达2倍；第3产卵瓣约为中足胫节长的2/5倍。

雄：未采到。

寄主：据记载寄主有柳蛎蚧、常春藤圆蚧、梨圆蚧、褐圆盾蚧、桑盾蚧等。

分布：辽宁（沈阳、千山）。

(104)斑翅蚜小蜂 *Aphelinus* sp.（图 122）

雄：体长约 1.0 mm。全体鲜黄色，腹部色稍浅；触角柄节、梗节黄色，索节及棒节鲜黄色。足黄色。翅透明；前翅在痣脉下方具 1 黑色横条带，条带直，不弯曲，伸达翅宽的 0.6 处。

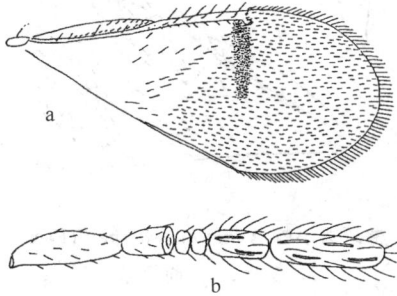

图 122　斑翅蚜小蜂 *Aphelinus* sp.（♂）

a. 前翅；b. 触角

（引自李成德）

触角 6 节，索节 3 节，棒节 1 节；柄节长为宽的 3.3 倍，梗节长约为宽的 1.5 倍，第 1、第 2 索节大小近相等，横宽，宽约为长的 1.7～1.9 倍；第 3 索节长，长为宽的 2.3 倍；棒节长为宽的 4.3 倍，略长于柄节，为第 3 索节长的 2 倍；第 3 索节和棒节分别具 1～2 个和 3～4 个条形感觉器；触角鞭节各节均具较长刚毛。中胸盾片中叶宽大于长，约具 60 根毛，其中两侧角的 1 对及后缘的 1 对毛较粗长；中胸盾片每侧叶各具 4 根毛，每三角片具 1 根毛，小盾片椭圆形，宽约为长的 1.5 倍，具 2 对毛。前翅长为宽的 2.4 倍；缘毛很短，不过翅宽的 1/10；翅面无毛斜带外侧密布纤毛；无毛斜带后缘封闭，斜毛区内约具 20 根纤毛，除 1 完整的纤毛列外，其余不规则分布；痣脉下方 1 簇 5～6 根纤毛；翅基部无纤毛。缘脉前缘具 6 根毛，亚缘脉具 4 根毛。足的跗节 5 节，中足胫节端距等于或略短于基跗节。雄外生殖器突出腹端，长略短于中足胫节（24∶25）。

雌：体色与雄性相似，但触角第 3 索节及棒节比雄性宽大，触角毛显著较短。

分布：辽宁（沈阳）、黑龙江。

(105)棉蚜蚜小蜂 *Aphelinus varipes*（Foerster，1840）（图 123）

雌：体长 0.8～1.2 mm。体黑色，腹部暗褐色。触角黄色，有时柄节略暗。足黄色，各足基节深褐色，后足胫节及各足端跗节略暗。

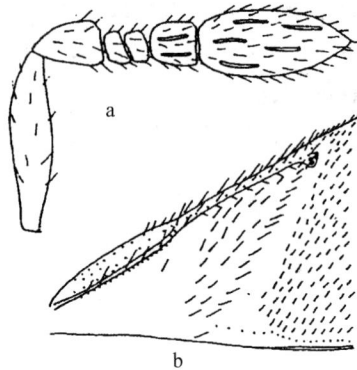

图 123 棉蚜蚜小蜂 *Aphelinus varipes* (Foerster)(♀)

a. 触角；b. 前翅基部

（引自李成德）

触角 6 节，具浓密短毛，触角式 1131；柄节长约为宽的 4 倍，梗节长为宽的 1.5 倍，第 1、第 2 索节长度之和约为梗节长的 2/3，第 3 索节近正方形，棒节明显扩大，长为第 3 索节的近 3 倍；第 3 索节及棒节各具若干条形感觉器。前翅长接近翅宽的 2.5 倍，无毛斜带内侧三角区内具 1～3 列完整的和 2～3 列不完整的纤毛列；缘脉与亚缘脉近等长，其前缘约具 10～12 根毛。前中足基节具 4 根毛，后足基节具 1 根毛；前足胫节端部具 2 根不等长的毛。产卵器基部位于第 5 腹背板的水平上；产卵器鞘长不及产卵器长的 1/3。

雄： 触角棒节略长于雌性。

寄主： 据记载寄主有棉蚜、玉米伪毛蚜、麦长管蚜。

分布： 辽宁（沈阳）、黑龙江。

(106)毛蚜蚜小蜂 *Aphelinus fulvus* Jasnosh，1963（图 124）

雌： 体长 1.1～1.4 mm。体淡黄色，各足末跗节褐色。

头窄于胸，复眼具微毛；上颚具 2 齿及 1 截齿；下颚须 2 节，下唇须 1 节。触角 6 节，柄节长为宽的 3.7～4 倍；梗节长为宽的 1.6～1.7 倍；索节 3 节，均横宽，第 1 及第 2 节短小，宽分别为各自长度的 1.54 倍和 2 倍，第 3 节显著宽大，宽约为长的 1.45 倍；棒节 1 节、明显宽于末索节，长为宽的 2.2～2.4 倍，具 6～8 个条状感觉器。前胸背板由 2 块骨片组成，上有少量刚毛分布，两侧角各具 1 根长刚毛。中胸盾中叶宽为长的 1.3～1.4 倍，刚毛较密，两前侧角及后面 1 对刚毛粗而长；每侧叶各具 3～4 根刚毛，三角片各具 1 根刚毛。小盾片椭圆形，

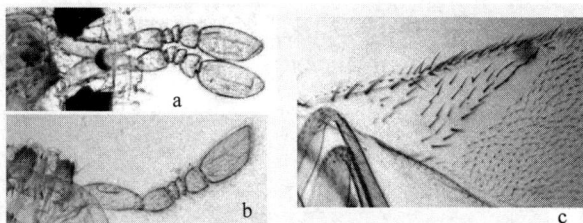

图 124 毛蚜蚜小蜂 *Aphelinus fulvus* Jasnosh
a. 雌性触角；b. 雄性触角；c. 前翅翅基部
（引自李成德、张爽）

宽约为长的 1.4 倍，具 2 对刚毛，盘状感觉器略近于前 1 对刚毛。前翅长为宽的 2.2 倍，前缘室略长于缘脉，亚缘脉具 4～5 根刚毛，缘脉前缘具 12～13 根刚毛，缘脉中央具 10～12 根较粗大的刚毛。在缘脉下方、无毛斜带的内侧具有 29～34 根刚毛，排成 2～3 行较完整的和 1～3 行不完整的毛列，翅基三角区的后缘尚有 4～5 根刚毛；无毛斜带的下端完全封闭。中足胫节端距与基跗节近等长。腹部宽于胸部。产卵器明显伸出腹末，长约为中足胫节长的 1.7 倍，产卵器鞘约为中足胫节长的 0.55 倍。

雄：体长约 1.1 mm。体色与结构与雌性近似。触角柄节腹面具 2～3 个圆盘状感觉器，棒节末端斜截。外生殖器狭长，突出腹端，长约为中足胫节长的 1.2 倍。

寄主：据记载寄生杨树毛蚜 *Chaitophorus* sp. 和柳毛蚜 *Ch. Salicti* (Schrank)。

分布：据报道分布在黑龙江哈尔滨。

(107)椴斑蚜蚜小蜂 *Aphelinus tiliaphidis* Li et Zhao，1998(图 125)

雌：体长约 0.85 mm。体黄色，复眼橙红色；翅透明。

头窄于胸部，复眼被细短毛，上颚具 2 齿及 1 截齿，下颚须 2 节，下唇须 1 节。触角柄节细长，长为宽的 5.5～6 倍；梗节长约为宽的 2 倍，为棒节长的 0.4 倍；3 索节近等长，向端部依次渐宽，第 1 索节长略大于宽，第 2 索节长宽近相等，第 3 索节宽略大于长；棒节粗而长，长为宽的 3.2～3.3 倍，并具条状感觉器 5～7 个。后头在后头孔上侧具 3 对与胸部刚毛相似的长刚毛和一些短刚毛。

前胸背板短，由 2 块三角形骨片组成，中央以膜质相连，中后部每侧各具 5～6 根细而短的散生刚毛，外缘 1 根明显粗而长。中胸盾中叶具刚毛 14～18 根，近两侧对称，后面 1 对及两侧角刚毛明显较其他刚

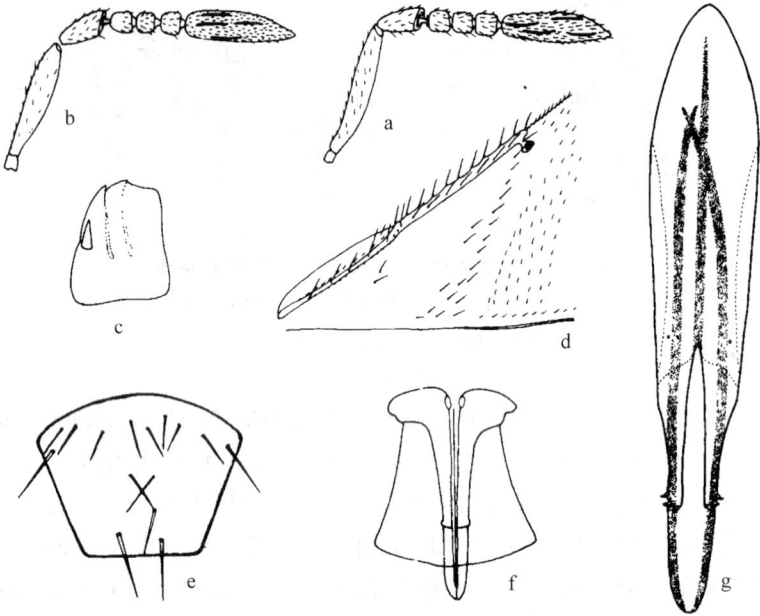

图 125 椴斑蚜蚜小蜂 *Aphelinus tiliaphidis* Li et Zhao
a. 雌性触角；b. 雄性触角；c. 上颚；d. 雌前翅；
e. 中胸盾中叶；f. 产卵器；g. 雄外生殖器
（引自李成德、赵绥林）

毛粗而长。每盾侧叶具刚毛 3 根，每三角片各具 1 根刚毛。小盾片具刚毛 2 对，后面 1 对较粗长；后胸背板约为小盾片长的 0.3 倍；并胸腹节中部长为后胸背板的 1.42 倍。前翅长约为宽的 2.4 倍；前缘室长约为宽的 9 倍，略短于缘脉，具一列 10～12 根短毛，在室端的副痣上方具 2 根粗刚毛。亚缘脉具刚毛 5 根。缘脉前缘具 10～11 根近等长的刚毛。无毛斜带内侧具刚毛 18～23 根，排成一整列和一不完整列，并在副痣下方具 2～3 根刚毛。无毛斜带下端完全开放。缘毛短，不足翅宽的 1/10。后翅窄，不及前翅宽之半，缘毛较长，约为后翅宽的 1/3。各足正常，中足胫节端距与基跗节等长。

腹与胸部约等宽，略长于胸部。尾须具 2 根长刚毛及 2 根短刚毛。产卵器略突出，略短于后足胫节（24∶27），产卵器鞘约为后足胫节的 0.37 倍。

雄：体色同雌性，触角柄节长约为宽的 4.5 倍，端部 2/3 较粗。第 1、第 2 索节长宽近相等，第 3 索节长略大于宽，棒节长约为宽的 3.7 倍，雄性外生殖器略长于中足胫节（30∶27）。

寄主：据李德成、赵绥林报道，寄主为椴斑蚜（*Tiliaphis* sp.）。

分布：据报道分布于黑龙江(哈尔滨)。

(108)瘦柄花翅蚜小蜂 *Marietta carnesi*（Howard，1910）(图 126)

雌：体长 0.5～0.7 mm。头部褐黄色；胸部背板灰黄色，具白色斑；前翅无毛斜带外侧翅面具约 5 个浅褐色斑环；触角和足白色间有暗褐色斑；腹部背板暗褐色，两侧缘浅色，具暗色小圆斑及褐色条纹。

复眼表面无毛。上颚 2 尖齿及 1 截齿；下颚须 2 节。下唇须 1 节。触角具细毛，6 节，触角式 1131；柄节长为宽的 5～6.4 倍；梗节长为宽的 1.8～1.9 倍，约与 3 个索节等长；第 1 索节小，斜三角形；第 2 索节稍大于第 1 索节；第 3 索节大，长为宽的 1～1.3 倍，约为棒节长的 0.4～0.5 倍，具 2 个条形感觉器；棒节粗大，长为宽的 2～3 倍，具 7～8 个条形感觉器。中胸盾片中叶约具 20 根细毛。每盾侧叶 3 根毛，每三角片 2 根毛，小盾片 2 对毛；板形感觉器近后 1 对毛。后胸背板长约为小盾片长的一半，中间部分呈"钻石型"刻纹。前翅长为宽的 3.2 倍；缘毛短，为翅宽的 1/5 左右；亚缘脉稍短于缘脉，具 3～5 根毛，缘脉前缘具 7～8 根毛；痣脉短，下方具 6～7 根暗褐色刚毛；缘脉下方约有 30～40 根暗褐色刚毛围成近三角形的圈。足的跗节 5 节；中足胫节及其各跗节末端和基跗节侧缘具小刺毛，中足胫节端距约与基跗节等长或稍短。腹末端稍突出。产卵管基部从第 2～3 腹节生出，稍突

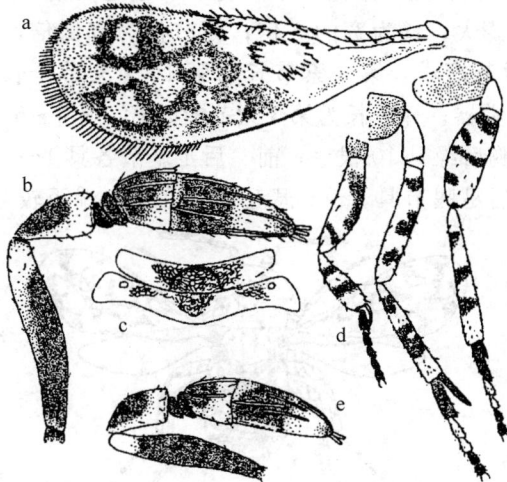

图 126　瘦柄花翅蚜小蜂 *Marietta carnesi*（Howard）(♀)
a. 前翅；b. 触角；c. 后胸背板及并胸腹节；
d. 足(前、中、后)；e. 雄虫触角

出腹末端，产卵管约为中足胫节长的 2 倍。第 3 产卵瓣为中足基跗节长的 1.31 倍。

雄：与雌性相似。棒节近端稍浅色。外生殖器为中足胫节长的 0.83 倍。

寄主：据记载寄主有：红圆蚧（柚）、椰圆盾蚧（柑橘）、褐圆盾蚧（柑橘）、松突圆蚧（松）、紫牡蛎盾蚧（柚）、竹巢粉蚧（竹）、糠片蚧（柑橘）、矢尖蚧（柑橘）、白尾安粉蚧、甘蔗白轮盾、酱褐圆盾蚧、仙人掌白背盾蚧、葛氏牡蛎蚧、日本白片盾蚧、桑白盾蚧、黑点盾蚧、绵蚧、梨笠圆蚧、竹刺球粉蚧。还可重寄生于膜翅目小蜂总科的双带巨角跳小蜂、蚧黄蚜小蜂、美洲花角蚜小蜂等。

分布：辽宁（沈阳、阜新、北镇）、黑龙江、陕西、浙江、江苏、上海、四川、福建、广东、香港。

(109)豹纹花翅蚜小蜂 *Marietta picta*（Andre，1910）（图 127）

雌：体长 0.5 mm。体土黄并带兰色。头部在口器上方及触角窝下方各具 1 条褐色横带，头胸部之刚毛座黑色，腹部腹面中央及背面褐色，体侧具褐色网纹。触角浅黄色，柄节有 2 条黑色横带，梗节及第 3 索节基部黑色，第 1、第 2 索节及棒节黑色。足黄色，基节具黑斑而腿节及胫节具黑横纹。翅透明，前翅翅面满布环状、点状和带状褐色花纹。

身体粗壮，头横宽。触角生于两复眼下缘连线稍下方；6 节，触角式 1131；柄节膨大，长为宽的 3 倍；梗节长为宽 2 倍，略长于第 3 索节；第 1～2 索节短小，第 3 索节长为第 1、2 索节全长的 2.5 倍，具 1～2 个条形感觉器；棒节长为第 3 索节的 2 倍，具 4～6 个条形感觉器，分成 2 行。前胸后缘具 10 根毛；前、后足基节各具 1～3 根毛，前足腿节具 1 根毛，后足腿节具 1～3 根毛。中足胫节端距较第 1 跗节略短，

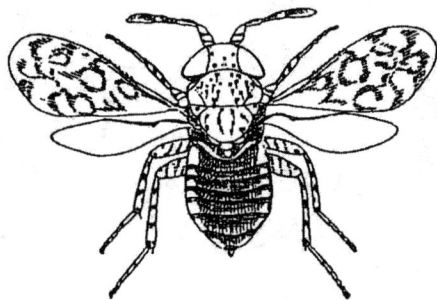

图 127　豹纹花翅蚜小蜂 *Marietta picta*（Andre）(♀)

（引自 Peck 等）

更短于第 2、第 3 跗节之和。足的跗节 5 节。产卵管略突出腹末。

雄：触角棒节末端色较淡，第 3 索节不黑；腹背具网状褐斑，外生殖器的阳基长为宽的 4 倍。

寄主：据记载寄主有日本龟蜡蚧、连翘球蚧、枣粉蚧、榆叶梅绒蚧等。

分布：辽宁(沈阳、大连)、河北、河南。

(110)双带花角蚜小蜂 *Azotus perspeciosus*（Girault，1916）(图 128)

雌：体长 0.58～0.67 mm。头顶及额黄色，颜面褐黄色，复眼暗红色，单眼下方有白色横带及狭窄的黑色横带，后头孔上缘两侧暗褐色。触角柄节基部和中部、梗节基部暗褐色，第 1、3 索节及棒节黑褐色，其余部分浅白色。胸、腹部黑褐色，略具蓝绿色反光。前翅缘脉端部下方及近翅端具 2 条浅褐色横带，缘前脉基部下方具 1 条浅褐色短斜带；近缘脉端部的下方有 1 簇较粗长的黑毛。足暗黑色，腿节两端、胫节白，跗节淡黄。

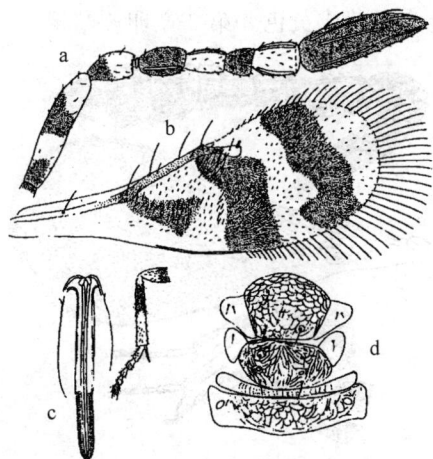

图 128 双带花角蚜小蜂 *Azotus perspeciosus*（Girault）(♀)
a. 触角；b. 前翅；c. 产卵器及中足胫节；d. 胸部背板

复眼无毛。触角 7 节，触角式 1141；柄节长为宽的 4.78 倍；梗节长为宽的 1.77 倍，约与第 1 索节等长或稍长；第 1 索节长为宽的 1.8 倍，与第 4 索节近等长，第 2 索节稍短于第 1 节，第 3 索节最短，略长于第 4 索节之半。棒节长为宽的 3.2 倍，长于第 1～3 索节之和；除第 3 索节外，其余索节各具 1～2 个条形感觉器，棒节具 6 个条形感觉器。中胸盾片中叶具 2 对毛，盾侧叶 2 根毛，三角片 1 根毛，小盾片具

2 对毛，板形感觉器近后 1 对毛。前翅长为宽的 2.8 倍；缘毛长为翅宽的 0.42 倍；亚缘脉长于缘脉，具 1 根毛；缘脉前缘具 3 根毛；痣脉伸长，末端膨大。翅基部及前缘室无毛。足的跗节 5 节；中足胫节端距稍短于基跗节。产卵管长，基部从第 1～2 腹节伸出，强烈突出腹端，长为中足胫节的 2.65 倍；第 3 产卵瓣为中足基跗节长的 3.4 倍。

雄：未采到。

寄主：据记载寄主有：长牡蛎蚧、褐圆盾蚧、榆蛎盾蚧、桑白盾蚧、竹鞘丝绵盾蚧、胡颓子白轮盾蚧、樟网盾蚧、蚌网盾蚧、杨笠圆盾蚧、枥美盾蚧等。

分布：辽宁（沈阳、阜新）、陕西、河南、浙江、上海、四川、福建。

(111) 赖食蚧蚜小蜂 *Coccophagus lycimnia*（Walker, 1839）**（图 129）**

雌：体长 0.7～0.9 mm。体黑褐色至黑色，小盾片端部近 2/3 及后胸背板中央褐黄色。各足基节、腿节大部分、后足胫节大部分为黑色或黑褐色，其余部分为褐黄或黄色。第 3 产卵瓣暗褐色。

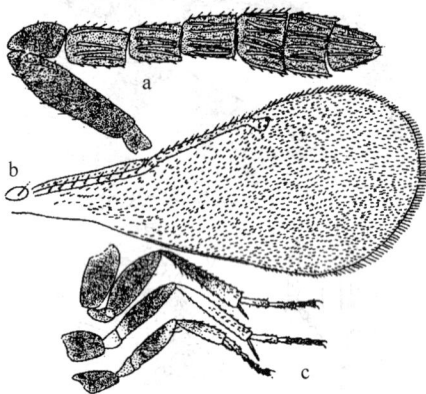

图 129　赖食蚧蚜小蜂 *Coccophagus lycimnia*（Walker）（♀）
a. 触角；b. 前翅；c. 足（后、中、前）

复眼具微毛。触角 8 节，触角式 1133。柄节长为宽的 3.85 倍；梗节长为宽的 1.33 倍，短于第 1 索节；第 1 索节长为宽的 1.64 倍，分别长于第 2 和第 3 索节；第 2 索节长为宽的 1.42 倍，稍短于第 3 索节，第 3 索节长为宽的 1.29 倍；棒节长于第 1、第 2 索节之和，第 1 棒节约与第 3 索节等长，稍宽大于长。各索节和棒节分别具多个条形感觉器。胸部背板具网状纹。中胸盾中叶除后缘 1 对长毛外，还具较密的细毛；每盾侧叶 4 根毛；每三角片 2 根毛；小盾片具 3 对长毛，板形感觉器近前 1 对毛。前翅宽，长为宽的 2.3 倍。缘毛短，不足翅宽的 1/10。亚缘脉稍短于缘脉，具 7~8 根毛，缘脉前缘具 14 根毛，约与缘脉中央的 1 列毛等长。痣脉短，端部膨大且平齐。翅面密布纤毛。足的跗节 5 节，中足胫节端距短于基跗节。腹末端略平；产卵管基部从第 2 腹节伸出，稍突出腹末端，产卵管约与中足胫节等长，第 3 产卵瓣为中足基跗节长的 0.62 倍。

雄：体色及大部分形态特征与雌性相似，但触角各索节和棒节上的条形感觉器数目较雌性多，腹部较短小。

寄主：在东北地区寄生于云衫球蚧、糖槭盔蚧。据记载其寄主甚多，还有朝鲜球坚蚧、龟蜡蚧、日本球坚蚧、松坚蜡蚧、葡萄绵蚧、香蕉黑盔蚧、橘黑盔蚧、油榄黑盔蚧、橘灰软蚧、褐软蚧、褐盔蚧、杏球蚧、金合欢蜡蚧、茶绵蚧等。

分布：辽宁（沈阳、大连、千山、医巫闾山）、黑龙江（伊春、佳木斯、镜泊湖）、吉林（长春、吉林、长白山）、北京、河北、山东、河南、浙江、江西、福建。

(112) 日本食蚧蚜小蜂 *Coccophagus japonicus* Compere, 1924(图 130)

雌：本种与夏威夷食蚧蚜小蜂 *C. hawaiiesis* Timberlake 十分相似，体黑色，唯小盾片端部大部分黄色。触角柄节和梗节浅褐色，鞭节暗褐色。两者的最大区别在于本种的中足腿节完全黄色，而夏威夷食蚧蚜小蜂的中足腿节或多或少黑褐色或者褐色。Compere(1931)认为二者之间有过渡类型。

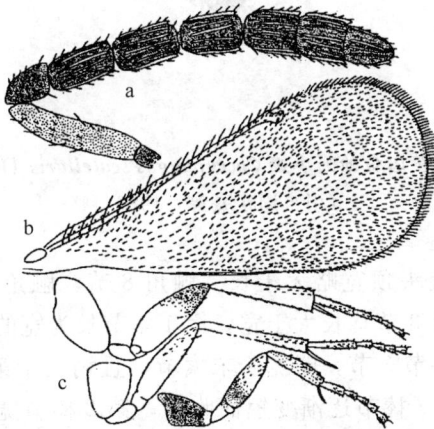

图 130　日本食蚧蚜小蜂 *Coccophagus japonicus* Compere(♀)
a. 触角；b. 前翅；c. 足(后、中、前)

本种个体之间足的颜色有较大的变化，据 Compere(1931)记述，有些个体所有的足除后足腿节和前足基节基部或多或少浅黑色至黑色外，其余部分均为浅白色或黄色；有些个体前、中足基节黑色，后足腿节除端部黄色外亦黑色；有些个体除上述特征外，前足腿节和胫节或多或少浅黑色。但是，所有个体的中足腿节完全是黄色。3 对足的胫节和跗节一般黄色或浅白色，末跗节褐色，前足胫节偶有浅褐色或浅黑色。

雄：未采到。

寄主：据记载寄主有龟蜡蚧、红蜡蚧、角蜡蚧、日本蜡蚧、褐软蚧、橘灰软蚧、油榄黑盔蚧、伪角蜡蚧、球蚧(1 种)。

分布：辽宁(沈阳、大连)、黑龙江、北京、江苏、浙江、上海、四川、福建、广东。

(113)黄盾食蚧蚜小蜂 *Coccophagus scutellaris*（Dalman，1825）(图 131)

雌：体长 1～1.8 mm。体黑色，唯小盾片除基部外黄色。触角黑褐色；足黄色，中后足基节、后足腿节及末跗节黑至黑褐色。

图 131　黄盾食蚧蚜小蜂 *Coccophagus scutellaris*（Dalman）
(引自廖定熹等，1987)

头部颜额区及头顶宽略大于长。触角 8 节，触角式 1133；柄节长为宽的 4 倍；索节 3 节均长大于宽，第 1 索节长为宽的 2 倍，自基至端依次变短变宽；棒节 3 节，略宽于末索节，且稍长于第 2、第 3 索节长度之和，第 2、第 3 棒节逐渐变短而收缩，第 2 棒节宽略大于长；各索节与第 1 棒节均具 2 排感觉器，第 2、第 3 棒节各具 1 排感觉器。

前胸背板具若干短毛，后缘每侧具 14～15 根较长的刚毛。中胸盾片及小盾片密布短毛，小盾片末端具 1 对长刚毛。前翅长约为宽的

2.5 倍,略着色。亚缘脉上具 8～9 根刚毛,痣脉呈鸟首状,后缘脉与痣脉约等长,两者均短。产卵器鞘外表具若干刚毛,其内表具 5～7 根长刚毛。

雄:体长 0.8～1.2 mm。与雌虫不同之处:小盾片黑色。触角第 1 索节较长,索节及棒节上的感觉器数亦较多。

寄主:据记载寄主为 *Coccus* sp.。另外尚有褐软蚧、桔绵蜡蚧、褐盔蚧、桔黑盔蚧、香蕉黑盔蚧、油榄黑盔蚧等。

分布:辽宁(沈阳、大连、阜新、黑山)、吉林(长春、长白山、吉林龙潭山)、黑龙江(哈尔滨、佳木斯)。

注:本种别名:黄盾软蚧蚜小蜂。

(114)长缨恩蚜小蜂 *Encarsia citrina*（Craw,1881)（图 132)

雌:体长 0.3～0.6 mm。头部土黄色;口区、两颊下方及后头区暗褐色,侧单眼后方各具 1 条暗褐斜条带。中胸背板侧叶大部、小盾片及后胸背板淡黄色,胸部其余部分及腹部、第 3 产卵瓣褐色至深褐色。触角浅黄褐色,翅透明,前翅缘脉下方翅面弱烟色。足黄色,中足胫节基部、后足基节及腿节大部褐色。

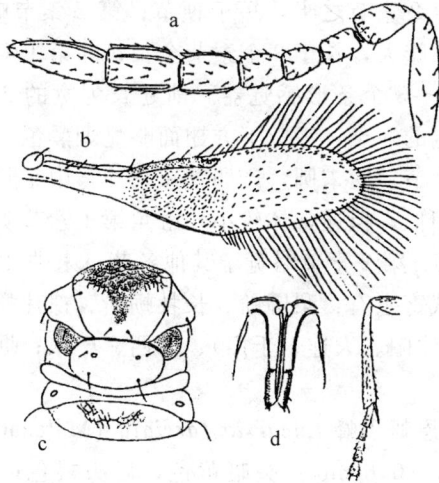

图 132　长缨恩蚜小蜂 *Encarsia citrina*（Craw)(♀)
a. 触角；b. 前翅；c. 中胸背板及腹柄节；d. 产卵器及中足胫节

复眼具微毛。触角 8 节,触角式 1133。柄节长为宽的 4 倍多;梗节长为宽的 1.5～2 倍,长宽均大于第 1 索节;3 索节近等长,渐次膨大,长分别大于宽;棒节 3 节,长于 3 索节和梗节的总长,棒节各节具 2～3 个条形感觉器。中胸盾片中叶具 2 对毛,每盾侧叶和三角片各 1 根毛;

小盾片具 2 对毛，板形感觉器近前 1 对毛。前翅狭长，长约为宽的
4 倍；缘毛很长，长为翅宽的 1.2 倍；亚缘脉约与缘脉等长，具 2 根毛；
缘脉前缘具 4 根毛(或 5～6 根)；痣脉短，末端尖；痣脉外侧的翅面有 1
个无毛小区，翅面除基部外，具稀疏的纤毛；前缘室 5～6 根毛，亚缘
脉端部下方 1 根毛。足的跗节 5 节，中足胫节端距短于基跗节。产卵器
短，基部从第 5 腹节伸出，末端不突出腹末；产卵管长为中足胫节长的
1.07 倍，第 3 产卵瓣(产卵管鞘)为中足基跗节长的 1.4 倍。

雄：未采到。

寄主：据记载寄生椰圆蚧、黄圆蚧等；另外很多种盾蚧科害虫均可
寄生。

分布：辽宁（沈阳、大连、阜新）、江苏、浙江、福建、广东、
四川。

(115)牡蛎蚧恩蚜小蜂 *Encarsia perniciosi*（Tower, 1913）

雌：体长 0.6～0.7 mm。体褐黄色，头橙黄色，后头、前胸、三角
片、并胸腹节及腹端褐色。触角和足浅黄色，略有黑迹。

头横宽，复眼具白色细毛。触角 8 节，触角式 1133；第 1 索节长宽
近相等，长约为第 2 索节之半，短于梗节；第 2 索节略长于第 3 索节；
棒节 3 节，几乎不膨大，长于 3 个索节全长；除第 1 索节外，其余索节
和各棒节，各具 1～3 个条形感觉器。前翅长为宽的 2.5～2.66 倍，缘
毛长明显短于翅宽的一半；缘脉下方翅面略显烟黑色，缘脉前缘具6～9
根毛。足的跗节 5 节。腹末圆，产卵管短，约与中足胫节近等长。

雄：与雌性相似；但通常体较小，触角第 1 索节明显比雌性长，显
著长于梗节；第 1、第 2 索节略宽于其他各节；末端 2 棒节部分愈合。

寄主：据记载寄主有：梨圆蚧、长牡蛎蚧、糠片蚧、柑橘蚧虫。

分布：辽宁(沈阳、大连、千山)、江西、广东；据资料记载此虫几
乎遍布全世界。

(116)白轮蚧恩蚜小蜂 *Encarsia fasciata*（Malenotti, 1916）

雌：体长 0.4～0.6 mm。头暗黄色，后头褐色；胸部及腹部淡黄
色，前胸背板、中胸背板前缘及两侧、三角片、并胸腹节及腹部背板
(除第 3 节外)暗褐色。足淡黄色，中后足基节、前足跗节及触角色
略暗。

触角 8 节，触角式 1133。梗节略长于第 1 索节；各索节均长大于
宽，并依次渐长、渐宽；棒节 3 节，略膨大，长度约与梗节及 3 个索节
的全长相等；第 3 索节及各棒节，具 2～3 个条形感觉器。中胸盾片中
叶具 2～3 对毛；前翅较窄，透明，缘毛长超过翅宽的一半，缘脉前缘

具 6～7 根毛。足的跗节 5 节。腹末圆，产卵器略突出，约与中足胫节等长。

雄：未采到。

寄主：据记载寄主有月季白轮蚧、蔷薇白轮蚧、梨圆蚧等。

分布：辽宁、黑龙江。

五、跳小蜂科 Encyrtidae

体小型，一般 1～3 mm，粗壮(图 17)。大多数具金属光泽，有的黄色、褐色或黑色。头部宽，前面多隆起呈凸透镜状。复眼大，单眼呈三角形排列。触角雌性 5～13 节，大多为 11 节；雄性触角 5～10 节；柄节有时呈叶状膨大，雌性触角颇不相同；无环状节；索节通常 6 节，雌性圆筒形至极宽扁，雄性有时呈分枝状节。中胸盾片大而隆起；无盾纵沟，如有则浅。小盾片大；三角片横形，其内角相接触。中胸侧板很隆起，多少光滑，绝无凹痕或粗糙刻纹，常占据胸部侧面的 1/2 以上。后胸背板及并胸腹节很短。翅一般发达；前翅缘脉短，后缘脉及痣脉也相对较短，几乎等长。有些种类翅退化，成为短翅型。中足常发达，适于跳跃，基节位置侧观约在中胸侧板中部之下方；中足胫节长，内缘排有微细的棘，端距和基跗节粗而长。足的跗节 5 节，极少数 4 节。腹部宽，无柄，常呈三角形；腹末背板侧方常前伸，臀板突(Pygostyli)具长毛，位于腹部背侧方基半位置，通常此背板中后部延伸呈叶状。产卵管不外露或露出很长。

跳小蜂的寄主极广泛。能寄生直翅目、半翅目、同翅目、鳞翅目、鞘翅目、脉翅目、双翅目、膜翅目等昆虫的卵、幼虫、蛹及成虫，也有的能寄生蜱螨和蜘蛛等，但大多数种类主要是寄生于同翅目的介壳虫类。有内寄生，也有外寄生，还有些种类可重寄生。在自然界对农、林害虫的大发生起到一定的控制作用，有些种类在应用于生物防治上也取得较好的效果。

本科是小蜂总科中种类最多的大科之一，据何俊华、徐志宏(2004)报道，至 2002 年全世界共有 513 属 3595 种；我国已知有 105 属 272种。此后，徐志宏等(2003、2004、2005)又先后发表 1 新属 11 新种，13 中国新记录属 6 新记录种；李成德等(2007、2008)先后发表 3 新种，2 中国新记录种；谭耀庚(2008)发表 1 新种；张彦周、黄大卫(2005)发表 1 新属 1 新种；李捷、张彦周(2007)发表 1 中国新记录属 1 新记录种；因此我国迄今已知有 121 属 297 种。本书记述我国东北地区 43 属 58 种。

现将徐志宏编制的中国寄生蚧壳虫的跳小蜂科分亚科及分属检索表转载于此，以供读者应用。

注：此书记述的跳小蜂引用的形态特征图，除少数署名者外，余者均引自徐志宏教授。

中国寄生蚧壳虫的跳小蜂科分亚科及分属检索表
（徐志宏、黄建，2004）

跳小蜂科雌虫分亚科检索表

1. 具副背板或至少末节背板以一膜质区与产卵器外瓣连接，或边缘，或基部近尾须板；前翅无毛斜带边缘不清，几乎均无刺毛；下生殖板三角形，一般达到腹端；上颚齿均尖锐（个别例外）……………………………………………………… 四突跳小蜂亚科 Tetracneminae
   缺副背板（个别例外）；前翅无毛斜带基侧毛较端侧毛粗长，均具刺毛；下生殖板常短而近矩形，不达腹端；上颚常具1平齿……………………………………………………… 跳小蜂亚科 Encyrtinae

跳小蜂亚科雌虫分属检索表

1. 附节4节 …………………………………………………… 2
   跗节5节 …………………………………………………… 3
2. 触角具2～4节环形索节，紧贴棒节；棒节大，至少与触角的其余部分等长；前翅宽，其长至多是宽的2.25倍，其缘毛长远短于翅最宽处的宽度；上颚具1锐齿 ………………………………………… 寡节跳小蜂属 *Arrhenophagus* Aurivillius
   触角索节5～6节，明显与棒节分开；棒节至多与索节和梗节之和等长；前翅狭窄，长不短于宽的3.5倍，其缘毛长至少等于翅宽；上颚端部宽截或锯齿形 …………… 长缨跳小蜂属 *Anthemus* Howard
3. 索节少于6节 …………………………………………… 4
   索节至少6节 …………………………………………… 9
4. 索节4节 ………………………………………………… 5
   索节5节 ………………………………………………… 6
5. 小盾片末端具1对鳞片 ………………………………………………… 羽盾跳小蜂属 *Caenohomalopoda* Tachikawa
   小盾片末端无鳞片 ……………… 横索跳小蜂属 *Plagiomerus* Crawford

6. 头或胸至少部分黄色或橙色 ……………………………… 7

　　头和胸暗色，时常具金属光泽 ………………………………

　　……………… 东方跳小蜂属 *Oriencyrtus* Sugonjaev et Trjapitzin

7. 棒节 2 节 ……………… 秀德跳小蜂属 *Pseudectroma* Girault

　　棒节 3 节（其中抑虱跳小蜂属 *Acerophagus* 有些种类棒节不分节）…

　　………………………………………………………………………… 8

8. 触角同色，为黄色或橙色 ……… 抑虱跳小蜂属 *Acerophagus* Smith

　　棒节至少部分白色，与褐色或微黄褐色的索节形成对比 ……………

　　……………………… 玉棒跳小蜂属 *Pseudaphycus* Clausen

9. 前翅短缩，明显不达腹端 ………………………………… 10

　　前翅正常，至少非常接近腹端 …………………………… 14

10. 有盾纵沟 ……………………………………………………… 11

　　无盾纵沟 ……………………………………………………… 12

11. 棒节分 3 节 ……………… 伊克跳小蜂属 *Ectroma* Westwood

　　棒节不分节 ……………… 抑蚧跳小蜂属 *Echthroplexiella* Mercet

12. 棒节窄于末索节，翅无色 ……… 小雅跳小蜂属 *Baeocharis* Mayr

　　棒节宽于末索节，翅无色或有烟褐色斑 …………………… 13

13. 棒节色与索节一致黑褐色，前翅烟褐色 ………………………

　　……………………… 玛赫跳小蜂属 *Mahencyrtus* Masi

　　索节有白色节，棒节黑色，前翅无色或烟褐色斑 ………………

　　……………… 花翅跳小蜂属 *Microterys* Thomson（短翅型）

14. 小盾片具一簇多少排列紧密的粗而长的黑色刚毛，在皂马跳小蜂属

　　Zaomma 中个别种小盾片上刚毛不成簇则至少刚毛较长并近直立，

　　或具 2 根或者 2 根以上鳞状刚毛，或前翅亚缘脉末端有三角形膨大

　　………………………………………………………………… 15

　　小盾片不具 1 丛或 1 簇明显的刚毛或鳞状毛；前翅亚缘脉末端无三

　　角形膨大，如有，则触角整个扁平膨大 …………………… 22

15. 前翅亚缘脉近端部有 1 个三角形扩展（通常着生一根长而近直立的

　　刚毛）………………………………………………………… 16

　　前翅亚缘脉近端部无 1 个三角形扩展 …………………… 17

16. 小盾片端部 1/3 左右具几根短的鳞片状刚毛，且在端部有 1 对稍长

　　的鳞片状刚毛；前翅多少呈均匀的烟褐色；至少 1 节索节长过于宽

　　……………… 软鳞跳小蜂属 *Lakshaphagus* Mahdihassan

　　小盾片端部无鳞片状刚毛 …… 麦厄跳小蜂属 *Mayrencyrtus* Hincks

17. 中胸盾片后缘 1/3 处有一横凹陷；中胸盾片中后部有一多少明显的

刚毛束 ···················· 岐脉跳小蜂属 *Diversinervus* Silvestri
中胸盾片后缘不具一横凹陷；中胸盾片无刚毛束 ············· 18
18. 触角整个扁平膨大 ············ 尖角跳小蜂属 *Pareusemion* Ishii
至少索节圆筒形 ·································· 19
19. 前翅缘脉至多长稍大于宽，比痣脉和后缘脉短数倍；上颚无齿，具
圆的锐边 ················· 跳小蜂属 *Encyrtus* Latreille
前翅缘脉至少与痣脉等长；上颚具 3 尖齿或 2 尖齿 1 平齿 ····· 20
20. 下生殖板伸达腹端；产卵器通常强烈外露，外露部分至少是腹长的
1/3 ·············· 原长缘跳小蜂属 *Prochiloneurus* Silvestri
下生殖板不超过腹部的 3/4；产卵器不或几乎不外露，如果强烈突
出，则下生殖板几乎不超过腹部之半 ···················· 21
21. 前翅缘脉长至少为痣脉的 3 倍；缘前脉强烈下弯 ···············
···················· 刷盾跳小蜂属 *Cheiloneurus* Westwood
前翅缘脉仅稍长于痣脉；缘前脉正常 ·····················
···················· 皂马跳小蜂属 *Zaomma* Ashmead
22. 触角整个扁平膨大 ································ 23
至少索节圆筒形 ·································· 27
23. 前翅具烟褐色放射状斑纹或带 ························ 24
前翅透明或多少呈均匀的烟褐色，具 1 或 2 个透明斑或带，但不具
烟褐色放射状斑纹或带 ···························· 26
24. 前翅具 1 或 2 条烟褐色纵向放射线 ·····················
···················· 巨角跳小蜂属 *Compieriella* Howard
前翅具 1 或 2 条暗褐色横带，或在翅中央的烟褐色纵带上放射出几
条烟褐色线，其间为楔形透明斑 ······················ 25
25. 梗节多少长方形，背腹缘近乎平行；前翅亚缘脉近端部不具三角形
扩展 ············ 纹翅跳小蜂属 *Cerapteroceroides* Ashmead
梗节三角形；前翅亚缘脉近端部三角形扩展 ·················
···················· 尖梗跳小蜂属 *Cerapterocerus* Westwood
26. 至少头胸大部分黄色或橙色 ········ 扁角跳小蜂属 *Anicetus* Howard
体暗色具金属光泽，非黄色或橙色 ·····················
···················· 优赛跳小蜂属 *Eusemion* Dahlbom
27. 中胸盾片至少前部 1/3 具盾纵沟 ······················ 28
中胸盾片无盾纵沟 ······························ 30
28. 前胸背板在中间纵裂；产卵器不外露或几乎不外露；上颚 2 齿 ···
···················· 苏泊跳小蜂属 *Subprionomites* Mercet

　　前胸背板完整 ……………………………………………………… 29
29. 下生殖板不超过腹长的 4/5；尾须(cerci)着生于腹部的基半部……
　　……………………………… 阔柄跳小蜂属 *Metaphycus* Mercet
　　下生殖板伸达或几乎伸达腹端；尾须时常着生在腹部的端半部，无
　　盾纵沟 ……………………………… 艾菲跳小蜂属 *Aphycus* Mayr
30. 前翅烟褐色，或由于暗色和灰白色刚毛组成的明显花纹而呈烟褐色
　　（不包括这样一些种类：前翅淡黄色或淡褐色，或缘脉下有 1 个不
　　超出或很少超出痣脉端部的小斑点，不包括前翅具均匀浅烟褐色的
　　种类，若如此则棒节黑色）；上颚 2 尖齿或 3 尖齿，或 2 尖齿 1 平齿
　　……………………………………………………………………… 31
　　前翅无色透明（或缘脉下有 1 个不超出或很少超出痣脉端部的小斑
　　点），如果前翅为均匀的浅烟褐色，则棒节非黑色，如果前翅具烟
　　褐色斑纹，则上颚 4 齿 ………………………………………… 38
31. 前翅具烟褐色放射状斑纹或带 …………………………………
　　……………………… 斑翅跳小蜂属 *Epitetracnemus* Girault
　　前翅具烟褐色斑纹，不为放射状斑纹或带 ……………………… 32
32. 前翅缘脉点状或几乎点状；翅在缘脉之下具一大的暗褐色斑或宽横
　　带，无透明带 ……………………… 细柄跳小蜂属 *Psilophrys* Mayr
　　前翅缘脉长至少为宽的 2 倍；翅烟褐色较上述广泛，且时常至少在
　　翅脉端部具 1 个透明带 ………………………………………… 33
33. 额顶光滑，无点刻，头侧面观近三角形 ………………………… 34
　　额顶具大型点刻，头稍呈扁豆形 ………………………………… 36
34. 前翅有分开的 2 条烟褐色带，内带与外带之间的透明区前后等宽；
　　缘脉稍短于痣脉，稍长于后缘脉 …………………………………
　　…………………… 花翅跳小蜂属 *Microterys* Thomson（长翅型）
　　前翅缘脉外方具 2 条烟褐色带，内带与外带明显分开，外带在中央
　　向内带靠近；缘脉长过痣脉并约为后缘脉的 2 倍 ……………… 35
35. 触角索节具白色节 ……………… 亚翅跳小蜂属 *Submicroterys* Xu
　　触角索节黑褐色 ……………………… 玛丽跳小蜂属 *Mayridia* Mercet
36. 后头缘锋锐；小盾片平坦 ………………………………………… 37
　　后头缘钝圆；小盾片强烈隆起 …………………………………
　　……………………… 毛胸跳小蜂属 *Trichomasthus* Thomson
37. 触角柄节长过宽的 4 倍 ……… 点刻跳小蜂属 *Discodes* Foerster
　　触角柄节长为宽的 3 倍 …………………………………………
　　……………………… 副菲跳小蜂属 *Paraphaenodiscus* Girault

四突跳小蜂亚科雌虫分属检索表

3. 前翅短缩，明显不达腹端 ·· 4
　　前翅正常，至少非常接近腹端 ··· 7
4. 触角整个扁平膨大 ·· 5
　　触角圆筒形 ··· 6
5. 棒节 3 节；前翅无色，缘毛长过翅宽的 0.5 倍 ···················
　　··························· 奇异跳小蜂属 *Mira* Schellenberg
　　棒节不分节；前翅具烟褐色斑，无缘毛 ·····························
　　··························· 四突跳小蜂属 *Tetracnemus* Westwood
6. 柄节不长过宽的 3 倍 ············ 杜丝跳小蜂属 *Dusmetia* Mercet
　　柄节长过宽的 3 倍 ············ 伊丽跳小蜂属 *Ericydnus* Walker
7. 柄节长过宽的 3 倍 ·· 8
　　柄节长不及宽的 3 倍 ··· 15
8. 前翅烟褐色(不包括这样一些种类：前翅仅是暗色或浅色刚毛组成的
　　斑纹，或具模糊的淡黄色或淡褐色，或缘脉下有 1 个不超出或很少
　　超出痣脉端部的小斑点) ··· 9
　　前翅透明(包括这样一些种类：前翅仅是暗色或浅色刚毛组成的斑
　　纹，或具模糊的淡黄色或淡褐色，或缘脉下有 1 个不超出或很少超
　　出痣脉端部的小斑点) ··· 10
9. 翅大部分烟褐色，具无色斑 ···
　　················· 佳丽跳小蜂属 *Callipteroma* Motschulsky
　　前翅大部分无色透明，具烟褐色斜带 ································
　　················· 丽突跳小蜂属 *Leptomastidea* Mercet
10. 前翅无缘脉，后缘脉和痣脉从亚缘脉的端部发出，后缘脉不达翅
　　缘，或缘脉点状(偶尔长稍大于宽)；痣脉端部与后缘脉端部由一明
　　显的、常透明的无毛带相连 ···
　　················· 汉姆跳小蜂属 *Hambletonia* Compere
　　前翅缘脉长明显大于宽，或缘脉点状(或长略大于宽)；从后缘脉端
　　部到痣脉端部不具明显的无毛带 ······································ 11
11. 至少在中胸盾片的前部具盾纵沟；前翅无毛斜带完整，尽管有时靠
　　拢；缘前脉明显膨大 ·· 12
　　盾纵沟完全缺如；前翅无毛斜带几乎总是在翅背面长距离靠拢；缘
　　前脉很少膨大，通常不或几乎不宽于亚缘脉的邻近部分 ········ 13
12. 梗节短于索节第 1 节 ············ 克氏跳小蜂属 *Clausenia* Ishii
　　梗节长过索节第 1 节 ············ 卡丽跳小蜂属 *Charitopus* Foerster
13. 所有索节长大于宽 ·· 14

至少 1 节索节横形或方形 ……………………………………………………
…………………………… 克虱跳小蜂属 *Coccidoxenoides* Girault

14. 前翅长为宽的 3 倍以上 ……… 丽扑跳小蜂属 *Leptomastix* Foerster
前翅长不及宽的 3 倍 ……… 多丽跳小蜂属 *Doliphoceras* Mercet

15. 中胸盾片或小盾片全部黑色，非部分黄色、橙色或淡褐色 ………
…………………………………… 新盘跳小蜂属 *Neodiscodes* Kerrich
中胸盾片或小盾片或两者至少部分黄色、橙色或淡褐色 ………
…………………………………… 长索跳小蜂属 *Anagyrus* Howard

（117）盾蚧寡节跳小蜂 *Arrhenophagus chionaspidis* Aurivillius，1888（图 133）

雌：体长 0.3～0.5 mm。体黑褐色，腹部色较浅，具金属反光。触角 5 节；索节 2 节，很小，呈环节状；棒 1 节，显著膨大。胸部极隆起。前翅较宽阔，缘脉、后缘脉和痣脉均极不明显，呈烟黑色的圆点状；亚缘脉烟黑色。翅面被有均匀的纤毛，无光裸的斜带。足的跗节 4 节，各跗节均较短，端跗节稍长于第 1 跗节。

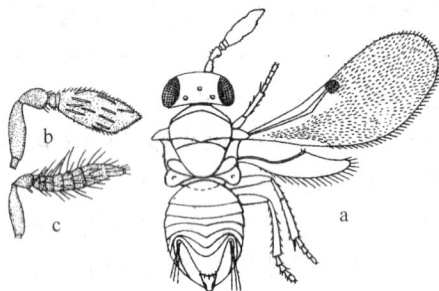

图 133　盾蚧寡节跳小蜂 *Arrhenophagus chionaspidis* Aurivillius
a. 雌性整体图；b. 雌性触角；c. 雄性触角
（a 引自 Nikol'skaja；b，c 引自徐志宏）

雄：未采到。据记载雄性触角具 4 节的索节及不明显的 3 节棒节；鞭节各节具较长的刚毛。

寄主：据记载寄主有：松突圆蚧、柑橘并盾蚧、桑白盾蚧、矢尖蚧、常春藤圆盾蚧、米兰白轮蚧、蔷薇白轮盾蚧、柳雪盾蚧、白背盾蚧、槭树枝毡蚧、苏铁盾蚧、茶长蛎蚧、福氏笠圆盾蚧、梨笠圆盾蚧、香蕉黑盔蚧等。

分布：辽宁（沈阳、阜新）、黑龙江（佳木斯、镜泊湖）、浙江、台湾、福建、广东。

(118)白蜡虫花翅跳小蜂 *Microterys ericeri* Ishii，1923(图 134)

雌：体长约 1.5 mm。体淡红黄褐色。触角黑褐色，但第5～6索节白色；中胸盾片、小盾片和腹部黑褐色有蓝色光泽；三角片黄褐色。前翅有 3 条烟褐色横带，中间 1 横带间断呈 3～4 个褐点。足红褐色。

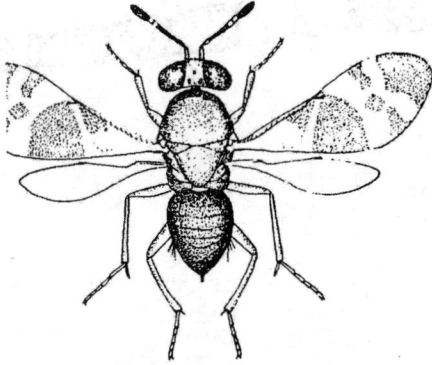

图 134　白蜡虫花翅跳小蜂 *Microterys ericeri* Ishii(♀)

头横宽，有细刻点和稀疏浅圆刻纹。单眼呈锐角三角形排列，中、侧单眼间距为 POL 的 1.2 倍。额窝凹陷成圆形。触角着生口缘上方，11 节；柄节长过头顶；梗节长为宽的 2 倍，长于第 1 索节；索节向端部渐粗，第 1～3 索节长均大于宽，第 4～6 索节宽均大于长；棒节 3 节，长为第 4～6 索节之和，明显宽于第 6 索节。前翅长为宽的 2.5 倍，缘脉长为痣脉的 0.8 倍，后缘脉短于缘脉。足的跗节 5 节，中足胫节端距与基跗节等长，其下侧具栉状刚毛。腹比胸部短，末端尖；产卵管稍突出。

寄主：白蜡虫。

分布：辽宁(沈阳、千山)、吉林、河北、江苏、浙江、江西、湖南、四川、云南。

(119)铜绿花翅跳小蜂 *Microterys chalcostomus*（Dalman，1820）(图 135)

雌：体长约 2 mm。额顶淡黄色，单眼间有 1 褐色斑；颜面褐黄色；复眼浅灰色，单眼红色。触角柄节、梗节和棒节暗褐色；索节淡黄色，其基部几节褐色。前胸背板淡黄色，前缘暗褐色；胸腹侧片和翅基片淡黄色，末端褐色；中胸盾片、三角片和小盾片铜绿色或浅蓝绿色，略闪光；后胸几乎黑色，具蓝色闪光；胸部侧板黑褐色，具绿色金属光泽。

前翅基部透明，其余部分多少暗色，在痣脉下有 1 条无色透明横带。足黑褐色；胫节端部黄褐色；腿节与胫节交界处淡褐色；跗节红褐色，末跗节黑色。腹部蓝紫色，第 1 节金绿色。

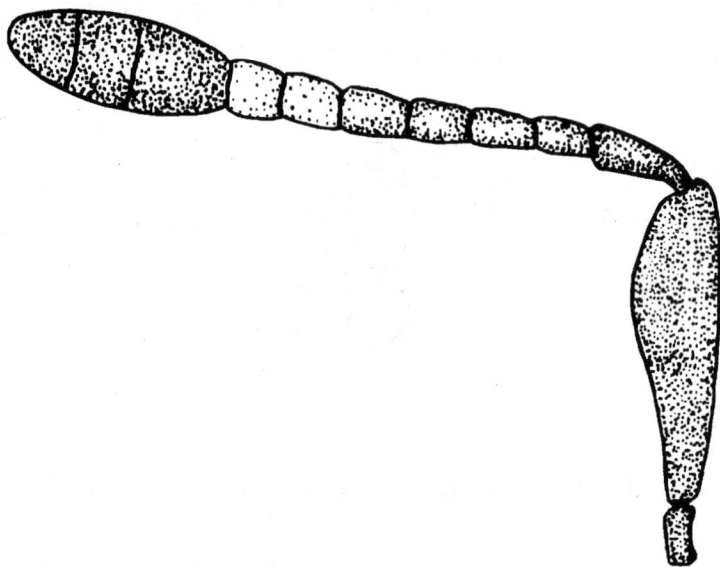

图 135 铜绿花翅跳小蜂 *Microterys chalcostomus*（Dalman）触角
（引自徐志宏、黄建）

头部无光泽。额很窄，在中单眼处的宽度为单眼直径的 3 倍；复眼大，近圆形，表面无毛。颊长，略向唇基会聚；颜面宽大，平坦。触角 11 节，触角式 1163；柄节略扩展，端部薄片状，长于第 1～4 索节之和；梗节长于第 1 索节；第 1～4 索节明显长大于宽，第 5 节近方形，第 6 节方形；棒节 3 节，较索节粗，端部斜截，长与第 4～6 索节长度之和相等。

中胸盾片和小盾片大，均匀凸起。前翅宽大，缘毛短；缘脉、痣脉和后缘脉几等长。后翅宽，翅面密生纤毛，几乎无前缘室；缘毛短。足长而粗；前足和后足腿节略短；中足跗节相当粗大；中足胫节端距与基跗节近等长，基跗节长几乎与其余 4 个跗节长度之和相等；后足基跗节长与第 2～3 跗节全长相等。腹与胸等宽，短于胸部，卵圆形，向端部逐渐窄；产卵管略露出腹末。

寄主：据记载寄主为栎绛蚧。

分布：据记载分布辽宁。

(120)佳木斯花翅跳小蜂 *Microterys jiamusiensis* **Xu, 2002(图 136)**

雌：体长约 1.9 mm。体黄褐色；但额顶、中胸侧板红褐色；触角第 4、第 5 索节黄白色；梗节、第 1～3 和第 6 索节、口缘两侧、前中足基节、后足基节及末跗节、腹部为浅黑色；触角棒节、前胸背板中央及腹板、中胸腹板为黑色。前翅翅基三角区透明，具 3 条横带，内带浅烟褐色，中带和外带烟褐色，不明显分开。

头背面观宽为长的 1.9 倍，为额顶宽的 4.1 倍；单眼呈等边三角形排列；POL、OOL 分别为中单眼直径的 2 倍和 0.3 倍；MPOL 与 POL 等长。头前面观宽为高的 1.2 倍；触角窝间距为其长径的 1.7 倍，触角窝与唇基间距为窝长径的 1.3 倍；下颚须 4 节，末端尖；下唇须 3 节，末端圆。触角明显着生于复眼下缘水平之下，11 节，触角式 1163；柄节腹面明显膨大，长为宽的 2.9 倍；梗节长为端宽的 2 倍，与第 1 索节等长；第 1 索节长为宽的 1.9 倍，其余各节向端部依次渐短渐宽，第 6 节长为宽的 0.7 倍；棒节 3 节，长为第 4～6 索节之和，宽过第 6 索节，末端圆。

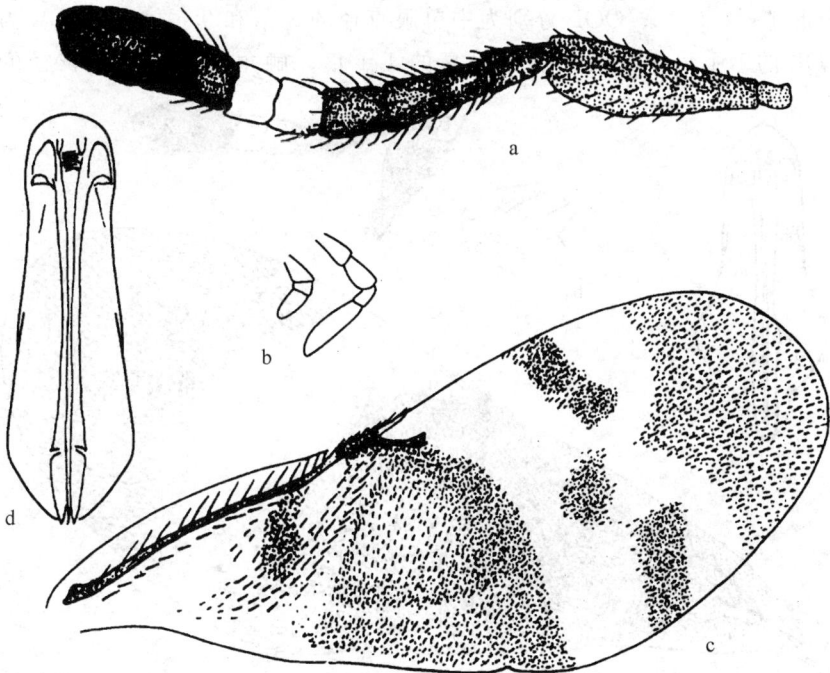

图 136　佳木斯花翅跳小蜂 *Microterys jiamusiensis* **Xu**

a. 触角；b. 下颚须及下唇须；c. 前翅；d. 产卵器

中胸盾片平坦；小盾片隆起，其上约有 52 根刚毛。前翅长为宽的 2.5 倍；亚缘脉上具 18 根刚毛；亚缘脉、缘脉、后缘脉长分别为痣脉的 5.6 倍、0.9 倍、0.7 倍；翅基三角区内有众多粗纤毛；缘脉外方的 2 条透明横带纤毛弱，其余部分均匀着生纤毛。中足胫节端部具 11 根刺；端距长为基跗节的 1.1 倍。腹部三角形，末端尖；产卵管稍长于中足胫节，末端略露出腹末。

寄主：未知。

分布：黑龙江(佳木斯)。

(121)异色花翅跳小蜂 *Microterys varicoloris* **Xu, 2002(图 137)**

雌：体长 1.5 mm。体暗褐色；但触角柄节端部 0.4、索节第 5～6 节、下颚须及下唇须为浅黄白色；颜面及颊黄褐色；触角梗节及第 1～4 索节浅黑色；触角柄节基部 0.6、棒节、后头孔上方的三角形斑为黑色。前翅具 2 条烟褐色带，内带与外带明显分开，内带从翅基至缘脉下方深烟褐色，外带几乎透明。

头背面观宽为长的 2.1 倍，为中单眼处额顶宽的 3 倍；单眼呈钝三角形排列；POL、OOL 分别为中单眼直径的 3 倍和 0.5 倍；MPOL 为 POL 的 1.1 倍。头前面观宽为高的 1.1 倍；触角窝间距为其长径的

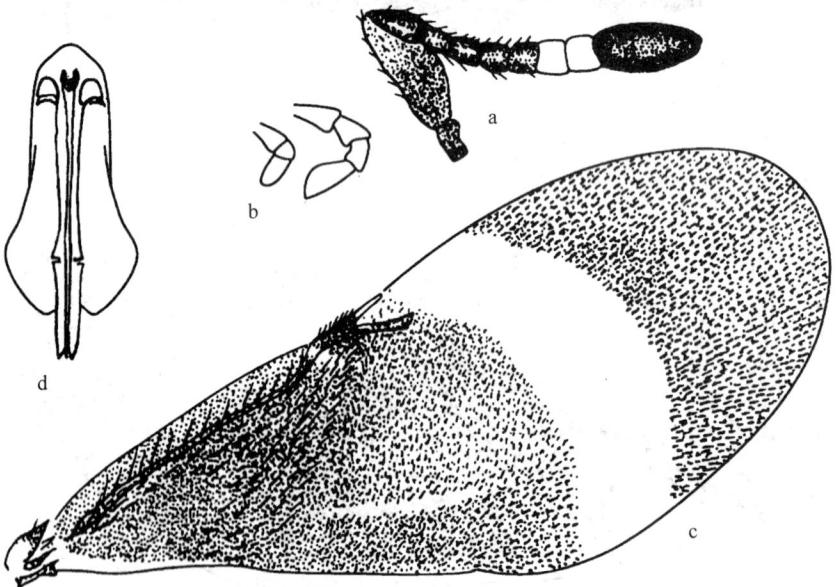

图 137　异色花翅跳小蜂 *Microterys varicoloris* **Xu**
a. 触角；b. 下颚须及下唇须；c. 前翅；d. 产卵器
(引自徐志宏、黄建)

1.4 倍，触角窝与唇基间距为窝长径的 0.9 倍；下颚须 4 节，末端斜截；下唇须 3 节，末端圆。触角着生位置紧靠复眼下缘连线之下，触角式 1163；柄节腹面明显膨大，长为宽的 2.9 倍；梗节长为端宽的 1.9 倍，为第 1 索节长的 1.9 倍；各索节等长，依次向端部渐宽，第 1 索节长为宽的 1.7 倍，第 6 索节长为宽的 0.8 倍；棒节 3 节，长为第 4~6 索节之和，稍宽于末索节，末端圆。

胸部中胸盾片平坦；小盾片隆起，具 24 根刚毛。前翅长为宽的 2.6 倍；亚缘脉上具 15 根刚毛；亚缘脉、缘脉、后缘脉分别为痣脉长的 4.5 倍、0.8 倍、0.7 倍；翅基三角区有众多粗纤毛；缘脉外方的透明带内纤毛弱；其余部分均匀着生纤毛。中足胫节端距长为基跗节的 1.2 倍。腹部长卵圆形，末端尖。产卵管长为中足胫节长的 1.33 倍，末端稍露出腹末。

寄主：未知。

分布：辽宁(沈阳)。

(122)弯带敌蟑跳小蜂 *Dicarnosis sinuatis* Xu，2000(图 138)

雌：体长 1.5 mm。体黑色，具绿色金属光泽；触角棒节、下颚须、下唇须白色；颜面两侧沿复眼眶，中、后足腿节近端部，胫节近基部及各足跗节第 1~3 节，为浅黄至黄褐色；翅脉、各足跗节第 4~5 节黑褐色。前翅大部分烟褐色；亚缘脉两侧、透明斑上部 0.5、翅端 0.17 透明，透明区中具烟褐色弯曲条带。

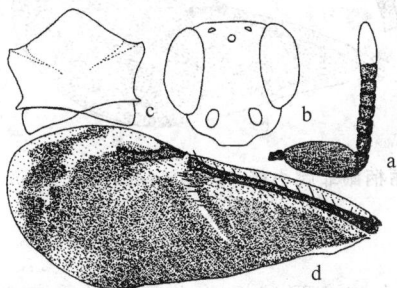

图 138　弯带敌蟑跳小蜂 *Dicarnosis sinuatis* Xu(♀)
a. 触角；b. 头部前面观；c. 中胸盾片和三角片；d. 前翅

触角 9 节，触角式 1161。柄节长卵圆形，明显扁平膨大，长为最宽处的 2.2 倍；梗节长为端宽的 1.6 倍，与第 1 索节等长；第 1 索节长为宽的 1.4 倍，第 2 索节与第 1 索节相似，第 3~6 索节等宽，较短，方形；棒节 1 节，长为第 4~6 索节之和，与第 6 索节等宽，端部圆。

中胸盾片及小盾片平坦；中胸盾纵沟伸达基部 0.3 处；小盾片近棱形，末端尖，上有 36 根刚毛。前翅长为宽的 2.6 倍；亚缘脉上具 24 根刚毛；后缘脉不发育；亚缘脉、缘脉长分别为痣脉的 4.25 倍和 0.5 倍；缘脉外方及端缘的两条透明横带纤毛弱，其余部分均匀着生纤毛。足的跗节 5 节；中足胫节末端外侧 8 根刺，内侧 4 根刺；端距长为基跗节的 0.6 倍。腹部三角形，末端尖；末节背板大且呈三角形；下生殖板稍超过腹末；产卵管隐蔽。

寄主：蜜蠊卵荚。

分布：辽宁（沈阳）。

(123)丽柄副菲跳小蜂 *Paraphaenodiscus scapus* Xu，2004(图 139)

雌：体长 1.1mm。头部黄色，胸部红褐至黄褐色；下列部位为白色：下颚须、下唇须、触角柄节（“V”字形斑除外）、梗节端半部和第 2～6 索节。下列部位为黑褐色：触角柄节“V”字形斑、梗节基半部、第 1 索节、棒节、前胸背板（两侧和后缘除外）、翅基片、并胸腹节、前足胫节中部的两个环、中后足胫节末端及中部的两个环、腹部。前翅基部 2/3 黑褐色，端部 1/3 透明。

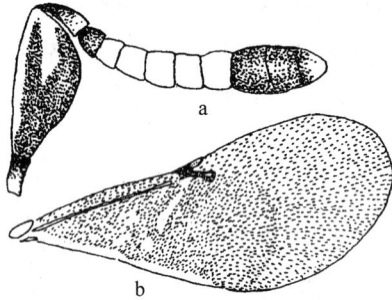

图 139　丽柄副菲跳小蜂 *Paraphaenodiscus scapus* Xu(♀)
a. 触角；b. 前翅

头部单眼呈等边三角形排列；上颚 3 齿，下颚须 4 节，下唇须 3 节。触角柄节腹面显著膨大，长为最宽处的 3 倍；梗节长为端部宽的 2.1 倍，为第 1 索节长的 2 倍；索节各亚节向端部渐短、渐宽，第 1 索节长为宽的 1.2 倍，第 6 索节长为宽的 0.7 倍；棒节 3 节，长为第 4～6 索节的长度之和，略宽于第 6 索节，末端平截。中胸盾片隆起，小盾片平坦，具有阔柄跳小蜂属 *Metaphycus* 同样的网状刻纹。前翅长为宽的 2.5 倍，亚缘脉上具 23 根毛；亚缘脉、缘脉、后缘脉分别为痣脉长的 4.4 倍、0.7 倍、0.8 倍；翅基三角区内具稀疏的粗纤毛；缘脉下方的 1

条透明无毛斜带，中间被部分纤毛隔断分成 2 段，后缘被纤毛封闭；缘脉外方均匀着生弱的纤毛。中足胫节端部具 4 根刺，端距为基跗节长的 0.73 倍，基跗节长为第 2～4 跗节长度之和。腹部卵圆形，末端尖，臀刺突着生在腹的中部，产卵管略突出。

分布：辽宁（沈阳）。

(124)短颊赛诺跳小蜂 *Xenoencyrtus brevimalarus* Xu, 2004(图 140)

雌：体长 0.83mm。体黑褐色，头部和腹部略具绿色金属光泽；中足腿节基部、后足转节和腿节基部、前足胫节端距和第 1 跗节白色。前翅透明。

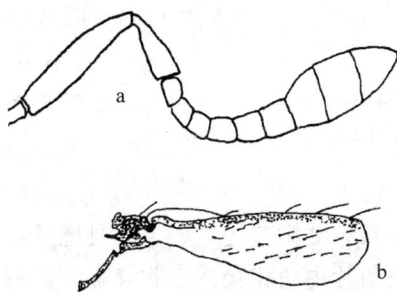

图 140　短颊赛诺跳小蜂 *Xenoencyrtus brevimalarus* Xu(♀)
a. 触角；b. 前翅

触角柄节腹面略膨大，长为最宽处的 6 倍；梗节长为端宽的 2.2 倍，为第 1 索节长的 3.3 倍；各索节向端部渐长、渐宽，第 1 索节长为宽的 1.1 倍，第 6 索节长为宽的 0.6 倍；棒节 3 节，长为第 1～6 索节之和的 0.8 倍，明显宽于第 6 索节，末端圆钝。中胸盾片具有带毛的刻点；小盾片略隆起，具 56 根毛。前翅退化，短小，长为宽的 3.5 倍，缘前脉具 4 根刚毛，翅基三角区内无毛，其余部位具稀疏的粗纤毛。中足胫节末端具 1 根刺，端距为基跗节长的 0.9 倍；基跗节为第 2～4 跗节全长的 0.7 倍。腹部三角形，末端圆钝；臀刺突接近腹的中部，产卵管略突出。

分布：辽宁（大连）。

(125)纽棉蚧跳小蜂 *Encyrtus sasakii* Ishii, 1928(图 141)

雌：体长约 2 mm，粗短。体黑色有光泽，背面密被黑色粗毛。复眼黑褐色，单眼褐色。触角柄节黄色，其余黄褐色。小盾片前半部淡黄色，上有同色毛，后半部黄褐色，上有黑色长刚毛丛。胸部侧板和并胸腹节琥珀色。翅淡烟黑色，基部透明；亚缘脉基部 3/5 处有 1 锐三角形

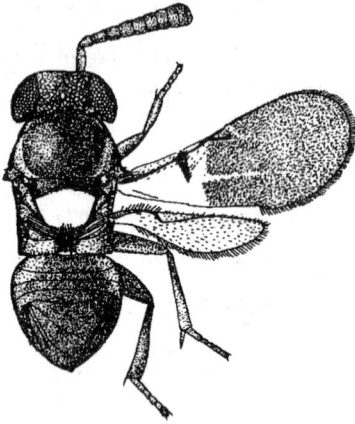

图 141 纽棉蚧跳小蜂
Encyrtus sasakii Ishii(♀)

暗斑，尖端指向翅后缘，上密生黑色粗毛；在缘脉与痣脉附近暗褐色，向翅端色渐淡，毛亦由黑而粗渐转为淡而细，近痣脉端部有1横波形透明斑；翅中部稍后方有1条纵透明带。足黄褐色；基节淡乳白色，似透明状；中足胫节端半部及跗节带黄色，端跗节褐色。

头部半球形。触角11节，触角式1163。柄节细长；梗节长为宽的1.7倍；索节6节，第1节细长，以后各节渐宽而短，第2～3节方形，第4～6各节宽大于长；棒节最宽，3节，末端几乎呈截状，长稍大于前2索节之和；自第2索节起，各节均具感觉器。前胸背板短，中胸背板宽大于长，三角片内角相接，后胸背板短。前翅亚缘脉最长，上有10根黑毛，后缘脉与痣脉等长，较缘脉长。腹部略侧扁，约与胸等长，两侧几乎平行，末端钝。

寄主：据记载寄主为纽棉蚧、日本球坚蚧、皱大球蚧、枣大球蚧、草履蚧等。

分布：辽宁、河北、河南、陕西、宁夏、湖南、江西、浙江。

注：本种别名刷盾短缘跳小蜂。

(126)沈阳点刻跳小蜂 *Discodes shenyangensis* Xu et He, 1997(图 142)

雌：体长 1.4 mm。体黄褐色，头暗褐色并具金属反光。触角第5～6索节、第1～2下颚须、第1～2下唇须白色；梗节、第1～4索节暗褐色；棒节黑色；前翅端部透明。

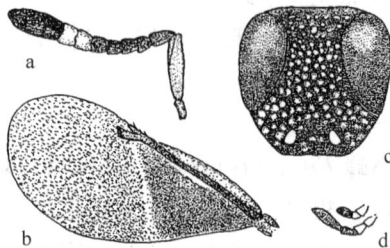

图 142 沈阳点刻跳小蜂 *Discodes shenyangensis* Xu et He(♀)
a. 触角；b. 前翅；c. 头部正面观；d. 下颚须和下唇须

触角11节，触角式1163。柄节细长，长为最宽处的5倍；梗节长为端宽的1.7倍，为第1索节长的1.5倍；第1索节长为宽的1.2倍；第2～6索节依次加宽，第6索节长为宽的0.8倍；棒节3节，略长于第4～6索节之和，比第6索节稍宽，末端钝圆。中胸盾略隆起；小盾片平坦，其上共具32根毛。前翅宽，长为宽的2.3倍；亚缘脉14根毛；亚缘脉、缘脉和后缘脉分别为痣脉长的7.2倍、1.2倍和0.8倍；翅基三角区内密生纤毛，透明斑后缘封闭，透明斑外方均匀着生纤毛。足的跗节5节，中足胫节末端有10根刺；中足胫节端距与基跗节等长。腹部卵圆形，末端圆，产卵管略突出。

雄：未采到。

分布：辽宁(沈阳)。

(127)微小玛丽跳小蜂 *Mayridia parva* Wu et Xu, 2001(图143)

雌：体长1.03 mm。体黑褐色，头部、胸部和腹部有绿色金属光泽；后足腿节和胫节两端、跗节第1～4节、中足和前足除腿节中部和第5跗节之外的部分为黄白色。前翅烟褐色。

触角11节，触角式1163。柄节腹面稍膨大，长为最宽处的4.6倍，为梗节长的2.7倍；梗节长为端宽的1.8倍，为第1索节长的1.6倍；索节6节，第1节长为宽的1.5倍，各索节几等长，向端部渐宽，末索节长为宽的0.7倍；棒节3节，长为第1～6索节之和的0.6倍，稍宽过末索节，末端渐尖。中胸盾片有刻点，小盾片平坦，底角钝圆，有网状刻纹，有16个刻点。前翅长为宽的2.6倍；亚缘脉上具9根刚毛；缘前脉上具4根刚毛；亚缘脉、缘前脉、缘脉、后缘脉长分别为痣脉的

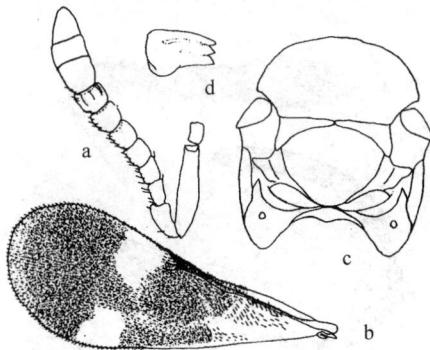

图143 微小玛丽跳小蜂 *Mayridia parva* Wu et Xu(♀)
a. 触角；b. 前翅；c. 胸部；d. 上颚
(引自吴国艳、徐志宏)

6.4倍、1.5倍、1.4倍、0.8倍；翅基三角区着生有不连续的纤毛；透明斑后缘开放，内着生白色纤毛；两条烟褐色宽带之间相连。足的跗节5节，中足胫节末端具6根刺；端距为基跗节长的0.8倍；基跗节长为第2～4跗节之和的0.9倍。腹部长卵形，末端圆钝；臀刺突着生近中部，产卵管稍露出腹末。

雄：未采到。

分布：辽宁（阜新）。

(128)轮盾蚧阿德跳小蜂 *Adelencyrtus aulacaspidis*（Bretes，1914）（图 144）

雌：体长1.1 mm。体黑色。头部及小盾片后缘具绿色金属光泽，触角褐色。足浅黄褐色；中足腿节和胫节均具1黑色环。

头背面观横宽，头顶宽约为头宽的1/4；后头缘具1对黑而稍长的毛。单眼排列近等边三角形。触角11节，触角式1163。柄节腹缘略膨大，长为宽的3.3倍；梗节长为宽的1.7倍；索节6节，第1～4节宽过于长，第5～6节几乎呈方形，并各具2～3条纵感觉器；棒节3节，稍膨大，端部稍尖，棒节全长较索节全长稍短，各节均具网状细纹和数个条形感觉器。中胸盾片上细毛较多，三角片每侧各具3～4根毛，小盾片具10根毛。前翅缘脉长约为宽的3倍，较痣脉略长；后缘脉长仅及缘脉之半。中足胫节端距与基跗节近等长。腹端尖，产卵管稍突出。

雄：与雌虫相似。主要区别为：触角仅5节，触角式1121。柄节浅黄色，其他各节褐色；索节2节，甚短小，呈环节状；棒节1节，密具短毛，极长，远远长过其他各节之和。

寄主：据记载，寄主有矢尖蚧、桑白盾蚧、蔷薇白轮盾蚧、胡颓子白轮盾蚧等。

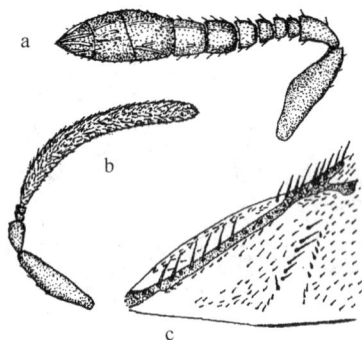

图 144　轮盾蚧阿德跳小蜂 *Adelencyrtus aulacaspidis*（Brethes）
a. 雌性触角；b. 雄性触角；c. 前翅基部

分布：辽宁（沈阳、阜新）、黑龙江（佳木斯、镜泊湖）、浙江、福建。

注：别名轮盾蚧长角跳小蜂。

(129)黑色草蛉跳小蜂 *Isodromus niger* Ashmead，1900（图145）

雌：体长 2～2.3 mm。体黑色。触角褐色；翅基片浅黄褐色。前翅透明无斑纹，翅脉褐色。前中足黄褐色，后足褐色；中后足跗节及中足胫节端距浅黄色。

触角着生位置靠近口缘，9节，触角式1161。柄节长，但不达中单眼，也不达复眼中部；梗节长为宽的 1.5～1.7 倍；索节 6节均横宽，各节向端部渐宽；棒节 1 节，稍膨大，末端呈斜切状。头顶及颜面具细网状刻点，颜面及颊并具赤黄色扁刚毛。前胸横宽，无缘脊；中胸背板宽过长 2 倍以上；小盾片约与中胸等长，长宽大致相等，末端略尖；三角片横宽，内角相接。小盾片及三角片上的网状刻纹较中胸盾片上的清晰。前翅缘脉短、呈点状，痣脉发达，后缘脉甚短。中足胫节端距略短于基跗节。腹短于胸，至多与胸等长，而窄于胸；产卵管隐蔽。

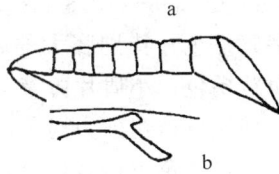

图145　黑色草蛉跳小蜂
***Isodromus niger* Ashmead**
a. 雌性触角；b. 翅脉
（引自廖定熹等）

雄：与雌大体相似。唯体较短小，颜面黄色，腹亦较短小。

寄主：草蛉；据国外记载还有益蛉、加洲草蛉、草蛉、北美草蛉及瓢虫科等。

分布：辽宁（沈阳、千山、大连、阜新）、吉林（长春、辽源）。

(130)辽宁草蛉跳小蜂 *Isodromus liaoningensis* Liao，1987（图146）

雌：体长 1.3～2 mm。体橙黄色，颜额区、颜面、足除前足跗节及中足胫节端距橙黄色外杏黄色。下列部位黑或褐黑色：后头中部一小片、前胸背板中部、中胸前缘、后胸及并胸腹节中间各一横带及腹部中央一扁圆形斑、三角片的侧缘及后缘、足腿节末端、胫节两端及中间二

图146　辽宁草蛉跳小蜂 *Isodromus liaoningensis* Liao（♀）触角
（引自廖定熹等）

环纹、跗节末端 2 节、触角下缘一纵带、梗节上侧基部中间一点、索节第 1～3 或 4 节及棒节。前翅亚缘脉近末端下面有一褐色小昙斑。

雄：形态与雌虫一致，仅个体较短小（1.4 mm 左右），各足杏黄色而非橙黄色。

寄主：据记载自草蛉茧羽化。

分布：辽宁（沈阳东陵、绥中县）。

(131)软蚧扁角跳小蜂 *Anicetus annulatus* Timberlake，1919（图 147）

雌：体长 0.78～1.18 mm。体红黄蜂蜡色，中胸盾片具淡紫色反光。复眼紫黑色；特别膨大的触角柄节腹缘、颜面及颊中 1 横带黑褐色。触角黄褐色；小盾片边缘、后胸后侧方及腹基褐至黑褐色。前翅除基部和端部无色透明外为褐色，尤以缘脉下之粗大刚毛区及褐斑边缘部分黑褐色。足浅黄色；后足胫节具 2 个褐色环，跗节第 1 节黑色。

头部额顶窄，单眼呈锐角三角形排列，OOL 约为单眼直径的 1/3，OCL 略小于单眼直径。触角着生于颜面中部的稍下方，11 节，触角式

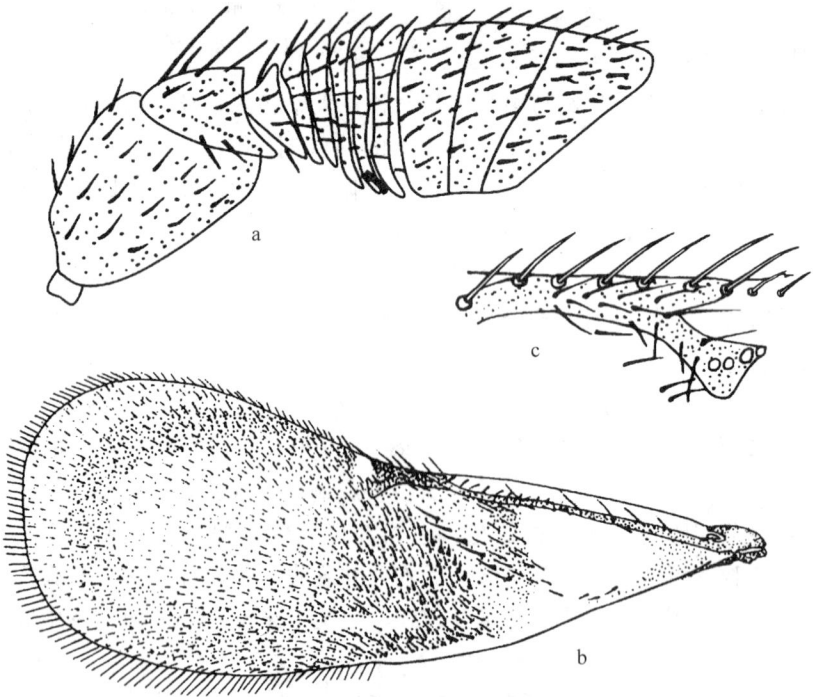

图 147　软蚧扁角跳小蜂 *Anicetus annulatus* Timberlake

a. 雌性触角；b. 前翅；c. 翅脉

（引自徐志宏、黄建）

1163，显著扁平膨大；柄节宽大而侧扁；梗节呈倒三角形；索节 6 节，短缩，各节等长，呈横条状；棒节 3 节，显著长于索节，末端斜切状。胸部中胸盾片及小盾片相当平坦；小盾片上具 10～14 根刚毛。并胸腹节每侧气门外方有细毛。前翅基部近 1/3 处具 1 列斜向的刚毛；缘脉外方均匀着生纤毛；缘脉稍短于痣脉，痣脉长于后缘脉。中足胫节端距稍短于基跗节。腹部卵圆形，末端尖；产卵器几不突出。

寄主：褐软蚧、网纹蜡蚧、正褐软蚧、橘灰软蚧、橘绿绵蚧、多角绵蚧等。

分布：据记载分布于辽宁、山东、宁夏、江苏、上海、浙江、江西、湖北、湖南、四川、福建、广东、广西、贵州。

(132)长缘刷盾跳小蜂 *Cheiloneurus claviger* Thomson，1876(图 148)

雌：体长 1.7～2 mm。体红黄色夹有褐色。前胸背板、中胸盾片前部 1/3 黑色，中胸盾片中央红黄色，后部 1/3 淡黄色；颊、后胸背板和腹部黑褐色；小盾片红黄色，其后缘灰暗。触角黑褐色，但柄节下半部白色，第 1 索节全部和第 2 索节下缘褐色，第 3～5 索节几乎全为黄白色；第 6 索节和棒节黑色，棒节端部色较浅。前足基节、前中足腿节(除上缘和下缘褐色外)、后足基节(除基部褐色外)和后足跗节(除基跗节基半部黑色外)白色；中足基节色暗；前足胫节、中足胫节基部和后足腿节黑褐色；中足胫节端部和前中足跗节褐黄至红黄色，后足胫节和基跗节基部黑色，颊、中胸盾片中部和三角片具黑色刚毛，中胸盾片后部 1/3 具银色刚毛，形成一银灰色横带，小盾片端部具 1 蔟刚毛。

头部额顶宽约等于头宽的 0.2 倍。单眼呈锐三角形排列。颊短于复眼长径，具隆起线。下颚须 4 节，下唇须 3 节。上颚犁状，无齿，具一

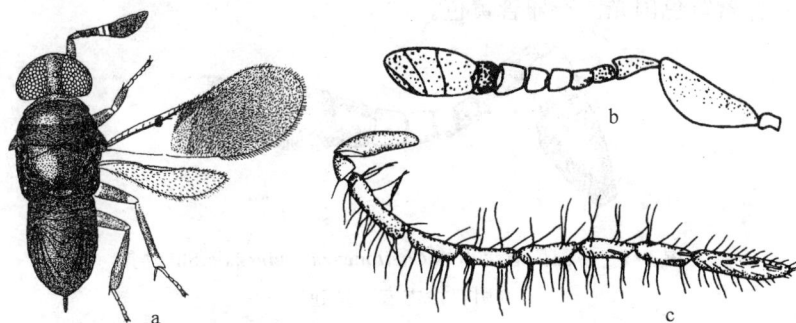

图 148　长缘刷盾跳小蜂 *Cheiloneurus claviger* Thomson(♀)

a. 雌性整体；b. 雌性触角；c. 雄性触角

（b，c. 引自徐志宏、黄建）

锐利边缘。触角着生近口缘；11 节，式 1163；柄节长约为宽的 5 倍；索节第 1~3 节长大于宽，第 4 节近方形，第 5~6 节宽约为长的 2.5 倍；棒节宽，3 节，端部稍斜截。前翅透明斑外烟褐色并向端部渐淡，在亚缘脉近端部具一横形粗刚毛群；缘脉短，长过于宽；后缘脉和痣脉约等长。腹部与胸部等长或稍长，长椭圆形，末端尖。产卵管露出约为腹长的 1/6 以上。

寄主：据徐志宏(2004)报道，寄主为花翅跳小蜂，是下列蚧虫的重寄生蜂：柑橘绿软蚧、日本蜡蚧、白蜡虫、褐软蚧、枣大球蚧、朝鲜球坚蚧、皱大球蚧、栎球蚧、角蜡蚧、竹巢粉蚧、橘缘绵蚧、橘臀纹粉蚧、长尾堆粉蚧等。

分布：据记载分布于辽宁、河北、河南、陕西、江西、湖南、四川、广西。

注：本种别名：刷盾长缘跳小蜂、锤角长缘跳小蜂、蜡蚧刷盾长缘跳小蜂。

(133) 中国刷盾跳小蜂 Cheiloneurus chinensis Shi，1993(图 149)

雌：体长约 1.75 mm。头黄红褐色，复眼黑色，单眼黄白色；触角柄节背面黄褐色，腹面色暗，端部 1/3 白色；梗节褐色；索节第 1、第 2 节褐色，第 3~5 节白色(腹面褐色)，第 6 节黑色；棒节黑色。前胸背板、中胸盾片前半部、三角片、小盾片、翅基片、并胸腹节前缘、胸部两侧和腹面黄褐色；中胸盾片后半部黑色有蓝绿色闪光；后胸背板和并胸腹节大部暗褐色。前翅除基部 1/3 透明外，余为烟褐色；翅脉褐色；后翅透明。足黄褐色，但中足腿节基部 2/3 黄白色，前足胫节、中足腿节端部 1/3、胫节外侧、后足腿节外缘和胫节色较暗；腹部黑褐色，有紫黄色闪光。产卵管黄色。

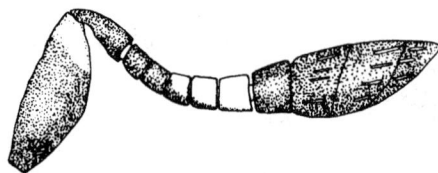

图 149　中国刷盾跳小蜂 *Cheiloneurus chinensis* Shi 触角
(引自徐志宏、黄建)

头前面观长宽约相等；额顶在中单眼处的宽度约为头宽的 1/5；单眼呈锐三角形排列。触角着生于口缘，11 节，触角式 1163；柄节腹缘扩展，长为宽的 3 倍；梗节长为端宽的 2.5 倍，明显长于第 1 索节；第

1 索节长大于宽，第 2～5 节近方形，第 6 节宽大于长；棒节 3 节，膨大，明显宽于索节，其长约与末 4 索节全长相等。胸部中胸盾片后半部有明显细小的网纹。前翅翅面除基部 1/3 外均匀生有纤毛；缘脉、痣脉、后缘脉长度之比为 15∶6.5∶4；亚缘脉上生有约 10 根刚毛。腹部与胸部等长；产卵管伸出腹末，伸出部分约为腹长的 0.17 倍。

寄主：栎绛蚧雌成虫、洋槐球蚧、白蜡虫的寄生蜂。

分布：据记载分布于辽宁（千山、大连）、湖南。

(134) 蚜虫跳小蜂 *Aphidencyrtus aphidivorus*（Mayr, 1875）

雌：体长约 1 mm 左右。体褐黑色，头胸及腹基部有蓝色反光，腹背并带紫色。触角褐色。足褐黑色，胫节末端及跗节黄色，翅无色透明或略带浅黄色。

头横宽，复眼间距与复眼横径相等，单眼呈等边三角形排列，侧单眼靠近复眼，复眼卵圆形，颊与复眼长径等长。后头脊锋利，颜面凹陷。触角靠近口缘，11 节，触角式 1163。柄节细长；梗节显著长于第 1 索节；索节各节由基向端依次膨大，第 1～3 索节小呈念珠状，其余各节显著增大，第 3、第 4 索节长略大于宽；棒节 3 节，中部膨大呈卵圆形，与第 3～6 索节长度之和等长。前翅缘脉长为宽的 2 倍，略长于痣脉，后缘脉甚短几无。小盾片略长于中胸盾片稍隆起，末端圆。中足胫节端距与第 1 跗节等长。腹短于胸，产卵器不外露。头有细微刻点，胸具网状刻纹。

寄主：麦蚜、棉蚜、桃粉蚜、豆蚜、刺槐蚜、栎蚜、椰蚜、洋麻蚜等的次寄生蜂，常以蚜茧蜂为寄主。

分布：据记载分布于黑龙江、河北、河南、山东、浙江、四川、广东。

(135) 绵蚧阔柄跳小蜂 *Metaphycus pulvinariae*（Howard, 1881）（图 150）

雌：体长 1.4 mm。头、胸部淡黄色，中胸背板与小盾片暗黄色，复眼黑色，单眼红色。触角柄节两端和背面黄色，中间黑色；梗节基半黑色，端半黄色；索节背面褐色，腹面黄色，向端部色渐淡；棒节淡黄色。并胸腹节两侧和腹部褐色。翅透明，翅脉淡黄色。足均淡黄色。

头略宽于胸，额顶约为头宽的 1/4，单眼呈锐三角形排列。触角 11 节，式 1163。柄节扁平膨大，长为宽的 2.5 倍；梗节长为宽的 2.5 倍，略宽于前 4 索节；索节 6 节，均宽于长，由基向端依次渐宽、渐长；棒节 3 节，膨大，近圆形，长约为末 3 索节之和，宽为第 6 索节的 2 倍。前翅长为最宽处的 2 倍；缘脉很短，约为痣脉的 1/3；后缘脉长

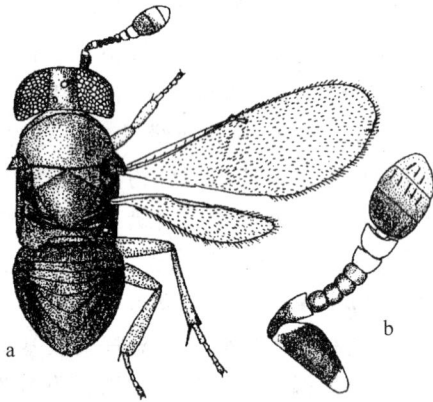

图 150 绵蚧阔柄跳小蜂 *Metaphycus pulvinariae*（Howard）（♀）

a. 雌性整体；b. 触角

（引自徐志宏、黄建）

为痣脉的 2 倍。足的跗节 5 节，中足第 1 跗节长几乎为其余 4 节之和，胫节端距长略超过第 1 跗节之半。腹部呈三角形，短于胸，末端钝，产卵管不突出。

雄：体长约 1.2 mm。额顶、前胸背板、中胸背板后半部或两侧暗黄色，后头和胸的其他部分暗褐色，腹部黑色。触角颜色亦较雌性暗些，其他特征同雌性。

寄主：据记载寄生于多种蚧壳虫。

分布：辽宁（千山）、吉林、陕西、河南、上海、江西、湖北、湖南、贵州、福建、广东、四川。

（136）纯黄阔柄跳小蜂 *Metaphycus albopleuralis*（Ashmead），1904（图 151）

雌：体长约 1.6 mm。头部（除额顶黄色外）、胸部和腹部腹面淡黄色；胸部背板（除中胸盾片前缘褐黄色外）及腹部背板深黄色。上颚深褐色。触角柄节大部分为黑色，两端淡黄色；梗节基半部、第 1～4 索节、棒节为黑褐色，梗节端半部、第 5～6 索节及端棒节的顶端为黄色。翅透明，前后翅基部各具 1 小黑点。各足大部淡黄色，第 1～4 跗节黄色，端跗节黑褐色。尾须板黑色。

头部额顶窄，中单眼处宽不及头宽的 1/3，单眼呈锐三角形排列。上颚 3 齿，下颚须 4 节，下唇须 3 节。触角着生处近于口缘，触角 11 节，式 1163。柄节腹面极度扩展，长为最宽处的 2.1 倍；梗节呈倒锥形，长为端宽的 1.8～2.0 倍，约与第 1～3 索节之和等长。各索节均横

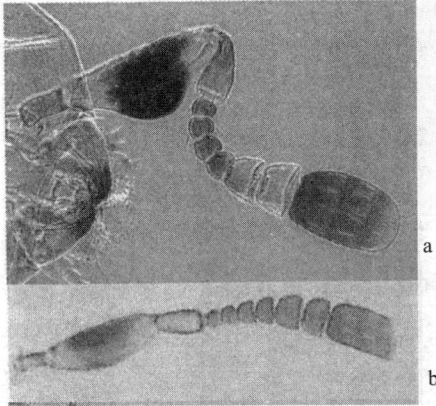

图 151 纯黄阔柄跳小蜂 *Metaphycus albopleuralis*（Ashmead）
a. 雌性触角；b. 雄性触角
（引自李成德、李珏闻）

宽，第 1～4 节呈念珠状，由基至端渐宽、渐长，无条形感觉器；第 5、第 6 节明显较前 4 节宽而长，并各具 2～4 个条形感觉器。6 个索节总长略短于柄节，约为棒节长的 1.5 倍。棒节 3 节，显著膨大，各节具数个条形感觉器，端部平截。

胸部背板具细网纹和白色细刚毛，盾纵沟仅前半段显现。前翅长为宽的 2.64 倍；缘脉短，呈点状；后缘脉极短，长宽近相等；痣脉发达。亚缘脉前缘具 14 根刚毛，前缘室正面端部具 7 根刚毛。无毛斜带在后缘 1/3 处被 2 列纤毛隔断，后缘被 1～2 列纤毛封闭。中足胫节端距为基跗节长的 0.8 倍。腹部明显短于胸部。产卵器短，长为中足胫节的 0.57 倍，末端不突出或略突出。产卵器鞘长为中足胫节端距长的 0.4 倍。

雄：体长 1.2 mm。体色与雌虫相似，但各黑色部位较雌虫稍浅；触角鞭节灰黑色，仅端棒节末端淡黄色。触角柄节腹缘不极度宽展，长约为宽的 2.57 倍；棒节 3 节，紧密相连分界不显著，长为宽的 1.6～1.8 倍，约为柄节长的 0.6 倍，端部斜截。

寄主：糖槭盔蚧、槐花球蚧。在日本寄生于日本纽绵蜡蚧 *Takahashia japonica*（Cockerell）。

分布：据记载分布于黑龙江、吉林；日本。

(137) 软蚧阔柄跳小蜂 *Metaphycus insidiosus*（Mercet），1921（图 152）

雌：体长 0.7～1.2 mm。头部赭黄色，颊上具深色斑点，后头黑色。触角柄节中央大部、梗节基部、第 1～2 索节及棒节黑褐色，其余部分为白色。触角柄节腹面极度扩展，长约为宽的 2.5 倍；第 5～6 索节明显大于其他各索节，并具线状感觉器；棒节末端略呈横截状。头部宽约为额宽的 4 倍，额长大于宽的 3 倍；颊长稍短于复眼纵径；单眼呈锐三角形排列。下颚须 3 节，下唇须 3 节。

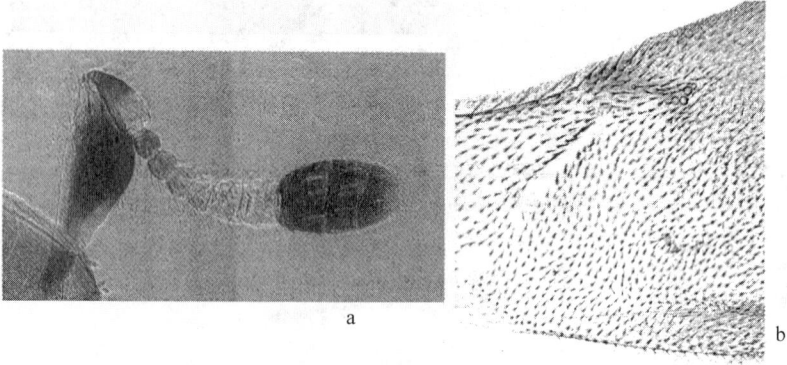

图 152　软蚧阔柄跳小蜂 *Metaphycus insidiosus*（Mercet）（♀）
a. 触角；b. 部分前翅
（引自李成德、李珏闻）

前胸背板中央浅褐色，两侧具深色斑；中胸背板黄色；并胸腹节及腹的大部浅黑色，腹中部色淡。中胸盾片宽约为长的 1.5 倍，盾纵沟不完整，仅达中胸盾片前缘 1/3。前翅宽，略显暗色，翅脉褐色。足白色，前足胫节具 1 深色环，中、后足胫节具 2 深色环。

寄主：据记载，寄生于刺五加树上的 1 种软蚧；还可寄生糖槭盔蚧和 *Parthenolecanium rufulum* Ckll。

分布：据记载分布于黑龙江省尚志。国外遍布欧洲。

(138)长索阔柄跳小蜂 *Metaphycus longifuniculus* Li，2008（图 153）
雌：体长 1.8～2.28 mm。头大部分黄褐色，仅颊的下半部及后头孔上部黑色。触角柄节背面黑褐色，腹面白色；梗节基部黑褐，端部白色；索节及棒节褐色。前胸背板的领片具黑褐色斑。中胸盾片、三角片、小盾片、胸部各侧板及腹板为红黄色；后胸背板及并胸腹节黑褐色。足黄色，各足胫节具 2 个褐至黑褐色环斑，腿节与胫节相接处、胫节末端还有 1 个小的褐色斑。腹部背板黑褐色，两侧及腹面黄色；产卵器鞘褐色。

头部额顶具明显的刻点，后头缘圆滑。上颚具 2 尖齿及 1 截齿；下颚须 4 节，下唇须 3 节。单眼呈钝三角形排列。OOL 小于单眼直径。

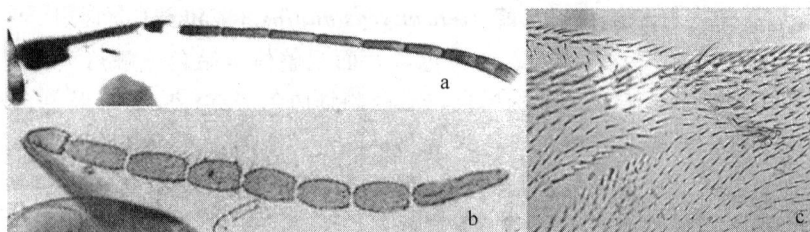

图 153　长索阔柄跳小蜂 *Metaphycus longifuniculus* Li
a. 雌性触角；b. 雄性触角；c. 部分前翅翅脉
（引自李成德、李珏闻）

眼颊距与复眼长径约等长。触角洼深，两触角窝间突出。触角着生于近口缘，11 节，式 1163；柄节细长，基半部腹面扩展，端半部柱状，长为宽的 4.3 倍；梗节长为端宽的 2.2 倍，短于各索节；6 索节均细长，粗细近相等，第 1 节长为宽的 3.75 倍，无条状感觉器，第 2、第 6 节具感觉器；棒节 3 节，略宽于索节，长等于末 2 索节之和；各棒节均长大于宽，具条状感觉器。

中胸盾片、小盾片及三角片具明显的刻点；盾纵沟仅前方一段可见；中胸盾片及小盾片均宽大于长，三角片内角相接；后胸背板两侧具横向皱纹。前翅长为宽的 2.5 倍，缘脉缺，痣脉较长，后缘脉短于痣脉。无毛斜带在近后缘 1/3 处被 3~4 列纤毛分割成两部分，后缘被 3~4 列纤毛封闭；刺毛列存在。中足胫节端距明显短于基跗节。中足基跗节腹面及第 2~4 跗节端部密生锥状刺。腹部各节具细网状刻纹；臀刺突位于腹端 1/3 处。产卵器明显长于腹部，长略大于中足胫节的 2 倍；产卵器鞘约与中足胫节等长，显著伸出腹端，伸出部分约等于腹长之半。

雄：体长 1.5~1.85 mm。体色较雌性略深。单眼三角区、后头区大部、胸及腹的背面为黑褐色，胸及腹的腹面黄褐色，中胸背板两后侧角黄色。触角柄节基部略宽于端部，但不扁平扩展；索节 6 节，均长大于宽，第 1 节最细，无感觉器；第 2 节与第 1 节近等长，但略宽；第 3~6 节近等长、等宽，长约为宽的 1.8 倍；第 2~6 索节各具 2~6 个条状感觉器。棒节分节不明显，略窄于末索节，长约为宽的 3.6 倍，为柄节长的 0.7 倍。

寄主：据李成德（2008）报道，寄主为栎栎 *Quercus alien* 树上的栎绛蚧 *Kermes* sp. 。

分布：据记载分布于辽宁普兰店。

(139)杨圆蚧阔柄跳小蜂 *Metaphycus nadius*（Walker）

雌：体长 1～1.1 mm。体黄色，背面观整体呈暗色。触角黄白色；棒节黑色、端部较浅。前胸黑色，沿两侧具白色斑点；中胸暗褐色。翅透明，唯痣脉处具浅暗色斑。腹基部暗褐色，端部黄色。中足和后足胫节具褐色环纹，中足胫节基部、后足腿节暗色。

头略宽于胸，单眼呈锐三角形排列，颊与复眼横径等长。上颚具 2 齿及 1 截齿，下颚须 2 节，下唇须 1 节。触角着生于近口缘处，颜色不一致；柄节圆柱形，中间偏上部加宽，长约为宽的 3.5 倍；第 1～3 索节几呈方形，其余索节宽大于长，第 6 索节宽略大于长；棒节膨大，长度近等于后 4 索节长度之和。盾纵沟色微暗；并胸腹节宽，腹部短于胸部。中足胫节端距略长于第 1 跗节。前翅缘脉明显，后缘脉不发达，痣脉较长。产卵器外瓣长略小于宽的 3 倍。

雄：与雌性相似。体长 0.8～0.9 mm。体黄色，背面观呈暗色。触角色一致，呈浅褐色。足白色。触角柄节较雌性为短，长近等于第 1～3 索节之和，为梗节长的 1.2 倍；棒节不分节。

寄主：杨圆蚧、梨圆盾蚧、杏球蚧等。

分布：据记载分布于黑龙江海伦。

(140)锤角突唇跳小蜂 *Coelopencyrtus claviger* Xu et He, 1999（图 154）

雌：体长 1.1 mm。体黑褐至褐色。头部具紫色金属光泽；中胸盾片具绿色金属光泽，反光弱；小盾片具黄铜色金属光泽。中足胫节端部及第 1～4 跗节均黄褐色；触角鞭节褐色。前翅透明。

头背面观宽为长的 2.5 倍，为额顶宽的 3.2 倍；单眼区呈直角三角形；POL、OCL、OOL 分别为中单眼直径的 3 倍、1 倍和 0.5 倍，中单眼与侧单眼间的距离为 POL 的 0.6 倍。头前（正）面观宽为高的 1.1 倍；两触角窝间距为触角窝直径的 1.5 倍，触角窝上缘显著位于复眼下缘水平线之下，下缘至唇基边缘的间距为触角窝直径的 1.1 倍，唇基向下呈半圆形凸出。上颚 3 齿，下颚须 4 节，下唇须 3 节。触角柄节腹面略扩展，长为最宽处的 3.3 倍。梗节长为端宽的 1.7 倍，为第 1 索节长的 3.1 倍。各索节均横宽，第 1 索节长为宽的 0.6 倍，第 1～4 索节分别小于第 5～6 索节，末索节长为宽的 0.63 倍。棒节 3 节，长为第 2～6 索节之和，显著膨大，末端圆，长为宽的 1.4 倍。

中胸盾具有带刚毛的浅刻点，小盾片强度隆起，具 36 根刚毛。前翅长为宽的 2.4 倍；缘前脉略扩展；亚缘脉上具 6 根刚毛，缘前脉上具 7 根刚毛；亚缘脉、缘前脉、缘脉和后缘脉分别为痣脉长的 3.3 倍、2.3 倍、0.7 倍和 0.7 倍。翅基三角区有纤毛，透明斜带后缘被 1 列纤

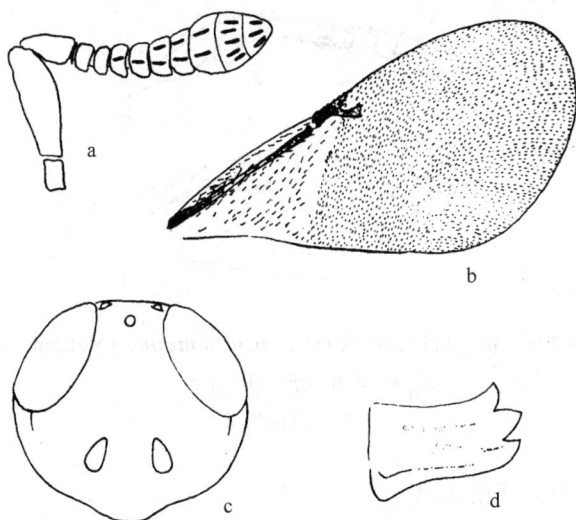

图 154 锤角突唇跳小蜂 *Coelopencyrtus claviger* Xu et He
a. 触角；b. 前翅；c. 头部正面观；d. 上颚
（引自徐志宏、何俊华）

毛封闭，透明斜带外方均匀着生纤毛。中足胫节端部具 6 根刺，其端距长为基跗节的 0.8 倍，基跗节与第 2～4 跗节之和等长。腹部短卵形，臀刺板位于腹的基部。产卵器与中足胫节等长，其全长的 1/5 伸出腹末。

寄主：据记载寄生于 1 种松毛虫卵。

分布：据记载分布于黑龙江伊春。

(141) 松毛虫卵跳小蜂 *Ooencyrtus pinicolus*（Matsumura，1925）（图 155）

雌：体长 1～1.6 mm。体深紫褐色具蓝色光泽，额具紫色光泽，颜面具绿色光泽，中胸盾片前部及小盾片后部为蓝绿色；腹部第 1 背板亮绿色，其余部分具紫铜色光泽；触角柄节黑色，梗节及第 1～4 索节暗褐色，第 5～6 索节及棒节黄褐色。

头部背面观横宽，宽为长的 2.2 倍，略宽于胸部并与腹部等宽。复眼具毛，后缘到达后头；无后头脊；额顶散生具毛刻点。触角窝至唇基间距小于触角窝横径（3∶5）。触角 11 节，触角式 1163。柄节中部以上膨大，其长为宽的 3.7～4.1 倍。胸部背面稍隆起。中胸盾片、小盾片及三角片上有细密网纹；小盾片后部的刚毛明显较长，小盾片端部浅凹。并胸腹节短。前翅缘脉极短，呈点状；后缘脉稍长过痣脉。腹部稍

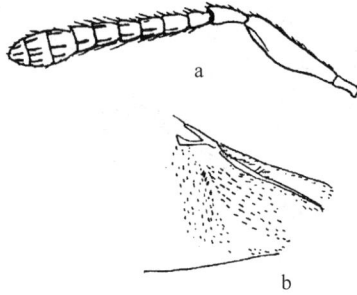

图 155 松毛虫卵跳小蜂 *Ooencyrtus pinicolus*（Matsumura）

a. 雌性触角；b. 前翅

（引自何俊华等）

短于胸部，产卵管稍露出。

寄主：据记载，寄主有落叶松毛虫、马尾松毛虫、欧洲松毛虫、杉小毛虫、芦苇枯叶蛾、毒蛾、杉绒毒蛾、古毒蛾、柳毒蛾等。

分布：辽宁（沈阳、大连）、吉林（长春）、黑龙江（伊春、佳木斯）。

(142) 天幕毛虫卵跳小蜂 *Ooencyrtus malacosomae* Liao，1987（图 156）

雌：体长 0.8～0.9 mm。体黑色，头顶、前胸及腹局部具蓝色光泽，中胸三角片及小盾片具蓝色反光并与腹同具紫色金属光泽。触角柄节黑褐色，梗节及鞭节褐色，梗节基部黑色，棒节末端浅黄色。翅无色透明，翅脉褐色，翅面纤毛淡褐色。足黄褐色，腿节及胫节中部黑褐色。

触角着生部位较低，生于口缘附近；触角 11 节，式 1163，梗节长于第 1 索节而短于第 1、第 2 索节长度之和；棒节 3 节，长于末 3 索节

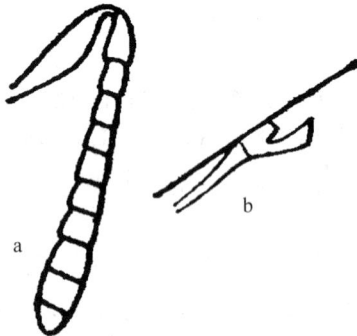

图 156 天幕毛虫卵跳小蜂 *Ooencyrtus malacosomae* Liao

a. 触角；b. 前翅翅脉

（引自廖定熹等）

长度之和。

雄：与雌性相似，唯触角着生位置较高，生于两复眼下缘的连线上；触角 10 节，索节 6 节，各索节相当长，长为各自宽度的 1.5～2 倍；索节各节大致等长；梗节短于第 1 索节。棒节 2 节，短于末 2 索节长度之和。触角鞭节表面具较长的感觉刚毛。

本种与大蛾卵跳小蜂 *Ooencyrtus kuwanae*（Howard）颇相近似，但后者的中胸背板呈暗铜色至紫色，腿节黑色，转节白色，胫节黄色有时近基部黑色，触角第 2 索节长于第 1 索节。而本种体色则不完全一致，腿节及胫节除两端外黑褐色。第 2 索节与第 1 索节等长或稍短于第 1 索节。

本种与 *Ooencyrtus masi*（Mercet）也相近似，但本种体形较小，中胸盾片光泽较强，触角索节和棒节皆黑褐色，且柄节及梗节无任何黄色。在亚缘脉上具刚毛 7～9 根（*O. masi* 具 11 根）。另外本种的头、胸及腹的颜色均为黑紫色，中胸盾片且带蓝绿金光，这些特征与 *O. masi* 均不一致，故可区别。

寄主：天幕毛虫卵，单寄生。该蜂以老熟幼虫在寄主卵内越冬，在沈阳每年 6 月上、中旬羽化出蜂；寄生很普遍而且寄生率也很高，1984～1986 年在沈阳调查卵粒寄生率分别为 18%，15.3%，15.5%。

分布：辽宁（沈阳东陵）、吉林（长春、延吉）、内蒙古。

(143)大蛾卵跳小蜂 *Ooencyrtus kuwanae*（Howard，1910）

雌：体长 0.8～0.95 mm。体黑色，中胸盾片及小盾片具青铜色略带紫色光彩；足的转节、腿节两端、中足胫节端部半截及后足胫节末端为浅黄色，各足跗节色均浅，腿节及触角暗褐色，各足色较深处棕色多于黑色。

颜面及颊呈很细的粗糙面。中胸盾片近平整、光滑、具细微而稀疏的点刻罗列于细网状刻纹之间，小盾片有光泽，具较粗糙的紧密网状刻纹。触角第 2 索节长于第 1 索节，两三角片在背部中央不相接触。

寄主：天幕毛虫卵，单寄生。常与天幕毛虫卵跳小蜂混合寄生于天幕毛虫卵内。

分布：辽宁（沈阳东陵）、吉林（延吉龙井）。

(144)扁角尼克跳小蜂 *Neocladella platicornis* Xu，2005（图 157）

雌：体长 2.06mm。体黄褐色，胸部具绿色金属光泽。前足转节、胫节和跗节，中足腿节两端，后足转节为白色；中足腿节、胫节和跗节，后足跗节第 1～4 节为黄色。翅透明。

触角柄节腹面显著膨大，长为最宽处的 1.7 倍；梗节呈三角形，长

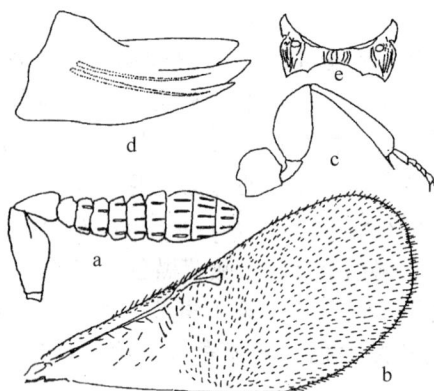

图 157 扁角尼克跳小蜂 *Neocladella platicornis* Xu(♀)

a. 触角；b. 前翅；c. 后足；d. 上颚；e. 并胸腹节

为端宽的 1.6 倍；为第 1 索节长的 2.8 倍；索节各亚节向端部渐长、渐宽，第 1 索节长为宽的 0.6 倍，第 6 索节长为宽的 0.4 倍；棒节 3 节，长与第 3~6 索节长度之和几相等，略宽于第 6 索节，末端钝圆。中胸盾片具带毛的刻点，小盾片平坦，具 14 个带毛的刻点，前胸背板为小盾片长的 0.17 倍。前翅长为宽的 2.4 倍，亚缘脉上具 9 根毛。缘前脉上具 4 根毛；亚缘脉、缘前脉、缘脉、后缘脉分别为痣脉长的 4.7 倍、1.4 倍、1.0 倍、0.3 倍；翅基三角区内裸露无毛；在三角区与无毛斜带之间生有数根强壮的黑毛。缘脉外方的纤毛弱，均匀分布。中足胫节端部具 1 根刺，胫距长为基跗节的 0.9 倍，基跗节长为第 2~4 跗节长度之和的 0.9 倍。腹部呈三角形，末端圆钝，臀刺突位于腹的基部 1/3 处，产卵管不突出。

分布：吉林（长春）。

(145)短翅思奇跳小蜂 *Schilleriella brervipterus* Xu，2005（图 158）

雌：体长 1.33mm。体黑色，触角柄节和三角片黄褐色；中胸盾片、足、腹部基部黄色。

触角柄节腹面略膨大，长为最宽处的 3 倍；梗节长为端宽的 2.1 倍，为第 1 索节的 0.7 倍；第 1 索节长为宽的 3.2 倍，其他各节向端部渐短、渐宽，第 6 索节长为宽的 0.7 倍；棒节 3 节，长为第 5~6 索节长度之和，略宽于第 6 索节，末端平截。中胸盾片和小盾片隆起；具网状刻纹，小盾片向后延伸，具很多毛。并胸腹节长，具"W"形皱纹；前翅退化，长为宽的 2.5 倍，亚缘脉上具 23 根毛，亚缘脉、缘脉和后缘脉分别为痣脉长的 4.4 倍、0.7 倍和 0.8 倍；翅基三角区内具稀疏的粗

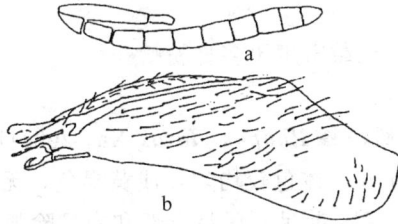

图 158　短翅思奇跳小蜂 *Schilleriella brervipterus* Xu(♀)
a. 触角；b. 前翅

纤毛，缘脉外方着生弱的纤毛。中足胫节端部具 10 根刺；端距为基跗节长的 1.1 倍；基跗节长为第 2～4 跗节的长度之和。腹部卵圆形，末端尖；臀刺突着生在腹的中部，产卵管不突出。

寄主：1 种粉蚧。

分布：辽宁(大连)。

(146) 短翅裂脖跳小蜂 *Rhopus brachypterous* Xu，2004(图 159)

雌：体长 0.9 mm。头部黄白色，胸部和腹部黑褐色，无金属光泽；触角暗褐色，各足基节浅黑褐色，其余部分浅黄白色，前翅无色。

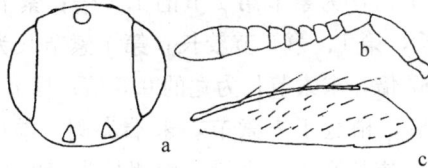

图 159　短翅裂脖跳小蜂 *Rhopus brachypterous* Xu(♀)
a. 头部正面观；b. 触角；c. 前翅

触角 10 节，触角式 1162。柄节腹面稍膨大，长为最宽处的 3 倍；梗节长为端宽的 1.7 倍，为索节第 1 节的 1.7 倍；索节各亚节向端部渐宽，第 2～5 节等长，第 1、第 6 节较长；第 1 索节长为宽的 1 倍，第 2 节长为宽的 0.7 倍，末索节长为宽的 1 倍；棒节 2 节，长为第 1～6 索节之和的 0.9 倍，稍宽于末索节；末端尖圆。前胸背板分成 2 片；中胸盾片有刻点；小盾片平坦，光滑。前翅明显退化，长为宽的 3.8 倍，仅伸达腹基部；亚缘脉粗壮，翅面疏生纤毛。足的跗节 5 节，中足胫节末端无刺；端距为基跗节长的 0.9 倍；基跗节长为第 2～4 跗节之和的 0.8 倍。腹部长卵形，末端圆钝；臀刺突着生近基部 0.4 处，产卵管不露出。

雄：未采到。

寄主：不明。据记载寄生于多种粉蚧。

分布：辽宁（阜新）。

(147) 黄色裂脐跳小蜂 *Rhopus flavus* Xu, 2004（图 160）

雌：体长 1.29 mm。体色较均匀，浅黄褐色，无金属光泽；触角暗褐色，中足腿节为白色，前足、后足全部和中足除腿节外的部分为淡黄色。前翅无色。

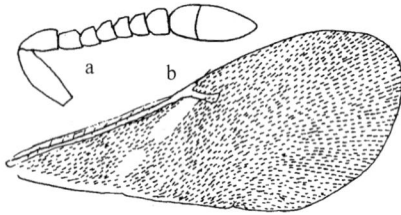

图 160　黄色裂脐跳小蜂 *Rhopus flavus* Xu(♀)
a. 触角；b. 前翅

触角 10 节，触角式 1162。柄节腹面稍膨大，长为最宽处的 3.1 倍；梗节长为端宽的 1.7 倍，为索节第 1 节的 1.7 倍；索节各亚节向端部渐宽，第 2～5 节等长，第 1、第 6 节较长；第 1 索节长为宽的 1.2 倍，第 2 索节长为宽的 0.87 倍，末索节长为宽的 0.8 倍；棒节 2 节，长为第 1～6 索节之和的 0.9 倍，稍宽于末索节，末端尖圆。前胸背板分成 2 片；中胸盾片有刻点；小盾片平坦、光滑。前翅长为宽的 2.7 倍；亚缘脉上具 14 根刚毛；缘前脉上具 5 根刚毛；亚缘脉、缘前脉、缘脉、后缘脉长分别为痣脉的 8.7 倍、0.7 倍、0.5 倍、0.7 倍；翅基三角区密生纤毛；无毛斜带被分成两部分，后缘被 1 列毛封闭。中足胫节末端无刺；端距长为基跗节的 0.9 倍；基跗节长为第 2～4 跗节之和的 0.8 倍。腹部长卵圆形，末端圆钝；臀刺突着生近腹基部 0.25 处，产卵管不露出。

雄：未采到。

寄主：不明。据记载寄生于多种粉蚧。

分布：辽宁（大连）。

(148) 长尾塞克跳小蜂 *Sakencyrtus longicaudus* Xu, 2004（图 161）

雌：体长 1.93 mm。体黄褐色，无金属光泽。头部、触角索节和棒节黑色；触角柄节基部白色。前翅无色。

触角 11 节，触角式 1163，索节和棒节密生短毛。柄节细长，腹面不明显膨大，长为最宽处的 5.6 倍；梗节长为端宽的 1.5 倍，为第 1 索

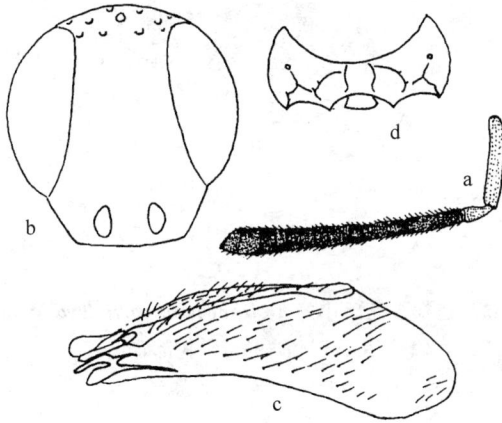

图 161　长尾塞克跳小蜂 *Sakencyrtus longicaudus* Xu(♀)
a. 触角；b. 头部正面观；c. 前翅；d. 并胸腹节

节长的 0.8 倍；索节 6 节，各索节等长，向端部依次加宽，各索节宽度之比为：10：12：14：15：16：17，第 1 索节长为宽的 1.7 倍，末索节长为宽的 1.3 倍；棒节 3 节，长为第 1～6 索节之和的 0.4 倍，与末索节几乎等宽，末端稍斜切。胸部前胸背板短于中胸盾片，其中央的长度为中胸盾片长的 0.2 倍左右；中胸盾片隆起，有具毛的刻点；小盾片平坦，均匀分布白色刚毛，长度为中胸盾片的 0.8 倍；并胸腹节长是小盾片的 0.65 倍。前翅退化，小而狭窄，长为宽的 2.8 倍，仅达腹部第 3 节；只有亚缘脉，粗大发达，上具 14 根刚毛，痣脉退化；翅面着生稀疏的长粗毛，顶角附近无刚毛。中足胫节末端具 14 根小刺；端距很发达，长达基跗节的 1.3 倍；各跗节内侧多刺；基跗节长不及第 2～4 跗节之和；第 1～4 跗节长度之比为：40：20：15：12。腹部长卵圆形，末端圆钝；臀刺突着生近腹端；下生殖板发达，明显长过腹末；产卵管向上弯曲，露出腹末。

雄：未采到。

分布：黑龙江(镜泊湖)。

(149)短棒多丽跳小蜂 *Doliphoceras corticlava* Wu，2001(图 162)

雌：体长 1.85 mm。体黑褐色，无金属光泽。触角柄节和索节、后足腿节中部为黄褐色；触角柄节端部、梗节端部、前足除跗节之外的部分、中足腿节、胫节、跗节 1～3 节、后足转节和腿节的两端、胫节、跗节为黄白色。前翅无色透明。

触角 11 节，触角式 1163。柄节腹面稍显膨大，长为最宽处的 3.7

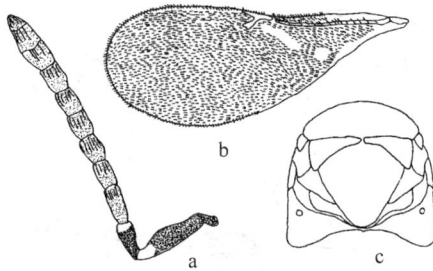

图 162　短棒多丽跳小蜂 *Doliphoceras corticlava* Wu(♀)
a. 触角；b. 前翅；c. 胸部背面观
（引自吴国艳、徐志宏）

倍，梗节长为端宽的 2.2 倍，为第 1 索节长的 1.1 倍；索节 6 节，各索节向端部加宽不明显，第 1 索节较长，长为宽的 2.3 倍，其余几节近等长，末索节长为宽的 1.4 倍；棒节 3 节，长为第 1~6 索节全长的 0.4 倍，与末索节等宽，第 1 节分节明显，末端钝圆。

前胸背板最窄处不窄于头宽的 1/2，中胸盾片有刻点，小盾片有浅的网状刻纹，与头部的刻纹相似。前翅长为宽的 2.5 倍；亚缘脉上具 14 根刚毛；缘前脉上具 6 根刚毛；亚缘脉、缘前脉、缘脉、后缘脉长分别为痣脉的 5.3 倍、1.2 倍、0.9 倍、0.5 倍；翅基三角区密生纤毛；无毛斜带被 3 列纤毛分为两段；且后缘闭合，外方均匀着生纤毛。足的跗节 5 节，中足胫节末端具 7 根刺；端距长为基跗节的 0.9 倍；基跗节长为第 2~4 跗节之和的 0.7 倍。腹部呈三角形，末端圆钝；臀刺突着生近端部；产卵器长为中足胫节的 2.08 倍，产卵管 1/5 露出腹末。

雄：未采到。

寄主：据记载为同翅目粉蚧类害虫。

分布：辽宁（阜新）。

(150) 缢盾伊丽跳小蜂 *Ericydnus scutellus* Xu，2000（图 163）

雌：体长 1.4 mm。体黄褐色，下颚须第 1~3 节、下唇须、触角柄节基部的环为白色；头部、触角梗节及鞭节、前胸背板中央、中胸侧板、并胸腹节气门两侧、腹端部 0.5 处、各足末跗节为黑褐色；前翅具烟褐色带。

触角 11 节，触角式 1163。柄节细长，长为最宽处的 6 倍；梗节长为端宽 2.1 倍，与第 1 索节等长；索节 6 节，第 1 节长为宽的 2 倍，各索节等长，向端部渐宽，末索节长为宽的 1.3 倍；棒节 3 节，长等于第 5~6 索节加第 4 索节的端半之和，与末索节等宽，末端稍斜切。前胸

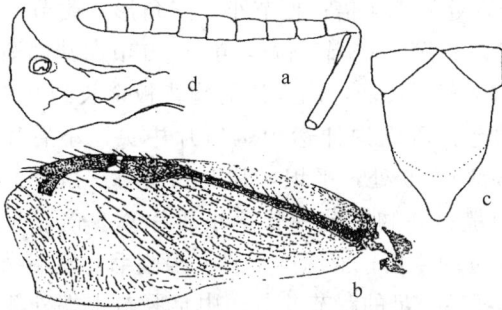

图 163　缢盾伊丽跳小蜂 *Ericydnus scutellus* Xu(♀)
a. 触角；b. 前翅；c. 小盾片及三角片；d. 并胸腹片

背板后缘凹入。中胸盾片前缘具盾纵沟的痕迹，小盾片平坦，末端有较强烈的膜质扩展，背面观近端有近舌状的缢缩，并胸腹节有横脊。前翅退化、短缩，长为宽的 2.8 倍；缘前脉稍发达，亚缘脉上具 17 根刚毛，缘前脉上具 2 行共 14 根刚毛；亚缘脉、缘前脉、缘脉、后缘脉长分别为痣脉的 7.7 倍、3.2 倍、3.0 倍、0.5 倍；翅基三角区内密生纤毛；透明斑以 2 列毛将后缘关闭，透明斑外方均匀着生纤毛。中足胫节末端有 15 个刺。端距长为基跗节的 1.2 倍，基跗节长等于第 2～4 跗节之和。腹部卵圆形，臀刺突着生于近端部的 0.25 处，产卵管稍露出腹末。

雄：未采到。

寄主：据记载寄主于各种粉蚧。

分布：辽宁（大连）、吉林（辽源）。

(151) 宽额奇异跳小蜂 *Mira latifronta* Xu，2000(图 164)

雌：体长 1.8 mm。体红褐至黑褐色，有红铜色及弱绿色金属光泽。各足浅黄褐色。前翅翅端具烟褐色。

触角 11 节，鞭节分化不明显，无明显的索节和棒节之分；柄节强烈扁平膨大，末端具

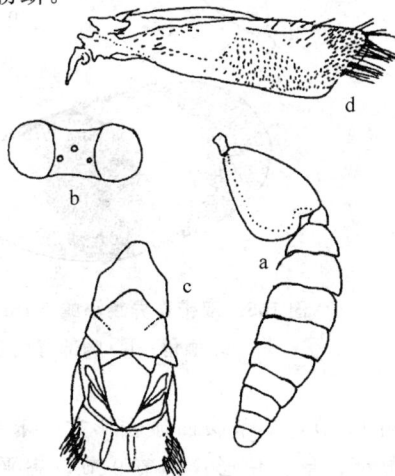

图 164　宽额奇异跳小蜂 *Mira latifronta* Xu(♀)
a. 触角；b. 头部背面观；c. 胸部背面观；d. 前翅

1 缺刻，长为最宽处的 1.4 倍；梗节小，三角形；鞭节 9 节，强烈扁平膨大，呈长纺锤形；第 1～3 节渐宽，第 4～9 节向端部渐窄、渐短，末节端部钝圆。前胸背板浅凹，凹入达前胸背板全长的 0.4，中胸盾片平坦，具浓密的白毛；盾纵沟伸达中胸盾片中央；小盾片长为宽的 1.3 倍，最宽处在基部 0.25 处，平坦，其上刻纹与三角片上的相同，但比中胸盾片上的粗糙；并胸腹节中长达小盾片 0.5 倍。前翅短，高度退化，狭窄，长为宽的 4 倍；亚缘脉上具 9 根刚毛；翅端缘毛长过翅宽的 0.5 倍；翅面具纤毛。足的跗节 5 节；中足胫节末端外侧 6 根刺，内侧 4 根刺；端距长为基跗节的 0.7 倍。腹部背面观长卵形，侧扁；下生殖板达到腹末；产卵管隐蔽。

雄：未采到。

寄主：据记载本属跳小蜂的寄主为介壳虫。

分布：辽宁（大连）、黑龙江（镜泊湖）。

(152) 双带奇异跳小蜂 *Mira bifasciata* Xu，2000（图 165）

雌：体长 1.8 mm。体红褐至黑褐色，有紫色及弱绿色金属光泽。各足除基节及末跗节外浅黄至黄褐色。前翅中部和端部具两条烟褐色横带。

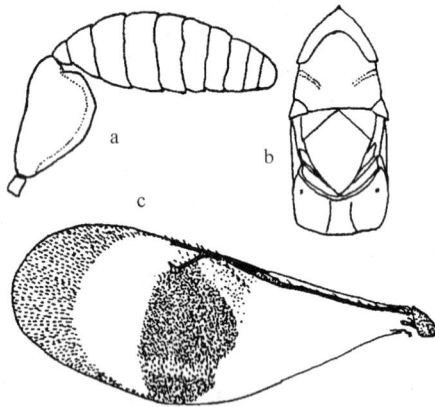

图 165 双带奇异跳小蜂 *Mira bifasciata* Xu(♀)

a. 触角；b. 胸部背面观；c. 前翅

触角 11 节，柄节腹面显著膨大，末端具 1 缺刻，长为最宽处的 1.6 倍；梗节小，呈三角形；鞭节 9 节，扁平膨大呈纺锤形，无明显的索节和棒节之分；第 1～3 鞭节渐宽并较长，第 4 至末节渐窄、渐短，末节最短小，端部圆钝。前胸背板深凹，凹入达前胸背板全长的 0.6，中胸

盾片平坦,具浓密的白毛;盾纵沟伸达中胸盾片后部;小盾片长为宽的
1.1倍,最宽处在基部1/3,平坦,其上刻纹与三角片上的相同,但比
中胸盾片上的粗糙;并胸腹节中长达小盾片0.5倍。前翅正常发育,长
为宽的2.9倍;亚缘脉上具8根毛,缘前脉上6根毛;亚缘脉、缘前
脉、缘脉、后缘脉长分别为痣脉的2.8倍、1.6倍、0.7倍、1.0倍;
翅面在烟褐色横带处具纤毛;翅的外缘缘毛极短。中足胫节末端具9根
刺;端距长为基跗节的6.2倍。腹部背面观长卵形,侧扁;下生殖板达
到腹末;产卵管隐蔽。

雄: 未采到。

寄主: 据记载,本属跳小蜂均为林木介壳虫的寄生蜂。

分布: 辽宁(阜新)。

(153)长梗四突跳小蜂 *Tetracnemus longipedicellus* Xu, 2000(图 166)

雌: 体长1.6 mm(不含产卵管)。体暗红褐色;胸部稍具红铜色金
属光泽,腹部具紫色金属光泽;下列部位黄褐色:下颚须及下唇须、前
足腿节及胫节、中足胫节、后足胫节近基部、各足基节大部、跗节第
1~4节。前翅末端烟褐色。

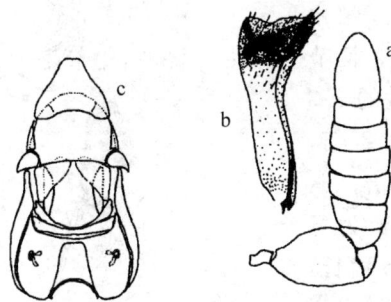

图 166　长梗四突跳小蜂 *Tetracnemus longipedicellus* Xu(♀)
a. 触角;b. 前翅;c. 胸部背面观

　　头部前口式,上颚2尖齿,下颚须4节,下唇须3节。触角9节,
触角式1161;柄节腹缘显著膨大,末端具1缺刻,长为最宽处的1.7
倍;梗节小,长为端宽的1.4倍,为第1索节长的1.4倍;索节6节,
强烈扁平膨大,第1节最短,长为宽的0.5倍,第1~3节向端部渐宽,
第4~6节向端部渐窄,末索节长为宽的0.5倍,索节第1~6节等长;
棒节1节,稍窄于末索节,长等于第5~6索节加上第4索节的0.5倍
之和,末端钝圆。前胸背板圆锥形,后缘强烈凹入;中胸盾片前缘稍具
盾纵沟痕迹;小盾片隆起,侧缘平行,具6根刚毛,近端部突然收敛。

前翅高度退化，短缩，前缘中央凹入；长为宽的 2.8 倍，外缘平切。足的跗节 5 节；中足胫节末端 6 根刺；端距长为基跗节的 0.7 倍，基跗节长等于其余 4 跗节之和。腹部卵形，末端尖，臀刺突着生于腹部中央；末节背板大，呈三角形；下生殖板伸达腹末；产卵管全长的 1/3 露出腹末。

雄：未采到。

寄主：据记载，本属小蜂的寄主为粉蚧科害虫。

分布：辽宁（大连）。

(154) 长尾丽突跳小蜂 *Leptomastidea longicauda* Xu，2000（图 167）

雌：体长 1.0 mm。体污白色。下列部位烟褐色：触角柄节背缘、梗节基部 0.4、索节第 1～2 节、第 3 节（稍具）、棒节、翅基片、各足（稍具，前、中足基节除外）；下列部位橘红色：胸部、前中足基节。前翅缘脉下方及亚缘脉中部下方各具 1 条烟褐色横带。

复眼具毛。触角窝上缘在复眼下缘连线上；上颚 2 齿；下颚须 3 节；下唇须 2 节，末端尖。触角 11 节，触角式 1163。柄节腹面稍膨大，长为宽的 3.3 倍；梗节长为宽的 2 倍，为第 1 索节的 1.1 倍；索节 6 节，第 1 索节长为宽的 2.2 倍；第 4 索节稍长，第 2、第 3、第 5、第 6 索节等长等宽，短于梗节，末索节稍宽；棒节 3 节，明显长过第 5～6 索节之和，稍宽过末索节，末端圆钝。中胸盾片及小盾片

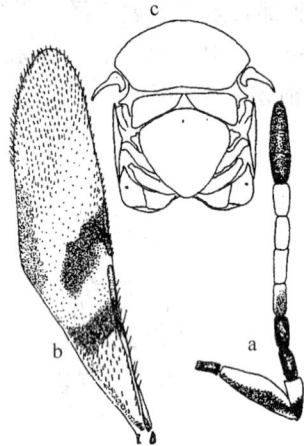

图 167 长尾丽突跳小蜂
Leptomastidea longicauda Xu(♀)
a. 触角；b. 前翅；c. 胸部背面观

隆起，具黑毛；小盾片上有 22 根刚毛，三角片不相接。前翅狭长，长为宽的 4.5 倍；亚缘脉上具 15 根刚毛；亚缘脉、缘脉、后缘脉长分别为痣脉的 7.3、0.86、1.43 倍；翅基三角区具众多刚毛；三角区外侧有一"U"形弱毛区；其余部分均匀着生纤毛。中足胫节末端有 4 根刺；端距长为基跗节的 0.85 倍。腹部呈三角形，末端尖；臀刺突着生紧靠腹基部。

寄主： 据记载，本属小蜂为粉蚧科害虫寄生蜂。

分布： 辽宁（阜新）。

(155)五斑敌若跳小蜂 *Dinocarsiella quinqueguttata* Xu，2000(图 168)

雌： 体长 1.8 mm。体黑色。下列部位白色：触角梗节端部 0.25、单眼区两侧的纵条经颜面伸达触角窝两侧、复眼后方的横带经复眼下方伸达触角窝下方、下颚须、下唇须、中胸盾片中央的纵条、中足基跗节。前、后足基跗节黄褐色。前翅具 5 条无色带，间隔 4 条烟褐色横带，外缘透明，后缘具 1 纵带，翅斑类型特殊。

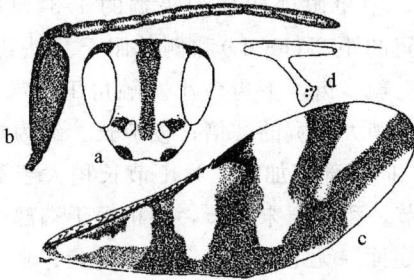

图 168　五斑敌若跳小蜂 *Dinocarsiella quinqueguttata* Xu(♀)

a. 头部；b. 触角；c. 前翅；d. 翅脉

触角 11 节，触角式 1163。柄节明显扁平膨大，长为最宽处的 3 倍；梗节长为端宽的 2 倍，为第 1 索节长的 0.8 倍；索节 6 节，第 1 节长为宽的 3 倍，第 1～4 节等长，第 5～6 节长为第 1 节的 0.9 倍，稍窄，第 6 节长为宽的 2.1 倍；棒节 3 节，长为第 5～6 索节之和，稍宽过第 6 索节。前胸背板后缘凹入，中央长度为侧缘长度的 0.5 倍；中胸盾片短，后缘内凹；小盾片平坦，其上有 62 根刚毛。前翅长为宽的 3 倍，稍超过腹末；亚缘脉上具 32 根刚毛。缘前脉发达；亚缘脉、缘前脉、缘脉、后缘脉长分别为痣脉的 4.3 倍、2.1 倍、0.75 倍、1.0 倍；5 条无色带内纤毛弱，其余部分均匀着生纤毛。后翅翅基三角区前缘及后缘稍具烟色。中足胫节末端外侧 12 根刺，内侧 5 根刺；端距长为基跗节的 0.6 倍。腹部心脏形，末端尖；末节背板呈三角形；臀刺突近腹末；产卵管稍露出腹末。

雄： 未采到。

寄主： 粉蚧科。

分布： 辽宁（阜新）、天津。

(156) 亚白足长索跳小蜂 *Anagyrus subalbipes* Ishii, 1928

雌：体长 2 mm。头部、前胸背板、中胸背板和侧板浅褐橙黄色，在触角窝、后头和颊的后部之间黑褐色。上颚浅黄色，顶端暗褐色。触角柄节黑色，在基部和端部有浅白色带；梗节黑色，端部 1/2 浅白色；第 1 索节黑色，其余索节和棒节白色。后胸侧板、并胸腹节和腹部浅黑褐色。并胸腹节两侧橙黄色。翅基片除端部 1/2 青褐色外浅白色，翅透明。足浅白色，所有跗节浅黄色；前足基节、腿节外缘和后足胫节的外缘青褐色。

头宽略大于高；中单眼处额顶为头宽的 1/3。单眼呈钝三角形排列，侧单眼至复眼间的距离（OOL）和侧单眼至后头缘的距离（OCL）均略小于单眼直径。上颚 2 齿，下齿较小。触角 11 节，触角式 1163。柄节腹面显著膨大，长稍大于宽的 2 倍；梗节长，约为端宽的 3 倍；索节 6 节，均长大于宽，向端部稍加宽，第 1 节长稍大于宽的 2 倍，并明显短于梗节；棒节 3 节，稍宽于末索节，并稍短于端部 3 索节之和。前翅长为宽的 2.4 倍，翅面除无毛斜带外，纤毛均匀；亚缘脉、缘脉、痣脉和后缘脉比例约为 38：4：7：2；亚缘脉有 28 根毛，中足胫节端部有 12 根刺。

寄主：据记载寄主为嗜橘粉蚧、康氏粉蚧、藜臀纹粉蚧等。

分布：辽宁、河北、山东、陕西、湖北、湖南、浙江、四川、台湾、福建、广东、香港、广西、贵州、云南。

注：本种别名康氏粉蚧长索跳小蜂。

(157) 粉蚧长索跳小蜂 *Anagyrus pseudococci* (Girault, 1915)（图 169）

雌：体长约 2 mm。头部，前、中胸背板和中胸侧板红黄褐色；后胸侧板、并胸腹节和腹部黑褐色；并胸腹节两侧红黄色。触角窝间、后头和颊后部黑褐色；上颚黄色，端部暗褐色。触角柄节基部和端部有白色横带；梗节黑色，端半部白色；第 1 索节黑色，其余索节和棒节白色。翅基片基部白色，端半部淡褐色。翅透明，翅脉淡褐色。足白色，跗节全为黄色，端部褐色；前足

图 169 粉蚧长索跳小蜂 *Anagyrus pseudococci* (Girault) 触角
（引自徐志宏、黄建）

基节和腿节外缘、后足胫节外缘淡褐色。体毛白色。

头部、前中胸背板、中胸侧板和腹部具网状纹。额顶为头宽的1/3；单眼呈钝三角形排列，OOL 和 OCL 稍短于侧单眼的直径。上颚 2 齿，下齿较小。下颚须 4 节，下唇须 3 节。复眼大，背面具微毛。触角 11 节，触角式 1163；柄节强烈扩大，宽而扁，长稍大于宽的 2 倍；梗节长，长约为端宽的 3 倍；各索节均长大于宽，第 1 节长稍大于宽的 2 倍，短于梗节；棒节 3 节，稍宽于第 6 索，略短于后 3 索节长度之和。

胸部背面观长稍大于宽，密被白色绒毛。前胸背板后缘有 1 列暗色刚毛。中胸盾片上具较粗的暗色刚毛，三角片内角相互接触，小盾片上分布有暗色刚毛。前翅长约为宽的 2.5 倍，翅面被细毛；缘脉短，后缘脉几乎不发育，痣脉长于缘脉；亚缘脉、缘脉、痣脉和后缘脉长度之比为 38：4：7：2；亚缘脉上约有 28 根刚毛。中足胫节端部有刺 12 根。

寄主：堆蜡粉蚧、橘小粉蚧等。

分布：据记载分布于辽宁、河北、山东、陕西、四川、云南、贵州、广西、广东、湖南、湖北、福建、台湾。

(158)巴库小雅跳小蜂 *Baeocharis pascuorum* Mayr，1876(图 170)

雌：体长 1.44 mm。体黑褐色，头部有较弱的绿色金属光泽；触角柄节及足黄褐色，中后足腿节、胫节有深浅相间的黄褐色条带。

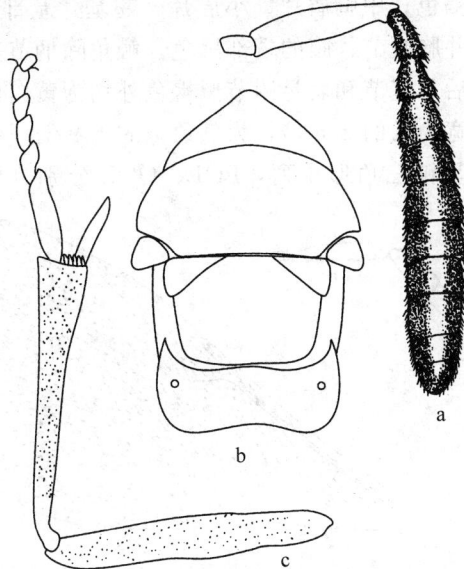

图 170　巴库小雅跳小蜂 *Baeocharis pascuorum* Mayr

a. 触角；b. 中胸背板；c. 中足

（引自徐志宏、黄建）

头背面观为中单眼处额顶宽的 4.5 倍；额顶有稀疏刻点；单眼呈锐角三角形排列，POL 和 OOL 分别为中单眼直径的 4 倍和 1.8 倍，中单眼与侧单眼间距为 POL 的 0.9 倍。头前面观宽为高的 1.2 倍；颊长约为复眼纵径的 0.3 倍；触角窝间距为其长径的 1.3 倍。上颚 2 齿；下颚须 4 节；下唇须 3 节，末端尖。触角着生于两复眼下缘连线以上，11节，触角式 1163；柄节腹面稍膨大，长为最宽处的 4.9 倍；梗节长为端宽的 1.6 倍，为第 1 索节长的 1.2 倍；第 1 索节长宽相等，第 4 索节最宽，第 5～6 节又渐窄，末索节长为宽的 0.7 倍；棒节 3 节，长为索节全长的 0.4 倍，稍宽于末索节，末端圆钝。

中胸盾片有刻点；小盾片平坦，具鳞片状的刻纹及 18 个具毛刻点。两三角片内角不相接触。前翅完全退化。中足胫节末端具 5 根刺；其端距长为基跗节的 0.7 倍；基跗节长为第 2～4 跗节之和的 0.9 倍。腹部呈三角形，末端较尖；臀刺突着生近中部，产卵管为中足胫节长的 1.43 倍，末端不外露。

寄主：未知。

分布：辽宁（阜新）。

(159) 黑角赛巴跳小蜂 Ceballosia nigricornis Xu, 2004 (图 171)

雌：体长 1.08 mm。体黄色夹杂黑褐或黑色；头部、前胸背板、翅基片端部 1/2 黑褐色；中胸盾片、小盾片、翅基片基部 1/2、腹基部黄色；中胸侧板、并胸腹节、腹的端部黑色；触角除柄节基部黄白色外为黑褐色；各足除后足基节和后足跗节黑褐色外均为黄白色；翅透明。

头部背面观宽为长的 2.5 倍，为额顶宽的 1.9 倍；额顶有鳞纹；后头缘圆钝；单眼呈钝三角形排列，POL、OOL 分别为中单眼直径的 3

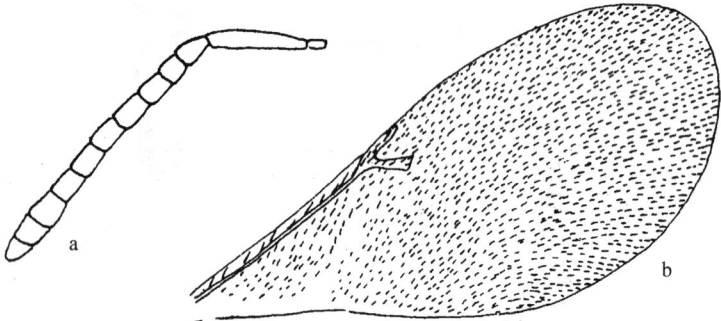

图 171 黑角赛巴跳小蜂 Ceballosia nigricornis Xu (♀)

a. 触角；b. 前翅

（引自徐志宏、林祥海）

倍和 1 倍，中、侧单眼间距为 POL 的 0.6 倍。头前面观宽为高的 1.2 倍；颊长为复眼纵径的 0.5 倍。触角着生在两复眼下缘连线之上，触角窝间距为其长径的 1.2 倍，触角窝至唇基间距为其长径的 0.64 倍。上颚具 3 齿；下颚须 4 节，末端斜截，具长刚毛；下唇须 3 节。触角 11 节，式 1163；柄节细长，长为最宽处的 5 倍；梗节长为端宽的 1.7 倍，为第 1 索节长的 1.2 倍；第 1 索节最短，长为宽的 1.2 倍，第 2～6 节长均为宽的 1.7 倍，为第 1 节的 1.2 倍；棒节 3 节，长为第 4～6 索节之和，与第 6 索节等宽，末端圆。

中胸盾片上的盾纵沟伸达中胸盾片基部 1/3 处；中胸盾片、三角片、小盾片均平坦并有鳞纹；小盾片大，覆盖并向后延伸过并胸腹节中央；中胸侧板不达腹基部，其上光滑，并胸腹节略有刻纹。前翅长为宽的 2.3 倍；亚缘脉上具 12 根刚毛；缘脉短，呈点状；后缘脉芽状；亚缘脉长为痣脉的 5 倍；无毛斜带基部 1/3 间断，后缘关闭。中足胫节端部有 6 根刺；距长为基跗节的 0.9 倍，基跗节长超过第 2～3 跗节之和。

腹部卵圆形；臂刺突生在腹中部 1/2 处；产卵管长为中足胫节长的 0.93 倍，产卵器鞘稍露出腹末。

雄：未采到。

寄主：不详。

分布：辽宁（沈阳）

(160) 短翅抑蚧跳小蜂 Echthroplexiella brachyptera Xu, 2004（图 172）

雌：体长 1.8 mm。体黑褐色，无金属光泽。中足和后足的腿节基部、转节、第 1～4 跗节、中足胫节端部白色。

头部背面观宽为长的 2.6 倍，额顶有稀疏刻点；单眼呈锐三角形排列，POL、OCL、OOL 分别为中单眼直径的 2 倍、2.1 倍、0.3 倍；中与侧单眼间距为 POL 的 1.1 倍。头前面观宽为高的 1.2 倍；颊长约为

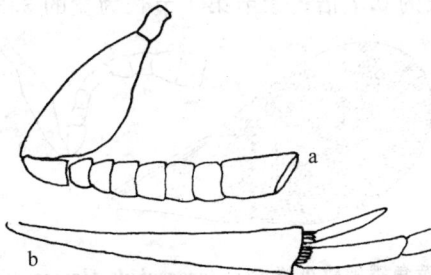

图 172　短翅抑蚧跳小蜂 Echthroplexiella brachyptera Xu（♀）

a. 触角；b. 中足

（引自徐志宏、林祥海）

复眼纵径的 0.3 倍；触角着生在两复眼下缘连线水平之下，触角窝间距为其长径的 1 倍；触角窝与唇基间距为其长径的 0.3 倍。上颚 2 齿；下颚须 4 节，末端尖；下唇须 3 节，末端平。触角短，9 节，式 1161；柄节腹面明显膨大，长为最宽处的 2.7 倍；梗节长为端宽的 1.7 倍，为第 1 索节长的 2.1 倍；各索节横宽，等长，向端部渐宽，第 1 索节长为宽的 0.7 倍，末索节长为宽的 0.8 倍；棒节 1 节，长为第 1～6 索节全长的 0.5 倍，与末索节等宽，末端斜切状。胸部中胸盾片有刻点，具盾纵沟；小盾片微隆起，具纵向网状纹，无刚毛。前翅退化，呈翅芽状，长为宽的 1.6 倍，为中足胫节长的 0.31 倍。中足胫节末端具 7 根刺，端距与基跗节等长；基跗节与第 2～4 索节之和等长。腹部长为胸部的 1.4 倍；产卵管略短于腹部，长为中足胫节的 1.59 倍，末端稍外露。

雄： 未采到。

寄主： 绒蚧。

分布： 辽宁（阜新）。

(161) 黄角秀柯跳小蜂 *Pseudococcobius flavicornis* Xu, 2004（图 173）

雌： 体长 1.2 mm。体大部分黑褐色，但下颚须、下唇须、触角梗节末端、翅基片基半部白色；触角支角突、柄节端部、索节和棒节、胸部除前胸背板、前足和中足除末跗节、后足腿节大部、胫节近基部为浅黄褐色。翅透明，翅脉黄褐色。

头部背面观宽为长的 2.5 倍，为中单眼处额顶宽的 2.2 倍；单眼区呈锐三角形；POL、OOL、OCL 分别为中单眼直径的 2.3 倍、1 倍、1 倍，后头缘锋锐；中单眼和侧单眼间距与中单眼直径相等。头前面观宽为高的 1.1 倍；颊长约为复眼纵径的 0.56 倍。上颚 3 尖齿；下颚须 4 节；下唇须 3 节，末端尖。触角明显着生在两复眼下缘连线以下，触角式 1163；柄节腹面稍膨大，长为最宽处的 3 倍；梗节长为端宽的 2.1 倍，为第 1 索节长的 0.7 倍；索节第 1 节长为宽的 3.2 倍，其余各索节

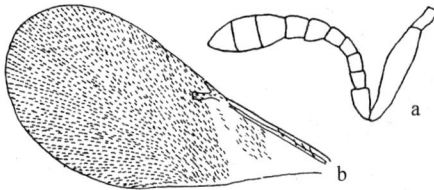

图 173 黄角秀柯跳小蜂 *Pseudococcobius flavicornis* Xu（♀）

a. 触角；b. 前翅

（引自徐志宏、林祥海）

向端部依次渐短渐宽，第 6 索节长为宽的 0.7 倍；棒节 3 节，长纺锤形，长约为第 5～6 索节之和；稍宽于第 6 索节，末端平截。

胸部背板均光滑；中胸盾片及并胸腹节短，小盾片隆起。前翅长过腹部末端，长为宽的 2.5 倍；亚缘脉上具 23 根刚毛；亚缘脉、缘脉、后缘脉长分别为痣脉长的 4.4 倍、0.7 倍、0.8 倍；翅基三角区粗纤毛稀疏，缘脉外方均匀着生纤毛。中足胫节末端有 3 根小刺；端距长为基跗节的 0.9 倍。基跗节与第 2～4 跗节等长。腹部卵圆形，末端尖；臀刺突着生于腹中部。产卵管为腹长的 0.65 倍，为中足胫节的 1.04 倍，末端稍露出腹末，露出部分为产卵管全长的 0.14 倍。

雄：未采到。

寄主：未知。

分布：辽宁（大连）。

(162) 阿玛点缘跳小蜂 *Copidosoma amarginalia* Li et Ma，2007（图 174）

雌：体长约 1.4 mm。头黑褐色。复眼及单眼淡黄褐色。触角柄节、梗节及棒节黑褐色，索节黄白色。胸部各背板黑褐色，中胸盾片及小盾片具蓝绿色金属光泽，胸部侧板及腹板深红褐色。各足基节、腿节及胫节基部大部黑褐色，胫节端部约 1/3 及第 1～4 跗节黄褐色，末跗节褐色。腹部褐色，基半部具强烈的蓝紫色金属光泽。产卵器鞘黑褐色。

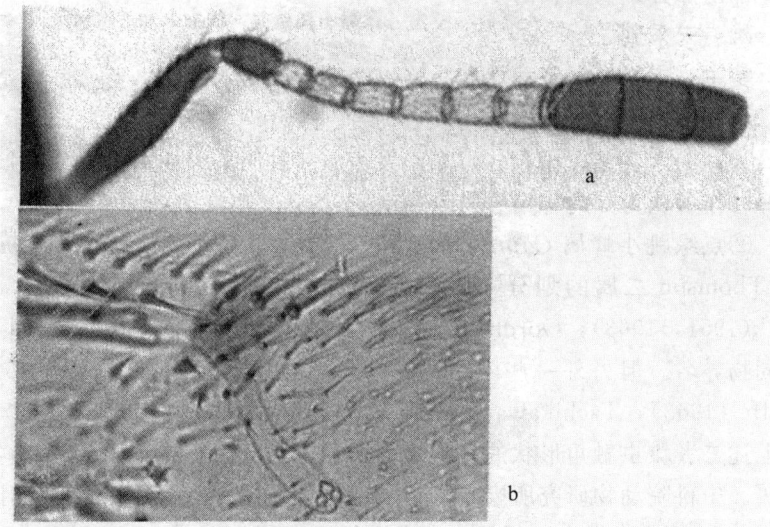

图 174　阿玛点缘跳小蜂 *Copidosoma amarginalia* Li et Ma（♀）

a. 触角；b. 部分前翅翅脉

（引自李成德、马凤林）

头部具细网状刻纹；正面观近倒三角形，高大于宽。上颚 3 尖齿，下颚须 4 节，下唇须 3 节。复眼具微毛，中单眼夹角略小于 90°。触角洼间突出。前额宽约为复眼长径之半。OOL 小于单眼横径之半，OPL 约等于单眼直径。颊眼距略短于复眼长径。后头缘锋利。触角着生位置靠近口缘，11 节，触角式 1163。柄节柱状，长约为宽的 4.5 倍；梗节长约为宽的 1.5 倍，长于各索节。第 1 索节最短，长略大于宽，第 2～6 节近等长，向端部依次渐宽，第 2 节长约为宽的 1.5 倍，第 6 节长略大于宽。棒节 3 节，不显著膨大，末端钝圆，长约等于末 4 索节之和。

前胸背板完整，中胸盾片横宽，无盾纵沟，具网状刻纹。两三角片在中央相遇，具网状刻纹。小盾片隆起，略短于中胸盾片，具深的纵刻纹。后胸背板具横刻纹，并胸腹节两侧具横网纹。前翅长约为宽的 2.5 倍；亚缘脉直，近端部无三角形膨大；翅脉不伸达翅的前缘，缘脉呈点状；后缘脉不发达；痣脉发达，略弯曲，末端几乎不膨大，4 个感觉器呈方形对称排列；后缘脉很短，约为痣脉长的 1/3。翅面无毛斜带后端 1/3 被 1～2 列纤毛阻断，后缘被 1 列纤毛封闭。无毛斜带后端及亚缘脉基半部下方各有 1 无毛区、此二区之间被 2～3 列纤毛阻断。中足胫节端距约为基跗节长的 0.55 倍。腹部明显短于胸部，肛下板伸达腹端。臀刺突生于腹基 1/4 处；产卵器长为中足胫节的 1.5 倍，端部伸出腹末，伸出部分约为腹长的 1/3。

雄：未采到。

寄主：未知。据记载本属小蜂以鳞翅目幼虫为寄主，营多胚生殖。

分布：据记载分布于黑龙江省朗乡。

注：①李成德、马凤林（2007）发表该新种时，其中名为无缘多胚跳小蜂，作者认为如此称谓容易与 *Litomastix* 属相混淆。

②点缘跳小蜂属 *Copidosoma* Ratzeburg 与多胚跳小蜂属 *Litomastix* Thomson 二属的划分一直存有争议；有的学者如：Mani（1938），Peck（1951，1963），Gordh（1979）将 *Litomastix* 纳入 *Copidosoma*，作为同物异名。但另外一些学者如：Mercet（1921），Nikolskaya（1952），Hoffer（1963），Tachikawa（1963），Trgapitzen（1978），Noyes（1980）认为上述二者雌虫触角形状的差异十分明显；因此仍将二者作为各自独立的属。中科院动物研究所廖定熹（1987）持同样的观点，并在多胚跳小蜂属 *Litomastix* 内发表 2 新种。本书遵循后一种分法。

(163)棉铃虫多胚跳小蜂 *Litomastix heliothis* Liao，1987（图 175）

雌：体长 0.9～1.1 mm。体黑色，头胸略带蓝色铜色反光。颜面、触角、三角片、小盾片、并胸腹节及腹部带铜色紫褐色光泽。上颚、中

图 175　棉铃虫多胚跳小蜂 *Litomastix Heliothis* Liao(♀)

a. 头背面观；b. 前翅翅脉

(引自廖定熹等)

足腿节末端、胫节端距及第 2~4 跗节黄褐色。翅透明，翅脉黑褐色。

头背面观宽为长的近 3 倍，单眼排列成近直角三角形，POL 大于 OOL，OOL 与 MPOL 相等，OCL 为单眼直径之半。头正面观宽大于高(4∶3)，复眼小，生有黄色微毛。触角洼深，洼底光滑蓝绿色，两触角间有中纵突，达窝底中部，上具刻点呈紫褐色。触角生于口缘的上方，较短，柄节柱状中部稍膨大；梗节长为端宽的 2 倍，与第 1~3 索节长度之和相等；索节 6 节，由基向端依次渐宽，除第 1 索节长略大于宽外，前 3 节呈念珠状，以后各节均横宽；棒节 3 节显著膨大，末端斜切状。头具长形网状刻纹，复眼后侧的刻纹排列几呈条状。颊略下沉，与复眼横径大致等长。

胸部背面均具六角形细网状刻点，并散布褐色刚毛。前胸短，无缘脊。中胸前半部稍隆起，后端较平抑，宽为长的 2 倍以上，三角片横宽，与小盾片分界不甚清楚；小盾片宽大于长(3∶2)，与中胸大致等长，后端圆钝。前翅长过腹部，末端圆形，缘脉长大于宽，痣脉与缘脉大致等长，后缘脉短。中足胫节端距短于第 1 跗节，第 1 跗节约与第 2~4 跗节长度之和相等。腹与胸大致等长或略短，扁平，近似三角形，臀刺突生于近腹端，产卵器不外露。

寄主：据记载寄生棉铃虫越冬幼虫。

分布：辽宁(锦州、黑山、朝阳)。

(164)卷蛾多胚跳小蜂 *Litomastix dailinicus* Liao，1987

雌：体长 1.6~1.9 mm。体黑褐色，有蓝绿及紫色反光。触角黑褐色，柄节具蓝绿紫色金属光泽，梗节腹侧红褐色，须浅褐色。胸腹侧片暗褐色，后缘浅黄色半透明。翅透明略带茶褐色，翅脉暗褐色，翅面纤毛浅褐色。足除前中足转节两端、腿胫关节、前后足胫节端部 1/2 及中后足第 1~4 跗节黄至褐黄色外黑褐色；基节、腿节及后足胫节外侧并带蓝绿黑色金属光泽，前足第 1～4 跗节褐或黄褐色，端跗节黑褐色。产卵器鞘黄色。

头宽略大于长，复眼长为宽的 1.56 倍；两触角窝间有矮鼻状突起，触角窝间距长于窝本身的直径。触角着生于近口缘处，柄节长于第 1～4 索节长度之和，约为梗节长的 3 倍；梗节长为端宽的 2 倍，其长宽约大于第 1 索节；第 1 索节长约为宽的 1.5 倍，第 2～3 节较第 1 节稍长大，自第 2 节起逐渐变粗，第 3 节以后依次略微变短，第 6 节比第 1 节短而宽；棒节 3 节，膨大，长约为宽的 2 倍，长于末 3 索节长度之和而短于末 4 索节之和，自第 2 节起至末端显著斜切。

头胸部均具网状刻纹及稀疏浅褐色刚毛。胸部略隆起，三角片横宽内端几相接，小盾片长宽大致相等(13：12)，末端呈舌状。后胸及并胸腹节均短于小盾片，并胸腹节陡斜黑红褐色，平滑而具横皱折纹。前翅长大过腹，长约为宽的 2.3 倍；翅基部除三角区有 7～8 行纤毛外，尚具无毛区，而另自缘脉及痣脉之下有狭窄的无毛斜带，其后缘被数根纤毛所阻断。缘脉短，长宽相等或长略大于宽，痣脉发达，长为缘脉的 2 倍多，首尾粗细一致，仅末端稍宽，后缘脉不发达，亚缘脉上有刚毛 20 根左右，缘室上下面均有若干细刚毛。腹与胸大致等长等宽，基部宽而末端收缩，长大于宽，臀刺突生于第 1 腹节后方两侧，因此自第 2 腹节以后的腹背板形状均有所改变。产卵器略微突出。

本种与 *Litomastix aretas* Walker（*Copidosoma tortrici* Waterston）及 *L. phalaenarum* Thomson 均为近似种，应注意加以区分。

雄：未知。

寄主：马尾骚卷蛾幼虫；白九维。

分布：据记载分布于黑龙江省伊春岱岭。

(165) 黑褐缺缘跳小蜂 *Cowperia subnigra* Li，2008（图 176）

雌：体长 1.6 mm。头黑褐色，复眼及单眼红褐色。触角柄节基部及棒节黄褐色，柄节大部、梗节及各索节褐色。胸部及各足基节、腿节黑褐色，胫节基部及末跗节褐色，胫节端部及第 1～4 跗节黄褐色。腹部黄褐色。

头部额顶具顶针状刻点。头正面观近圆形，宽略大于高；侧面观半圆形，颜面隆起，无触角注。额顶宽显著大于复眼宽。单眼约呈 90°角排列，OOL 小于单眼半径。上颚具 3 尖齿。触角明显着生于两复眼下缘连线之下，11 节，触角式 1163。柄节柱状，长约为宽的 6 倍；梗节长约为宽的 1.6 倍，长于第 1 索节；第 1 索节长为宽的 1.6 倍，以后各节依次渐短、渐宽，第 4 索节近方形，第 5、第 6 节宽大于长。棒节 3

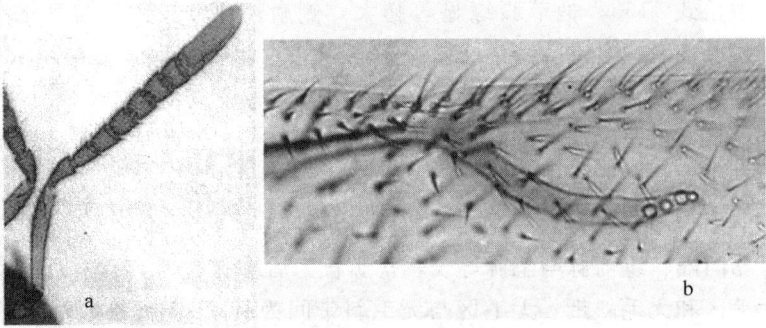

图 176　黑褐缺缘跳小蜂 *Cowperia subnigra* Li(♀)
a. 触角；b. 部分前翅翅脉
（引自李成德、柴如松）

节，紧密相连，不显著膨大，长与末 4 索节之和近相等，末端强烈斜切。

中胸盾片及小盾片具深的顶针状刻点；后胸背板及并胸腹节光滑，无刻纹。中胸盾片长约为宽的 1.9 倍；小盾片宽大于长，长略短于中胸盾片；两三角片在中央不相遇。前翅长为宽的 2.15 倍。翅脉末端伸至翅长的一半；缘脉不发达，不与翅的前缘接触；后缘脉及痣脉发达，痣脉略长于后缘脉，弯曲，末端不膨大，端部 4 个圆形感觉器成单向排列。翅基无毛斜带宽，分界不明显，后端 1/3 处被 4～5 列纤毛阻断，下端封闭。中足胫节端距与基跗节近等长。腹部卵圆形，与胸部近等长；表面光滑，仅末端几节的两侧具纵向刻纹。臀刺突生于腹基部 1/3 处。产卵器略短于中足胫节，末端稍伸出。

雄： 未采到。

寄主： 未知。

分布： 据记载分布于辽宁省草河口。

(166) 山槐卷蛾跳小蜂 *Tyndarichus scaurus*（Walker，1838）

雌： 体长 1.1～1.7 mm。头、前胸及中胸盾片黑褐色带蓝绿光泽，局部（特别是中胸盾片后缘）带紫铜色反光；三角片、小盾片及腹部黑褐色带紫色及铜色光泽；触角紫褐色；各足基节及转节、前后足腿节、后足胫节及前足胫节近基部、各足端跗节黑褐并带紫色，足的其余部分黄至褐黄色。翅透明略带茶褐色，翅脉褐色。

头横宽，后头脊锋锐，中央略向前凹，颜额区前凸；单眼呈等边三角形排列，复眼具稀疏微毛，头顶具少数圆形大刻点，沿复眼眼眶具小圆刻点。颜面上触角洼明显，长形，开放。触角生于口缘上方附近，11

节，触角式 1163；柄节腹缘显著膨大，侧扁；梗节长约为端宽的 1.5
倍；索节 6 节，基部 3 节短小，略呈念珠状，此后各节依次增大，第 6
节宽约为长的 2 倍；棒节 3 节显著膨大，末端呈斜切状。

胸部背面略隆起。中胸盾片宽约为长的 2 倍，三角片横宽，内端不
相接，小盾片长宽大致相等。中胸盾片及小盾片具细网状刻纹及点状刻
纹。前翅长超过腹，长为宽的 2.2 倍，亚缘脉与缘前脉间有一段半透明
部分相间隔，缘前脉与痣脉等长，痣脉长为后缘脉的 1.7 倍。翅面基部
有无毛区和无毛斜带，无毛区与无毛斜带间为具 5～6 行松散刚毛的三
角区。中足胫节端距与第 1 跗节大致等长。

腹与胸大致等长等宽，扁平，长略大于宽，卵圆形。产卵器略微突
出，褐色。腹基部及末端有光泽。

寄主： 据记载寄主为山槐条小卷蛾幼虫；此外尚有织叶蛾科、尺蛾
科的某些幼虫也可寄生。

分布： 据记载分布于黑龙江、内蒙古。

(167) 东方花角跳小蜂 *Blastothrix orientalis* Shi，Si et Wang，1993
(图 177)

雌： 体长约 1.9 mm。额顶、前胸背板、中胸盾片、三角片和小盾
片淡金绿色。单眼红色。颜面和颊蓝色。触角柄节黑色，端部有 1 白色
透明斑；梗节黑褐色，端部黄白色；第 1～4 索节黑褐色，第 5、第 6 索
节白色，第 5 索节基部色稍暗；棒节黑色。胸部侧板微红色；胸腹侧片
白色，基部褐色。翅基片白色，端部有暗色斑。翅透明。足黄白色，背
面多少有褐色条纹；中足基节蓝黑色。腹部背面大体黑褐色或红褐色，

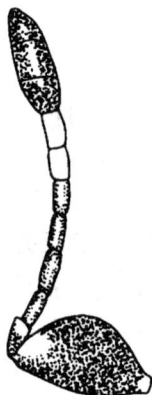

图 177　东方花角跳小蜂 *Blastothrix orientalis* Shi，Si et Wang 触角(♀)
(引自徐志宏、黄建)

基部几节浅蓝绿色；腹部腹面微红色。

头部额顶具刻点，并有大量白色纤毛；额顶长过于宽；复眼大，单眼呈近等边三角形排列；颊光滑，与复眼纵径几等长。触角生于复眼下缘连线与口缘之间，11 节，触角式 1163；柄节腹缘强度扩展，长为宽的 1.9 倍，最宽处在中部；梗节长于其端部的宽度，与第 1 索节等长；索节 6 节，均长大于宽，第 2 索节长于第 1 索节；第 3～6 索节依次渐宽；棒节 3 节明显膨大，长等于末 3 索节之和，棒节端部近圆形。

前胸背板、中胸盾片、三角片、小盾片具精细刻点和白色纤毛。前翅宽大，约与体等长；翅面具暗色纤毛；缘脉短于痣脉；后缘脉长于痣脉。中足胫节端距粗大，与中足基跗节约等长；中足基跗节等于第 2～5 跗节长度之和；后足基跗节短于第 2～5 跗节长度之和。腹部宽阔，近卵圆形或近三角形，短于胸，密被白色纤毛；基部 3 节横形，其余各节两侧收缩。产卵器明显伸出。

寄主：栎绛蚧。

分布：辽宁(大连)。

(168)暗色卡丽跳小蜂 *Charitopus obscurus*（Erdoes, 1946）(图 178)

雌：体长约 1.3 mm 左右。体黄褐色，胸和腹有绿色金属光泽；各足除腿节端部白色外，大体上为黄褐色。翅无色透明。

头背面观宽为中单眼处额顶宽的 2.2 倍；额顶有稀疏刻点。头前面观宽与高相等。上颚 2 齿；下颚须 4 节；下唇须 3 节，末端尖。触角生

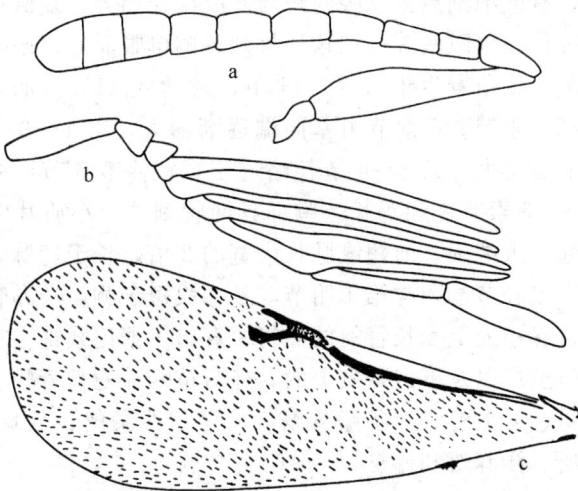

图 178　暗色卡丽跳小蜂 *Charitopus obscurus*（Erdoes）
a. 雌性触角；b. 雄性触角；c. 前翅

于复眼下缘水平线以下，11 节，触角式 1163；柄节腹面稍膨大，长为最宽处的 4.3 倍；梗节长为端宽的 2.1 倍，为第 1 索节长的 1.7 倍；第 1 索节长为宽的 1.5 倍，各索节长度不一，向端部渐宽，第 5 节最长，末索节长为宽的 1.1 倍；棒节 3 节，长为第 1～6 索节全长的 0.4 倍，稍宽于末索节，末端钝圆。

中胸盾片有具毛的刻点，有盾纵沟，小盾片隆起，上有 10 个具毛刻点。前翅长为宽的 2.5 倍；亚缘脉上有 12 根刚毛；缘前脉上具 9 根刚毛；亚缘脉、缘前脉、缘脉、后缘脉长分别为痣脉的 2.4 倍、0.7 倍、1.2 倍、0.6 倍；翅基三角区有稀疏纤毛；透明斑外方均匀着生纤毛，后缘关闭。中足胫节末端具 4 根刺，端距长稍超过基跗节之半；基跗节长为第 2～4 跗节之和的 0.8 倍。腹长卵圆形，末端圆钝；臀刺突着生于近基部 0.4 处；产卵管稍短于中足胫节，末端露出腹末。

雄：体长 1.32 mm。体黑色；翅无色。触角第 2～5 索节具长的分支，棒节 1 节，不膨大。

寄主：未知。

分布：辽宁（阜新）、黑龙江（镜泊湖）、新疆。

(169) 蚜虫蚜蝇跳小蜂 *Syrphophagus aphidivorus*（Mayr，1876）

雌：体长 1.0 mm。体褐色，头胸及腹基部有蓝色金属光泽，腹背并带紫色。触角褐色。翅无色透明或带浅黄色。足褐黑色，胫节末端及跗节黄色。

头横宽，有微细刻点。复眼间距与复眼横径相等；复眼卵圆形，颊与复眼长径等长。单眼呈等边三角形排列；侧单眼靠近复眼，后头脊锋锐；颜面凹陷。触角着生于口缘，11 节，触角式 1163。柄节细长；梗节显著长于第 1 索节；6 索节由基向端逐渐膨大，第 1～3 节小，呈念珠状，其余显著增大，第 3～4 节长略过于宽；棒节 3 节，中部膨大卵圆形，与第 3～6 索节之和等长。胸部具网状刻纹。小盾片略长于中胸盾片，稍隆起，末端圆。前翅缘脉长为宽的 2 倍，长于痣脉，后缘脉甚短几乎无。中足胫节端距与第 1 跗节等长。腹短于胸，产卵管隐蔽。

寄主：自春小麦上麦长管蚜的僵蚜中育出。据记载寄主还有菜小脉蚜茧蜂、烟蚜茧蜂以及下列蚜虫上的其他蚜茧蜂：麦长管蚜、棉蚜、桃蚜、梅大尾蚜、萝卜蚜、禾谷缢管蚜、柑橘绣线菊蚜、豆蚜、大豆蚜、刺槐蚜、栎蚜、洋麻蚜和椰蚜。

分布：辽宁（沈阳、大连、千山、医巫闾山、阜新）、吉林（辽源、长春）、黑龙江、河北、山东、河南、浙江、江苏、湖南、四川、福建、广东、云南。

(170) 阔柄杜丝跳小蜂 *Dusmetia latiscapa* Xu，2004(图 179)

雌: 体长 1.2 mm 左右。体黑褐色，无金属光泽。下列部位为白色: 触角柄节背缘、梗节端部 1/2、第 4 索节端部和第 5～6 索节全部、棒节第 1 节基部、前足胫节和跗节、中足胫节近基部及端部 1/2、端距和第 1～4 跗节、后足胫节末端和第 1～4 跗节。

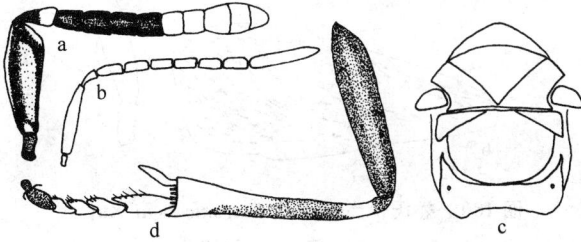

图 179　阔柄杜丝跳小蜂 *Dusmetia latiscapa* Xu
a. 雌性触角；b. 雄性触角；c. 中胸背面观；d. 中足

头部背观隆起，宽为中单眼处额顶宽的 2.6 倍；额顶无刻点；单眼呈直角三角形排列，POL、OOL 分别为中单眼直径的 4 倍、3.4 倍。前面观宽为高的 1.2 倍；颊长约为复眼纵径的一半；触角窝间距为其长径的 1.3 倍。上颚 2 齿；下颚须 3 节，末端尖；下唇须 2 节，末端尖。触角着生于复眼下缘连线上，11 节，式 1163；柄节扁化、腹缘膨大，长为宽的 2.7 倍；梗节长为端宽的 2.4 倍，为第 1 索节长的 1.1 倍；各索节几等长，依次向端部渐宽，第 1 索节长为宽的 1.5 倍，末索节长为宽的 1.2 倍；棒节 3 节，长为第 5～6 索节之和，稍宽于末索节，第 3 棒节末端斜截短小。

前胸背板宽阔；中胸盾片有明显盾纵沟，具云状刻纹，有刻点；三角片分开较宽；小盾片与中胸盾片几乎等长，隆起，宽阔，末端平截，有刻点；中胸侧板有鳞纹；并胸腹节较长。前翅退化呈翅芽状。中足胫节有明显横纹，末端具 4 根刺；距粗短，长略超过基跗节的一半；基跗节长为第 2 及第 3 跗节之和的 0.9 倍。腹部具云状刻纹，三角形，末端尖；臀刺突着生腹的近中部，产卵管不外露。

雄: 体长 0.9 mm 左右。体黑褐色。触角 9 节，细长，索节 6 节，没有异色条纹，各节长稍过于宽；棒节 1 节，比末索节稍长。足细长。三角片内角相接触。

寄主: 未知。

分布: 辽宁(阜新)、黑龙江(镜泊湖)。

(171)娄氏伊克跳小蜂 *Ectroma loui* Xu, 2003(图 180)

雌:体长 1.7 mm。黄褐色,无金属光泽。触角柄节、索节第 5~6节、后足胫节端部白色;触角棒节黑褐色。

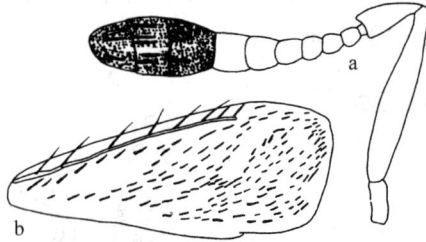

图 180 娄氏伊克跳小蜂 *Ectroma Loui* Xu(♀)
a. 触角;b. 前翅

头部背面观宽为中单眼处额顶宽的 5.4 倍,额顶有稀疏刻点;POL、OOL 均为中单眼直径的 1.5 倍。头前面观宽为高的 1.2 倍;颚眼距为复眼纵径的 0.6 倍,触角窝间距为其长径的 1.3 倍;上颚 3 齿;下颚须 4 节;下唇须 3 节,末端尖。触角柄节腹面稍膨大,长为最宽处的 5.4 倍;梗节长为端宽的 2.5 倍,为第 1 索节长的 3.3 倍;索节第 1~4 节各自的长与宽近相等,第 5~6 索节较前面各节长而宽,第 6 索节长为宽的 0.7 倍;棒节 3 节,长为第 1~5 索节的总和,稍宽于第 6 索节,末端钝圆。

中胸盾片具刻点;小盾片微隆,具网状刻纹;中胸侧板具鱼鳞状刻纹;并胸腹节长。前翅退化,不达腹端,翅无色透明;缘脉长,具 8 根毛;无毛斜带后缘有 2 列纤毛相分隔,无毛斜带的外侧具短的纤毛。中足胫节末端具 4 根刺,距长为基跗节的 0.9 倍;基跗节长为第 2~4 跗节之和的 0.9 倍。

腹部卵圆形,末端尖;臀刺突着生腹的近中部;产卵管长为中足胫节的 1.15 倍,末端稍外露。

寄主:未知。

分布:辽宁(大连)。

(172)红圆蚧斑翅跳小蜂 *Epitetracnemus extraneus* (Timberlake, 1920)(图 181)

雌:体长 1.07 mm。体暗黑色有光泽。头部蓝绿色有紫色光泽。触角支角突和柄节暗褐色,柄节顶端黄色;梗节暗褐色,顶端黄色;第 1~5 索节暗褐色,第 6 节黄色;棒节黄褐色,基部暗褐色。胸背金属

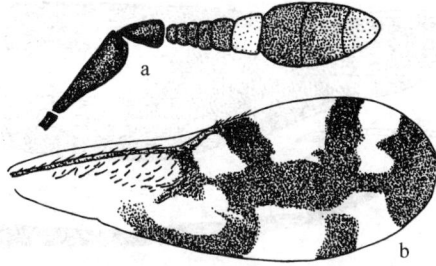

图 181　红圆蚧斑翅跳小蜂 *Epitetracnemus extraneus*（Timberlake）
a. 触角；b. 前翅
（引自徐志宏、黄建）

蓝绿色；小盾片基部浅紫色；中胸侧板和并胸腹节暗紫褐色。前翅具 4
条烟褐色斑。中足基节腹面暗褐色，外方浅黄色，腿节、胫节和跗节黄
色，胫节基部具不完整暗褐色窄环；后足（除腿节基部 1/3、胫节基部
和端部的 1/3 及跗节）暗褐色，跗节基部 4 节为白色。腹部暗色，有紫
褐色光泽，基部背板大部金属蓝色；产卵管鞘暗褐色。

头部单眼呈等腰三角形排列；OOL 约等于侧单眼长径的一半。触
角 11 节；柄节腹缘稍膨大；梗节长稍大于第 1～3 索节长度之和，第 1
～4 索节各节横形，约等长，为第 5 和第 6 索节长的 2 倍，第 5 节长宽
约相等，第 6 节宽略大于长；棒节 3 节，显著膨大，长等于或稍大于 6
个索节长度之和。中胸盾片有浅而隆起的鳞状刻纹；三角片上有横向的
隆起刻纹；小盾片中央有隆起的点状网纹，两侧和末端多少有光泽；小
盾片末端有 1 对长而直的刚毛，胸部背面的刚毛不明显。前翅翅面具 4
条烟色横带，除基横带外均被 1 条中纵带所连接。中足胫距与基跗节等
长。腹卵圆形，与胸部等长。

寄主：据记载寄主为红圆蚧、柳蛎蚧、红蜡蚧、梨圆蚧、樟臀网盾
蚧、乌桕癞蛎蚧（黑杜蛎蚧）、牡丹臀网盾蚧。

分布：黑龙江（镜泊湖）、河南、四川、福建、广西。

注：本种别名有柳蛎蚧斑翅跳小蜂、柳蛎蚧跳小蜂。

**（173）津久见丽扑跳小蜂 *Leptomastix tsukumiensis* Tachikawa，
1963（图 182）**

雌：体长约 2 mm。黄至褐色。下列部位黑褐色：触角柄节腹面、
梗节、前胸背板局部、中胸腹板、三角片、小盾片两侧的窄缘、并胸腹
节、前及后足基节和跗节、腹部。

头背观宽为额顶宽的 2 倍，额顶稍窄于第 1 索节长；单眼呈等腰三

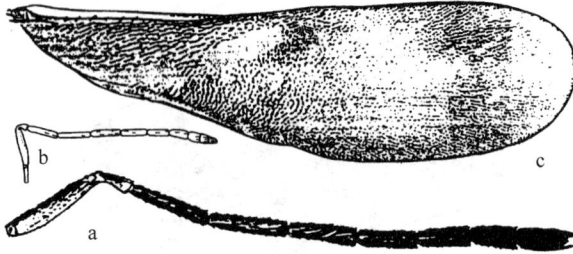

图 182　津久见丽扑跳小蜂 *Leptomastix tsukumiensis* Tachikawa

a. 触角；b. 触角(示感觉器)；c. 前翅

(a，b 引自 Tachikawa and Liao；c 引自徐志宏、黄建)

角形排列；OOL 约为侧单眼直径的 2 倍，OPL 约为侧单眼直径的 4 倍。触角线状，着生于口缘，11 节，触角式 1163；柄节比第 1~2 索节长度之和短很多；梗节为第 1 索节长的 1/4；索节 6 节，第 1 节最长，以后各节渐变短而稍增宽，基部 3 个索节全长等于端部 3 索加棒节之和；棒节 3 节，短于第 5~6 索节长之和，明显短于第 1 索节。胸与腹约等长。前翅狭长，长接近宽的 4 倍；透明或略带暗色。

雄：体长 1.2 mm。通常黄褐色，具褐色或暗褐色斑纹。单眼三角区褐色。前胸背板隐匿部黑色。腹部暗褐色。体侧面、触角和足与雌虫同色。头背观宽为额顶宽的 2 倍；额顶宽约与棒节长相等；单眼呈钝三角形排列。触角具长而弯曲的毛；触角柄节稍长于第 1 索节，而稍短于棒节，约与梗节和第 1 索节全长相等。

寄主：据记载寄生于鳞翅目幼虫。

分布：吉林(长白山)、陕西。

注：本种别名陕西跳小蜂。

(174)柯木玛赫跳小蜂 *Mahencyrtus comora* Walker，1837(图 183)

雌：体长 0.64 mm。体黑褐色，无金属光泽。前足和中足除腿节、后足除基节和腿节与体同色外，为黄褐色。翅烟褐色。

头背面观宽为长的 2 倍，为中单眼处额顶宽的 3.1 倍；单眼呈直角三角形排列；POL、OOL 分别为中单眼直径的 3 倍、1 倍；MPOL 为 POL 的 0.7 倍。头前面观宽与高相等；颊长约为复眼纵径的 0.6 倍；触角窝间距与其长径相等；触角窝至唇基距为其长径的 0.75 倍；上颚 3 齿；下颚须 4 节；下唇须 3 节，末端尖。触角明显着生于复眼下缘连线水平以下，11 节，触角式 1163；柄节细长，长为宽的 5.5 倍，与梗节加第 1~3 索节之和等长；梗节长为端宽的 2.5 倍，与第 1~3 索节之

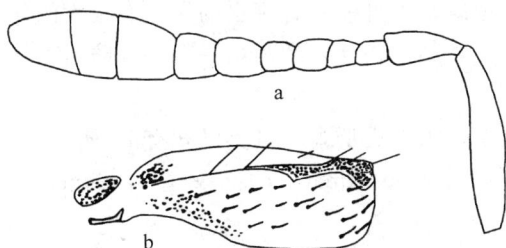

图 183　柯木玛赫跳小蜂 *Mahencyrtus comora* Walker
a. 触角；b. 前翅
（引自徐志宏、黄建）

和等长；第 1 索节长大于宽，第 2～5 节近方形，依次向端部渐宽；棒节 3 节，明显膨大，全长与第 2～5 索节之和相等，末端钝圆。

胸背光滑。中胸盾片宽为长的 2.5 倍，小盾片有 9 根刚毛，中胸侧板长大，并胸腹节气门外侧具纵脊。前翅较退化，长为宽的 1.5 倍，与中足胫节等长；翅面均匀着生粗细不等的毛。中足胫节稍短于基跗节。腹部心脏形，末端钝圆；臀刺突位于腹部的 0.4 处，产卵管略短于中足胫节，末端不外露。

寄主：据记载该属跳小蜂为蚧科、粉蚧科、链蚧科的寄生蜂。

分布：辽宁（大连）。

六、旋小蜂科 Eupelmidae

本科种类多为中等大小，体长 1～3 mm，在热带地区有长达 9 mm。体色暗褐、黑或黄色，常具有强烈的金属光泽。头横宽，后头无镶边（图 18）；雌性触角 11～13 节（包括 1 环状节），索节多为 7 节；雄性触角 9 节，偶有分支。前胸背板有时明显呈三角形。雌性中胸盾片中部显著下凹或突起，盾纵沟弱；中胸侧板隆起，通常无沟或凹痕，相当光滑或网状刻条。雄性有时中胸背板隆起、且盾纵沟深；中胸侧板有划分。足的跗节 5 节；中足胫节有 1 端距，雌性端距甚粗大。前翅正常或很短；长翅型缘脉很长，痣脉、后缘脉较长。腹部近无腹柄，产卵管不露出或露出很长。另外本科小蜂死后常向背面卷曲。

该科小蜂的寄主范围很广，有些种类能寄生鳞翅目、直翅目、半翅目和同翅目昆虫的卵，有些能寄生鞘翅目、鳞翅目、膜翅目和双翅目的幼虫或蛹，有的能寄生蚧壳虫；有的种有重寄生现象，更有的种能捕食害虫的卵、幼虫或蛹；对抑制农林害虫的发生有很大的作用，有的种用于害虫生物防治上，如在福建等地利用平腹小蜂防治荔枝蝽象取得良好的效果。

旋小蜂科是个较大的类群，全世界已知有71属约750种，常分为2亚科：丽旋小蜂亚科 Calosotinae 和旋小蜂亚科 Eupelminae。此书记述本地区4属7种。

1. 平腹小蜂属 *Anastatus* Motschulsky

属征：雌虫触角13节，式11173；柄节不膨大，略弯曲；环状节横形；索节由基至端依次变短变粗；棒节不短于第5～7索节长度之和，向端逐渐膨大，末端斜切。雄虫触角常具长而不分节的棒节。雌虫胸部背面常凹陷，前翅色暗（雄虫背隆起，翅无色）；雌虫腹部短于胸部，基部窄，端部宽于基部，各腹节背板后缘直；产卵器略微突出。

寄主：以鳞翅目、半翅目蝽科、直翅目的卵或蛹为寄主。

(175)舞毒蛾卵平腹小蜂 *Anastatus japonicus* Ashmead，1904(图 184)

雌：体长2.2～3 mm。头绿色，具紫色反光。触角柄节黄色，梗节及鞭节铜黑色。中胸盾片两侧黑绿铜色，中叶之后紫兰色，中叶则闪耀金铜色；小盾片及三角片除略带绿色外其色泽与中胸侧板同为黄褐色。翅褐色，近基部透明，在缘脉末端后方有一弯曲透明横带将翅分为基部、翅中和痣脉后方的3条褐色横带，端横带最宽，翅尖无色。腹部墨绿色，第1腹背板有1黄斑。

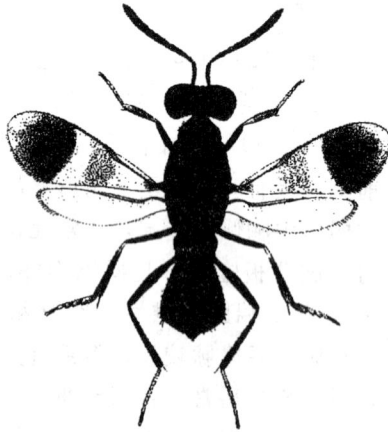

图 184　舞毒蛾卵平腹小蜂 *Anastatus japonicus* Ashmead(♀)

(引自何俊华等)

头横宽，单复眼距等于单眼直径，单眼呈钝三角形排列。触角着生复眼下缘稍下；柄节伸达中单眼；梗节不短于第 2 索节的 2/3；索节自第 2 节起逐渐变短变粗，第 6、第 7 节长不及宽；棒节 3 节，长与索节末 3 节之和相等。中胸盾片中部下凹，中叶具刻点，侧叶具微细的线状网纹并有光泽；小盾片及三角片与中胸盾片的刻纹相同；中胸侧板具细线纹，有光泽；并胸腹节发亮。前翅亚缘脉与缘脉约等长，后缘脉长约为痣脉的 2 倍。腹部略短于胸，由基至端逐渐变宽，末端圆钝，腹基完全平滑，末端具细横线；产卵管微露出腹末。

雄：与雌性差异甚大；个体比雌性小很多，体长约 1.5～1.8 mm，体表的光泽不如雌性强；中胸盾片中部不下凹；中足不特别强大；前翅全部透明无色。

寄主：自天幕毛虫 *Malacosoma neustria* 越冬卵块中育出。作者通过野外采集、室内试繁及野外挂卵诱繁，得知该蜂除寄生天幕毛虫卵之外，还可寄生柞蚕卵、苹果枯叶蛾 *Gastropacha populifolia* 卵以及黑带食蚜蝇 *Epistrophe balteata* 蛹。还观察到，该蜂寄生于大粒卵，如柞蚕卵、苹果枯叶蛾卵时，繁殖出的后代绝大多数为雌蜂，而在小粒卵如天幕毛虫卵内寄生的其后代多数为雄蜂。另据记载舞毒蛾、大蚕蛾科的行列半白大蚕蛾、毒蛾科的白斑合毒蛾以及茧蜂科的黑腿盘绒茧蜂亦为其寄主。

分布：辽宁（沈阳、大连、千山、阜新）、吉林（长春、吉林、延吉）、华北、江苏、浙江、福建。

(176) 白跗平腹小蜂 *Anastatus albitarsis*（Ashmead，1904）（图 185）

雌：体长随寄主卵粒大小而异，从松毛虫卵羽化出来的体长 2～2.3 mm，体黑或黑褐色；触角黑褐色；复眼赭褐色；后头、前胸、并胸腹节微带蓝色；头及胸具紫色金属光泽。腹部蓝褐色，近基部有 1 窄的横带。前翅基半部几乎透明，痣脉下有 1 大深褐色斑；翅毛暗褐色，翅端褐色。足褐色；前足基节和腿节，后足基节、腿节和胫节及各足末跗节黑褐色；各足第 1～4 跗节黄褐色。

头横宽，略宽于胸；颜面呈三角形凹陷，具细刻点；触角着生唇基上缘与复眼下缘之间，13 节，柄节侧扁，几达头顶；索节 8 节；棒节 3 节，分节不明显，其长约与第 6～8 索节之和相等，末节斜截。前胸背板具细纵纹，中胸和小盾片具网状纹。前翅狭长，亚缘脉、缘脉、后缘脉、痣脉间之比为 15∶10∶7∶3。中足强壮，胫节端距与第 1 跗节大致等长；第 1、第 2 跗节腹面具黑褐色刺状突，第 3 节仅有 2～3 个微突。腹短于胸，从基部到端部逐渐变宽，至端部 1/6 处开始收缩；产卵

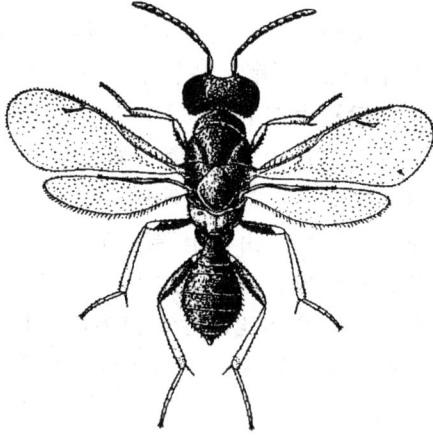

图 185 白跗平腹小蜂 *Anastatus albitarsis*（Ashmead）（♀）

（引自 Kamiya）

管隐蔽。

雄：与雌性形态差异很大。触角除第 7 索节宽大于长及第 6 索节呈方形外均长大于宽，但第 1 索节及梗节均较短，长不及宽的 1.5 倍。中胸隆起，中胸侧板虽完整但不膨起，中足不特别强大；前翅透明无褐色暗斑。

寄主：据记载寄主有马尾松毛虫、思矛松毛虫、云南松毛虫、银杏大蚕蛾、栎黄掌舟蛾、竹镂舟蛾、油茶枯叶蛾等卵；室内可用柞蚕卵和蓖麻蚕卵繁殖，用于防治马尾松毛虫。

分布：辽宁、山东、浙江、江西、湖南。

2. 旋小蜂属 *Eupelmus* Dalman

属征：雌虫体金属蓝绿色。触角 13 节，式 11173；棒节 3 节，各节倾斜。胸部背面微凹呈浅槽状；前翅缘脉显著长于后缘脉及痣脉，痣脉常略长于后缘脉；翅有时呈短翅型。腹部细长，略呈圆筒形，端部不宽于基部；产卵器长而突出，产卵器鞘上常有浅色环。雄虫腹部明显短于头胸之和。

寄主：各种瘿蜂、介壳虫。

(177)栗瘿蜂旋小蜂 *Eupelmus urozonus* Dalman，1820(图 186)

雌：体细长，体长 2～2.5 mm。体金属绿色；前胸有紫色光泽；腹部第 1 节以后有铜色光泽；触角黑色。各足转节、腿节基部、胫节两端

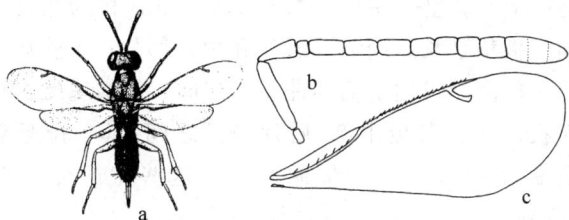

图 186 栗瘿蜂旋小蜂 *Eupelmus urozonus* Dalman
a. 雌性整体图；b. 触角；c. 前翅
（a 引自 Gauld 等；b，c 引自徐志宏、黄建）

和跗节黄色；腿节大部黑褐色；基跗节腹面有 2 列黑齿。产卵器基部黑色，中部黄色，端部黄褐色。

触角 13 节，触角式 11173；柄节较粗壮，长约为宽的 3 倍；环状节 1 节，较大；索节 7 节，各节均长大于宽，第 1 节最细长，以后各节依次渐粗渐短；棒节 3 节，紧密相连分节不显著，稍宽于末索节。

胸部背面微隆起；中胸盾片光滑，宽大；小盾片较长。中胸侧板宽大光滑，无侧板沟。前翅亚缘脉与缘脉约等长；后缘脉和痣脉明显，前者稍长于后者或等长。中足基节和前足远离而和后足靠拢。腹部圆筒形，第 4～7 节背板中央向后伸而两侧凹入；腹部第 2 节两侧尾须上有刚毛数根。产卵器鞘约为腹长的 1/3。

寄主：红蜡蚧，栗瘿蜂幼虫。另据杨忠岐(1996)记载，可寄生于多种小蠹虫的幼虫和蛹。

分布：据记载分布于辽宁、北京、山东、河南、陕西、湖南、浙江、福建、广西、云南。

注：中名又称小蠹尾带旋小蜂。

3. 短翅旋小蜂属 *Macroneura* Walker

属征：雌虫的前后翅显著退化呈翅芽状，很短，表面具密毛；虫体死后，头和腹末在体背面相向弯曲呈"U"形；前胸背板中部（即盾片与颈部间）具 1 排竖立的褐色鬃毛；腹部第 7 背板在腹末节与产卵器间竖立。根据上述特征很容易地把本属与旋小蜂科其他属区分开。另外，头部横宽，明显宽于胸部及腹部；中胸盾片具明显的高隆缘脊，背面下凹，略呈浅槽形；腹部略呈圆筒形，长为宽的 2～3 倍，产卵器外露，外露部分的长度约为腹长的 1/3。触角明显为棒状；第 1～3 索节细长，以后的 4 节渐变短；棒节显著膨大，3 节斜向相连，连接紧凑。

本属小蜂的形态特征与平腹小蜂属 *Anastatus* 极为相似，如胸部显著长大；前胸背板特别长，明显分盾片和颈两部分；中胸盾片扁平且下凹呈浅槽状；头尾两端可向背面卷曲呈"U"形。但本属雌虫前后翅极其退化，成翅芽状；前胸背板中部（盾片与颈之间）具一排竖立的褐色鬃毛；第7节背板在腹末与产卵器间竖立。这些特征可与平腹小蜂属 *Anastatus* 相区别。

寄主： 寄生于多种个体较小且具隐蔽性生活的昆虫，如在禾本科植物茎中，或在卷叶中、薄茧中生活的昆虫和在树皮下生活的小蠹虫。

（178）多食短翅旋小蜂 *Macroneura vesicularis*（Retzius, 1783）（图 187）

雌： 体长 2.4 mm 左右。头部暗绿色具弱的金属光泽，复眼紫红色；触角柄节黄色，鞭节黑褐色，表面密被褐色短毛。胸部紫褐色，中胸盾片具强的蓝紫色光泽；三角片黄色，中胸小盾片深褐色；前翅基部白色，端部烟褐色。腹部第1背板黄色，其后各节暗褐色且无光泽；产卵器中部黄色，两端褐色，腹末节围绕产卵器周围黄褐色。

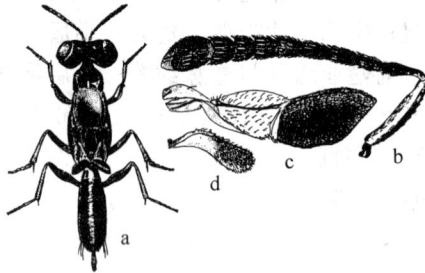

图 187　多食短翅旋小蜂 *Macroneura vesicularis*（Retzius）（♀）
a. 整体背面观；b. 触角；c. 前翅；d. 后翅
（引自杨忠岐）

头部宽大于长，头顶横形，显著比胸部宽；颈部平坦；上颊显著，在复眼后急剧收敛，后角圆滑；POL 为 OOL 的 2 倍以上，无后头脊；复眼大，卵圆形，表面无毛；内眼眶自上而下向外方明显互相岔开；上颚具 3 齿，下颚须 4 节，下唇须 3 节；触角窝短而浅，略呈三角形。触角着生于复眼下缘连线的稍下方，距唇基端缘较近而离中单眼较远；触角 13 节，式 11173，明显呈棒状；柄节细长而弯曲，端部未伸达头顶，索节 7 节，基部 3 节细长，其后 4 节向端依次渐短渐宽；棒节 3 节，紧密而又斜向相连，节间无缝隙。前胸长大于宽，由一排黑褐色鬃毛分成盾片和颈两部分；中胸盾片周缘具隆脊，中部下凹呈浅槽状；中胸小盾片长椭圆形，具细而深的网状刻纹；并胸腹节平，中部极短无中纵脊；中胸侧板大，显著膨起，表面具细密的浅网状刻纹。前后翅显著退化，成翅芽状，很短，表面具密毛。足的跗节 5 节；中足胫节端距显著粗大，基跗节腹面两侧各具 7 枚褐色的齿。腹部略呈圆筒形，明显比胸部窄，背面具皮肤状浅刻纹，并生有灰白色短密毛，尾须上的 3 根鬃毛特别长；产卵器外露，露出部分约为后足胫节长一半，下生殖板位于腹长的 1/2 处，端部中央凹入，下方具一锐角突。

寄主：据杨忠岐（1996）记载，寄主为角胸小蠹幼虫。另据 Peck（1963）报道，本种小蜂的寄主范围很广，达 92 种之多。

分布：辽宁（沈阳）、黑龙江（哈尔滨、佳木斯、镜泊湖）。

4. 丽旋小蜂属 *Calosota* Curtis

属征：复眼表面具密纤毛。触角相当细，13 节，环状节长几乎为宽的 2 倍，索节 7 节由基至端逐渐变短。棒节较长。前胸背板细颈状，明显比中胸盾片窄；中胸盾片扁平，盾纵沟仅前方可见，其外方还有 1 条相同的浅沟；三角片彼此分开较宽。中足跗节腹面两侧各具 1 排钉状小齿；后足胫节有 2 个端距。前翅翅面上纤毛密，缘脉长，至少为痣脉长的 2 倍，后缘脉稍长于痣脉。腹部显著长，产卵器稍露出。

寄主：大多寄生于蛀木的鞘翅目害虫的幼虫，如天牛、小蠹、吉丁虫、象甲科等。

(179)针叶树丽旋小蜂 *Calosota conifera* Yang，1996（图 188）

雌：体长 3.1～4.3 mm。全体具金属光泽。头顶黑紫色；颜面大部及颊下方暗紫色；后头上方及上颊形成一紫罗兰色半环形带，下方及后颊黑色；复眼紫褐色，单眼无色透明；触角柄节端部和梗节墨绿色，柄节基部黄色，鞭节紫黑色。胸部侧面和腹面、前后足基节、腹部侧腹面及末腹节背面深翠绿色；前胸背板中部、中胸小盾片中部紫褐色；前胸背板两后侧角、中胸盾片两侧及后足基节背方紫蓝色；中胸盾片中部、小盾片周缘、三角片、后胸背板及并胸腹节大部为铜绿色；翅基片浅黄色；腹部背面黑紫色；前足转节、膝部、胫节端部和跗节，中足基节端部、腿节、胫节和跗节，后足转节、腿节两端、胫节大部均为污白色；前足腿节、胫节大部和后足腿节大部紫黑色带绿色光泽，中足腿节胫节和后足胫节背方带褐色；各足跗节端部褐色。前后翅透明，翅脉黄褐色，翅面纤毛褐色，整个翅略带烟色。

头部背观宽为长的 1.89 倍；头顶及额上部具浅而细的网状刻纹，后头上的细脊纹围绕后头孔呈同心圆排列；复眼大，突出于头顶之上，

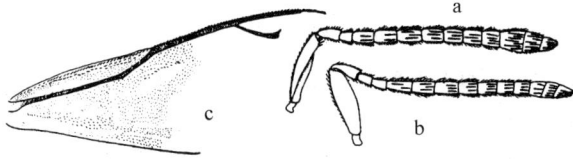

图 188　针叶树丽旋小蜂 *Calosota conifera* Yang
a. 雌性触角；b. 雄性触角；c. 前翅
（引自杨忠岐）

表面具灰色纤毛；POL 为 OOL 的 2.5 倍，OOL 为 MPOL 的 0.67 倍，中单眼明显比侧单眼大。头正面观颊略突出，内眼眶显著自上而下向外岔开；触角窝下缘位于复眼下缘连线上；触角 13 节，式 11173；柄节中上部略膨大，长为宽的 4.2 倍；梗节长为宽的 2.2 倍；环状节长略大于宽，第 1 索节长为环状节的 2 倍，第 2 节最长，分别略长于基部 2 索节，第 7 索节长宽相等；棒节长为宽的 2.8 倍。梗节加鞭节长为头宽的 1.47 倍。

胸部具细网状纹；中胸盾片表面平坦，其上的网状纹较粗而深；中胸盾纵沟仅在前面的坡区可见；三角片相互远离。前翅长，伸达腹末之外；缘脉长分别为亚缘脉、缘前脉、后缘脉和痣脉长的 0.89 倍、2.5 倍、1.34 倍、2.39 倍；翅面纤毛密，仅基室长度 1/2 的内下角边缘处无毛，翅基无毛区仅在缘前脉下方、翅中部上方有一窄小的无毛斜带。前足跗节长为胫节的 1.32 倍，胫节端部背方具 2 枚齿；中足胫节端距长为基跗节的 0.65 倍，跗节底面两侧的钉状毛不太显著；后足腿节、胫节、跗节长度之比为 56∶66∶60。

腹部略扁平，长为宽的 3.5 倍，为头胸长度之和的 1.3 倍，腹柄不显著，整个腹部表面具细密的网状刻纹和灰白色密毛；产卵器露出，下生殖板位于腹长的 1/2 处，呈屋脊状突出于腹下。

雄：体长 3.4 mm，与雌相似。不同之处是：两触角窝间及触角洼基部之间显著隆起如包；触角柄节显著宽而扁；中足胫节与腿节等宽，粗壮有力；前翅缘前脉下方没有如雌性那样的无毛区；后缘脉比雌性的短；腹柄明显，呈圆锥形；腹部较雌性长，长与头胸长度之和略相等。

寄主：据杨忠岐(1996)报道寄生于六齿小蠹、重齿小蠹、横坑切梢小蠹等，也寄生云杉八齿小蠹、北方瘤小蠹、宽条干小蠹等幼虫。

分布：黑龙江小兴安岭。

(180)红松丽旋小蜂 *Calosota koraiensis* Yang, 1996(图 189)

雌：体长 4.2～5 mm。体色与针叶树丽旋小蜂相似，但较暗；触角洼顶部以上的头顶紫黑色，其下的颜面为暗绿色带紫色光泽，但触角洼内具较强的蓝绿色或紫铜色光泽，复眼后的上颊及后头上部的半圆形环带为深蓝绿色；上颚及须节全为黑色；触角支角突黑色，柄节基部 2/3 为黄色，端部 1/3 深褐色；复眼灰白色，单眼透明；腹部侧板暗绿色，三角片绿褐色，中胸小盾片深铜绿色带紫铜色光泽；后胸背板、盾片及并胸腹节中区绿褐色；前翅基室外方的翅面上具明显的烟色，略均匀。腹部第 1 背板基部金绿色，端半部及以后各节背板均为紫黑色；侧面深绿色，腹板紫黑色带绿色光泽。

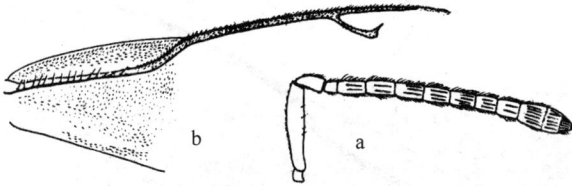

图 189　红松丽旋小蜂 *Calosota koraiensis* Yang(♀)

a. 触角；b. 前翅

(引自杨忠岐)

头背观宽为长的 1.93 倍，额部几乎平，复眼大而鼓起，表面上的微毛不太显著；中单眼比侧单眼大；OOL 与 MPOL 等距，POL 为 OOL 长度的 1.75 倍，触角窝至中单眼间距为触角窝至唇基距的 2 倍。触角窝上缘位于复眼下缘连线上；触角细长，环状节及 7 个索节均长大于宽；环状节长为宽的 1.67 倍，第 1 索节长为环状节的 2 倍；第 1 和第 7 索节长分别为宽的 2.5 倍和 2.25 倍；棒节稍膨大，长为宽的 2.25 倍；第 1 索节仅端部具 1 排、第 2～7 索节和第 1 棒节各具 2 排条形感觉器；棒节扁；梗节加鞭节长度之和为头宽的 1.41 倍。

胸部中胸盾片显著隆起，但背面中部平坦，其表面上的网状刻纹明显粗；中胸小盾片大，鼓起，略呈方形，其上的网状刻纹深而显著。前翅缘脉长分别为亚缘脉、缘前脉、后缘脉、痣脉长度 1.1 倍、4 倍、1.87 倍、3.53 倍；翅面纤毛密，缘前脉下方不具无毛区，但在翅的内下角处至基室中部长度处光裸无毛，并向前呈一窄带状在亚肘脉的位置上向前延伸至缘脉基部之下位置处；前缘室宽。腹部背腹扁，端部略翘起，长为宽的 3.8 倍，为头胸部长度之和的 1.46 倍；产卵器露出部分长为第 7 节的 1/3；第 7 节背板长为宽的 1.5 倍。

寄主：据记载寄生于六齿小蠹幼虫，也可能寄生北方瘤小蠹、重齿小蠹、十二齿小蠹等。

分布：黑龙江小兴安岭。

(181)云杉丽旋小蜂 *Calosota microspermae* Yang，1996(图 190)

雌：体长 2.2 mm。本种的形态特征及体色与祁连山丽旋小蜂 *C. qilianshanensis* Yang 相似，如颜面上触角洼中上部具粗而明显的网

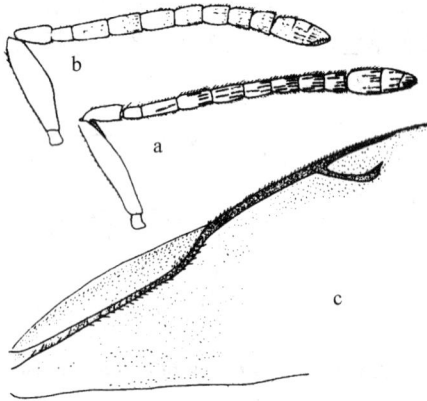

图 190　云杉丽旋小蜂 *Calosota microspermae* Yang
a. 雌性触角；b. 雄性触角；c. 雌性前翅
（引自杨忠岐）

状刻纹、触角着生在复眼下缘连线以下、触角棒节扁平、中胸盾纵沟隐约延伸至后缘、并胸腹节上以深的侧褶沟划分出中区、腹部第 3 背板后缘中央为深缺等特征均与祁连山丽旋小蜂相似；但下述特征与其不同：额面上的紫黑色斑纹为倒"W"形；后头后颊为墨绿色而非紫黑色；中胸盾片上沿盾纵沟形成的刻纹宽纵带及中胸小盾片深铜绿色；梗节加鞭节长为头宽的 1.54 倍；触角窝至复眼间距为触角窝间距的 1.36 倍；触角窝下缘处的脸部膨起较突出，向唇基端缘较陡的倾斜；上唇深陷于唇基端缘下；触角第 1 索节长为环状节的 2 倍；前胸背板后缘宽为中部长的 1.89 倍；中胸盾片中部凹陷，中区的网状刻纹与侧区粗细基本一致；前翅缘脉短于亚缘脉，分别为亚缘脉、缘前脉、后缘脉、痣脉长的 0.83 倍、2.4 倍、1.7 倍、2.53 倍；并胸腹节极度拱起的后缘脊中部与前缘脊接触；腹末明显尖，第 7 背板长为宽的 2.14 倍；产卵器外露部分长为第 7 节的 0.6 倍；后足腿节分别短于胫节和跗节。

雄：体长 4 mm，与雌相似；但触角洼深，上达中单眼，其顶部和上部两侧及头顶均为紫黑色，并间杂有金绿色斑；腹部背面紫褐色；触角着生于复眼下缘连线上；柄节中上部加宽，端部的腹方具深的承角凹槽；鞭节上的感觉毛较雌性密而长，黑色；条形感觉器也较雌性密，灰白色；索节基部至端部宽度一致；棒节膨大，稍扁，各节斜接，端棒节略呈三角形，下方具微毛带。腹部长椭圆形，长为宽的 2.3 倍，扁平，在第 3 节背板后缘处最宽，腹长比头胸长度之和稍短。

寄主：据杨忠岐(1996)记载寄生于为害鱼鳞云杉、红皮云杉的宽条干小蠹、云杉八齿小蠹幼虫。

分布：黑龙江小兴安岭。

七、刻腹小蜂科 Ormyridae

体长 1.1～6.7 mm，一般 2～4 mm。体粗壮，背面隆起，具金属光泽。触角短，13 节，环状节 1～3 节，索节 5～7 节。盾纵沟浅。中胸后侧片完整，通常表面光滑；胸腹侧片小于翅基片。前翅缘脉长，略短于亚缘脉，痣脉和后缘脉短。足的跗节 5 节，后足胫节末端的 2 个端距粗。腹部近无腹柄，腹背显著隆起，雌性腹部长，末端尖，最后 1 节延长并盖住产卵管(图 10)。本科小蜂最主要的特征是腹部背板具有奇特的大型脐状深窝或刻点；并胸腹节陡、短，其侧方延伸成一角度并遮盖后足基节基部；另外，该科小蜂的后足基节扩大、三棱形，比前足基节大几倍，前翅痣脉短而无柄等特征与长尾小蜂科 Torymidae 很相似，但其雌蜂绝无长尾小蜂那样长的产卵器。该科小蜂体具金属光泽，产卵器不外露，触角构造等又与金小蜂科 Pteromalidae 近似，因此有人曾将本科作为金小蜂科的一个亚科或作为长尾小蜂的一个亚科处理。我国仅报道过刻腹小蜂属 Ormyrus 1 属。该属通常是瘿蜂、小蜂和双翅目昆虫的寄生蜂，也有寄生于危害种子的广肩小蜂者。

(182)具点刻腹小蜂 Ormyrus punctiger Westwood，1832(图 191)

雄：体长 2.2 mm 左右。体黑色，具蓝绿色金属光泽。复眼暗红色，口器红褐色。触角黑色，鞭节密布黄白色短毛。各足除跗节外基本与体同色，仅各足关节处略带棕色。前足跗节深褐色；中后足跗节黄褐色，但端部 1～2 节深褐色，后足胫距黄褐色。翅透明。

头部具网状刻纹；唇基具放射状条纹，上达颊和颜面。触角着生在两复眼下缘连线的上方，13 节，触角式 11263。柄节柱形，长不达中单眼；梗节梨形，长为宽的 1.6 倍，约与 2 环状节及第 1 索节合并之长相

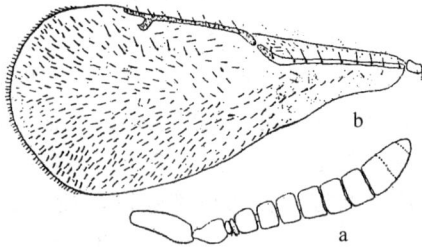

图 191　具点刻腹小蜂 *Ormyrus punctiger* Westwood(♀)
a. 触角；b. 前翅

等；环状节 2 节，第 2 节明显大于第 1 节；索节 6 节，各节横宽，从基至端各节依次渐宽；棒节 3 节，紧密相连，不宽于末索节，长为宽的 2 倍，略短于末端 3 索节之和。索节及棒节上具长形感觉器。

胸部隆起，具网状刻纹，小盾片上的刻纹纵向分布，明显。中胸盾纵沟不明显；小盾片长大于宽。并胸腹节横宽，下垂，中央具"w"形脊，两侧具纵条纹。前翅长为宽的 2.2 倍，亚缘脉、缘脉、后缘脉、痣脉之比为 19∶12∶3∶2。翅面布满纤毛，其间可见有 2 条毛列成行；1 条较短，位于翅中央的端半部；另 1 条长，纵贯翅的后半部，略弯曲。后足基节与腿节近等长(13∶14)，长约等于前足基节的 2 倍。后足基节及腿节的外侧具纵条纹，胫节密布黄白色细毛，末端具 2 个不等长的距。跗节 5 节，第 4 节最短。

腹部长椭圆形，略长于头胸之和，背面隆起较高，腹柄不显著。腹部各节末端生有 1 排黄白色长刚毛。柄后腹部第 1 节背板具细刻纹，第 2～4 节背板基部具数目不等的大型脐状深窝，即第 2 节 8 个，第 4 节 6 个，各成一横排；第 3 节 10 个，组成两排，前排 6 个，后排 4 个，两排交错排列；背板的其余部分，尚有小而浅的刻点。

雌：个体较雄性大；腹部长，末端尖，最后 1 节延长并盖住产卵管；腹部背板上的脐状深窝不如雄性的显著，常被前 1 节背板隐蔽着。

寄主：据记载寄生于栗瘿蜂幼虫。

分布：辽宁(沈阳)、黑龙江(佳木斯)、北京、河北、山东、河南、陕西、浙江、安徽、江西、湖南、广西、云南。

注：作者 1990 年报道时，曾将该种小蜂鉴定为东方刻腹小蜂 *Ormyrus orientalis* Walker，在此予以订正。

八、蚁小蜂科 Eucharitidae

本科小蜂体型十分奇特(图 12)。体长 4.5～5.4 mm,通常具金属光泽,有时具黄斑,极少数为纯黄色。头部较小,呈凸透镜状;胸部特别发达,强度隆起呈驼背状;前胸背板小,背面观看不到;胸腹侧片与前胸背板愈合;中胸盾纵沟深而显著,中胸小盾片明显突出,末端常具长而成对端刺。腹部具有很长的腹柄,第 1 腹节背板很长,并往往覆盖其余各节,腹多侧扁;产卵器不突出。前翅缘脉较长,痣脉及后缘脉极短。足细长,跗节 5 节。上颚呈新月形,基部具齿;触角 10～14 节,柄节短,无环状节,亦不呈膝状弯曲。

本科小蜂以蚂蚁的幼虫或蛹为寄主,雌蜂产卵于植物上,孵化成为闯蚴,附着于蚁体带入蚁巢,然后转移至蚁的幼虫或蛹上寄生。

蚁小蜂科是小蜂总科中较小的类群,多为热带地区产,世界已知有45 个属约 350 种,但我国知之甚少。常见的有蚁小蜂属 Eucharis 和分盾蚁小蜂属 Stilbula。分盾蚁小蜂属 Stilbula 的特征是:雌虫头正面观呈三角形,宽显著大于高;背面观头胸几等宽。复眼不大,圆形;颊不比复眼纵径长;雌雄两性的触角均为 12 节,细而长,柄节甚短,通常各索节长大于宽。胸部一般具浅圆形皱刻点,无光泽;盾纵沟明显;小盾片显著隆起,末端分裂为左右两个尖锐分叉,两个三角片相互远离;并胸腹节相当长,几呈垂直。腹柄长而细,从背面观体不扁平。本属世界仅知约 10 余种,作者在东北采到本属中的 2 种标本,1 种未定种名,1 种为乌苏里蚁小蜂,记述如下。

(183)乌苏里蚁小蜂 *Stilbula ussuriensis* Gussakovskii,1940(图 192)

雌:体长 4～5 mm。体墨绿色并有铜色金光。腹部腹面及翅脉褐色,触角、上颚、翅基片、足的基节末端及腹柄黄褐色,复眼紫褐色。

头与胸等宽,头顶、颜面均有围绕触角的环形细刻纹。上颚呈新月形,基部具 3 齿,平时左右相交闭合。触角着生部位较高,生于颜面中部,12 节,丝状;柄节及梗节均很短,鞭节无环状节、索节及棒节之分化;鞭节第 1 节长为宽的 2～3 倍。复眼较小且突出,头顶宽而薄,颊长约与复眼横径相等;单眼呈 140°钝三角形排列,侧单眼至复眼之间距(OOL)与侧单眼至中单眼之间距(MPOL)相等。中胸盾片及小盾片强度隆起,盾纵沟明显,三角片在中央不相接触,小盾片末端的叉状突出,基部窄而分支部分稍扩张。并胸腹节相当长,几乎与体轴成垂直方向。腹柄细长不呈扁平状;柄后腹呈橄榄状略侧扁,表面光滑,产卵器

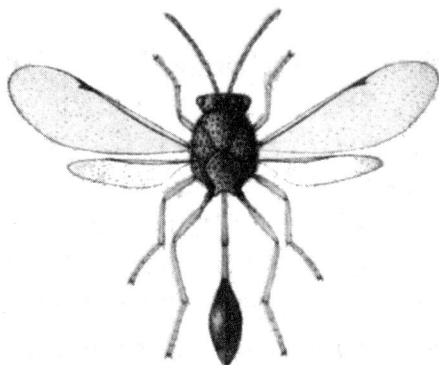

图 192　乌苏里蚁小蜂 *Stilbula ussuriensis* Gussakovskii

（引自廖定熹等）

不外露。胸部及并胸腹节具大型网状刻纹，小盾片上可见一背盾沟。

雄：体长 5～6 mm。形态与雌性相似，但触角较细长，第 1～5 鞭节逐渐膨大；腹柄较雌性更长。

寄主：蚁类幼虫及蛹。

分布：辽宁（沈阳东陵、千山）、黑龙江（伊春、佳木斯、镜泊湖）、河北；俄罗斯远东地区。

九、巨胸小蜂科 Perilampidae

体长 2～4 mm。体具蓝、绿及铜色金属光泽，部分种类黑色。头胸紧接，背面宽广（图 11）。胸腹侧片三角形，与前胸背板愈合。上颚强大，左上颚具 2 齿，右 3 齿。唇基大，额唇基沟明显，两触角窝相互紧接，下部常有 1 大的角状突。触角较粗短，13 节；柄节、梗节和环状节各 1 节，索节 7 节，棒节 3 节（常不比其他节宽）。胸部特别发达，短而厚，显著隆起，具盾纵沟。前、中胸和小盾片背面具粗刻点或网纹。小盾片端部有时较狭窄或尖形，端缘有 1 个光滑区以 1 明显的脊与背面相隔。翅面（包括翅基）具纤毛。前足胫节具弯曲的粗距，后足腿节不特别膨大，足的跗节 5 节。腹部具柄或无，背面宽大而短，常隆起，第 1和第 2 节背板多少愈合（有时愈合缝全消失），平滑，近三角形。

本科已知约 30 个属、200 余种，多数分布在热带；古北区已知 6属：*Philomides*，*Perilampus*，*Chrysomalla*，*Chrysolampus*，*Elatus*，*Elatoides*，其中巨胸小蜂属 *Perilampus* 的种类最多。

　　本科小蜂为鞘翅目(小蠹甲、象甲)、双翅目、脉翅目、膜翅目、鳞翅目等的寄生蜂，有的为重寄生(寄生姬蜂、茧蜂、寄生蝇和草蛉等)，少数为植食性，能形成虫瘿。

　　作者在东北地区采到本科中 2 种标本，经鉴定分别为墨玉巨胸小蜂和翠绿巨胸小蜂。

(184)墨玉巨胸小蜂 *Perilampus tristis* Mayr，1905(图 193)

　　雌: 体长 2～3.4 mm。体黑色。各足的膝关节、胫节下面和跗节黄褐色。颜面平滑有光泽。触角暗褐色，由基至端色渐浅;雄性触角褐色。翅透明，翅脉和翅面上的纤毛褐色。头与胸等宽;触角 13 节;柄节、梗节、环状节各 1 节，索节 7 节，均横宽，棒节 3 节，不显著膨大。颜面上中部凹陷部分下端两侧亦低洼成槽，与上唇基片两侧沟相通。头顶及内颊之刻点模糊，后颊具指纹状细刻纹;中胸背板及小盾片上的刻点很大，具带光泽的间隔。前翅缘脉与后缘脉几等长，痣脉短于后缘脉。并胸腹节两侧之镜状结构具细刻纹，但中脊与镜状结构之间具网纹而无大陷窝。腹部光滑，短于胸，略呈纺锤形，腹柄明显，产卵器不突出。

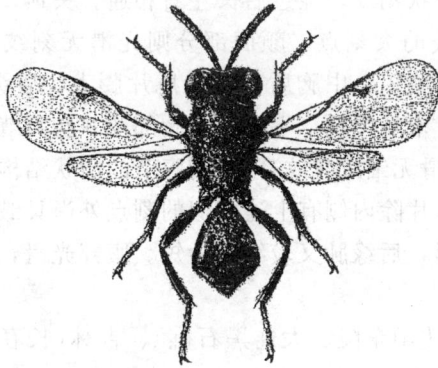

图 193　墨玉巨胸小蜂 *Perilampus tristis* Mayr(♀)
(引自盛金坤、党心德)

　　寄主: 据记载寄生于草蛉蛹。另有记载为冬梢卷蛾，龙胆卷蛾幼虫之重寄生。

　　分布: 辽宁(沈阳、大连)、黑龙江(佳木斯、镜泊湖)、河北、陕西、甘肃、新疆。

(185)翠绿巨胸小蜂 *Perilampus prasinus* Nikolskaya，1952(图 194)

　　雌: 体长 2.5～5 mm。体蓝绿色有金属光泽，腹部黑绿色。触角黑褐色，足的膝关节、胫节两端及跗节黄褐色，翅淡黄褐色，翅脉褐色。

图 194 翠绿巨胸小蜂 *Perilampus prasinus* Nikolskaya
（引自廖定熹等）

头与胸等宽，颜面上中部低洼，触角即着生于低洼部分的下端。触角 13 节，粗壮，触角式 11173，索节 7 节，各节均横宽。单眼呈 140°钝三角形排列，其中有脊相间，侧单眼与中单眼间距约为单眼直径的 2 倍。颊与后颊具条状刻纹，经过后头左右相通。头顶、颜面上部及前颊有较胸部为稀而浅的大刻点，颜面部分则光滑无刻纹。唇基长宽几相等，前缘平直。前胸短，中胸盾片及小盾片膨大，盾纵沟自后向前伸，呈放射状，小盾片末端圆钝，不突出。胸部及并胸腹节具密而深的大型刻点（刻点间隙光滑无细致花纹），并胸腹节的镜状结构（左右各 1 个）上具细微刻点。翅基片除内侧有上述相似的刻点外尚具皱刻纹。痣脉短于后缘脉，末端圆形，后缘脉又较缘脉为短。腹部光滑，略呈四角锥形。

寄主：未知。

分布：辽宁（沈阳东陵、大连黑石礁）、吉林（长春净月潭、吉林龙潭山）、黑龙江（佳木斯、镜泊湖）。

十、长尾小蜂科 Torymidae

中到大型，体长 1～7.5 mm（不含产卵管），通常 2～4 mm。体多为蓝、绿、金黄或紫色，具强烈的金属光泽，体上具弱的网状刻纹或很光滑。雌虫大多具有长的产卵器（图 9），故名。触角 13 节，棒状；多数具环状节 1 节，但有的不明显，极少数 2 节或 3 节。前胸背板小，背观看不到；盾纵沟完整，深而明显。前翅缘脉较长，痣脉和后缘脉较短，有时翅痣肿大呈纽扣状。并胸腹节有时具中脊或分支脊。足的跗节

5 节，后足基节长而大，后足腿节有时膨大且腹面具齿。腹部常相对较小，呈卵圆形，略侧扁；腹柄长；第 2 腹背板常长。

本科小蜂大多数种类属于初寄生，常寄生于各种致瘿昆虫体中。少数为重寄生，寄生于鳞翅目蛹的寄生昆虫，也有寄生于螳螂卵块中。有些种类为植食性，如大痣小蜂亚科除少数可寄生致瘿昆虫外，大多为植食性，常为害植物的种子，尤其是针叶树的种子。

本科分为长尾小蜂亚科 Toryminae 和大痣小蜂亚科 Megastigminae 2 亚科，约含 1500 种，原有其余亚科如螳小蜂亚科 Podagrioninae、单齿小蜂亚科 Monodontomerinae 和畸长尾小蜂亚科 Thaumatoryminae 等现均已降为长尾小蜂亚科的族，长尾小蜂亚科现包括 7 族。我国除大痣小蜂属 *Megastigmus* 有些研究外，其余尚缺乏研究。东北地区仅鉴定出的有 4 属 5 种。

1. 螳小蜂属 *Podagrion* Spinola

属征：触角长，着生颜面中部，棒节 3 节扁而宽。后足显著变形，基节长过腿节之半；腿节粗壮椭圆形并于外侧腹缘具许多齿；胫节弯曲，末端稍呈斜切状并具 1 细距。前翅缘脉长，痣脉不膨大，后缘脉略长于痣脉。腹短于胸，略侧扁，产卵器特别长而且直。

寄主：螳螂卵。

(186) 中华螳小蜂 *Podagrion mantis* Ashmead，1886（图 195）

雌：体长 3～3.5 mm。体蓝绿色并带紫色光泽。触角红褐色，梗节上方及棒节紫黑色；各足基节及后足腿节蓝绿色，基节端部、胫节、跗节（除后足末节黑褐色外）为红褐色。

触角 13 节，着生于复眼中部水平线上；柄节长达头顶；梗节长大于宽，略短于第 1 索节；环状节 1 节，短小；索节 7 节，第 1～3 节长大于宽，第 4 节方形，第 5 节以后各节均宽大于长；棒节 3 节，明显膨大，全长超过第 4～7 索节之和。头顶宽大于长，单眼呈 120°钝三角形排列。后头无脊。前胸背板横长方形，与中胸等宽。中胸盾纵沟后端可见，前端则不很明显。小盾片近圆形，后端圆。并胸腹节具一"V"形纵脊。翅透明，翅面被褐色短毛；前翅亚缘脉稍长于缘脉，后缘脉长于痣脉而缘脉又长于后缘脉。后足腿节特别膨大，后缘具 7 齿，胫节稍弯曲，末端斜截状，具 1 端距。腹部略侧扁基部狭窄，端部较宽，产卵管超过体长。头、胸部具刻点，腹部光滑无刻点。

寄主：自螳螂越冬卵块中育出，沈阳地区 5 月中旬～6 月中旬羽化，寄生较普遍。

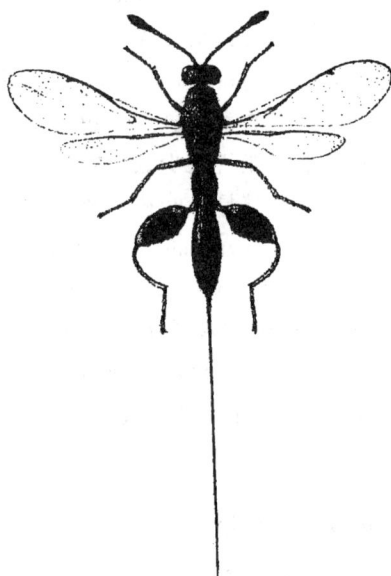

图 195　中华螳小蜂 *Podagrion mantis* Ashmead(♀)

(引自廖定喜等)

分布：辽宁(沈阳、朝阳)、陕西、江苏、浙江、安徽、江西、四川、云南、广东、广西。

注：中名有用日本螳小蜂。

2. 长尾小蜂属 *Torymus* Dalman

属征：本属与齿腿长尾小蜂属相似，主要区别在于中胸侧板后缘具缺切(即不直)。后足腿节不特别膨大，其外侧腹缘无齿状突。体具细的网状刻纹。腹与胸约等长，产卵器常超过体长。

寄主：多为瘿蜂、瘿蚊等的寄生蜂，少数为害蔷薇科果树种子。

(187)中华长尾小蜂 *Torymus sinensis* Kamijo，1982

雌：体长 2.2~2.8 mm。体蓝绿色具金属光泽，局部紫色。触角柄节、前中足胫节、后足胫节两端及各足跗节第 1~4 节黄褐色。触角梗节、鞭节、翅基片、跗节末端及产卵管鞘紫黑褐色或黑褐色。

触角 13 节，柄节柱状，长不达中单眼；梗节卵圆形，长为宽的 1.5 倍；环状节 1 节，短小；索节 7 节，由基向端逐渐变宽变短，第 1~3 节长均大于宽，第 1 节最长，长为宽的 1.5~1.6 倍，第 4、第 5 节方形，第 6、第 7 节横宽；棒节 3 节稍膨大。胸长为宽的 2 倍。中胸盾片宽大于长，具细横网纹；盾纵沟完整。小盾片长大于宽，沟后部分光滑。并胸腹节陡斜，中央部分较光滑无中脊。腹长卵圆形，略侧扁。第 1 背板后缘中部显著突出达第 2 节末端；第 3、第 4 背板约等长，均较第 1 节为短；以后各节甚短，隐缩于第 5 背板之下。产卵管鞘粗壮，长为腹部 2 倍余。前翅亚缘脉、缘脉、后缘脉、痣脉长度之比为 20：12：3：2。后足胫节具有 2 距，内距长不及基跗节之半；基跗节长与第 2～5 跗节约相等。

雄：体长 1.8～2 mm。与雌不同之处主要是：触角较长大，柄节蓝紫黑色，梗节长宽大致相等，索节均长大于宽，第 1 索节长为宽的 1.6～1.7 倍，以后各节渐短，至少第 7 节近方形。并胸腹节较雌性光滑。腹短，不长于胸，卵圆形，不明显侧扁；第 1 腹节最长，几乎占腹长之半，末端中央略有缺切，以后各节较短。

寄主：栗瘿蜂幼虫。

分布：辽宁(沈阳)、北京、河北、山东、河南、陕西、浙江、湖南、安徽、江西、广西、云南。

3. 齿腿长尾小蜂属 *Monodontomerus* Westwood

属征：主要特征是：中胸后侧片后缘直，无缺切；盾纵沟清晰；小盾片隆起，其末端前方明显具 1 横沟，沟后光滑或具刻纹，无粗刻点。后足腿节不特别膨大，其腹缘近末端具 1 锐齿；后足胫节直。腹部第 1 节背板后缘直。前翅常呈暗色，后缘脉长于痣脉。

寄主：以蛾类蛹、叶蜂茧及蝇蛹为寄主。

(188)小齿腿长尾小蜂 *Monodontomerus minor* Ratzeburg，1848(图 196)

雌：体长 3～4 mm。全体深蓝色有紫色光泽。触角柄节黄褐色，柄节端部和梗节黑褐色有紫色光泽，鞭节暗褐色。足基节和腿节与体同色，胫节黄褐色，跗节淡黄色。翅透明，前翅亚缘脉黄褐色，其端部、缘脉、后缘脉和痣脉暗褐色。腹部腹面和产卵器暗褐色。口器黄褐色。

头部后头脊明显。触角着生于颜面中部稍下方，13 节；环状节 1 节；索节 7 节，均长大于宽；棒节 3 节不显著膨大。胸部隆起，前胸长约为中胸之半，盾纵沟明显。中胸侧板后缘直，不凹陷。小盾片明显有 1 横沟，中部隆起，后部向后倾斜；并胸腹节有不明显的"V"形脊纹。翅透明，前翅亚缘脉长于缘脉，缘脉长为后缘脉的 2 倍，痣脉短于后缘脉，端部略膨大，末端尖，向后缘脉弯曲；痣脉与后缘脉间有褐色斑痕。后足基节极宽大，略短于腿节。后足腿节较粗大，腹缘近端部生有 1 齿。后足胫节直，2 端距外小内大。腹部卵圆形，第 1～4 背板占腹长

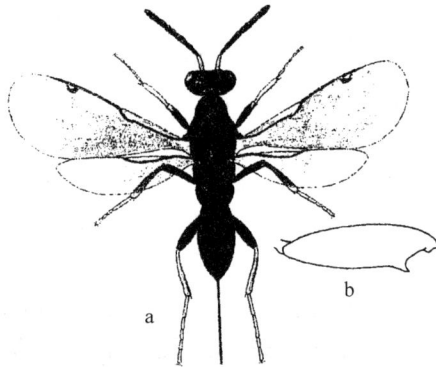

图 196 小齿腿长尾小蜂 *Monodontomerus minor* Ratzeburg(♀)
a. 整体图；b. 后足腿节
（a 引自何俊华等；b 引自 Зерова）

90% 以上，以第 1 节为最长。产卵管鞘长为腹长的 2/3 左右。头、胸部刻点明显均匀，腹部较光滑有金属光泽，但亦有细微刻纹。

寄主：据记载寄生于松毛虫等蛾类蛹、叶蜂茧及蝇蛹等。

分布：辽宁(沈阳)、陕西、浙江、湖南、江西、新疆、云南。

注：中名有用单齿长尾小蜂。

(189)苹褐卷蛾长尾小蜂 *Monodontomerus obsoletus*（Fabricius，1798）

雌：体长 3.1~4.6 mm。体蓝绿色或淡紫色，有光泽。头部、触角柄节及前胸背板绿色，胫节及跗节褐色或淡褐黄色。

头正面观宽大于高，颜面中部凹陷成触角注，周围略隆起；颊长不及复眼横径之半，颜颊缝明显，唇基端缘平直。单眼呈钝三角形排列；复眼长卵圆形，被白色微毛。触角生于两复眼下缘连线的上方，位于颜面中部稍偏下；触角粗大，触角式 11173，柄节长不达头顶。头及胸均具白毛及皱状刻纹。

胸部隆起，前胸长约为中胸长度之半；中胸盾纵沟明显，盾侧片后缘直、无缺切弯曲；小盾片后端具横沟，沟后部分光滑，侧缘具 1 排大的圆刻点，但此排大圆刻点在小盾片后端中断消失。并胸腹节网状刻纹，略有光泽，中间呈"V"字凹陷，凹陷的中央尚有自后胸盾片向后伸出所形成的"V"字中脊。后足腿节腹缘近端部具 1 齿状突。前翅后缘脉长于痣脉，痣脉周围具 1 小褐斑。

腹与胸大致等长，近圆柱形，第 1 腹节光滑，以后各节具横向的细致刻纹；第 1 腹节背板后缘直无缺切，第 3、第 4 节间略膨大。产卵器长超过腹长之半。

雄：体长 2.1～3.1 mm。与雌虫相似，但腹部较短小。

寄主：据记载寄主为苹褐卷蛾。另有记载其寄主包括若干鳞翅目蛹、叶蜂蛹及其他寄主。

分布：辽宁(沈阳、大连、北镇、阜新)、吉林(辽源)。

4. 大痣小蜂属 *Megastigmus* Dalman

属征：本属与其他属的明显区别是前翅痣脉末端具有一个鸟头状肿大的翅痣。触角生在复眼下缘水平，13 节，棒节端部的微毛区大，伸达棒节基部。腹部侧扁，在解剖镜下观察产卵器端部具大齿。头及胸部多少具有绿色金属光泽。

寄主：本属多数种类为植食性，为害树木种子；部分为虫食性，单个外寄生于瘿蜂科昆虫幼虫。

(190)日本大痣小蜂 *Megastigmus nipponicus* Yasumatsu et Kamijo, 1979(图 197)

雌：体长 1.8～3 mm。体黄褐色。颜面柠檬黄色；头顶有短形绿色大斑。触角柄节端部背面和梗节背面多少暗色；鞭节暗褐色。胸部背面蓝绿色至暗绿色，有时具金黄色或铜色光泽。胸部两侧黄褐色。足黄色；腹部主要是浅黄褐色，背面稍暗。翅痣下无昙斑，极少稍有烟色。

头顶隆起，有横刻纹。触角13 节；柄节几达中单眼，梗节等于或稍长于第 1 索节；鞭节长为头宽的 1.25 倍，向端部渐粗；第 1 索节长为宽的 2 倍；第 7 索节稍短于第 1 索节，长略大于宽；棒节 3 节，稍长于前 2 索节之和。前胸背板具横刻纹，前缘稍凹入。中胸盾片中叶有粗

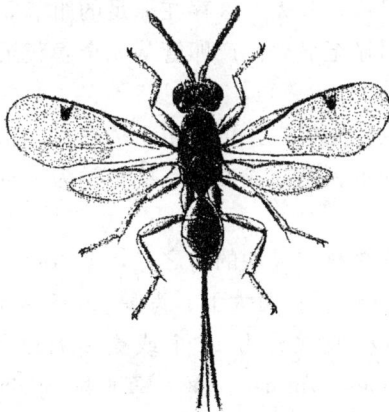

图 197　日本大痣小蜂 *Megastigmus nipponicus* Yasumatsu et Kamijo(♀)

(引自盛金坤)

糙横纹。小盾片长宽相等，有 5～6 对刚毛，小盾片横沟清晰，沟后区有纵刻痕。并胸腹节前方有 1 横脊，具中脊，在横脊处中断或分支。前翅长为宽的 2.6 倍，缘室宽，基室光裸，基半开放，透明斑发达，下方关闭，缘脉稍短于缘室长之半，与后缘脉等长；痣脉(不含翅痣)短，仅稍长于缘脉的宽，翅痣头状膨大，卵形，长为宽的 1.3 倍。腹部稍侧扁，与胸部等长或稍短，第 1、第 2 背板后缘中央稍凹入。产卵管鞘稍短于胸腹部之和。

雄：体长 1.5～3.2 mm。与雌性不同之处：胸部浅蓝绿色区有金属光泽，鞭节一般背面暗褐色，腹面较浅；棒节长近前 3 节之和；前翅缘室宽，上方端部 2/3 有 2 列毛，基室端部具毛；翅痣长约为宽的 1.2 倍；腹部短而侧扁。

寄主：各种瘿蜂。

分布：辽宁(沈阳)、河北、陕西、浙江、江西。

十一、金小蜂科 Pteromalidae

小型种类，体长 1～3 mm。大多具有金属的绿色、蓝色及其他有虹彩的颜色。头、胸部密布网状细刻点。复眼大(图 19)。触角大多 13 节，其中环状节 2～3 节。前胸背板短至甚长，略呈方形，常具显著的颈片；胸部大，背稍隆起；中胸盾纵沟大多不完全，小盾片甚大。并胸腹节中部一般具显著的刻纹；常有亚侧纵脊自气门附近伸出，后端常延伸呈狭的颈状突出。翅发达；前翅缘脉长至少是其宽的若干倍；后缘脉和痣脉发达，个别很短；基无毛区存在。足的跗节 5 节；后足胫节一般仅有 1 距。腹柄不明显至显著。产卵管从完全隐蔽至伸出腹末很长。成虫活泼，能走善跳。

金小蜂科的寄主范围极广，可寄生于鳞翅目、鞘翅目、双翅目、膜翅目等昆虫的卵、幼虫、蛹或成虫，有些种类为重寄生。少数还有捕食性、植食性的。

该科小蜂是小蜂总科中最大的科之一，据 John Noyes (2002)统计，全世界共有 587 属 3463 种；黄大卫、肖晖(2005)统计我国约有 70 多个属，250 多个种。本科通常分为 15 个或更多的亚科，其中有些亚科，如肿腿金小蜂亚科 Cleonyminae、俑小蜂亚科 Spalangiinae、柄腹金小蜂亚科 Miscogasterinae 过去有时被作为独立的科对待。东北地区金小蜂科的种类很丰富，此书记述 36 属 55 种(其中 1 亚种)。此外还有长盾金小蜂属 *Scutellsta* Motschulsky 中的 1 种(体微小，极为粗短，背面观头部短而宽，呈向后弯曲的条带形，宽于胸和腹；小盾片极宽大，向后伸达腹部的一半以上）。因未定种名，故未纳入本书中。

1. 克氏金小蜂属 *Trichomalopsis* Crawford

属征：触角 13 节，式 11263；棒节 3 节，末端圆钝。后头与头顶交接处具微弱的脊；前胸背板具锐利边缘，中胸盾纵沟不完全；并胸腹节有侧褶及沟；后足胫节具 1 端距。腹部无柄，产卵器不突出。

注：该属有学者曾采用学名 *Eupteromalus* Kurdjumov，中名作悠金小蜂属。经 Kamijo 和 Grissell 等人研究认为 *Eupteromalus* 是 *Trichomalopsis* 的次异名。另外 *Trichomalopsis* 属的中名亦有称灿金小蜂属的；为避免混乱并强调 Crawford 命名的优先地位，因此黄大卫 (1988) 将该属的中名改作克氏金小蜂属。

(191) 历寄克氏金小蜂 *Trichomalopsis zhaoi* Huang, 1988（图 198）

雌：体长 2 mm 左右。头、胸铜绿色，腹部黑色，强烈反光。触角柄节、梗节褐色；鞭节暗褐色。足基节基部铜绿色，端部大部红褐色；其余各节黄褐色。翅透明。

头部正面观略呈横形，宽为长的 1.9～1.95 倍；眼间距为眼高的 1.45～1.55 倍；颚眼距略短于眼高之半；颚眼沟明显。上颊长约为眼长之半；POL 约为 OOL 的 1.2 倍。头部具刻点；唇基具辐射状刻纹。后头与头顶交界处无脊。触角明显着生在复眼下缘的水平之上，13 节，除柄节、梗节各 1 节外，环状节 2 节，索节 6 节，棒节 3 节。柄节不达中单眼；梗节长约为宽的 2 倍，长于第 1 索节；索节近圆柱形，略粗于梗节，所有索节均略呈横形；棒节长为宽的 2 倍，明显短于后 3 索节之和。前胸背板具锐利边缘；中胸盾片宽约为长的 2 倍，具刻点；小盾片约与中胸盾片等长，略宽于长，适度隆起，刻点均匀。并胸腹节中域宽为长的 1.4 倍，具均匀的刻点；中脊侧褶尖锐、完整；并胸腹节颈约为

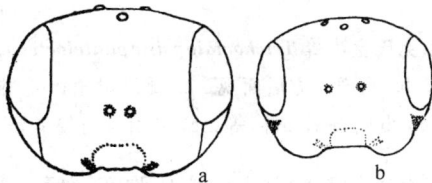

图 198　历寄克氏金小蜂 *Trichomalopsis zhaoi* Huang

a. 头部正面观（♀）；b. 头部正面观（♂）

（引自黄大卫）

并胸腹节中央长度的 1/3。中胸前侧片上部具一雕纹三角区，其余部分具刻点。后胸侧板刻点粗糙。前翅缘脉略长于后缘脉，是痣脉的 1.55倍；基室端部上方有 1～4 根毛，基脉由 1～3 根毛组成。柄后腹卵圆形，与胸部等长或略短，长约为宽的 1.4 倍。第 1 柄后腹节背板长不足柄后腹长之半。

雄：触角各节，足各节（基节除外）淡褐色。头部正面观宽略大于长；索节不粗于梗节；触角窝下方颜面较雌蜂强烈隆起；眼间距为眼高的 1.5～1.6 倍；眼下方有一倾斜的凹陷；颊的侧腹面具白毛。头背面观 POL 是 OOL 的 1.3～1.4 倍。腹部近圆形，第 1 柄后腹节背板长于腹长之半。

寄主：不详。

分布：辽宁（沈阳）、吉林（辽源）。

(192) 绒茧克氏金小蜂 *Trichomalopsis apanteloctena*（Crawford, 1911）（图 199）

雌：体长约 2 mm。体及足的基节孔雀绿色；复眼及单眼赤褐色；口器、触角柄节或包括梗节基部、翅基片及足（基节除外）黄褐色；触角鞭节暗褐色；翅透明，翅脉淡黄色。

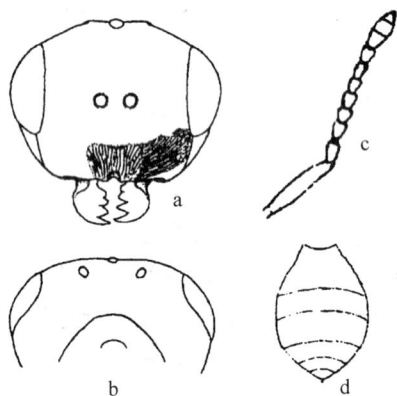

图 199　绒茧克氏金小蜂 *Trichomalopsis apanteloctena*（Grawford）
a. 头部前面观；b. 头部上方后面观；c. 雄性触角；d. 雄性腹部背面观
（a，b 引自 Kamijo 等；c，d 引自何俊华等）

头、胸部具细而密的脐状刻点。头比胸宽，唇基下缘中央凹切，颊及唇基上的刻条几伸达复眼下缘和颚眼沟。触角着生于颜面中部，很靠近，共 13 节；梗节与 2 个环状节及第 1 索节之和约等长；第 1 索节长稍大于宽，第 2～6 索节略等长，略呈方形；棒节 3 节，与第 4～6 索节之和约等长。前胸背板短，后缘光滑。中胸盾纵沟不完全，仅前部明显；小盾片大。并胸腹节后方明显缢缩成柄状，中纵脊细或缺，两侧褶脊明显。前翅缘脉与后缘脉几乎等长，明显长于痣脉。后足胫节具 1 距。腹部呈纺锤形，与胸等长，平滑无刻点，有光泽，第 1 节占腹长度 1/3。产卵器稍露出腹部末端。

雄：体长约 1.5 mm。触角第 1～5 索节约等长，长约为各节宽的 1.3 倍，第 6 索节仅稍长于其宽。腹部较雌虫为短，近卵圆形。

寄主：据记载，在我国仅偶尔从稻苞虫蛹中获得；但主要是重寄生于各种绒茧蜂、内茧蜂、黄茧蜂和悬茧姬蜂蛹。

分布：辽宁（沈阳、千山）、吉林（长春）、北京、江苏、浙江、江西、湖北、湖南、福建、台湾、广东、广西、贵州、云南。

别名：稻苞虫金小蜂、绒茧蜂金小蜂、绒茧灿金小蜂。

2. 拉金小蜂属 *Lariophagus* Crawford

属征：触角明显着生在颜面的中部稍下方，13 节，式 11263；复眼小；后头无缘脊。中胸无盾纵沟；前翅缘脉长于或等于后缘脉而长于痣脉。并胸腹节中脊不完整，侧褶完整后侧并有角突。腹部光滑，其背面略隆起，腹面呈脊状；第 1 腹背板中部向后突出，产卵器微突出。

注：本属中名亦称娜金小蜂。

(193) 米象拉金小蜂 *Lariophagus distinguendus* Foerster，1840

雌：体长 2.5～2.8 mm。体黑色带蓝绿色光泽。复眼紫红色，单眼琥珀色。足转节、腿节及触角、翅基片及翅脉暗红褐色，翅无色透明。

头正面观近圆形，背面观横宽。头顶、颜面及颊均略隆起。单眼呈 120°钝三角形排列，OOL 及前后单眼间距约分别为单眼直径的 3 倍及 2 倍。触角着生于颜面中部的稍下方；柄节伸达中单眼；环状节 2 节；索节 6 节，第 1 节柱状，长大于宽；棒节 3 节，不膨大。复眼小；颊长约与复眼横径相等。后头圆，不凹陷。头、胸部具带白毛刻点。中胸背板不扁平。

前翅亚缘脉长于或等于缘脉而长于痣脉。并胸腹节相当长，后缘有短颈，中脊仅前端可见，近基部有与小盾片后缘平行的不显著横脊，但脊前无纵隔或小方室；并胸腹节两侧后部有角突。后足胫节末端具 1 距。腹略长于胸但狭于胸，背面光滑、隆起，腹面呈脊状、腹端尖，产卵管露出。

寄主：谷象 *Sitophilus ranarius*；据记载还寄生于多种贮粮甲虫。

分布：辽宁（沈阳）、河北、浙江、四川、广西、云南。

3. 金小蜂属 *Pteromalus* Swederus

属征：本属特征与克氏金小蜂属 *Trichomalopsis*（或悠金小蜂属 *Eupteromalus*）基本相同，但前者有弱的后头脊，而本属没有。此外本属头常宽于胸，颜面下方不突起；触角第 1 索节长于梗节。前翅缘脉不长过痣脉，并胸腹节无中脊或不明显。雌虫腹部较短圆或略呈心脏形，其腹面不隆起呈脊。这些特征可与克氏金小蜂相区别。

（194）蝶蛹金小蜂 *Pteromalus puparum*（Linnaeus，1758）

雌：体长 2.3～3 mm。体蓝黑色，有金绿色光泽。触角柄节黄褐色，其余部分黑色；足的基节和腿节中部与体同色，其余部分黄褐色；复眼赭红色。翅无色透明。

头、胸部均具刻点。头略宽于胸；单眼呈 120°钝角三角形排列，POL 与 OOL 约等距。颜面略隆起，唯中部触角洼略下凹；复眼小；颊不膨出，颊长与复眼横径相等。触角着生于颜面中部；柄节长过中单眼；鞭节各节长大于宽；环状节 2 节，小；索节 6 节，均长大于宽；棒节 3 节，末端不尖锐。并胸腹节有明显的刻点，无中脊，具侧褶，周围有镶边，其后端延伸呈球状的颈。前翅亚缘脉不长于后缘脉。后足胫节末端具 1 距。腹部无柄，卵圆形。第 1 腹背板最长，约占腹长的 1/3；腹背略隆起，腹面不呈脊状，产卵管不突出或微突出。

雄：与雌虫形态、大小相似，唯索节较粗而长，体黄褐色。

寄主：据记载寄主有玉带凤蝶 *Papilio palytes*、菜粉蝶 *Pieris rapae* 等多种蝶类蛹。

分布：辽宁（沈阳、黑山）、吉林（长春）、江苏、浙江、湖北、湖南、四川、云南、西藏。

4. 迈金小蜂属 *Mesopolobus* Westwood

属征：头宽明显大于头高，也略宽于胸，无后头脊。触角式 11353 或式 11263；雄虫式 11353。中胸盾纵沟不完整，并胸腹节具完整的中脊。前翅缘脉长为痣脉的 2～2.5 倍，后缘脉有时短于缘脉而长于痣脉；翅面基部具无毛区。后足胫节具 1 端距。腹柄短而不显。本属小蜂因其触角和足为显著的嫩黄色，故有白角金小蜂属之称。

（195）樟子松迈金小蜂 *Mesopolobus mongolicus* Yang，1996（图 200）

雌：体长 1.8～2.3 mm。全体蓝绿色具金属光泽；复眼暗红色，单眼棕黄色略带微红色；腹部背面各节后部有紫褐色横带；各足基节与体同色，其余各节淡黄至黄褐色；触角柄节梗节黄色，鞭节黄至黄褐色。

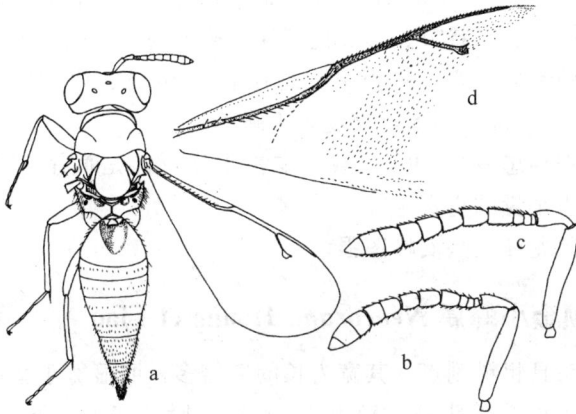

图 200　樟子松迈金小蜂 *Mesopolobus mongolicus* **Yang**

a. 整体背面观；b. 雌性触角；c. 雄性触角；d. 前翅

（引自杨忠岐）

　　头部背面观后头较深而宽的凹入，头部前缘稍凹，上颊圆滑不突出，头宽为长的 1.97 倍。POL 分别为 OOL 和 MPOL 的 2.83 倍和 2.13 倍；唇基端缘与口缘齐，中部微凹入；触角窝下缘位于复眼下缘连线上；触角 13 节，式 11353；柄节很长；长为梗节加鞭节全长的一半，后者长为头宽的 0.87 倍；梗节长为第 1 索节的 1.8 倍，长为宽的 2.25 倍；第 1、第 2 环状节长宽相等，第 3 节较长，3 个环状节全长与第 1 索节等长；5 个索节长度相等，端部节明显比基部节宽，第 1 节长为宽的 1.25 倍，第 5 节长为宽的 0.83 倍；棒节 3 节，稍膨大，长度稍短于末 3 索节长度之和；各索节和棒节具一排条形感觉器和稀疏短毛。前胸背板短，宽为长的 7.16 倍，明显分为盾片和颈两部，前缘无脊；中胸背面隆起明显；盾纵沟浅，仅前方 2/3 可见；中胸盾片宽为长的 1.53 倍，小盾片宽为长的 0.9 倍。前翅后伸达腹末之外，长为宽的 2.37 倍；缘脉长分别为亚缘脉、缘前脉、后缘脉、痣脉长的 0.7 倍、2.7 倍、1.15 倍、1.9 倍；前缘室正面无毛，反面有 1 行完整毛列，端部 1/3 毛增加；基室内无毛，基脉上毛完整，基室下方开式；基无毛区大，下方开式，端部窄，但伸达缘脉端部；基无毛区外方翅面上的纤毛密。腹部稍窄于胸部，长为宽的 2.5 倍，最宽处在第 2 腹背板基部两侧，腹端尖突，长为头胸部全长的 1.18 倍，第 4 节背板后缘中部稍凹入；产卵器稍露出，长为第 7 背板的 1/4；第 7 背板黄白色，特别尖，腹部腹面屋脊状向下突出，下生殖板端部位于基部 2/5 处。

雄：体长 1.8～2.1 mm，与雌相似，但体色金绿色，触角、足为亮黄色，触角梗节、环状节、索节色稍深，棒节褐色；梗节加鞭节全长稍短于头宽；前胸盾片宽，宽为中胸盾片的 0.86 倍；中胸盾片长，长为宽的 1.35 倍；腹部卵圆形，长度短于胸部。

寄主：据杨忠岐（1996）记载，本种小蜂可能是截尾金小蜂的寄生者，而为六齿小蠹的重寄生蜂。

分布：黑龙江大兴安岭图强。

5. 角颊金小蜂属 *Neocoruna* Huang et Liao

属征：头具粗糙刻点，其宽为长的 2 倍多，明显宽于胸部，具后头脊。触角着生处接近头顶，触角式 11263。唇基宽大；下缘中央凹入，颊下缘具宽大凹陷，侧面观呈三角状，前缘具脊，后下角具一角状突起。胸部强烈隆起，盾纵沟深而宽，近似完整；并胸腹节具中脊，无侧褶。雌虫前翅痣脉下常具一昙斑；痣脉头状增大，约与缘脉等长；后缘脉长于缘脉。后足胫节具 1 端距。腹部具长的腹柄，柄后腹卵圆形，端部宽于基部。

（196）中国角颊金小蜂 *Neocoruna sinica* Huang et Liao，1988（图 201）

雌：体长 1.9～2.4 mm。体蓝绿色，具强烈金属光泽，仅第 1 腹节后部为深黄褐色。头部触角窝以下颜面铜绿色。柄节、梗节黄褐色，鞭节褐色，第 6 索节有时呈黄色。翅透明，翅脉黄褐色；痣脉周围常有 1 红褐色昙斑。足基节与体同色，其余部分除前跗节外黄褐色。

头、胸部具粗糙刻点。头部背面观宽为长的 2.1～2.2 倍；明显宽于胸部；具后头脊；OOL 约为 POL 的 1.4～2.0 倍，是中、侧单眼距的 2.5 倍。头正面观宽为高的 1.5～1.7 倍；复眼间距为眼高的 2.5～3.5 倍；具较密的白毛。头侧面观眼高为颚眼距的 1.5 倍。触角着生处接近头顶，柄节远远超过单眼群，触角式 11263；柄节向端部增粗，约与梗节、环状节、前 2 索节之和等长；梗节短于第 1 索节；各索节向端部依次缩短，第 6 索节近方形；索节多毛；棒节略长于第 5～6 索节之和；梗节与鞭节之和不及头宽。触角沟深，中间具隆起的脊。唇基宽大下缘中央凹入。颊下缘具宽大凹陷，侧面观呈三角状，前缘具脊，后下角具一角状突起。胸部强烈隆起，盾纵沟深而宽，近似完整，仅在后端有一小截未通。中胸背板宽为长的 2.3～2.4 倍。小盾片极度隆起，刻点粗糙，前端具较宽的横沟，其内具 5～8 条纵脊。并胸腹节具刻点，中脊明显，侧褶缺，其中央长度略短于小盾片的 3/4。前翅翅面多毛，缘脉与痣脉约等长，后缘脉长于缘脉。后足基节背部光滑，外侧中央多

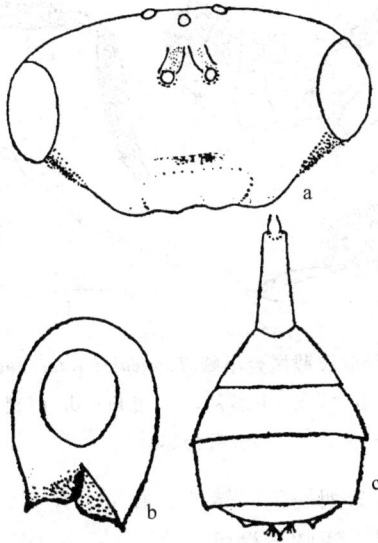

图 201   中国角颊金小蜂 *Neocoruna sinica* Huang et Liao(♀)
a. 头部前面观；b. 头部侧面观；c. 腹柄及柄后腹
（引自黄大卫等）

毛，内侧后端具 1 排毛；胫节末端具 1 距。腹部具长柄，柄的后端粗。柄后腹倒卵圆形，末端宽圆。

雄：体色较雌性暗；唇基下缘中央凹入浅；翅面无昙斑。

寄主：据刘振华采的标本来自于 1 种蛴螬卵。

分布：辽宁(沈阳东陵)、北京。

6. 截尾金小蜂属 *Tomicobia* Ashmead

属征：腹部短，末端强烈向背、腹方向扩展，侧面观略呈缺口状上下加宽，宽于腹基部。体粗壮，头宽大、宽于胸部。触角 13 节，式 11263。唇基上具放射状纵脊纹，端缘中部向内凹入，两侧呈齿状突出。前胸背板具明显的盾片，但无盾片前缘脊。并胸腹节较长，具中纵脊及侧褶。前翅痣脉常细弱，后缘脉至少比缘脉稍短。足粗短，后足胫节具 1 端距。

(197)廖氏截尾金小蜂 *Tomicobia liaoi* Yang，1987(图 202)

雌：体长 2.3～2.5 mm。前翅长 2 mm，宽 0.8 mm。全体墨绿色近于黑色，具金属光泽。复眼绛紫色，单眼红褐色。触角柄节黄褐色，但基部色淡端部色较深；梗节及鞭节紫褐色，但棒节色较浅。3 对足基

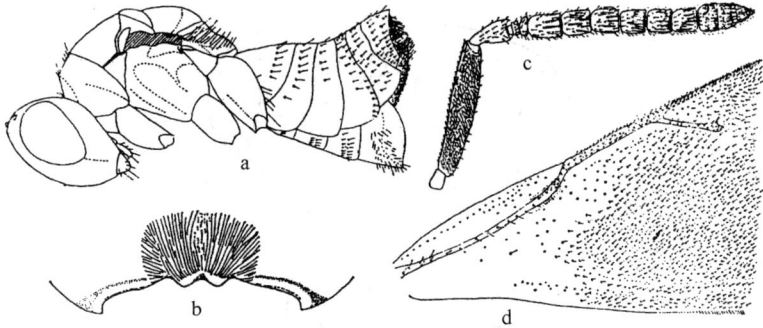

图 202　廖氏截尾金小蜂 *Tomicobia liaoi* Yang(♀)
a. 体侧面观；b. 上唇基；c. 触角；d. 前翅(部分)
（引自杨忠岐）

节与体同色，腿节均为烟褐色，转节、胫节、跗节、腿节端部及翅基片均为褐黄色。翅透明，翅脉黄褐色。

头部具网状刻纹，显著宽于胸部，背面观宽为长的 2.2 倍，正面观宽略大于高。POL 是 OOL 的 2 倍。头顶部隆起，单眼均着生在隆起上；无后头脊。上唇基端部前缘突出，中部具缺刻；整个上唇基除前端突出部分光滑外，其余部分具密的放射状脊纹。两内眼眶之间的距离大于复眼高度。触角明显着生在复眼下缘水平之上；触角式 11263，柄节长，伸达或接近中单眼的前缘，长度为梗节的 3.6 倍；在高倍镜下柄节表面具鱼鳞状细刻纹。梗节长为宽的 1.7 倍。2 环状节长度一致，但第 2 节明显比第 1 节宽。第 1～3 索节均长大于宽，第 4～6 节长度基本一致。棒节 3 节，分节明显，第 1 棒节最宽，端棒节末端尖。索节及棒节上具条形感觉器。梗节与鞭节长度之和与头宽基本相等。胸部显著隆起，具网状刻纹。前胸盾片不具前缘脊，其长度为中胸的 1/3；中胸盾片宽大于长，盾纵沟浅且不完整，仅前方 1/2 部分可见；中胸小盾片长稍大于宽，与中胸盾片等长，端部在 1/3 处有浅横沟划出后半部分。并胸腹节短，明显短于中胸小盾片；具中脊，中脊的颈状部长为并胸腹节的 1/5。各足基节以后足的最大，中足的最小；各节的腿节均稍膨大；各足胫节端部均具 1 距，前足距的端部略向内弯，中足的距几乎与第 1 跗节等长。缘脉长为痣脉的 1.6 倍有余，后缘脉稍长于痣脉。缘前脉周围具小的烟色晕斑，其下方具无毛区。翅面上的肘脉纵隆褶和翅中部的纵隆褶明显，翅面上的纤毛较密。腹部背面观卵圆形，窄于并短于胸部，腹末毛多而密。腹柄节小，隐藏于并胸腹节颈状部下方。柄后腹的末端强烈向背、腹方向扩展，侧面观略呈缺口状上下加宽，宽于腹基部。产卵器鞘大而显著，但在干标本中，则缩入由第 6 腹节及下生殖板所形成的套囊内。腹部第 1 节最长，占整个腹长的 2/5；各节背、腹板上均具有排列成行的稀疏刚毛。

雄：体长 2.8 mm。全体为墨绿色带紫铜色金属光泽，其他特征与雌虫相似。触角索节及棒节宽度一致，各索节长均大于宽。前胸盾片中部具前缘脊，各足跗节的各节明显比雌虫细而长。腹部长卵圆形，长几乎为宽的 2 倍，与胸部等宽，稍长于胸部，腹末不呈截形。

寄主：据杨忠岐(1987)报道，该种金小蜂可能是华山松大小蠹和松六齿小蠹的成虫寄生蜂(国外本属的种类均寄生于小蠹成虫)。

分布：辽宁(沈阳东陵)、陕西。

(198)暗绿截尾金小蜂 *Tomicobia seitneri*（Ruschka，1924）(图 203)

雌：体长 2.6~2.8 mm。全体深蓝绿色；头胸部具黄铜色光泽；腹部第 1 背板金绿色，其他背板及腹面带紫褐色；各足基节和后足腿节与体同色，前中足腿节深褐色，中后足胫节浅褐色，其他各节黄褐色；触角除柄节黄褐色外为褐色。

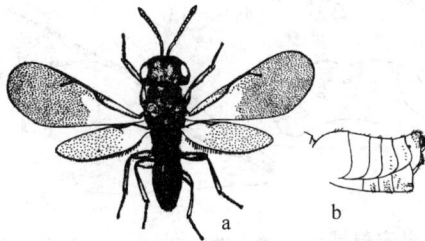

图 203 暗绿截尾金小蜂 *Tomicobia seitneri*（Ruschka）(♀)
a. 整体背面观；b. 腹部侧面观
(a 引自 Hedqvist，1963；b 引自杨忠岐)

头部背观宽为长的 2.3 倍；上颊长为复眼长的 1/4，两复眼间距为复眼高的 1.37 倍，颚眼距为复眼高的 0.53 倍；触角着生于复眼下缘连线以上，紧靠连线；柄节端部伸达中单眼，梗节加鞭节全长为头宽的 0.91 倍；索节各节均长大于宽，自基向端依次渐短，第 1 索节长为第 6 节的 1.5 倍，第 6 节长为宽的 1.33 倍；棒节不显著膨大，末端稍细。额面平坦，唇基略呈长方形，端缘中部内凹较深。中胸背板中部特别隆起，盾纵沟伸达前部 2/3 处；中胸小盾片长明显大于宽，小盾片横沟后区明显。并胸腹节中纵脊明显，基窝深，侧褶脊仅后部 1/2 明显。前翅缘脉长分别为后缘脉和痣脉长的 1.36 倍和 1.73 倍。各足短而粗，尤其是跗节特别短，侧扁；前、中、后足胫节长分别为其跗节长的 1.37 倍、1.57 倍、1.79 倍。腹部背面卵圆形，长为宽的 1.45 倍，窄于头部而宽于胸部，但长度比胸短。

雄：体长 2.4～3 mm。与雌相似，但唇基略呈半圆形；中胸盾纵沟长仅达前部的一半；前翅缘脉长分别为后缘脉和痣脉长的 1.08 倍和 1.53 倍。

寄主：据杨忠岐记载，寄生于六齿小蠹和落叶松八齿小蠹成虫。

分布：黑龙江省大兴安岭图强。

(199)兴安截尾金小蜂 *Tomicobia xinganensis* Yang，1996(图 204)

雌：体长 2～2.3 mm。头胸部为鲜亮的蓝绿色，具强烈的黄铜色光泽；腹背基部蓝绿色具光泽，其余部分紫褐色，光泽弱，部分体段有深蓝绿色斑；复眼深紫色，单眼亮琥珀色；触角除柄节黄褐色外，均为紫褐色；各足基节和后足腿节大部与体同色，前、中足腿节基部大部深褐色，其余部分黄至深褐色；翅透明，翅脉浅黄褐色。

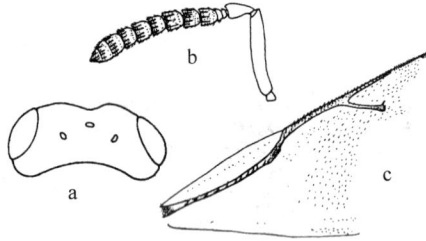

图 204　兴安截尾金小蜂 *Tomicobia xinganensis* Yang(♀)

a. 头部背面观；b. 触角；c. 前翅

(引自杨忠岐)

头背观宽为长的 2 倍，上颊长为复眼长的 0.3 倍；OOL 与 MPOL 相等，POL 分别为 OOL 和 MPOL 的 2.1 倍。正面观头宽为高的 1.26 倍；唇基半圆形，端部中央凹入很深。触角生于复眼下缘连线以上；柄节端部伸达中单眼，梗节加鞭节全长为头宽的 0.88 倍；每索节和棒节各具一排条形感觉器；柄节细长，长为宽的 7.2 倍；第 1～6 索节长度相等，宽度也相等，均长略微大于宽；棒节不膨大，长为宽的 0.94 倍。

胸部强度隆起，在中胸盾片后部和小盾片前部处隆起最高；中胸盾纵沟仅前方 2/5 明显；整个胸部长为宽的 1.43 倍。前翅后伸超出腹端之外；长为宽的 2.48 倍；亚缘脉加缘前脉全长分别为缘脉、后缘脉和痣脉长的 1.9 倍、2.32 倍和 3.6 倍；前缘室反面自基至端有一完整的毛列，端部 1/3 毛增多；基室、基脉和肘脉上无毛；翅基无毛区大，在缘脉基部 1/3 下方均无毛；无毛区外方翅面上的毛短而弱。前、中、后足胫节长分别为跗节长的 1.39 倍、1.53 倍和 1.76 倍。腹部略呈卵圆形，长为宽的 1.52 倍，为胸部长的 0.88 倍，宽度比头和胸部窄；第 1 腹背板最长，占腹长的 1/3 以上。

雄：体长 1.8～2 mm，与雌相似，但前翅基室及基脉上偶尔有零星毛分布，缘前脉与缘脉间有断痕，并胸腹节中纵脊不完整且弱，后部也没有成"人"字形岔开；各足跗节相对较长；腹部背腹扁平。

寄主：据杨忠岐(1996)记载，寄生于为害樟子松和红松的六齿小蠹、云杉八齿小蠹成虫。

分布：黑龙江大、小兴安岭。

7. 楔缘金小蜂属 *Pachyneuron* Walker

属征：前翅缘脉明显呈楔状加宽，端部宽于基部，其长度与痣脉相当。中胸盾纵沟不完整，腹部具腹柄，第 2 腹节明显短于其后各节之和。触角式 11263，极少数种类雌虫环状节 3 节，雄虫环状节 2 节。

注：该属中名过去曾用宽缘金小蜂；为确切地反映属的特征，便于与有关属的区别，黄大卫(1988)将其改为楔缘金小蜂属。

(200)蚜虫楔缘金小蜂 *Pachyneuron aphidis* (Bouche, 1834)(图 205)

雌：体长 1.5～1.6 mm。体黑色有铜色蓝绿金光，头顶及腹中部有紫色反光，复眼赭红色，单眼琥珀色。触角同体色，唯鞭节上有褐色长形感觉器和褐色刚毛。上颚红褐色。足基节及腿节同体色，转节褐色；胫节两端浅黄褐色、中部褐色；中、后足第 1～3 跗节黄或浅黄褐色，第 4～5 跗节及前足的整个跗节呈褐色。翅基片褐色末端黑色。产卵管鞘火红褐色。

本种与松毛虫宽缘金小蜂 *P. nawai* 形态相似，除体色有些差异外，头不显著宽于胸；触角梗节长不及宽的 2 倍(1.5 倍)；环状节 3 节(后者 2 节)，第 3 环状节大，几乎与第 1、第 2 节之和等长；索节 5 节(后者 6 节)，第 1 索节几呈方形，稍短于第 2 索节，第 2 索节长稍大于宽，第 5 索节方形。胸背显著隆起，并胸腹节末端之颈不呈半球形而仅为一横条。前翅缘脉明显宽大，并呈楔状，长约为其最宽处的 2.7 倍。腹柄长不大于宽；腹部短于胸部，圆形，长稍大于胸。

雄：体长 0.7～1.2 mm。触角具 2 个环状节，索节 6 节；触角鞭节较雌虫细，具较长的毛。索节各节长大于宽；第 1 索节有时短于其他索节，方形。前翅缘脉长为其最宽处的 2.3～2.7 倍。

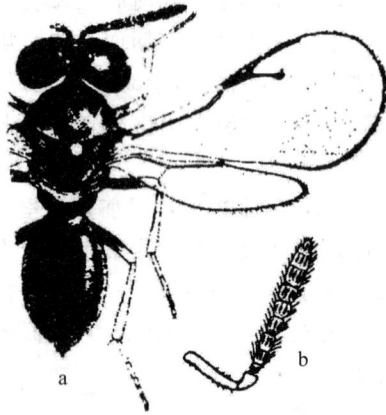

图 205　蚜虫楔缘金小蜂 *Pachyneuron aphidis* （Bouche）
a. 雌性整体背面观；b. 雌性触角
（引自刘清淳）

寄主：自春麦田中的僵蚜体内育出。据资料记载，可寄生于多种蚜虫和蚜茧蜂。

分布：辽宁（沈阳、千山、北镇）、吉林（长春、辽源）、河南。

(201) 食蚜蝇楔缘金小蜂 *Pachyneuron umbratum* Delucchi, 1955

雌：体长 1.8～2.1 mm。体黑色带兰绿铜色光泽。触角黑褐色，但柄节中部以上、梗节基部及 2 环状节为鲜褐色；鞭节各节均具褐色长形感觉器。足的基节与体同色，其余部分褐至黄褐色，跗节端部黑色；翅基片黑褐色，前翅翅脉黄褐色。复眼紫褐色，单眼黄褐色。

头、胸部密具刻点或粗网纹。头宽于胸；触角较细长，13 节；环状节 2 节；索节 6 节，第 1～5 索节长稍大于宽，第 6 索节方形；棒节 3 节，长与第 4～6 索节之和相等，稍宽于末索节，末端稍尖；梗节长为宽的 1.5 倍。单眼呈钝三角形排列，OOL 与 POL 相等。后头脊不尖锐。胸部前胸短，脊尖锐；中胸盾纵沟不明显；三角片向前突出；小盾片后端宽圆。并胸腹节无中脊和侧褶；二侧区隆起，中区具粗网纹。腹柄长稍大于宽，具粗网纹；腹部卵圆形，第 1 腹节背板最长，约占腹长的 1/3，其余各节近等长；产卵器稍外露。前翅缘脉稍长于或等于痣脉，但明显短于后缘脉。翅基脉只有 3 根毛（资料记载为 2～12 根），前翅上表面前缘室无毛。

雄：体长 1.4～2.0 mm。与雌虫相似。但触角鞭节较细长；柄节及鞭节黄褐色，鞭节上的刚毛较长，浅黄褐色；梗节黑褐色末端黄褐色，长约为宽的 1.5 倍(雌虫长约为宽的 2 倍);索节各节长约为宽的 2~2.3 倍(雌虫长不过宽的 1.5 倍)。胸背隆起显著。足的基节与体同色,端跗节黑褐,其余部分均为浅黄褐色。腹部较狭小,窄于胸部(雌虫腹较胸宽),第 1 腹节几乎覆盖腹部的 1/2。

寄主:自春麦田食蚜蝇蛹中育出。

分布:辽宁(沈阳)、北京、浙江、陕西、江西、湖南、广西。

注:本种与蚜虫宽缘金小蜂 *P. aphidis* 和松毛虫宽缘金小蜂同为近似种,应注意区分。

8. 斯夫金小蜂属 *Sphegigaster* Spinola

属征:头部无后头脊;唇基下端 2 齿,颊下部具较大的凹陷;触角 13 节,式 11263。中胸盾纵沟不完整,并胸腹节中域具均匀刻点,无侧褶,中脊有或无。前翅缘脉不加粗,长过痣脉。腹部具较长的腹柄;柄后腹第 2 背板极大,第 1 背板加第 2 背板几乎遮盖整个腹部。

(202)吉林斯夫金小蜂 *Sphegigaster jilinensis* Huang, 1991(图 206)

雌:体长约 3 mm。体亮蓝绿色,腹柄及柄后腹颜色较暗。触角全部暗橘黄色。足与体同色,端跗节褐色,其余足节暗橘黄色。翅透明,翅脉淡褐黄色,缘前脉色较暗。

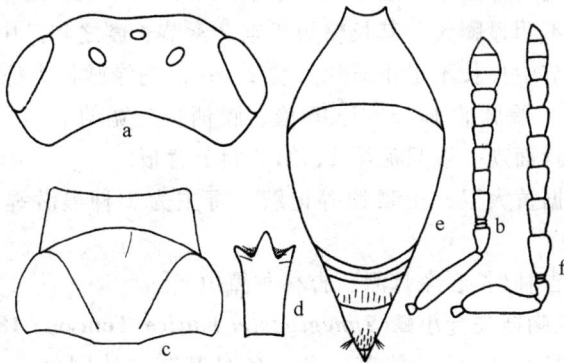

图 206 吉林斯夫金小蜂 *Sphegigaster jilinensis* Huang

a. 头背面观(♀);b. 雌虫触角;c. 领和中胸盾片(♀);d. 腹柄(♀);

e. 柄后腹(♀);f. 雄虫触角

(引自黄大卫等)

头前面观宽为高的 1.2~1.25 倍;头背面观宽为长的 2 倍。触角窝与中单眼间距略大于触角窝与唇基下端距;复眼内眶距略大于或等于复眼高；下脸平展，具较密的白毛；唇基表面上部具刻点，近下端齿处光滑。颚眼沟清楚，颚眼距为复眼高的 0.35～0.4 倍，POL 约为 OOL 的 1.3～1.35 倍；两侧单眼间的头顶隆起；头顶后缘向前凹入强。触角柄节上端不伸达中单眼，梗节加鞭节长为头宽的 0.9 倍；梗节略长于第 1 索节，并与第 1 索节端部等宽；第 1～3 索节长均大于宽，第 4 索节近方形，第 5、第 6 节宽大于长，第 6 索节宽为长的 1.4 倍；棒节 3 节，长为宽的 1.35～1.45 倍，为第 1 索节宽的 2 倍；鞭节自基向端明显增粗。棒节和索节上无明显感觉器。前胸背板横形，其中央长为中胸盾片的 1/4。中胸盾片宽为长的 1.8～1.85 倍，约和小盾片等长；盾纵沟宽而深，伸达中胸盾片后部 1/6 处。小盾片强度隆起，具有与中胸盾片同样的致密刻点。并胸腹节中央长为小盾片长的 2/3，中域具刻点，无明显侧褶，中脊锋锐而完整。后足胫节末端具 2 距。前翅缘脉不够宽大，长为痣脉的 2.8～3.2 倍，为后缘脉的 1.45～1.65 倍；前翅基脉毛列完整；基室光裸，后缘开放；基脉外透明斑后缘开放。腹部具腹柄，柄长为宽的 1.7～2 倍，向后明显变窄。柄后腹第 2 节背板极大，它和第 1 节背板一起几乎遮盖了整个柄后腹；第 1 柄后腹节背板后缘中央直；柄后腹约与中躯等长。

雄：与雌虫不同的特征如下：触角柄节侧扁，基部显著向腹面隆起，柄节顶端约伸达中单眼下端；索节 6 节，第 1 索节是鞭节中最长的一节；棒节不明显膨大，其长略短于末 2 索节长度之和。中胸盾纵沟完整，并胸腹节中央长不足小盾片长度 2/3；前翅缘脉长为痣脉的 2.75～3.15 倍，为后缘脉的 1.35～1.45 倍。腹柄长为宽的 2.25～2.3 倍。柄后腹短小，背面观一般只见第 1、第 2 腹节背板。

寄主：据黄大卫、王贵钧等记载，寄主为 1 种黑潜蝇 *Melanagromyza* sp. 蛹。

分布：吉林（长春净月潭、吉林龙潭山）。

(203) 钝胸斯夫金小蜂 *Sphegigaster mutica* Tomson，1878

雌：体长 2.6 mm。体蓝绿色。各足基节与体同色；末跗节棕色，其余浅褐黄色。翅透明，翅脉灰白色。触角柄节褐黄色；梗节和环状节棕色；索节和棒节褐色。

头前面观宽大于高；颊外边向中会聚强；无明显口上沟，唇基表面具纵刻纹；触角窝与中单眼间距与触角窝唇基下端距相等。头背面观宽略不足长的 2 倍；上颊长为眼长的一半，上颊外边向中会聚弱；POL 等于或略小于 OOL。触角 13 节，式 11263；柄节伸达中单眼；梗节加鞭节长等于头宽；梗节长为端宽的 2 倍，明显短于第 1 索节；第 1 索节长为宽的 1.85～2 倍，基部一半细，第 2～6 节基部 1/3 或 1/4 细，第 2～4 节尤为明显，第 2 索节长为宽的 1.4～1.5 倍，第 3 节长略大于宽，第 4 节方形，第 5、第 6 节宽大于长；棒节 3 节，长为宽的 2 倍，微毛区布满端棒节的腹面，长不足棒节全长之半；触角毛短而硬。

　　领的前侧角钝，前缘无齿，无明显的脊。中胸背板长大于宽之半；中胸盾片与小盾片等长，小盾片背隆起。并胸腹节长为小盾片的 3/4；无中脊，胝毛稀。翅的前缘室前中部有一排完整的毛，其端部后方有一排毛；基室内无毛，后缘开放；基脉外透明斑后缘开放；基脉由 5～7 根纤毛组成；径室多毛。腹柄细长，长为宽的 3 倍；柄后腹第 1 节背板后缘直，长为第 2 节之半，第 3～6 节缩于第 2 节之下，第 7 节背板呈三角形。

　　寄主：未知。

　　分布：吉林、北京。

(204) 微曲斯夫金小蜂 *Sphegigaster hypocyrta* Huang, 1990（图 207）

　　雌：体长 1.8～2 mm。头胸部和腹柄蓝绿色，柄后腹黑里透红。触角柄节褐黄色，梗节及鞭节棕色。足的基节较胸部色浅，背面棕色；端跗节棕色，其余足节浅褐黄色。翅透明，翅脉褐黄色，缘前脉和痣脉色较深。

　　头前面观宽大于高，颊外边向中适度会聚，口上沟不大清晰；触角窝与中单眼距小于触角窝唇基下端距。头背面观头宽为长的 2 倍；上颊长为眼长的 1/3；POL 略大于 OOL。触角柄节超过头顶，其长等于其

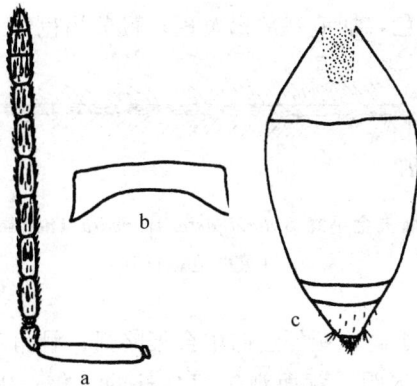

图 207　微曲斯夫金小蜂 *Sphegigaster hypocyrta* Huang(♀)

a. 触角；b. 领；c. 柄后腹

（引自黄大卫、肖晖）

后 5 节之和。梗节加鞭节为头宽的 1.2～1.4 倍；梗节明显短于第 1 索节；各索节均长大于宽，第 1 索节长为宽的 1.8～2 倍，第 2～5 节与第 1 节等长，不明显增粗，第 6 节长为宽的 1.5～1.6 倍；棒节长为宽的 2.8～3.5 倍，其长大于末 2 索节之和；索节上感觉毛稀，几乎平伏在触角上。

领的前侧角不明显突出，前缘无齿无脊，两侧近似平行，后部光滑。中胸盾片宽为长的 2～2.2 倍。小盾片隆起，长为中胸盾片的 1.2 倍。并胸腹节长为小盾片的 3/4，无中脊。中足胫距不足第 1 跗节长之半。前翅缘脉长为痣脉的 2.5～2.8 倍，为后缘脉的 1.1～1.25 倍；后缘脉长为痣脉的 2.3～2.5 倍。翅的前缘室前中部有一排完整的毛，其端部后方有一排毛；基室光裸，后缘开放；基脉外透明斑仅达缘脉基部，后缘基部 1/2 开放；基脉由 4～5 根毛组成。

腹细长，长为宽的 3～3.2 倍，前部两侧各具 2 根毛。柄后腹等于或略短于胸部，长为宽的 2 倍；第 1 腹背板后缘近似平直，略微弯曲，长为第 2 腹背板的 2/3，第 3、第 4 背板常缩于第 2 节背板之下，第 7 节背板横形；产卵器略伸出腹末。

寄主：未知。据记载该属金小蜂主要寄生于潜蝇科昆虫的幼虫或蛹。

分布：辽宁(沈阳东陵、千山)、北京、河北、山东、云南。

(205)截斯夫金小蜂 *Sphegigaster truncata* Thomson，1878(图 208)

雄：体长 2.2～2.8 mm。头胸部和腹柄亮蓝绿色，柄后腹较黑，光滑。各足基节与胸部同色，端跗节棕色，其余足节淡褐黄色。触角柄节中上部及梗节浅棕色，柄节基部褐黄色；鞭节褐色。

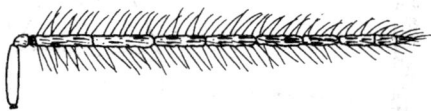

图 208 截斯夫金小蜂 *Sphegigaster truncata* Thomson(♂)触角
(引自黄大卫、肖晖)

头前面观宽大于高；颊外边向中会聚略强；触角窝与中单眼间距小于触角窝与唇基下端距。背面观头宽为长的 2 倍；POL 略大于 OOL；上颊长为眼长的 0.3～0.4 倍，上颊外边向中会聚强。触角柄节伸达中单眼上端，其长短于眼高；梗节近似球形，长不大于宽，长为第 1 索节的 0.3～0.4 倍；第 1 索节长为宽的 4～4.5 倍，第 6 索节长为宽的 3～

3.3 倍；棒节 3 节，末端尖，长为宽的 6.5～7.5 倍；梗节加鞭节长等于头宽的 2 倍多；触角毛长为触角宽的 2 倍。

领的前侧角不明显外突，中央前缘具 3 齿，近后缘处有一光滑横带。中胸盾纵沟深，伸达后部 1/4 处；中胸盾片宽为长的 1.9。小盾片和中胸盾片等长，背面隆起。并胸腹节长为小盾片的 3/4，无中脊。前翅缘脉长为后缘脉的 1.15～1.25 倍，为痣脉的 2.5 倍。翅的前缘室前中部有一排完整的毛，其端部后方有一排毛；基室光裸，后缘开放；基脉外透明斑后缘全部开放；基脉仅前部有 2～3 根毛。

雌：头背面观宽稍短于长的 2 倍；POL 略小于 OOL。触角第 3 索节方形或略宽大于长，第 4～6 索节宽大于长。

寄主：未知。

分布：辽宁（鞍山）、宁夏、云南。

9. 麦瑞金小蜂属 *Merismus* Walker

属征：头无后头脊。触角式 11263，雌虫棒节微毛区长，棒节乳状突有时有一锋锐的刺突。唇基下端具不对称的 3 齿。前胸背板分为颈和领，领前缘具锋锐的脊；中胸盾纵沟完整或后部不清晰；并胸腹节具皱褶，无明显的中脊和侧褶。前翅缘脉短于后缘脉；翅面基毛列完整，基室光裸，基脉外透明斑大。腹柄长超过后足基节；柄后腹第 2 背板略长于第 3 节背板。

(206) 菲麦瑞金小蜂 *Merismus megapterus* Walker，1833（图 209）

雌：体长 2～2.2 mm。体亮蓝绿色至蓝绿色，有时柄后腹浅棕色。触角柄节褐黄色，梗节和鞭节褐色。足褐黄色，基节蓝绿色。翅透明；翅脉淡褐黄色。

头正面观宽为高的 1.25 倍；触角窝与唇基下端间距为触角窝与中单眼间距的 0.5～0.85 倍；口上沟清晰，唇基表面光滑。头侧面观颚眼沟清晰，颚眼距为眼高的 0.4 倍。头背面观宽为长的 2～2.15 倍；上颊长为眼高的 1/3；POL 为 OOL 的 1.3 倍。触角柄节顶端不伸达中单眼；梗节加鞭节全长为头宽的 1.3 倍；梗节长宽近相等，与第 1 索节等宽或略短于第 1 索节；索节向端部逐节加宽；第 1～5 索节长大于宽，第 6 索节近方形；棒节长为宽的 3～3.5 倍，乳状突末端无刺突。前胸背板宽为中胸盾片的 0.7 倍。中胸盾片宽为长的 2 倍，盾纵沟完整。小盾片与中胸盾片等长；小盾片横沟明显，沟后片上刻点粗大，有时具纵脊。并胸腹节中央长为小盾片长的 2/3；中脊仅前半锋锐；中域具不规则皱褶；侧褶锋锐完整。前翅基室光裸。肘脉在基室后基部 2/3 缺失；基脉

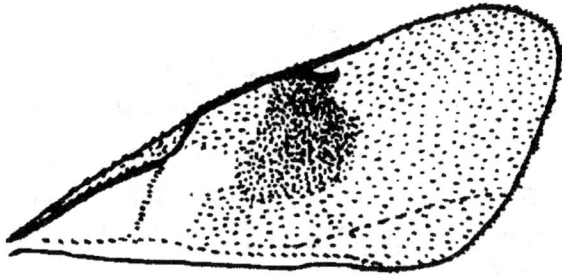

图 209 菲麦瑞金小蜂 *Merismus megapterus* Walker 前翅(♀)

（引自 Graham）

完整；基脉外透明斑后缘关闭。缘脉长为后缘脉的 0.75～0.8 倍，为痣脉的 2 倍。腹柄长为宽的 2 倍，前缘无明显的横脊，无侧脊，背面具均匀的刻点，两侧各具 1 对长毛。柄后腹矛形，略长于胸部；第 1 腹背板约占柄后腹全长之半，第 2 腹背板明显大于其后各节。

寄主：据记载寄主为菲潜蝇 *Phytobia pigmaea* 和 *Phytobia incisa*。

分布：吉林、北京、浙江、福建、四川。

10. 底诺金小蜂属 *Thinodytes* Graham

属征：头无后头脊。触角式 11263，生于颜面中部略偏下，唇基下端具不对称 2 齿。盾纵沟不完整；无小盾片横沟；并胸腹节中脊及侧褶锋锐、完整。前翅后缘脉长于缘脉，基脉毛列完整，基脉外透明斑大。腹柄明显，柄后腹第 2 背板不明显大于第 3 背板。雄虫下颚须末 2 节及下颚茎节不膨大。

(207)潜蝇底诺金小蜂 *Thinodytes cyzicus*（Walker，1839）(图 210)

雌：体长 1.6～1.8 mm。体蓝黑色。触角柄节、梗节蓝黑色，鞭节褐色。足基节和腿节(除端部褐黄色外)蓝黑色；胫节两端褐黄色，其余部分蓝黑色；跗节浅褐色，基部 2～3 节常褐黄色。翅透明，翅脉浅黄褐色。

头背面观宽为长的 2.4 倍，正面观宽为高的 1.25 倍。触角窝至唇基下端间距为触角窝至中单眼间距的 0.85～0.9 倍；口上沟不清晰；唇基表面近似光滑。无颚眼沟；颚眼距为复眼长径的 0.5～0.6 倍。上颊长为复眼长的 0.2～0.25 倍；POL 为 OOL 的 1.5 倍至 1.6 倍。触角梗节加鞭节之和等于头宽；柄节顶端不达中单眼；梗节背面观宽为长的 1.5 倍；第 1～4 索节近方形，末 2 索节宽略大于长，索节向端部渐粗；

棒节和索节每节具 1 排感器。中胸盾片宽为长的 1.65～1.75 倍。小盾片上的刻点略较中胸盾片上的刻点小；小盾片与中胸盾片等长；无小盾片横沟。并胸腹节中央长为小盾片长之半；具完整而锋锐的中脊和侧褶；中域具刻点。前翅基室光裸，后缘基部大部开放；基脉毛列完整；基脉外透明斑大，后缘关闭；缘脉长等于或略短于后缘脉，为痣脉长的1.6～1.7倍。腹柄长为宽的 1.8～2 倍，无侧脊，背面具均匀刻点。柄后腹约与胸部等长，长为宽的 1.3～1.5 倍；第 1 腹节背板长约为腹长之半，后缘中央略向前凹入。

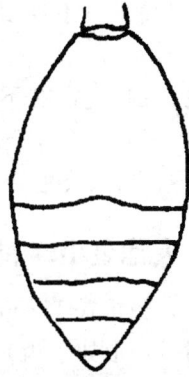

图 210　潜蝇底诺金小蜂 *Thinodytes cyzicus*（Walker）腹部背面观（♀）
（引自徐志宏）

雄：足的颜色较雌蜂浅，呈红棕色；触角索节较雌蜂长。

寄主：据记载寄主为豌豆彩潜叶蝇 *Chromatomyia horticola* 等潜蝇蛹。

分布：辽宁（沈阳）、吉林、内蒙古、河北、北京、山东、甘肃、宁夏、浙江、江西、海南。

注：别名潜蝇柄腹金小蜂。

11. 丽金小蜂属 *Lamprotatus* Westwood

属征：触角 13 节，式11263；唇基下端具不对称的 3 齿；前胸背板不分前、后部，前翅基脉外透明斑大，翅痣细小或中型，小盾片横沟深而宽，沟后片具纵脊。腹部具腹柄，其前缘常具横脊，背面具不规则皱褶或凹陷。

(208)长鞭丽金小蜂 *Lamprotatus annularis*（Walker，1833）

雌：体长约 3 mm。蓝绿色，有金属光泽。触角梗节及鞭节褐色；足除基节、腿节基部与体同色外，其余部分为褐黄色。触角 13 节，式11263，梗节加鞭节长为头宽的 1.4～1.5 倍，鞭节细长，第 6 索节长为宽的 1.7～1.75 倍，每一索节具 3 排感觉器。棒节长为宽的 3.5 倍，相当于末 2 索节之和，每一棒节具 2 排感觉器。POL 与 OOL 等距。唇基下端具不对称的齿。前胸背板不分前后部，背面圆滑；中胸盾片宽不足长的 1.5 倍；小盾片横沟深而宽。前翅缘脉长为痣脉的 1.4 倍，无肘脉，基脉外透明斑大。并胸腹节中脊直。腹部具腹柄，柄宽不足柄长的

2倍，腹柄背面具不规则深洼。

雄： 未采到。

寄主： 国内寄主不详。据记载在英国寄生于 *Stallaria madia* (L.)。

分布： 吉林（公主岭）、河北、甘肃、宁夏。

12. 大痣金小蜂属 *Sphaeripalpus* Forster

属征： 触角式11263，唇基下端具不对称的3齿（有时左齿和中齿分割不明显，形如1齿）；盾纵沟完整，有的后部较浅；小盾片的沟后片具均匀刻点，或中央刻点浅；前翅基脉外透明斑大；翅痣显著大，翅痣与后缘脉之间的距离不足痣长的2倍，后翅前缘室基部一半光裸；腹柄短于并胸腹节中域、具刻点。

(209) 普通大痣金小蜂 *Sphaeripalpus vulgaris* Huang, 1990 (图211)

雌： 体长2~2.5 mm。体蓝绿色。各足除基节和腿节基半部与体同色外，其余部分为褐黄色。触角柄节大部蓝绿色，基部浅褐黄色；梗节暗蓝绿色，鞭节褐色。翅透明，前翅除基脉前部无色外，其余翅脉暗褐黄色，翅痣棕色。

头前面观宽为高的1.3倍；触角窝与中单眼间距稍大于触角窝与唇基下端距；口上沟深，唇基表面具网状微刻纹，唇基下端左齿外侧略内切形成1小齿。头背面观宽约为长的2.25倍；上颊外边圆滑，长为眼长的1/5；POL略大于OOL（9:7）。触角13节，式11263；柄节侧扁，上端不达中单眼；梗节加鞭节长度之和略长于头宽；梗节明显短于第1索节；第1索节长大于宽，第2~4长略大于宽，第5、第6索节近方形

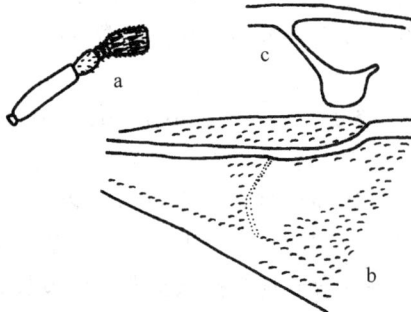

图211 普通大痣金小蜂 *Sphaeripalpus vulgaris* Huang(♀)

a. 触角基部；b. 前翅基部；c. 前翅翅痣

（引自黄大卫、肖晖）

或第 6 节宽略大于长；棒节 3 节，长约为宽的 3 倍，短于末 3 索节长度之和。索节和棒节各节具 2 排粗的感觉器。

胸部前胸背板具粗大刻点。中胸盾片宽为长的 1.75 倍，和小盾片等长。小盾片横沟完整，沟后片具均匀刻点。小背板近似光滑。并胸腹节中域具均匀小刻点，无中脊和侧褶；并胸腹节颈半圆形隆起、光滑；气门沟浅；脏毛较稀。胸腹侧片前缘无斜脊，其三角面具刻点。

前翅翅痣明显膨大，呈鸟首状，痣宽略大于长。后缘脉长为缘脉的 1.45 倍，缘脉长为痣脉的 1.4～1.5 倍；肘脉完整；基室仅端部具毛；基脉外透明斑后缘关闭。腹柄具均匀刻点，长宽近相等，前部较窄。柄后腹长为宽的 1.4～1.5 倍，约和胸部等长。本种触角柄节有时基部大部褐黄色，足腿节有时浅棕色无金属光泽或大部蓝绿色，前翅基脉有时无色。

雄：未知。

寄主：未知。

分布：辽宁(沈阳)、河北。

13. 刻柄金小蜂属 *Stictomischus* Thomson

属征：触角 13 节，式 11263，着生于颜面中部；中胸盾纵沟一般深、完整；并胸腹节中脊完整，侧褶有或无；前翅基脉外透明斑缩小或消失；翅痣一般较大；后翅前缘室前缘具毛；胸腹侧片前缘常具较强的斜脊，其三角面凹陷；腹柄长大于宽，具刻点。

(210)格刻柄金小蜂 *Stictomischus groschkei* Deluchi，1953

雌：体长约 2.4 mm。体蓝绿色。各足除基节和腿节基部 3/4 蓝绿色外，其余部分为褐黄色，各足端跗节棕色。触角柄节基部大部褐黄色，端部褐色；梗节和鞭节黑褐色。翅透明，基脉无色，翅痣棕色，其余翅脉暗褐黄色。

头前面观宽为高的 1.2 倍；触角窝与中单眼间距略大于触角窝与唇基下端距；唇基下端左齿外侧无明显内切形成的小齿；唇基表面光滑无刻纹。背面观头宽为长的 2.15 倍；POL 与 OOL 相等；上颊长为眼长的 1/4，上颊外边向中会聚强。触角着生于颜面中部，13 节，11263 式；柄节不达中单眼，长为复眼高的 0.6 倍；梗节长为第 1 索节之半；第 1 索节长为宽的 2 倍，其余各索节均长大于宽；棒节 3 节，长为宽的 3.4 倍，与末 2 索节长度之和等长。索节和棒节上的感觉器排列不规则。

中胸盾片宽为长的 1.6 倍，稍长于小盾片；沟后片具细刻点，后部具纵脊。并胸腹节中域具网状刻纹，中脊完整，中脊两侧光滑，无侧褶；胝毛稀。胸腹侧片前缘具强壮的斜脊，其三角面近似光滑。中胸侧板除翅下光滑三角区外具粗糙刻点。前翅后缘脉长为缘脉的 1.5 倍，为痣脉的 2.25 倍，缘脉长为痣脉的 1.5 倍；痣宽略大于长，痣钩长为痣宽的 1/3。翅的基室基部光裸，基脉外透明斑呈一窄长条。腹柄长为宽的 1.4 倍，前部无隆起的脊。柄后腹长卵形，长为宽的 1.8 倍，第 1 腹背板长为腹长之半。

雄：体长 2～2.3 mm。触角柄节蓝绿色。与雌蜂的主要区别是：索节各节长均为宽的 2.3～3 倍。第 1 索节最长。

寄主：未知。国外寄生植潜蝇。

分布：吉林(敦化、长白山)、河北、四川、云南。

14. 塞拉金小蜂属 *Seladerma* Walker

属征：触角 13 节，式 11263，每一索节及棒节上具 1～2 排条形感觉器，一般为 1 排；唇基下端具不对称 3 齿；前胸背板不分颈和领，背面圆滑；前翅基脉外透明斑大，翅痣小至中型；小盾片横沟细或无，沟后片具细刻点；腹柄短，柄宽大于长或长宽相等，腹柄前缘无横脊，背面光滑或具横刻纹。

(211)长脉塞拉金小蜂 *Seladerma longivena* Huang, 1991(图 212)

雌：体长约 3 mm。体亮蓝绿色。触角柄节、各足基节和腿节基部 2/3 蓝绿色；转节、胫节大部和基部 4 跗节褐黄色；胫节端部小部及端跗节棕色。翅透明。前翅基脉无色，其余翅脉暗褐黄色。

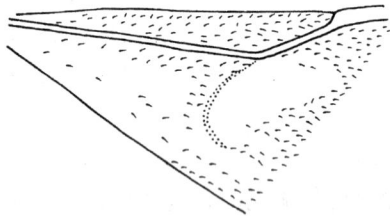

图 212　长脉塞拉金小蜂 *Seladerma longivena* Huang(♀)前翅基部
(引自黄大卫、肖晖)

头前面观宽为高的 1.25 倍；触角窝与唇基下端距小于触角窝与中单眼距；下脸中央膨起；口上沟清晰；唇基表面具网状刻纹，下端 3 齿极不对称。头背面观宽为长的 2.3 倍；上颊长为眼长的 1/3；POL 为 OOL 的 1.5 倍。触角 13 节，式 11263；柄节侧扁，腹缘锋锐，长于基部 2 索节之和，也长于棒节，上端不达中单眼；梗节加鞭节之和与头宽几相等；梗节略短于第 1 索节，长为宽的 1.5 倍；第 1 索节长为宽的 1.6 倍，第 5 索节方形，第 6 索节宽略大于长；棒节长为宽的 2.4 倍，长于末 2 索节之和；每一索节和棒节具 1 排感觉器；触角毛短而密。

中胸盾片宽为长的 1.6 倍，约与小盾片等长。小盾片弓起强、小盾片横沟浅，不明显，沟后片中央具刻点，两侧具网状刻纹。小背板光滑，中央纵向排列一行刻点。并胸腹节中域具刻点，中脊锋锐，侧褶后半部明显，其前方具纵刻纹。前翅后缘脉长为缘脉的 1.65 倍；缘脉长为痣脉的 1.35 倍。翅的基室端部具毛，基部 2/3 大部光裸，但在亚缘脉后有几根毛；肘脉毛稀，近似完整；基脉外透明斑大、后缘关闭。腹柄不明显，宽约为长的 4 倍，背面光滑。柄后腹略长于胸部，短于头胸之和，长为宽的 2 倍；第 1 腹背板不足腹长之半。

寄主：未知。

分布：据记载分布吉林省长白山。

15. 凹缘金小蜂属 *Xestomnaster* Delucchi

属征：本属与尖腹金小蜂属 *Thektogaster* Delucchi 相似，即：触角着生于颜面中部，式 11263；前胸背板无领和颈之分；前翅基脉外透明斑缺失或缩小；腹柄短，无明显刻点，具刻纹、近似光滑。区别在于本属柄后腹第 1 节背板后缘中央向前深深凹入。

(212)斜缝凹缘金小蜂 *Xestomnaster obliquus* Huang，1990（图 213）

雌：体长约 2 mm。体亮蓝绿色。各足基节、第 1 转节和腿节大部、触角柄节和梗节与体同色；腿节端部约 1/4 和胫节基部褐黄色；胫节大部(中部色较浅)和第 1～4 跗节棕色(有时仅第 4 跗节棕色)；触角鞭节和各足端跗节褐色。前翅除基脉无色外，其余翅脉暗黄褐色。

头前面观宽为高的 1.25 倍；触角窝与中单眼间距大于触角窝与唇基下端距；口上沟不甚明显；唇基表面具浅刻点，下端左齿略长于中齿，二者之间分隔明显，均较右齿细而尖。头背面观宽为长的 2.4 倍；上颊长为眼长的 1/4；POL 大于 OOL。触角 13 节，触角式 11263；柄节侧扁，端部不达中单眼下端；梗节加鞭节长与头宽几相等；梗节与第 1 索节等长；索 6 节，各节向端部依次增粗，第 1～4 索节近方形，末 2 索节宽大于长；棒节 3 节，各节斜向相连、中间形成斜缝，长为宽的 2.5 倍，与末 3 索节长度之和等长，明显粗于第 6 索节，微毛区伸达第 3 棒节基部；各索节和棒节均具 1 排感觉器；触角毛细而弱。

中胸盾片宽为长的 1.4 倍，与小盾片等长。小盾片横沟不明显，沟

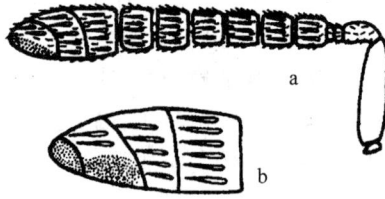

图213　斜缝凹缘金小蜂 *Xestomnaster obliquus* Huang(♀)

a. 触角；b. 触角棒节

(引自黄大卫、肖晖)

后片上的刻点较沟前域上刻点深而稀。小背板上的刻点与小盾片沟后片的刻点相同。并胸腹节中央长为小背板的2倍；中域具粗糙刻点；中脊弱但完整，侧褶仅后部明显；气门沟浅。胸腹侧片前缘无脊。前翅后缘脉长为缘脉的1.3倍，缘脉长为痣脉的1.4倍；翅痣宽显著大于长。翅的基室大部无毛，仅端部散布一些毛；基脉外透明斑与缘前脉分隔；肘脉完整。腹柄宽为长的2倍，背面具横刻纹，中央纵向隆起。柄后腹略短于胸部，长为宽的1.4倍；第1腹背板长为腹长之半，背部中央向前凹入，但较浅。

寄主： 未知。

分布： 吉林(长白山)。

16. 赘须金小蜂属 *Halticoptera* Spinola

属征： 头无后头脊。触角生于复眼下端连线上或稍下，式11263；唇基下端中央2齿，常不对称；前胸背板分颈和领，领的前缘无脊，仅极少数具微弱的脊；中胸盾纵沟大多不完整，小盾片横沟有或无。并胸腹节中脊锋锐、完整；侧褶完整或不完整，中域隆起，光滑或具明显刻点；前翅缘脉长于后缘脉；无基脉毛列，基脉外透明斑大。腹柄宽大于长或长略大于宽，柄后腹第2节显著小于其后各节之和。雄蜂下颚须奇特，末端2节及茎节膨大。

(213)光柄赘须金小蜂 *Halticoptera hippeus* (Walker, 1839)

雄： 体长1.6～1.8 mm。头及中躯亮蓝绿色，柄后腹棕褐色或暗蓝绿色。各足基节亮蓝绿色，端跗节棕褐色，其余均为黄色。翅透明，翅脉褐黄色。触角除梗节基部和棒节棕褐色外呈亮黄色。

头前面观宽为高的1.15～1.2倍；触角窝与中单眼间距为触角窝与唇基下端距的2倍；口上沟不清晰；唇基表面刻点与下脸上的刻点相

同。头背面观宽为长的 2 倍，上颊长为眼长的 1/5；POL 为 OOL 的 1.35～1.4 倍。触角柄节略短于眼高，上端不达中单眼；梗节加鞭节为头宽的 0.7～0.75 倍；梗节长为宽的 2 倍，等于基部 2 索节长度之和；各索节约等长，均宽略大于长；棒节长为宽的 2.5 倍，等于末 3 索节长度之和。下颚茎节极度膨大，伸过后头孔上端，下颚须末端 2 节略扁平膨大。

中胸盾片宽为长的 2 倍，略短于小盾片。小盾片无横沟，沟后片相应区域的刻点浅，中央呈网状刻纹。小背板光滑。并胸腹节中域近似光滑，具稀疏刻纹；并胸腹节中央长为小盾片的 2/3；中脊锋锐、完整；无明显侧褶，无明显基凹。前翅缘脉长为后缘脉的 1.3～1.35 倍，为痣脉长的 2.3～2.5 倍。翅面基脉外透明斑内侧区域全部光裸无毛，亦无基脉毛列。腹柄宽为长的 1.8～2 倍，背面光滑，具一微弱的中脊。柄后腹约与胸部等长。

寄主：未知。

分布：辽宁(沈阳、千山)、内蒙古、河北。

(214)圆形赘须金小蜂 *Halticoptera circula*（Walker，1833）

雌：体长 1.7～2 mm，体呈绿色，具金属光泽。触角柄节、梗节黄褐至棕褐色，鞭节黑褐色。复眼红褐色，单眼黄色。足除基节与体同色外，其余部分黄至黄褐色。翅透明，翅脉黄褐色。

头宽于胸，背面观宽约为长的 1.3 倍，后头略向前凹而头额区则隆起，单眼呈矮三角形排列，POL 与 OOL 近等距，约为单眼直径的 5 倍，后头无缘脊。头前面观宽为高的 1.2～1.3 倍；触角着生于复眼下缘连线上或稍偏下方，触角窝至中单眼距为触角窝至唇基下端距的 2～2.5 倍，口上沟及颚眼沟清晰。唇基表面近似光滑。触角 13 节，式 11263；柄节柱状，与眼高等长，上端不达中单眼；梗节长约为端宽的 2 倍，长于 2 环状节与第 1 索节之和；6 索节均横宽，等长，由基至端略微变粗；棒节 3 节，长略短于末 3 索节之和，不显著膨大；触角梗节加鞭节之和为头宽的 0.75～0.80 倍。

胸部前胸背板明显分为颈和领，领的前缘无脊；中胸盾片宽为长的 2 倍，盾纵沟背观不明显；小盾片略长于中胸盾片，显著隆起，无横沟，具致密刻点；小背板光滑；并胸腹节中域光滑，中脊锋锐、完整、侧褶锋锐，伸至气门内侧。前翅长为宽的 2 倍；缘脉长于后缘脉，分别为后缘脉和痣脉长的 1.1 倍和 2 倍。腹柄明显，长为宽的 1.4～1.5 倍，腹部略短于胸部。

雄：与雌相似，唯体金绿色。触角及足(除基节与体同色外)均为黄色。下颚茎节上端不达后头孔；下颚须奇特，末端 2 节呈球状膨大，鲜黄色。

寄主：可寄生各种潜叶蝇。

分布：辽宁（沈阳、千山）、吉林（长春）、河北、北京、内蒙古、山东、江苏、福建、湖南、云南、西藏、陕西、甘肃、宁夏、新疆。

17. 茜金小蜂属 *Cyrtogaster* Walker

属征：触角着生颜面下部，13 节，式 11263；唇基下端具对称的 3 齿，中齿长。雄虫下颚须倒数第 2 节膨大或不膨大，下颚茎节不膨大。前胸背板领的前缘具粗壮的脊；中胸盾纵沟完整，有的后部浅；并胸腹节具皱褶。前翅基室至少基部光裸，基脉外透明斑大。柄后腹第 1 节及第 2 节背板大，第 1 背板后缘向前宽幅弯曲。

(215) 陲茜金小蜂 *Cyrtogaster tryphera*（Walker, 1843）（图 214）

雌：体长 1.6 mm。体蓝黑色。各足基节与体同色，端跗节棕色，其余足节褐黄色。触角除柄节基部 1/3 暗褐黄色外，均为褐色。

图 214　陲茜金小蜂 *Cyrtogaster tryphera*（Walker）（♀）触角
（引自黄大卫、肖晖）

头前面观宽为高的 1.3 倍；触角窝与中单眼间距为触角窝与唇基下端距的 2.25 倍；口上沟不清晰，唇基表面具弱的网状刻纹。颊眼沟细，颊眼距为眼高的 0.35 倍。头背面观宽为长的 2 倍，上颊长为眼长的 1/5，无后头脊；POL 为 OOL 的 2 倍。触角着生于复眼下缘水平线的上方，13 节，触角式 11263；柄节短于眼高；梗节加鞭节略短于头宽；梗节长为端宽的 2 倍，略长于环状节加第 1 索节之和；第 1 索节近方形，第 6 索节宽为长的 1.5 倍；棒节粗于索节，长为宽的 2 倍；触角毛短而疏。

中胸盾片宽为长的 2 倍；中胸盾纵沟及小盾片横沟均深而完整，小盾片的沟后片和沟前域具同样的刻点。小背板光滑。并胸腹节具不规则皱褶。前翅缘脉长为痣脉的 1.65～1.75 倍，为后缘脉的 1.3～1.5 倍。翅的基室端部一半具毛，后缘关闭；基脉毛列完整，基脉外透明斑后缘开放。腹柄宽为长的 1.5 倍，具锋锐的侧脊，背部中央具 3 条纵脊。柄后腹与胸部（含并胸腹节）等长，第 2 腹背板光滑。

寄主： 在美国寄生水蝇和果蝇。

分布： 黑龙江（伊春）。

18. 俑小蜂属 *Spalangia* Latreille

属征： 触角着生于近口缘，10～11 节，触角式 11071 或 11072；即无环状节，棒节 1 节或不明显的 2 节。头和胸有具毛刻点，各种沟都由刻点构成。头高大于头宽、额部向下明显收窄，后头脊粗壮，额中央在中单眼下方有一纵沟；复眼较小，被微毛；上颚 2 齿，下颚须、下唇须各 2 节。前胸背板分为明显的前部和后部；中胸盾纵沟宽而深，但不达盾片后缘；小盾片平，小盾片横沟完整或不完整。并胸腹节中央具窝状双沟，其颈短而光滑。翅缘具缘毛，翅面多纤毛；前缘室细长；后缘脉和痣脉钩状。足转节大；后足胫节具 1 距；前足胫节 1 距、弯曲，其基跗节膨大。腹柄长，具纵脊；柄后腹第 3 节背板最大。体全为黑色，大多具金属光泽。

(216) 黑俑小蜂 *Spalangia nigra* Latreille, 1805

雌： 体长 3～4.5 mm。体黑色，有时具金属光泽。各足除跗节为黄褐至褐色外，其余各节均为黑色，基节反光强。翅透明，有时呈微弱红褐色。

头和胸部密布具毛脐状刻点。头前面观高略大于宽，颊的外边向中会聚强，复眼相对较小且极为凸出，表面具毛。侧面观头高为头长的 2 倍，颚眼距长为眼高之半，触角窝极隆起，眼高是 TL（复眼至后头脊间距）的 3 倍。触角 10 节，着生于近口缘，无环状节，触角式 11071；柄节长等于其后 5 节之和，其上具皱褶的纵条纹，索节 7 节，第 1 索节长形，第 2 节长略大于宽，其余索节近方形，末索节有时略横形；棒节 1 节，显著较末索节长大，基部平直，末端圆钝。

前胸背板后部前缘无脊，脐状刻点密集，中域横沟前刻点间距略大，近后缘处由一排脐状刻点组成的横沟明显，沟后光滑区是前胸背板全长的 1/8。中胸盾片中叶前部近似光滑，具微弱横向刻纹；后半部刻点不规则，不形成皱褶，刻点间距清晰可见，中央有一光滑纵脊。小盾片横沟宽而深，沟前区域除中央一纵条外散布脐状刻点，沟后片约与后胸背板等宽。并胸腹节窝状双沟一直伸达并胸腹节颈，中脊在前部 1/3

尖锐，侧褶仅在后缘明显，侧后角伸出尖锐的角。中胸侧板具明显的前侧片凹陷，并和前面的斜凹相连。前翅前缘室长接近缘脉长的2倍，痣脉约和后缘脉等长，基室具毛。后足转节背面有一明显角状突起。腹柄长为宽的2倍，两侧具毛。柄后腹光滑。第2腹背板后缘向前凹入，第3腹背板长为第2节的2倍或略多。

雄：头略横宽，触角柄节长不及后3节之和；梗节长约为第1索节之半；第1索节长为宽的3倍，其余索节长为宽的2倍。腹柄长为宽的3倍。

寄主：不详。

分布：辽宁（沈阳、千山）、吉林（长春、吉林龙潭山）、北京、上海、四川、云南。

(217)异蝇蛹俑小蜂 *Spalangia heterendius* Huang，1990（图215）

雄：体长2mm。体黑色，具金属光泽。足基节黑色，反光强，其余足节红褐色，跗节基部4节色浅，呈黄褐色。翅透明。

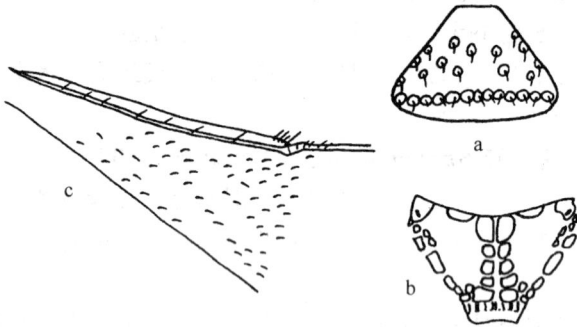

图215 异蝇蛹俑小蜂 *Spalangia heterendius* Huang
a. 小盾片；b. 并胸腹节；c. 前翅
（引自黄大卫、肖晖）

头前面观宽与高相等，刻点稀疏，复眼突出。背面观上颊长为眼长的1/3，头顶刻点更稀，光滑。触角生于近口缘，10节，触角式11071；柄节具纵刻纹，其长等于梗节及前2索节之和；梗节长为宽的1.5倍；第1索节长为宽的2.4倍，第2～7节近方形，节间小柄长不足节长的1/3；棒节长为宽的3倍多，与后2索节及其间全长相等。

前胸背板后部半球形，前缘无脊，近后缘处有一刻点组成的横沟，沟前区域刻点大而稀，前侧区刻点密但不明显形成皱褶。中胸盾片后部具规则刻点，刻点中央具光滑纵脊；中胸盾片侧域光滑，前面向腹面陡降。小盾片平坦，小盾片横沟深而完整，沟前域中央具刻点，侧后角光滑，沟后片与后胸背板等长。并胸腹节中央窝状双沟宽，中脊完整无侧褶。气门沟外区域具刻点皱褶。前翅亚缘脉长为缘脉的 1.4 倍，痣脉与后缘脉等长，长于缘前脉，缘前脉与缘脉之间有一浅色断痕，基室基部光裸。腹柄长为宽的 2.8 倍，两侧具毛。柄后腹第 2 节背板后缘向前凹，中央长为第 3 背板的 1/3。

寄主：未知。

分布：据黄大卫记载分布于辽宁复县。

(218) 皱带俑小蜂短头亚种 *Spalangia erythromera brachyceps* Boucek，1963(图 216)

雄：体长约 2 mm。体黑色，具金属光泽。

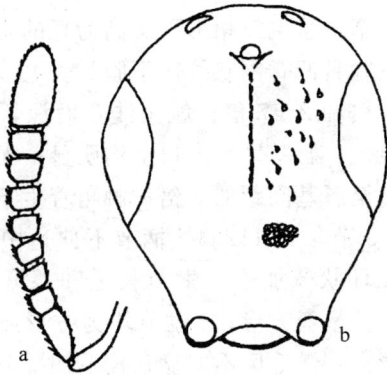

图 216　皱带俑小蜂短头亚种 *Spalangia erythromera brachyceps* Boucek
a. 触角；b. 头前面观
（引自黄大卫、肖晖）

头前面观高为宽的 1.12 倍，具小而稀疏的刻点。侧面观高为长的 1.92 倍，眼高为颚眼距的 1.5 倍；触角着生于近口缘，10 节；梗节长为宽的 2 倍；第 1 索节长略大于宽；第 2~7 索节横形，自基向端依次渐宽；棒节长为宽的 2 倍。

该亚种与皱带俑小蜂指名亚种 *Spalangia erythromera erythromera* Forster 的主要区别是：前胸背板短，小盾片较其明显隆起，腹部微刻点不明显。另外，本亚种头部前面观头高稍大于头宽，而指名亚种(♂)的头宽与头高相等。

寄主：国内寄主未知。国外记载其寄主有草种蝇、泉蝇属。

分布：吉林长岭。

19. 脊柄金小蜂属 *Asaphes* Walkar

属征：主要特征是腹柄具数条纵向的条状脊，腹柄长大于宽，柄后腹第 1 节及第 2 节背板长于其他各节。头正面观呈倒三角形，后头脊显著，触角洼明显凹陷；触角较近唇基，式 11263。中胸盾纵沟深而显著；小盾片隆起，横沟明显。并胸腹节长，具不规则的刻纹。前翅缘脉短，与痣脉几等长，后缘脉分别长于缘脉及痣脉。体为亮丽的深绿色。

注：本属的中名有称其为阿莎金小蜂的，也有称其为艾莎金小蜂的；黄大卫（2005）认为以"脊柄"命名较符合其特征。

（219）钝缘脊柄金小蜂 *Asaphes suspensus* （Nees，1834）

雌：体长 2～2.5 mm。体深绿色具光泽；各足除基节与体同色外，其余为黄色；触角除柄节与体同色外均为褐色。

头前面观上宽下窄，呈倒三角形，头高为宽的 1.44 倍；颜面光滑，仅触角洼外下方及下脸具凹脊网状纹，下脸具长毛。复眼间距分别为眼高及颚眼距长的 1.1 倍和 2.57 倍；触角洼宽而深，两触角窝之间上方具纵形鼻状突；下脸短，唇基区小，口上沟明显；无颚眼沟。触角窝至中单眼间距为触角窝至唇基间距的 3 倍；触角着生于颜面下方、复眼下缘水平线处；触角 13 节，式 11263，柄节不伸达中单眼；梗节长为端宽的 1.7 倍，等于 2 环状节加第 1 索节长之和；第 1 环状节短小呈饼状，第 2 环状节稍大，呈亚方形；6 索节均为方形或亚方形，各节具一轮感觉器；棒节较膨大，微毛区不明显；梗节加鞭节全长与头宽几乎相等。头背观后头脊明显，头宽为长的 2.1 倍；POL 长为 OOL 的 2 倍；上颊弧形，明显向中后部会聚，复眼长为上颊的 4 倍。

胸部隆起，具网状纹和毛。中胸盾片前缘不向前伸长，宽为长的 2.1 倍，盾纵沟深而完整；小盾片长略大于宽，具横沟；横沟由大的圆形刻点组成，沟的前方具网状纹，后方光滑。并胸腹节具网状纹，无中脊和侧褶，颈部明显。前翅缘脉短；后缘脉长，分别长于缘脉和痣脉。翅面密被纤毛，无透明斑；缘室细长，上表面端半部具一排毛，下表面被毛。后足基节具长而密的白毛。腹部具腹柄，柄长为宽的 1.3 倍，表面具纵脊和网纹；柄后腹各节光滑，第 1、第 2 节背板占整个腹长的一半多。

雄：与雌性相似。触角除柄节与体同色外，余者均为黄色。触角短，棒节膨大，感觉器明显，棒节端部具较长的密毛；柄后腹短于胸部，后部几节在背面看不见。

寄主：国内不详。国外记载寄生多种蚜虫。

分布：据记载分布于黑龙江、吉林、北京、河北、陕西、新疆、西藏、云南、四川、福建、广东。

(220)脐刻脊柄金小蜂 *Asaphes umbilicalis* Xiao et Huang，2000(图217)

雌：体长1.8~2 mm。体深绿色少光泽，足和触角均为透明的棕褐色。

头前面观头高大于宽，颜面具粗糙的网状刻点；触角洼窄小而浅，底部光滑无刻点；复眼高为颚眼距的2.5倍；唇基区小，口上沟明显，无颚眼沟。触角着生于两复眼下缘连线的上方；触角窝至中单眼距为触角窝至唇基距的1.5倍；触角短，13节，柄节长最多伸达中单眼下缘；梗节长为端宽的2倍左右；第1环状节扁平，第2环状节方形，具明显的感觉器；6索均为方形或亚方形，各节具一轮感觉器；棒节3节稍膨大，微毛区不明显；梗节加鞭节短于头宽。头背面观后头脊明显，两个侧单眼外侧具一浅沟，中单眼前方具一浅沟；头宽为长的2倍；POL为OOL的2.66倍；上颊稍呈弧形向中后部会聚，上颊长为复眼长的1/3。

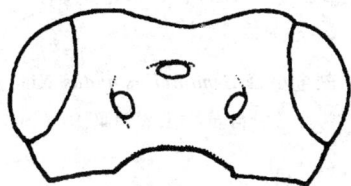

图217　脐刻脊柄金小蜂 *Asaphes umbilicalis* Xiao et Huang(♀)头背面观
（引自黄大卫、肖晖）

胸部隆起，具粗糙网状刻点及较密的脐状具毛刻点。前胸背板长方形，宽为长的3倍；中胸盾片宽为长的2倍，明显短于小盾片，盾纵沟完整；小盾片长为宽的1.15倍，横沟由刻点组成，横沟后方光滑。并胸腹节具交错的脊构成的网，中脊弱，无侧褶，颈部较明显；并胸腹节侧边具长密毛。前翅长为宽的2.26倍；缘脉短，与痣脉等长；后缘脉长为缘脉的1.89倍；翅面密布纤毛，透明斑小，仅在前缘脉下有一小片；缘室上表面端半部具一排毛，下表面具毛。后足基节侧面具一列毛。腹柄具纵形脊，其间被网纹，腹柄长为宽的1.5倍；柄后腹长为宽的1.9倍，第1、第2节占腹长的1/2多。

寄主：杏蚜。

分布：吉林(吉林龙潭山、延吉)。

20. 糙刻金小蜂属 *Semiotellus* Westwood

属征：主要是胸部具粗糙不平的具毛刻点，头部具明显或不明显的刻点。头无后头脊；触角 12 节，式 11253；二触角窝较靠近，位于颜面中央或稍上；上颚短而宽，左右各 3 齿；唇基区近似方形，口上沟较明显。中胸盾纵沟深而完整，小盾片后部无横沟。前翅被密毛，透明斑小；翅的下表面缘脉之后方有一不规则的长毛列；缘脉是痣脉长的 2 倍以上。体长中等大小，绿色具金属光泽。

(221) 光室糙刻金小蜂 *Semiotellus nudus* Xiao et Huang, 1999（图 218）

雌：体长 3 mm。体黑蓝色，被毛不明显；触角黑色；各足除跗节黄色外，其余各节均为黑蓝色。

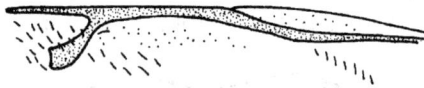

图 218　光室糙刻金小蜂 *Semiotellus nudus* Xiao et Huang 前翅
（引自黄大卫、肖晖）

头前面观近圆形，颜面具大小不一的圆形和网状刻点。头宽为高的 1.2 倍，复眼间距、复眼高及颊眼距相对长度为 29：23：10；触角洼明显，唇基区具小而密的网状刻点，口上沟明显。触角着生于颜面中部，12 节，触角式 11253；柄节超过中单眼；索节 5 节，第 1、第 2 节长稍大于宽，第 3～5 节为亚方形，各节均具一轮感觉器；棒节 3 节稍膨大，各节相接处平而不斜，端棒节顶端具小的微毛区；梗节加鞭节之和稍大于头宽。头背面观宽接近长的 2.1 倍；POL 为 OOL 的 3 倍；复眼长为上颊的 3 倍。

胸部明显隆起，具粗糙的大刻点和网状的小刻点。前胸背板横条形，长为宽的 0.07 倍，中胸盾片前缘长为宽的 0.74 倍，盾纵沟深而完整；小盾片长为宽的 0.8 倍。并胸腹节短，为小盾片长的 0.13 倍，具网状刻点，中脊完整，侧褶几乎接近前缘。前翅长为宽的 2.15 倍，缘脉最长，长为后缘脉的 1.6 倍，为痣脉长的 2.9 倍；翅痣稍膨大。翅面透明斑较大，透明斑外被毛；基脉完整，基室光滑无毛，基室后开放；缘室上表面无毛，下表面具少量毛；前翅下表面缘脉后方具一排不规则的长毛。足爪部无叶状结构。腹部无明显的腹柄；柄后腹长为宽的 2.5 倍，长于头胸之和；除第 1 腹背板外，其后各节背板均具大的网状刻纹。

寄主：未知。

分布：据黄大卫、肖晖记载分布于辽宁西丰、北京。

(222)多变糙刻金小蜂 *Semiotellus diversus*（Walker，1834）

雌：体长 2 mm 左右。体蓝绿色，具金属光泽；触角柄节梗节黄色，鞭节黑色；足除胫节及跗节黄色外，余者与体同色。

头背面观宽约为长的 2 倍，POL 为 OOL 的 3 倍。头前面观宽大于高，颜面具小而密的网状刻点及浅大圆形刻点；触角生于颜面中部，12 节，5 个索节均长稍大于宽，各节具 1 排条形感觉器；棒节 3 节，稍膨大，各节不斜接；梗节加鞭节长度之和略大于头宽。胸部隆起，具网状小刻点和粗糙不平的具毛大刻点；中胸盾片前缘明显向前延伸，其长接近宽的 1.5 倍，盾纵沟深而完整；小盾片长略大于宽；并胸腹节短。前翅缘脉长分别为后缘脉和痣脉长的 1.6 倍和 2.9 倍；痣脉细弱，翅痣不膨大。中足胫节端距为第 1 跗节长的 2/3。腹部无明显的腹柄，明显较长，长为宽的 3 倍。

该种与整洁糙刻金小蜂 *S. mundus* 相似，主要区别为：柄后腹长为宽的 3 倍，中足胫节端距长为第 1 跗节的 2/3。

寄主：未知。

分布：据记载分布于黑龙江省大兴安岭。

21. 毛链金小蜂属 *Systasis* Walker

属征：与糙刻金小蜂属 *Semiotellus* 相似。区别是胸部较光滑，具稀疏的圆凹形刻点；前翅被毛稀，透明斑大；前翅下表面缘脉之后方有一规则的长毛列；缘脉最多是痣脉长的 2 倍。

(223)拟跳毛链金小蜂 *Systasis encyrtoides* Walker，1834(图 219)

雌：体长 1.6～2.4 mm。体黑蓝绿色具光泽；各足基和腿节与体同色，胫节中部和端跗节褐色，其余各节为黄色；触角黑褐色。

头前面观宽大于高，整个颜面具小而密的网状刻点和圆凹形具毛刻点；复眼间距分别为复眼高及颚眼距的 1.39 倍和 2.5 倍；触角洼较明显，高不及宽；两触角窝之间具纵形突脊；唇基区具小网状刻点，口上沟较明显。触角窝至唇基间距为触角窝至中单眼间距的 2.1 倍。触角着生于颜面的中上部，12 节，触角式 11253；柄节伸达头顶；梗节加鞭节长度之和大于头宽，各节结合较疏松；梗节长相当于环状节与第 1 索节长之和；索节 5 节，各节均为方形或亚方形，具感觉器；棒节较膨大，长为宽的 2.18 倍，短于末 3 索节长之和。头背面观宽为长的 2 倍，

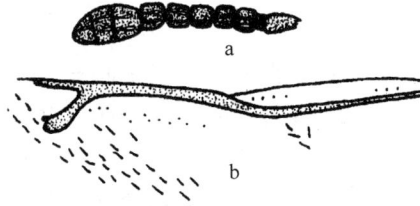

图 219 拟跳毛链金小蜂 *Systasis encyrtoides* Walker

a. 触角；b. 前翅

（引自黄大卫、肖晖）

POL 为 OOL 的 5 倍；复眼长为上颊长的 2.8 倍。

胸部明显隆起，具网状刻点。前胸背板两侧长，中部在背面几乎看不见，稍窄于中胸；中胸盾片前缘明显向前伸出，宽为长的近 2.6 倍，盾纵沟深而完整；小盾片长为宽的 1.2 倍。并胸腹节短，具规则的网状刻点，中脊完整，侧褶几乎完整。前翅长为宽的 2.2 倍；缘脉长为后缘脉的 2.75 倍，痣脉与后缘脉等长，翅痣膨大。翅面透明斑大，透明斑外被稀毛；基脉具若干根毛，基室无毛，基室后缘开放；缘室上表面无毛，下表面有毛；后缘脉与痣脉之间的区域光滑无毛；翅的下表面缘脉的后方具若干长毛组成的毛列。腹部无明显的腹柄，柄后腹与胸宽相当，长为宽的 1.8 倍，与头胸之和相当；柄后腹各节具浅网纹。

雄：体略小于雌性，其他特征与雌相当。

寄主：国内寄主未知。国外有记录其寄主为紫花苜蓿瘿蚊等各类瘿蚊。

分布：吉林（吉林龙潭山、北山）、黑龙江（镜泊湖）、北京、山东、浙江、福建、陕西、甘肃、宁夏、云南、海南。

（224）细角毛链金小蜂 *Systasis tenuicornis* Walker，1834

雌：体长约 2 mm。体黑蓝绿色具光泽。各足除第 1～4 跗节为淡黄褐色外，其余各节均为黑蓝绿色。触角黑褐色。

头前面观宽大于高，颜面具小而密的网状刻点及圆凹形具毛刻点，复眼间距与复眼高几乎相等，为颚眼距长的 7 倍；触角洼较明显，高不及宽；两触角窝之间具纵形小脊；唇基区较光滑具小网状刻点，下缘稍凹，口上沟明显。触角窝至唇基距为触角窝至中单眼距的 1.3 倍。触角位于颜面的中部，12 节，式 11253；柄节具网纹，长不达头顶；梗节加鞭节全长与头宽相等，梗节长为 2 环状节与第 1 索节长度之和；索节 5 节，各节长均大于宽，具感觉器；棒节 3 节不膨大，长为宽的 2.4 倍，短于末 3 索节之和。头背面观宽为长的 2 倍；POL 为 OOL 的 2.75 倍；复眼长为上颊的 3 倍。

胸部明显隆起，具粗糙小型网状刻点。前胸背板两侧长，中部几乎在背面看不见，稍窄于中胸；中胸盾片前缘向前伸出，长为宽的 0.7 倍，盾纵沟深而完整；小盾片长宽几乎相等。并胸腹节短，具网状刻点，中脊完整，侧褶几乎完整。前翅缘脉长分别为后缘脉及痣脉长的 1.77 倍和 2.55 倍；翅痣不膨大。翅面透明斑大，透明斑外具密毛；基脉具若干根毛，基室无毛，基室后缘开放；缘室上表面无毛，下表面具毛；后缘脉与痣脉之间的区域具毛；翅的下表面缘脉之后方具一长毛列，由 10 根以上的毛组成。腹部无明显的腹柄；柄后腹丰满，窄于胸宽，长为宽的 1.87 倍，与头胸之和相当，腹部各节具一排毛及网纹。

雄：体较雌性稍小，深绿色，各足基节与体同色，腿节及中、后足胫节为褐色；体被光滑的网状刻点；触角细长，具密毛，各索节长为宽的 2 倍；柄后腹窄而短，具浅网纹。

寄主：国内未知；国外资料记载其寄主为瘿蚊的一些种类。

分布：辽宁（沈阳）、吉林（长春、吉林、延吉）、北京、河北、山东、湖北、云南。

(225)微毛链金小蜂 *Systasis parvula* Thomson，1876

雌：体长 1.8～2.2 mm。体亮绿色具光泽；各足基节、腿节及中、后足胫节与体同色，端跗节褐色，其余部分为黄色。触角除柄节腹面棕黄色外，全部为褐色。

头前面观宽为高的 1.3 倍，颜面具粗糙的网状刻点及圆凹形具毛刻点；复眼间距分别为复眼高和颚眼距的 1.3 倍和 3 倍；触角洼伸至中单眼下的 1/2；两触角窝之间具纵形突脊，下脸中部呈纵形鼻状突；唇基区具粗糙的网状刻点，口上沟明显。触角窝至唇基的距离是触角窝至中单眼距离的 1.22 倍。触角着生颜面中部，触角式 11253；柄节长不达头顶；梗节加鞭节全长与头宽相当，各节结合较疏松；梗节长为端宽的 1.6 倍，稍长于 2 环状节加第 1 索节长度之和；各索节均为方形，具感觉器和长于索节的细毛；棒节稍膨大，长为宽的 2.75 倍。头背面观宽为长的 2 倍；POL 为 OOL 的 3 倍；复眼长为上颊的 3.25 倍。

胸部明显隆起，具网状刻点；中胸盾片前缘明显向前伸出，宽为长的 1.52 倍，盾纵沟深而完整；小盾片长略大于宽。并胸腹节短，为小盾片长的 1/4，具网状刻点，中脊完整，侧褶几乎完整。前翅长为宽的 2.26 倍；缘脉长分别为后缘脉和痣脉的 1.9 和 2.7 倍；翅痣不膨大。腹部无明显的腹柄，柄后腹与胸宽相当，长为宽的 1.8 倍，与头胸之和相当；各节具浅网纹。

雄：体稍小，其他特征与雌性相似。

寄主：形成虫瘿的瘿蚊。

分布：据黄大卫、肖晖记载分布于黑龙江大兴安岭、吉林长岭、北京、河北、山东、河南、湖南、陕西、新疆、海南。

(226)长腹毛链金小蜂 *Systasis longula* Boucek，1956

雌：体长约 2 mm。体黑蓝绿色具光泽；各足除第 1～4 跗节黄色、端跗节褐色外，其余部分均与体同色。触角黑褐色。

头前面观宽为高的 1.16 倍；复眼间距与头高相等，为颚眼距的 2.5 倍；触角洼高不及其宽；触角棒节不明显膨大，长与末 3 索节之和相当。中胸盾片宽为长的 1.72 倍；前翅淡黄色，长过柄后腹；翅面透明斑外具较密的纤毛；后缘脉与痣脉之间的区域具少毛；翅痣略呈方形。除此之外，虫体各部位的刻点以及其他形态与微毛链金小蜂 *S. parvula* 相同。

雄：与雌性相似；唯体较小，触角各索节均方形，前翅基脉具 3 根毛，腹部窄而短。

寄主：未知。

分布：据黄大卫、肖晖记载分布于黑龙江哈尔滨、山东、江苏、浙江、福建、广西、海南。

22. 廖金小蜂属 *Ecrizotomorpha* Mani

属征：触角短，梗节与鞭节之和短于头宽；节数少，最多为 12 节；环状节 1 节或 2 节、常很微小或不显；梗节与棒节之间具 6 节，第 4 节环节状，明显短于第 3 节及第 5 节；棒节膨大。前胸背板与中胸几呈 90°，胸部背面观不易看到，但从前方背面看长、宽相等，两前侧角明显向外突出，其后缘具一排长刚毛。并胸腹节无刻点，无中脊和侧褶。前翅缘脉最长，后缘脉和痣脉短。柄后腹末节向上翘起，产卵器稍伸出。

(227)廖金小蜂 *Ecrizotomorpha alternativa*（Xiao et Huang，1999）（图 220）

雌：体长 1 mm。体黑褐色，被有褐色稀毛；复眼暗银色具微毛；触角柄节黑褐色，其余为黄色；各足除基节和腿节黑褐色外，余者为浅褐色。

头前面观头宽稍大于头高，颜面较光滑具浅刻纹，头顶较隆起；口上沟不明显，唇基下缘呈钝圆形叶状外翘，向下伸出；触角洼明显，长不达中单眼；触角窝中单眼距为触角窝唇基距的 3 倍。触角着生于两复眼下缘连线的下方；触角短，梗节加鞭节短于头宽；柄节长不达中单眼；梗节长稍大于宽；梗节与棒节之间具 6 节；第 1 节短小，环节状；第 2 节长为第 1 节的 2 倍；第 3 节近方形，长为第 2 节的 2 倍，具感觉器；第 4 节短小，呈环状，长为第 5 节的 1/3，无感觉器；第 5 节近方形，具感觉器；第 6 节长大于宽，具感觉器；棒节 3 节，长为宽的 2 倍。头背面观宽为长的 2.3 倍，无后头脊；上颊极短，几乎看不见；POL 为 OOL 的 2.2 倍。

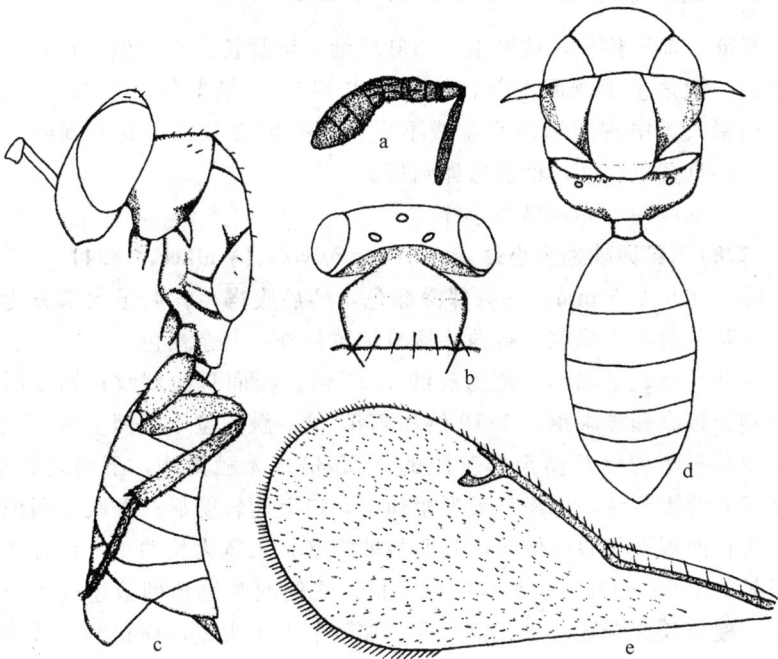

图 220　廖金小蜂 *Ecrizotomorpha alternativa* (Xiao et Huang)
a. 触角；b. 头及前胸背板；c. 体侧面观；d. 中躯及柄后腹；e. 前翅
（引自黄大卫、肖晖）

胸部背面平坦，光滑具浅刻纹及褐色稀长刚毛；前胸背板与中胸几呈 90°，长为宽的 1.27 倍。中胸盾片宽为长的 2.1 倍，盾纵沟深而完整，两侧叶具浅刻纹；小盾片与小背板愈合，长宽近相等；小盾片具 2 对刚毛及浅网状刻点；横沟不明显；三角片无刻点。并胸腹节光滑无刻点，宽为长的 4 倍，无中脊和侧褶，其后端不超过后足基节基部。前翅长为宽的 2.18 倍，缘毛稍长；缘脉长分别为后缘脉和痣脉的 3.7 倍和

2.9 倍。缘室上表面端部有一排毛，下表面具不完整毛列；翅面基室、基脉均具毛；透明斑小，后缘封闭；缘脉与缘前脉之间有断痕，色浅。腹柄近方形；柄后腹长卵形，长为宽的 1.7 倍，长于中胸和并胸腹节长度之和；侧观末腹节稍向上翘，产卵器不明显外露。

雄：未采到。

寄主：未知。

分布：据黄大卫、肖晖记载分布于吉林省长白山。

23. 狭翅金小蜂属 *Panstenon* Walker

属征：前翅狭长，被密毛，翅脉纤细，缘脉长。头近似球形，显著宽于胸。触角生于颜面上部，细长，式 11263；柄节伸过中单眼以上，棒节稍膨大。中胸盾纵沟完整或不完整；并胸腹节长，具不规则的网纹。腹部具黄色腹柄，柄后腹卵圆形。

注：本属中名亦称攀金小蜂。

(228) 飞虱卵狭翅金小蜂 *Panstenon oxylus* (Walker, 1834)

雌：体长 2.5 mm。头胸部深绿色，柄后腹褐色；后足大部分为黄色，仅基节背面褐绿色；触角除柄节棕黄色外，其余褐色。

头部前面观呈梯形，宽为高的 1.24 倍，颜面具浅刻纹；两复眼间距分别为眼高和颊眼距的 1.19 倍和 2.57 倍；触角位于颜面上方，触角窝至中单眼距为触角窝至唇基距的 0.65 倍；无触角洼，下脸较膨胀；唇基区光滑无刻纹，下缘呈弧形稍伸出，口上沟较明显；颊眼沟弱但完整。头背面观两复眼内侧颜面具明显的突起，头宽为长的 1.7 倍；颊为复眼长的 1/3；POL 是 OOL 的近 2 倍。头侧面观触角柄节超过头顶近一半；梗节长为端宽的 1.5 倍；梗节加鞭节大于头宽，环状节 2 节均横宽；索节 6 节，各节均长大于宽，被密毛及一轮感觉器；棒节 3 节，短于末 3 索节长之和，末棒节顶部具微毛区。

胸部强度隆起，具网状刻点。前胸背板宽为长的 2.2 倍，其领部向下倾斜具脊。中胸盾片宽为长的 1.45 倍，具略呈横形的网状刻点，盾纵沟不完整；小盾片长略大于宽，横沟明显而完整；并胸腹节与小盾片等长，具不规则粗糙的网状刻点，中脊弱且中部分叉，侧褶完整，颈部明显。前翅狭长密被纤毛，长为宽的 2.98 倍，缘脉分别为后缘脉和痣脉长的 0.89 倍和 3 倍；翅面无透明斑，缘室上表面无毛，下表面具一列毛。腹柄短而光滑，柄后腹长为宽的 1.38 倍，宽于胸；第 1 腹背板长，各节均光滑。

雄：体色与雌相同；腹柄呈前窄后宽的锥形，两侧各具 1 小突起；

柄后腹短；触角细长，各节长为宽的 2 倍。

寄主：据记载寄生稻飞虱卵。

分布：辽宁(沈阳、医巫闾山)、河北、宁夏、福建、广东、海南。

24. 棍角金小蜂属 *Rhaphiterus* Walker

属征：触角棍棒状，生于复眼下缘连线之上，11 节，环状节 2 节，其余各节横宽，连接较松散，没有明显的分成索节和棒节，末端具 1 显著棍状端突。雄虫触角 13 节，式 11263，末端无棍状端突。头及前胸几与中胸等宽，中胸盾纵沟不完整；前翅痣脉不短于缘脉而与后缘脉近等长，缘脉较粗壮，其下方具一暗色斑，雄虫则无此斑。后足胫节具 1 端距。腹部无柄，产卵器不突出或略突出。

(229)小蠹棍角金小蜂 *Rhaphitelus maculatus* Walker，1834(图 221)

雌：体长 1.4～2.5 mm。体色有变化，头胸部多为金绿色，有时为暗绿色带紫铜色金属光泽；腹部紫褐色，但基部金绿色；前胸背板 2 侧下角、前后足基节背面及后胸侧板具强烈的紫蓝色光泽；各足和触角柄节黄褐色，触角其余部分紫褐色；翅透明，但前翅缘脉及其下方具烟色斑。

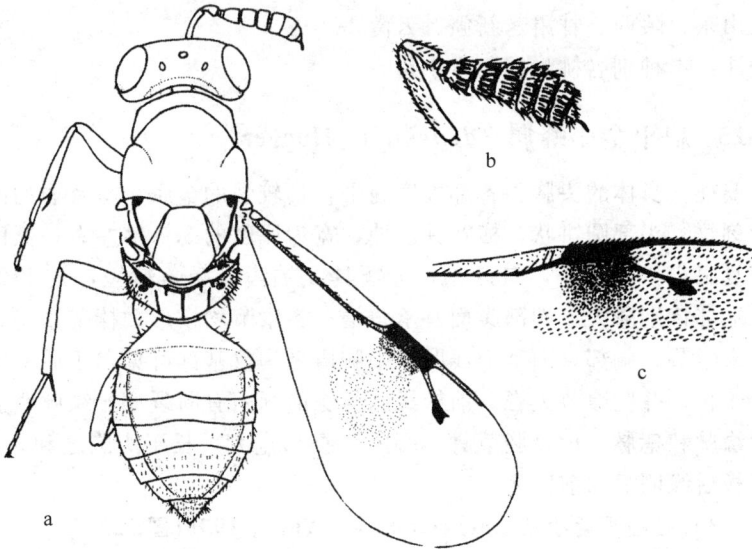

图 221　小蠹棍角金小蜂 *Rhaphitelus maculatus* Walker(♀)

a. 整体背面观；b. 触角；c. 前翅

(a 引自杨忠岐；b，c 引自 Boucek)

头、胸部具显著的网状刻纹；头部背观宽为长的 2.2 倍，头顶在 2 侧单眼间显著突出；触角短，着生于复眼下缘连线之上，紧靠连线，11 节，式 1127，没有明显的分成索节和棒节；柄节长未达中单眼；梗节加鞭节全长短于头宽；鞭节除第 1 索节长宽略相等之外，其余各节均宽显著大于长，各节具很密的感觉毛和条形感觉器，末节顶端具 1 棍状端突，略弯。胸部背面拱起，中胸小盾片隆起比中胸盾片高；盾纵沟达中胸盾片长的 2/3 处。后胸盾片明显，呈横带状位于小盾片后缘之下，紫铜色。前翅缘脉粗，长为宽的 3 倍，痣脉稍长于缘脉，后缘脉稍长于痣脉；翅痣的宽度小于缘脉宽度。腹部卵圆形，宽于胸部并与胸部等长，产卵器不露出腹末。

雄：与雌相似，但触角 13 节，明显为式 11263；梗节加鞭节全长稍大于头宽；前翅缘脉比雌性稍宽，翅痣也大。

本种由于寄主的不同，个体间在形态上有一定的变化，应特别注意鉴别。

寄主：据杨忠岐（1996）记载，主要寄生为害阔叶树枝梢的小蠹虫幼虫，包括角胸小蠹、脐腹小蠹、副脐腹小蠹、多毛小蠹、果树小蠹、柏肤小蠹、黄须球小蠹等。

分布：吉林（长春净月潭）、黑龙江（哈尔滨、佳木斯）、内蒙古、北京、山东、陕西、甘肃、新疆、云南。

注：本种别名桃蠹棍角金小蜂。

25. 扁平金小蜂属 *Zdenekiana* Huggert

属征：身体的头胸腹各部极度扁平，具较强的金属光泽及弱的凹脊网状刻纹。头部圆饼状，横宽并前伸，宽为厚度的 3.7 倍左右；额区平坦；复眼小，唇基小，口区小；上颚具 3 端齿。触角粗短，式 11263；柄节端部特别膨大，端部腹面有承角槽；各索节均横形；棒节紧凑，不宽于末索节。胸部背面整个浅凹，中胸盾纵沟仅基部可见，小盾片宽明显大于长，并胸腹节无脊。前翅缘脉与缘前脉间有断裂痕，缘脉明显长于后缘脉和痣脉。后足胫节具 1 端距。腹部宽大，长于头胸之和，第 5 节背板后缘明显向前凹入。

(230) 松扁平金小蜂 *Zdenekiana yui* Yang, 1996（图 222）

雌：体长 1.9～2.3 mm。头胸部和腹的基部背面蓝紫色，腹的其余部分暗褐色，体具光泽；触角暗褐色；各足基节暗蓝黑色，腿节深褐色，胫节转黄至黄褐色，跗节浅褐色；前翅基室端部之后的翅面上具明显的烟色，翅脉褐色。

身体明显扁平；头部近似前口式，背观无上颊，后头孔位置高，头宽为长的 3.78 倍；POL 为 OOL 的 2 倍。正面观头为横的椭圆形，宽为高的 1.36 倍；复眼小，两复眼间距为复眼高的 1.7 倍；侧与中单眼均位于颜面上部中央；额区宽大，平坦；唇基小，基半部膨起，端缘直；口区小，上颚具 3 端齿。触角着生于复眼下缘连线以下，靠近口缘；触角粗而短，梗节加鞭节全长仅为头宽的 0.63 倍；触角式 11263；柄节扁，端半部特别膨大，端部腹面有承角槽，柄节长为宽的 2.1 倍；梗节长为宽的 1.6 倍；索节 6 节，各节宽均大于长，第 1 索节宽为长的 1.2 倍，第 6 索节宽为长的 2 倍；棒节 3 节，紧密相连，不膨大，长为宽的 1.17 倍；鞭节端半部下弯。

胸部背面平坦，长为宽的 1.58 倍。前翅后伸刚达腹末，长为宽的 2.47 倍；翅的亚缘脉加缘前脉全长分别为缘脉、后缘脉和痣脉长的 1.67 倍、2.2 倍和 3.67 倍；翅痣小；翅面前缘室正面无毛，反面在基部 1/3 处有一列纤毛，中部增加到两列，端部增至 3～4 列；无毛区以内的翅面上散布稀疏的短钉状毛，以外的翅面上这种毛密，毛基大，褐色，毛短而不显。前足腿节稍膨大，后足胫节长，腿节长分别为胫节和跗节长的 0.83 倍、1.14 倍。腹部背腹扁平，长为宽的 1.8 倍，与头胸

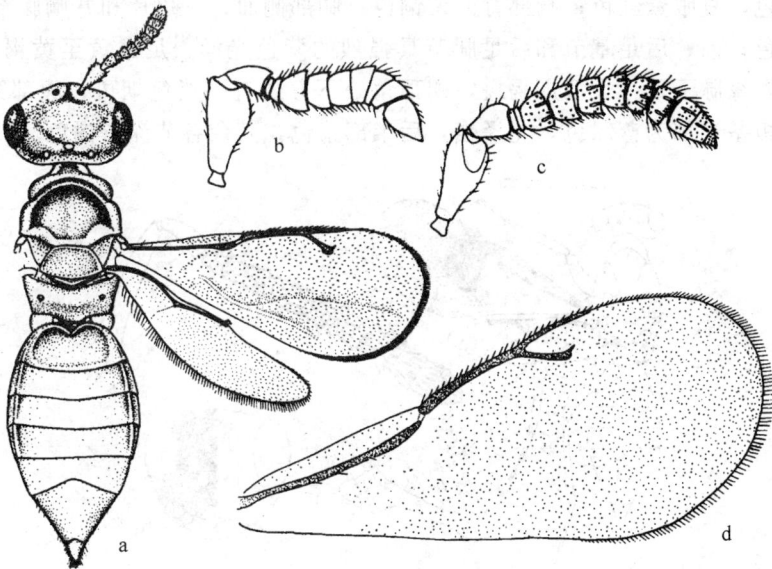

图 222 松扁平金小蜂 *Zdenekiana yui* Yang

a. 雌性整体背面观；b. 雌性触角；c. 雄性触角；d. 雌性前翅

（引自杨忠岐）

部长度之和相等；宽度显著大于胸部而与头部相等；产卵器不外露。

雄：体长 1.7～1.8 mm，与雌相似，但触角上的感觉毛密而长，稍直立。腹部较雌虫瘦长。

寄主：据杨忠岐(1996)记载，寄生于为害樟子松和红松上的一种齿小蠹和一种吉丁虫的幼虫。

分布：据杨忠岐记载分布于黑龙江省哈尔滨、伊春。

26. 肿脉金小蜂属 *Metacolus* Forster

属征：前翅缘脉显著加宽，长为宽的 2.2 倍～5 倍，后缘脉稍短于缘脉、而比痣脉稍长。缘脉下方常具烟色斑。触角式11263，着生于颜面中部复眼下缘连线之上。柄节伸达头顶之上，环状节宽大于长；梗节加鞭节长度之和大多与头宽相等，少数略大于或小于头宽。头胸部具致密的网状刻纹；前胸背板钟形，中胸盾纵沟仅前方 1/2 可见，中胸小盾片突出，并胸腹节光滑无任何脊起或凹陷。腹部长大于宽，产卵器不外露。

(231)双斑肿脉金小蜂 *Metacolus unifasciatus* Forster, 1856(图 223)

雌：体长 2.7～4.6 mm。体色较鲜艳，具较强的金属光泽；头部金绿色，复眼紫红色；胸部背面紫铜色；胸部侧面、三角片和并胸腹节翠绿色；前、后足基节和后足腿节具强烈的紫色光泽；足鲜黄至黄褐色；前翅缘脉下具一大型烟褐斑，翅顶角处下方还有一淡色烟斑；腹部第 1背板基半部为蓝绿色，光泽强，后半部紫色，其余各节深紫褐色。

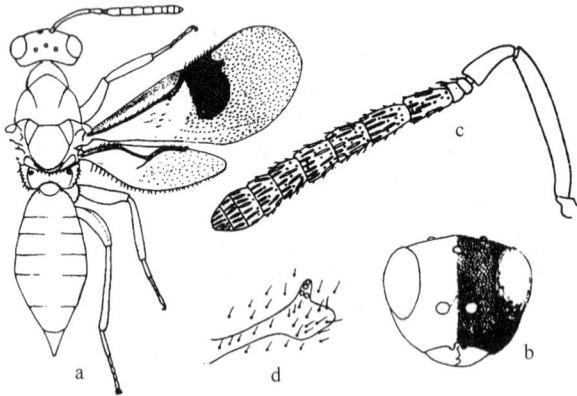

图 223　双斑肿脉金小蜂 *Metacolus unifasciatus* Forster(♀)

a. 整体背面观；b. 头部正面观；c. 触角；d. 翅痣

(引自 Hedqvist)

头胸部具致密的网状刻纹；头部宽大于高，正面观略呈圆形；内眼眶自上而下向外方岔开；触角着生于颜面中部，位于复眼下缘连线以上，13 节，式 11263；柄节细长，伸达头顶之上；2 环状节均宽大于长；梗节不长于或稍长于第 1 索节，梗节加鞭节全长稍大于头宽；索节 6 节，基部 2 节长明显大于宽，端部 2 节明显宽大于长，索节上的条形感觉器突出，灰白色，很显著，各索节和第 1 棒节上的感觉器均为 2 排；棒节短，稍宽于末索节，长与末 2 索节全长相等或稍短。

前胸背板钟形；中胸盾片大，盾纵沟弱，仅前方 1/2 可见，故中胸盾片似乎不分中区和侧区。中胸盾片中后部的网状刻纹较细，仅比两侧的稍粗；三角片上的刻纹与小盾片上的刻纹一样显著；后胸盾片具明显的横脊纹，并胸腹节具弱的网状刻纹。前翅缘脉明显加宽，但较本属其他种的稍窄，长为宽的 3 倍以上；后缘脉比缘脉稍短，比痣脉稍长；后缘脉与痣脉间的翅面上具密毛；前胸背板两侧的网状纹突出，绝不光滑；前胸腹板金绿色，具浅的网状刻纹；胸腹侧片及后胸侧板表面均具网状刻纹。腹部长大于宽，产卵器不外露。

寄主：寄主范围很广，据记载可寄生横坑切梢小蠹、六齿小蠹、中穴星坑小蠹、云杉毛小蠹、细干小蠹、东北四眼小蠹、松瘤小蠹幼虫。

分布：黑龙江大、小兴安岭。

27. 痣斑金小蜂属 Acrocormus Thomson

属征：前翅翅面上围绕痣脉具有 1 个烟色斑，此斑不伸达后缘脉，有时缘前脉上具小的晕圈；翅痣大，缘脉相对较短粗。触角细而长，式 11263，生于复眼下缘连线之上；柄节仅中部略加宽，端部细，端部宽度明显小于梗节长；梗节长不及第 1 索节；鞭节各节均长大于宽，端部一般不显著膨大，有的甚至变细。中胸盾纵沟不完整，中胸盾片中区前方不显著隆起；并胸腹节上的网状刻纹粗而密，显著。前足腿节仅中部稍膨大，但其腹面端部绝不凹入成龅口状。腹部末端尖，腹柄不显著。

(232) 榆痣斑金小蜂 Acrocormus ulmi Yang，1996（图 224）

雌：体长 3.9～5.5 mm。全体铜黄色，具强的光泽，部分体段略带蓝绿色，腹部各节背板基部两侧具蓝绿色斑，沿后缘为紫色至紫褐色宽横带；复眼紫红色，单眼深琥珀色；触角柄节和梗节浅黄褐色，鞭节紫褐色；各足基节和后足腿节与体同色，其余各节浅至深黄褐色；翅透明，缘前脉及痣脉褐色，其余翅脉浅黄褐色；围绕痣脉具一烟色斑，在翅痣下方，此斑内常有一新月形浅色斑。

头背观宽为长的 1.97 倍；后头前凹较深，上颊长为复眼长的 0.26

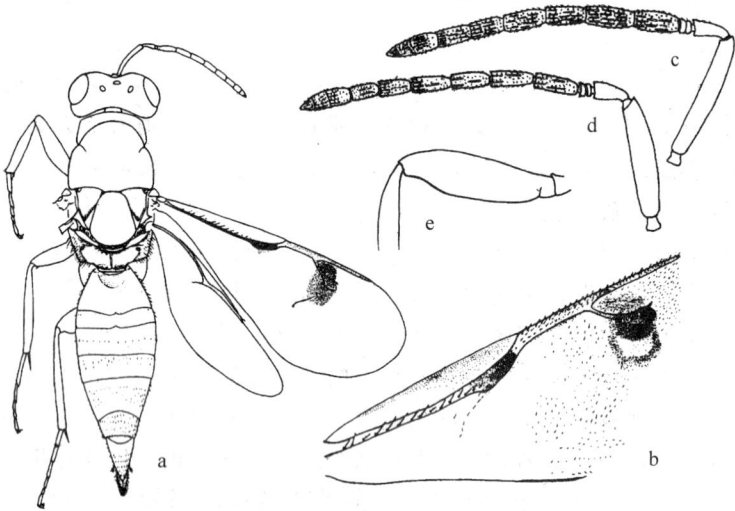

图 224　榆痣斑金小蜂 *Acrocormus ulmi* Yang

a. 雌性整体背面观；b. 雌性前翅；c. 雌性触角；d. 雄性触角；e. 前足腿节

（引自杨忠岐）

倍，POL 分别为 OOL 和 MPOL 的 2.57 倍、2.25 倍；正面观头部略呈方形，唇基上具密的放射状纵脊纹，其间杂有密的顶针状具毛小刻窝。触角着生于复眼下缘连线以上，13 节，式 11263；柄节端部伸达头顶，梗节加鞭节全长为头宽的 1.36 倍；2 环状节指环状，大小一致，鞭节向端部依次变细，各索节均长大于宽；第 1 索节长于梗节，长为本节宽 2.14 倍，第 6 索节长为宽的 1.83 倍；棒节短小，长为宽的 3.2 倍；条形感觉器较长，在第 1～4 索节上每节 3 排，第 5～6 节每节 2 排，棒节每节 1 排。

中胸背面显著隆起；中胸盾片中区上的网状刻纹明显比侧区的粗大，盾纵沟在前部 2/3 存在，表面上的毛稀少；小盾片长大于宽，网状刻纹明显较细，横沟后区明显，小盾片上每侧有 6 根鬃毛。前翅后伸刚达腹末，长为宽的 2.7 倍；翅的缘前脉加宽；翅痣明显大，长为宽的 2 倍；缘脉长分别为亚缘脉、缘前脉、后缘脉、痣脉长的 0.47 倍、1.29 倍、0.79 倍、1.19 倍。前足腿节稍膨大，长为宽的 3.44 倍，后足腿节膨大，长为宽的 3.37 倍。腹部长为宽的 3.13 倍，为头胸部全长的 1.21 倍，明显比胸部窄，第 1、第 2 节背板后缘中央呈小的"V"形切入，其他各节后缘直；产卵器外露，露出部分长为第 7 节长的 0.47 倍。

　　雄：体长 4.2～5.7 mm，与雌相似，但触角梗节加鞭节全长为头宽的 1.26 倍；前翅翅脉显著加宽，痣脉短并凸出；缘脉长分别为后缘脉和痣脉长的 0.71 倍和 1 倍；翅痣膨大，长大于高；足较长，大部分为亮黄褐色；腹部背面第 1 节后部至第 3 节前部之间为大的黄白色斑，侧面观腹基部黄白色。

　　寄主：据杨忠岐(1996)记载，寄生为害榆树的脐腹小蠹及为害杏、李等果树的多毛小蠹、果树小蠹等的幼虫及蛹。

　　分布：黑龙江(哈尔滨)、北京、甘肃、内蒙古、河南、新疆。

28. 四斑金小蜂属 *Cheiropachus* Westwood

　　属征：与痣斑金小蜂属近似，主要区别如下：本属前翅具 2 个烟色大斑；一个位于缘前脉下方的色斑小；另一个从后缘脉上发出并包围痣脉的色斑大。前翅缘脉较前一属的细长，后缘脉与痣脉等长或稍长于痣脉。触角柄节向腹面弯曲，端部扁宽、基部细，其端宽与梗节长度相等。中胸盾片隆起显著，盾片中区上的网状刻纹较粗；并胸腹节短，表面的网状刻纹浅而弱。前足腿节显著膨大，在腹面端部凹入呈一大的豁口状；后足腿节也膨大呈纺缍形。腹部背面基部具黄斑。

　　(233)小蠹凹面四斑金小蜂 *Cheiropachus cavicapitis* Yang, 1996(图 225)

　　雌：体长 2.5～5.8 mm。全体翠绿色，具很强的黄铜色光泽，但头顶和单眼区紫褐色，颜面和头顶、胸的背面带有紫色光泽，腹部背面从第 2 节起中部具大而不规则的紫色或浅紫褐色斑纹，光泽很强，腹板大部分为褐色；各足基节及后足腿节与体同色，其余各足为浅黄至深黄褐色；翅透明，缘脉、后缘脉和痣脉紫褐色，亚缘脉黄褐色；触角除柄节浅黄褐色外，其余紫褐色。

　　头部背观宽为长的 1.8 倍，前窄后宽，后头中部前凹，头顶中部凹陷；POL 分别为 OOL 和 MPOL 的 2 倍和 2.25 倍。正面观头宽为高的 1.16 倍；唇基较长，基部窄而端部宽，侧缘直，呈显著的梯形，端缘两侧角处膨起呈小包状，上唇微露出；唇基上具细密的放射状排列的条脊纹，无网状刻纹；脸区上具密的顶针状载毛刻窝。触角着生于复眼下缘连线之上，距连线近，13 节，触角式 11263；柄节长，伸达头顶上方，显著侧扁且外弯，端部加宽，宽度几乎与梗节长度相当；2 环状节微小，大小基本一致，鞭节端部稍变细，其上的感觉毛稀而短，条形感觉器大而密，白色，特别显著；梗节加鞭节全长为头宽的 1.18 倍；第 1 索节比梗节长，长为宽的 2 倍，第 6 索节长为宽的 1.56 倍，棒节长为宽的 3.25 倍。

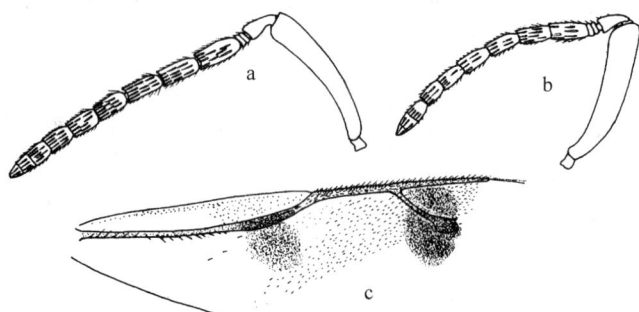

图 225　小蠹凹面四斑金小蜂 Cheiropachus cavicapitis Yang

a. 雌性触角；b. 雄性触角；c. 雌性前翅

（引自杨忠岐）

胸部长为宽的 1.65 倍，前翅后伸刚达腹末，其长为宽的 2.8 倍；翅面具 2 个烟色大斑，1 个在缘前脉下方，1 个从后缘脉发出，向翅中部延伸，包围了痣脉；翅痣较大，长明显大于高；缘脉长分别为亚缘脉加缘前脉、后缘脉、痣脉长的 0.4 倍、1.14 倍、1.39 倍；翅的前缘室正面无毛，反面近前缘有 2 列完整毛，端部 1/3 毛增多；基无毛区以内光裸无毛，无毛区上方达缘脉基部，下方开式；无毛区外方的肘脉褶和中纵褶明显。前足腿节显著膨大，其腹面末端有一豁口；后足基跗节相当长，超过其余 4 个跗节的全长。腹部长为宽的 2.69 倍，为头胸部全长的 1.27 倍；与胸部等宽，但稍窄于头部；产卵器露出，露出部分长为第 7 腹背板长的 0.24 倍。

雄：与雌相似，但胸腹侧片下部具一纵隆突；前翅上的烟色斑明显大，后翅在缘脉端部下方具一横带状烟色斑；腹部第 1、第 2 节背板上具一大的"土"字形黄斑。

寄主：据杨忠岐（1996）记载，寄主有为害榆树的脐腹小蠹、副脐腹小蠹、榆黑带小蠹，为害桃和杏树的多毛小蠹、果树小蠹，为害栓皮春榆的三刺小蠹、小小蠹等的幼虫或蛹。

分布：黑龙江（哈尔滨、伊春）、内蒙古、北京、山东、甘肃、宁夏、陕西、新疆。

（234）果树小蠹四斑金小蜂 Cheiropachus quadrum（Fabricius, 1787）（图 226）

雌：体长 2.5～3 mm。暗绿色具紫铜色金属光泽，腹部色较深；前翅在缘前脉下方具一较小的烟色斑，在后缘脉下方具一略呈长方形的大

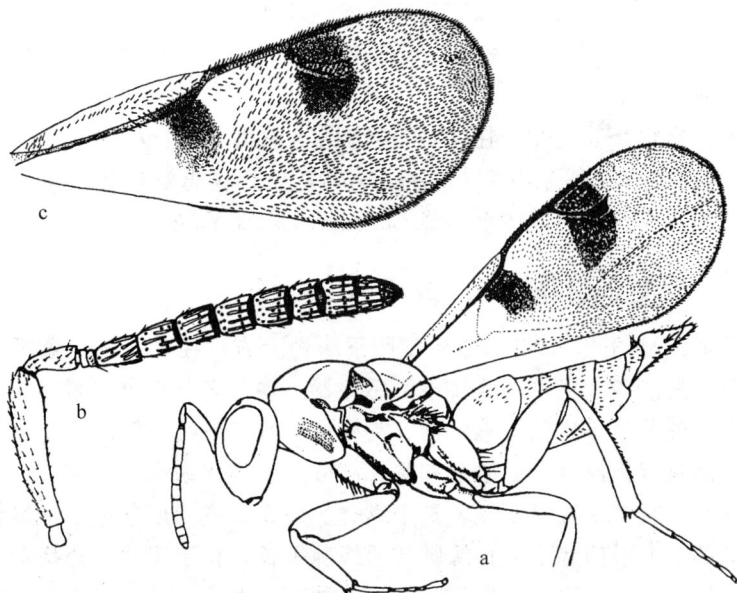

图 226　果树小蠹四斑金小蜂 Cheiropachus quadrum（Fabricius）（♀）
a. 整体侧面观；b. 触角；c. 前翅
（a 引自 Boucek & Rasplus；b，c 引自杨忠岐）

烟色斑，将痣脉包围其中。

头部略宽于胸部，具网状刻纹，脸部具稀疏的黄白色毛；无后头脊；中单眼的后缘与两个侧单眼的前缘几乎在一条直线上；触角着生于复眼下缘的连线以上。触角式 11263，柄节长并侧扁，上伸达中单眼，稍高出头顶，除第 1、第 2 索节上生有不规则的二排条形感觉器外，其余各索节和棒节各具一排条形感觉器。

胸部背面呈拱形显著隆起，表面具粗的网状刻纹，中胸盾纵沟浅，仅达盾片长的 1/2。前翅后伸显著超出腹末之外，缘前脉与亚缘脉交汇处加粗，痣脉略呈弧形向前斜伸，翅痣大，头状，长大于宽；缘前脉下方具无毛区，其下端开式，缘脉与后缘脉近等长，长为痣脉的 1.19 倍。前足和后足腿节膨大，前足腿节端部腹面呈弧形缺刻。腹部长稍短于头胸长度之和，末端尖，产卵器微露出。

雄：体长 2.2～2.5 mm，与雌相似，但体色明显比雌性浅；前翅缘前脉下方烟色斑比雌性的大；腹部第 1 节背板大部为淡黄褐色，腹部比雌性短，卵圆形，与胸部等长。

寄主：据杨忠岐（1996）记载，寄生多毛小蠹、果树小蠹、脐腹小蠹、副脐腹小蠹、角胸小蠹、三刺小蠹、小小蠹。

分布：黑龙江（哈尔滨、小兴安岭五营）、内蒙古、北京、新疆、甘肃、陕西。

注：廖定熹等（1987）在《中国经济昆虫志第 34 册》中（第 71 页—72 页）记述的桃蠹四斑金小蜂 *Ch. quadrum*，后经杨忠岐（1996）重新鉴定为 1 新种：小蠹凹面四斑金小蜂 *Ch. cavicapitis* Yang。

29. 罗葩金小蜂属 *Rhopalicus* Forster

属征：触角式 11263，生于复眼下缘稍上方；梗节与第 1 索节等长或稍短；索节各节上多具 2 排条形感觉器；棒节 3 节较小而紧凑，不显著膨大，各节具 1 排条形感觉器。头横形，唇基下端一般成 2 个小齿状突出。前胸背板没有分成盾片和颈二部分，中胸盾纵沟仅前方 1/2 部分可见。并胸腹节未明显变短，具中纵脊。前翅有或无烟色斑，烟斑位于缘脉基部下方或翅痣下方；缘脉与后缘脉等长，长于痣脉；翅痣形状有变化，但均不显著膨大。后足胫节具 1 端距。腹部一般长于胸部，末端尖，腹柄不显著。雄与雌相似，但前翅上的毛密，基无毛区消失或很狭窄；有的缘前脉下方翅的中部还有 1 烟色斑。

（235）长痣罗葩金小蜂 *Rhopalicus tutela*（Walker，1936）（图 227）

雌：体长 3～5.2 mm。头胸部深蓝绿色，背面带紫色，具金属光泽；腹部除基部背板蓝绿色外为紫褐色，但侧面浅黄褐色；复眼灰紫色，单眼琥珀色；触角柄节梗节和足亮黄褐色，鞭节紫褐色；前中足基节大部分浅黄褐色，仅背侧面略带蓝绿色；后足基节背侧面全为蓝绿色；翅透明，前翅在痣脉下方具一圆形烟色斑，有时此斑消失。

头部背观宽为长的 2 倍左右，后头中部向前凹入很深；上颊突出，长为复眼的 1/3～1/4，唇基前缘成 2 个小齿状突出。触角窝位于复眼下缘连线以上，其下缘与连线间的距离约为其横径；柄节端部伸达头顶，梗节加鞭节全长与头宽相等；第 1 环状节很小，第 2 节较大，2 节全长稍短于梗节，第 1 索节与梗节等长，每个索节具二排条形感觉器，3 棒节较小而紧密，不膨大，短于其前 2 索节之和。前翅缘脉长分别为后缘脉和痣脉长的 0.83 倍、1.25 倍；翅痣不明显膨大，细长，长显著大于宽；前缘室反面毛密，基半部有毛 2～4 排，端半部大致有毛 7～8 排；基室端部毛密；基脉上毛多，2～3 列，其下方的肘脉上也有毛。腹部长稍大于头胸部长度之和。

雄：与雌相似，但翅痣下方的烟色斑大，缘前脉下方在翅中部还有一烟色斑；翅的前缘室正反面均有密毛，基室毛也很密，基无毛区消

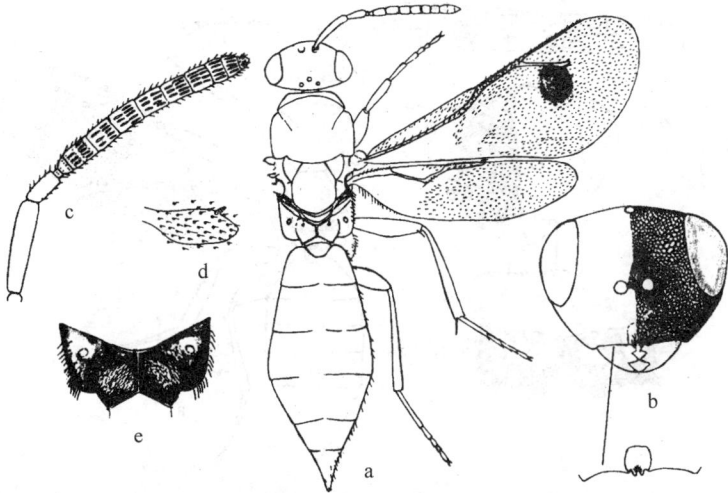

图 227　长痣罗葩金小蜂 *Rhopalicus tutela*（Walker）（♀）

a. 整体背面观；b. 头部正面观；c. 触角；d. 翅痣；e. 并胸腹节

（引自 Hedqvist）

失；腹部第 2 节背板黄白色，半透明。

寄主：寄主范围很广，据国外资料报道可寄生 29 种小蠹虫。

分布：黑龙江、陕西、甘肃、青海、河南、贵州、四川、云南。

（236）平背罗葩金小蜂 *Rhopalicus quadratus*（**Ratzeburg，1844**）（**图 228**）

雌：体长 2.1～3.7 mm。头胸部为鲜艳的翠蓝绿色，具铜黄色金属光泽；腹部紫褐色少光泽，但基部为金绿色，各节侧缘具蓝绿色斑；复眼赭红色，单眼亮琥珀色；触角除柄节亮黄褐色外，余者为紫褐色；足均为亮黄褐色，但基节背侧面、后足基节腹侧面大部为蓝绿色。

头部背观宽为长的 2.14 倍，上颊长为复眼的 1/5；头的后缘中部向前深凹入，前缘中部略凹。正面观头宽为高的 1.3 倍；触角着生于复眼下缘的连线上，柄节端部刚达中单眼前缘，梗节加鞭节全长稍短于头宽；第 1 索节长大于宽，明显比梗节宽而长，第 4～6 索节宽大于长，棒节稍膨大，末端圆钝（标本在自然干燥情况下，鞭节端部常弯曲）。胸部宽度窄于头部，中胸背面较平坦，不膨起，小盾片背面平，与中胸盾片处于同一水平面上，故得此名。并胸腹节中纵脊突出，表面具弱的细密网状刻纹，中部从前缘脊和后缘脊上发出多条短纵脊。前翅透明，无烟色斑；翅的缘脉长分别为后缘脉和痣脉长的 0.84 倍、1.36 倍；痣脉与后缘脉间角度小，约 35°；翅痣略呈长方形，长大于宽；前缘室反面

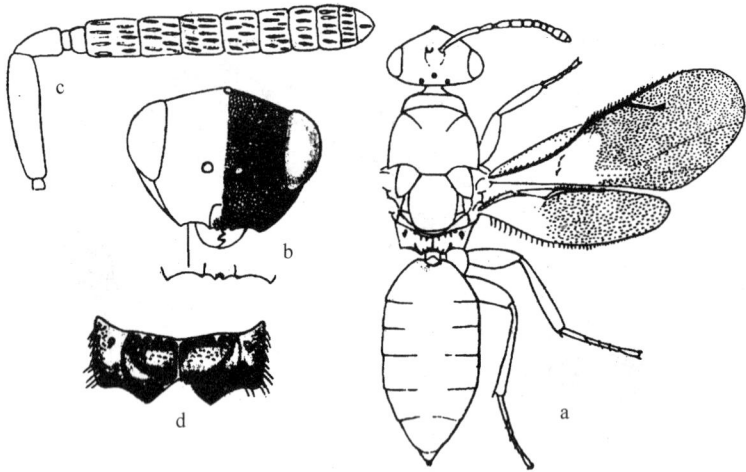

图 228　平背罗葩金小蜂 Rhopalicus quadratus（Ratzeburg）(♀)
a. 整体背面观；b. 头部正面观；c. 触角；d. 并胸腹节
（引自 Hedqvist）

的毛少，基部有 1 列，端部增加到 4 列；基室无毛，下方开放；基脉上仅有 1 列毛，基无毛区大，上达缘前脉端部，下方开放。腹部长为宽的 2 倍，与头胸部全长相等，宽度基本与胸部相当而小于头宽；产卵器稍突出。

寄主：据杨忠岐记载，寄生为害兴安落叶松的落叶松八齿小蠹、为害樟子松的六齿小蠹、为害红松的多毛切梢小蠹、为害青海云杉的光臀八齿小蠹等；国外资料记载，在欧洲本种寄主达 12 种之多，专门寄生为害针叶树的小蠹虫。

分布：黑龙江（佳木斯、伊春）、甘肃、青海。

30. 小蠹狄金小蜂属 *Dinotiscus* Ghesquiere

属征：头宽，略呈半球形。触角 13 节，式 11263，生于复眼下缘连线之上，各索节长大于宽，条形感觉器较密，每节至少有 2 排；棒节不显著膨大。唇基端缘双齿状或中部浅凹，有的截切形；上颚具 3 端齿。中胸盾纵沟仅前部 1/2 可见。并胸腹节短，中纵脊或多或少存在，侧褶处常为沟。前翅基无毛区明显；缘脉与后缘脉等长或略短，但长于痣脉；翅痣较大，形状有变化；翅面上有的具烟色斑。后足胫节具 1 端距，腹部较瘦长，末端尖；腹柄不明显。

(237)高痣小蠹狄金小蜂 *Dinotiscus colon*（Linnaeus，1758）（图 229）

雌：体长 2.2～6.2 mm。头胸腹部金翠绿色略带蓝色，腹部背面紫褐色带绿色光泽；足除基节与体同色外，其余为亮黄色，后足腿节外侧面大部绿色带光泽；触角柄节黄褐色，其余部分紫褐色；复眼灰红色，单眼无色透明。

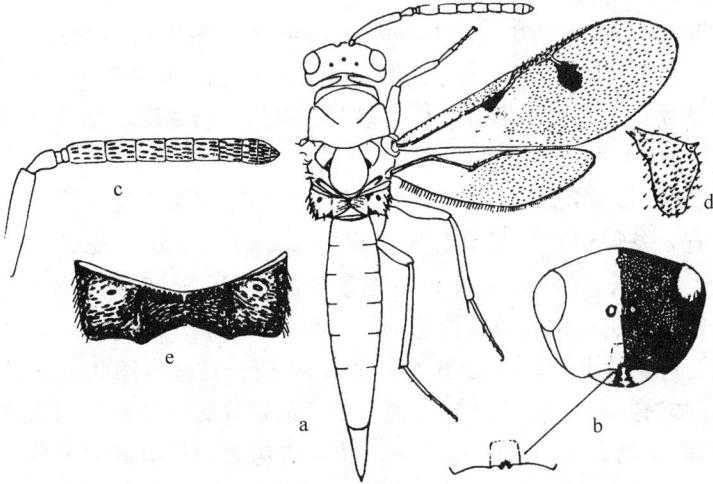

图 229　高痣小蠹狄金小蜂 *Dinotiscus colon*（Linnaeus）(♀)
a. 整体背面观；b. 头部正面观；c. 触角；d. 翅痣；e. 并胸腹节
（引自 Hedqvist）

头背观宽为长的 1.9 倍，后头中部前凹较深，颜面明显隆起略呈半球形，颊区向外方膨起，唇基端缘呈双齿状，上颚具 3 端齿，触角洼仅基部稍凹；触角着生位置高，显著高于复眼下缘连线以上；触角 13 节，式 11263，柄节显著伸达头顶之上；鞭节端部略膨大呈弱的棒状，各索节均长大于宽，自基至端依次渐短，第 1 索节长于梗节，长为第 6 索节的 1.43 倍，其宽度为第 6 索节的 0.67 倍；梗节加鞭节全长为头宽的 1.34 倍。中胸小盾片上的刻纹明显比中胸盾片中部的细。并胸腹节短，后缘中部弧形凹入，中部长不及小盾片长的 1/5。前翅后伸未达腹末；缘脉短，后缘脉长，缘脉分别为后缘脉和痣脉长的 0.52 倍、1.4 倍；前缘室端部在翅反面具细密的黄毛，中部有 2 列毛，基部仅 1 列毛，基室无毛，基脉上 1 根毛；缘前脉基半部加粗处有一小烟色斑，围绕翅痣有一大烟色斑；痣脉与后缘脉的角度显著大，翅痣向后极度延伸，痣高显著大于长。腹部明显细长，长为头胸部全长的 2 倍；第 7 节端部尖，两侧扁；产卵器微露出。

雄：与雌相似，但体色比雌明显淡而鲜艳；并胸腹节长，中部长为小盾片的3/7；前翅翅脉极度增粗，缘前脉基半部下方的烟斑大，翅痣显著膨大；腹部第1节后半部、第2、第3背板基部白色。

寄主：据杨忠岐（1996）记载，寄生为害樟子松的六齿小蠹。

分布：黑龙江大兴安岭。

(238)大痣小蠹狄金小蜂 *Dinotiscus aponius*（Walker，1848）（图230）

雌：体长3.2～7.1 mm。头胸腹部金蓝绿色，具强烈的金属光泽；足及翅基片黄色；触角柄节黄色，鞭节紫黑色；前翅围绕翅痣有一小烟色斑。

唇基梯形，端缘双齿状，显著。触角着生于复眼下缘连线以上；柄节扁而宽，基部稍弯，鞭节长为头宽的1.28～1.3倍，基部略宽于端部；6索节均长大于宽，其上的条形感觉器较密，每节至少2排。前胸盾片前缘脊突出，中胸盾纵沟基部2/3明显，中胸小盾片隆起显著，长大于宽。并胸腹节短，长为小盾片的0.26倍，具细密网状刻纹及一些不规则的皱脊；气门特别大，长椭圆形。前翅缘脉长分别为后缘脉、痣脉长的0.61倍、1.33倍；痣脉呈足状，翅痣大，长明显大于高；基脉上具毛6根以上，基室端部分布少数几根毛。腹部较短，长为头胸部全

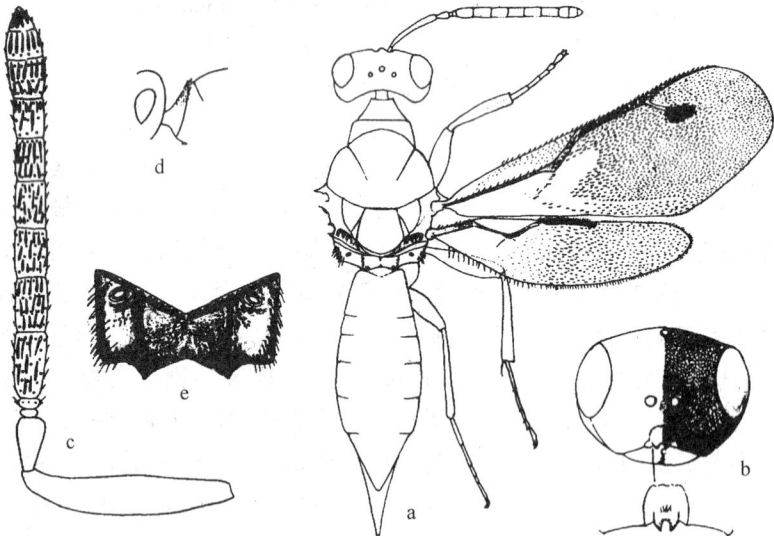

图230　大痣小蠹狄金小蜂 *Dinotiscus aponius*（Walker）（♀）

a. 整体背面观；b. 头部正面观；c. 触角；d. 头部及前胸侧面观；e. 并胸腹节

（引自 Hedqvist）

长的 1.3 倍，除第 1 腹背板外，其余各节均有极细密而整齐的网状刻纹。

雄：与雌相似，但翅痣明显比雌性的大，翅面上的纤毛也明显细密；前胸盾片前缘脊高凸，腹部第 1 背板后部及第 2 节背板大部为亮黄色。

寄主：据杨忠岐(1996)记载，寄生为害白桦和枫桦的白桦小蠹和枫桦小蠹幼虫；也寄生为害春榆的脐腹小蠹、三刺小蠹和小小蠹；为害一种山榆的无瘤黑小蠹。

分布：黑龙江小兴安岭。

31. 小蠹长尾金小蜂属 *Roptrocerus* Ratzeburg

属征：腹部具很长的产卵器，露出的长度一般至少为腹长的一半。触角生于复眼下缘连线处，触角式 11353；雌虫索节及棒节粗短紧凑，棒节适度膨大；雄虫则较细而长，各索节均长大于宽；棒节不明显膨大；触角式 11263，上颚具 3 端齿。脸区具显著的顶针状刻窝；在唇基基部与触角窝间的颜面上常明显膨起成包。前胸背板不分盾片与颈部，中胸盾纵沟仅前方 1/2 存在。前翅缘前脉与缘脉间明显折断；缘脉分别长于痣脉及后缘脉，后缘脉稍长于痣脉。后足胫节具 1 端距。腹部长大于宽，宽于胸部。

(239)木小蠹长尾金小蜂 *Roptrocerus xylophagorum*（Rutzeburg, 1844)(图 231)

雌：体长 2.5 mm 以上。头胸部黑色具铜绿色金属光泽；胸部背面除并胸腹节之外具深紫色光泽；腹部除第 1 节背板基半部深铜绿色外，其余部分均为紫黑色；产卵器紫褐色；足大体黄褐色，但前足基节侧前方具蓝绿色金属光泽，后足基节侧面蓝色略带紫色光泽；翅透明，翅脉黄褐色；复眼深紫色，单眼深琥珀色；触角除柄节和第 1、第 2 环状节外，其余均为紫褐色。

头胸部表面具细密的网状刻纹，光滑并具有光泽；头部与胸部等宽或稍窄；背观触角洼侧区稍隆，上颊不显著向后延伸，后头中部微凹；唇基端缘齐，稍突出于口缘之外。触角着生于复眼下缘的连线上，13 节，式 11353，梗节加鞭节全长与头宽相等；环状节 3 节，第 1、第 2 节微小，第 3 节较大，但仍宽大于长；第 1 索节稍长于梗节，第 1、第 2 索节明显长大于宽，第 4、第 5 索节宽稍大于长；棒节稍膨大，末端圆钝。

前胸背板前角不突出，不分盾片与颈部；中胸盾纵沟仅前方 1/2 存

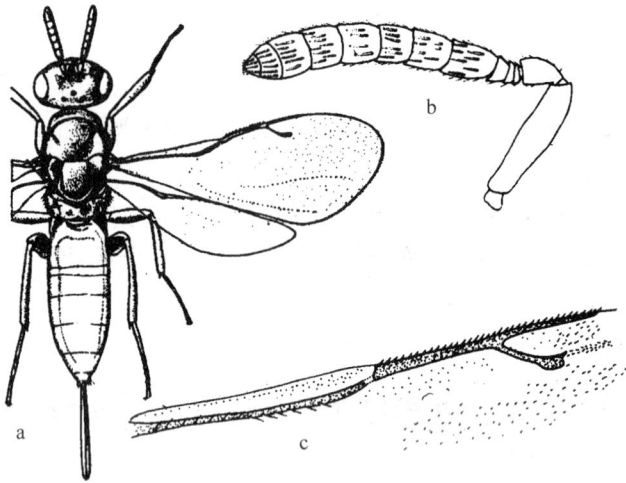

图 231　木小蠹长尾金小蜂 *Roptrocerus xylophagorum* (Rutzeburg)(♀)

a. 整体背面观；b. 触角；c. 前翅

(a 引自 Boucek；b，c 引自杨忠岐)

在；并胸腹节短。前翅缘脉长为痣脉的 1.75～1.8 倍，后缘脉长为痣脉的 1.5 倍，缘前脉与缘脉间有断裂痕；翅面基无毛区长，一直延伸至痣脉处(翅反面在缘脉下方具毛带)；后缘脉与痣脉间的区域内基方光裸无毛，基脉上仅有几根毛，基室内无毛。腹部比胸部长，长大于宽；产卵器伸出腹末很长，伸出部分占腹长的一半以上；产卵器鞘上的毛短，几乎贴伏，仅端部的毛长而稍直立。

由于本种的寄主种类多，分布范围广泛，在形态上的变化也很大，常被误认为是不同的种，因此在鉴定时应特别注意。

寄主：据杨忠岐(1996)记载，在我国福建寄生松瘤小蠹、纵坑切梢小蠹；在秦岭林区寄生华山松大小蠹、云杉毛小蠹、云杉四眼小蠹、长毛干小蠹、六齿小蠹等；在甘肃及青海的祁连山林区寄生于为害青海云杉的光臀八齿小蠹、云杉小蠹等；在东北大兴安岭林区寄生为害樟子松的六齿小蠹、松瘤小蠹、中穴星坑小蠹等，还寄生为害落叶松的落叶松八齿小蠹等。在欧洲和北美寄生小蠹属、干小蠹属、肤小蠹属、大小蠹属、切梢小蠹属、四眼小蠹属、毛小蠹属、星坑小蠹属、细小蠹属、材小蠹属、齿小蠹属、瘤小蠹属等 14 属共 46 种之多。

分布：吉林(长春净月潭、吉林市龙潭山)、黑龙江(佳木斯、伊春)、陕西、甘肃、青海、四川、云南、福建。

(240) 奇异小蠹长尾金小蜂 *Roptrocerus mirus*（Walker, 1834）（图 232）

雌：本种的主要特征是：头部在触角洼基部两侧不显著隆凸，触角洼浅，唇基端部近 1/2 的表面光滑，无刻纹或毛，端缘稍圆，微突出于口缘之外；触角梗节加鞭节长度之和与头宽基本相等；3 个环状节略等长，第 3 节环状节仅比第 1 或第 2 环状节略长；第 1 索节与梗节等长；前翅的后缘脉长为痣脉的 2 倍，缘脉长为痣脉的 2.3～2.7 倍；缘脉及后缘脉上具密而显著的褐色刚毛，缘前脉与缘脉间有断裂痕；翅面除基脉上具毛外，基室端部也有少数毛；基无毛区最大伸达缘脉长度的 1/2 处，无毛区外的翅面上毛很密，无毛区在翅反面具毛；后缘脉与痣脉间的区域内与其他翅面同样具密毛；中胸后侧片上部光滑，无刻纹；产卵器鞘上毛较长而密，稍直立，鞘端毛较短。

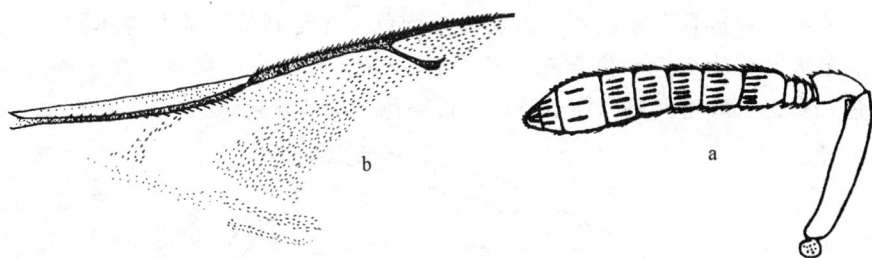

图 232　奇异小蠹长尾金小蜂 *Roptrocerus mirus*（Walker）
a. 雌性触角；b. 雌性前翅
（引自杨忠岐）

雄：与雌相似，触角式 11263；环状节 2 节，大小等同；6 个索节均长大于宽；棒节不明显加粗，末端尖；每 1 索节和棒节各具 1 排条形感觉器。

寄主：本种的寄主范围比较广泛，有为害华山松的华山松大小蠹、云杉四眼小蠹、横坑切梢小蠹等幼虫或蛹，为害青海云杉的臀八齿小蠹、云杉小蠹等，为害红松的横坑切梢小蠹、六齿小蠹、北方瘤小蠹、重齿小蠹等，为害鱼鳞云杉的细干小蠹、东北四眼小蠹、小四眼小蠹、中穴星坑小蠹等，为害冷杉的冷杉四眼小蠹等。

分布：黑龙江小兴安岭、青海、甘肃、陕西、四川。

引自杨忠岐（1996）。

32. 奥金小蜂属 *Oxysychus* Delucchi

属征：触角 13 节，生于复眼下缘连线以上，雌虫式 11353，雄虫式 11263。鞭节细长，各索节均长大于宽；棒节 3 节，不显著膨大，各节斜接。唇基表面具放射状纵脊纹，颊膨起。复眼相对较小，脸区膨起显著。中胸盾片和小盾片通常平坦，中胸盾纵沟显著但不完整。并胸腹节无中纵脊，中区明显、平坦，表面具网状刻纹。后足胫节具 2 端距，其中 1 个明显较小。前翅透明，缘脉长于后缘脉，后缘脉长于痣脉。腹柄背观小，雌虫腹部长，端部尖；第 1 节背板短，后缘中部呈弧形突出。

(241) 樟子松奥金小蜂 *Oxysychus pini* Yang, 1996 (图 233)

雌：体长 3.2~3.8 mm。头胸部为稍深的铜绿色，具金属光泽；腹部除第 1 背板具金绿色外，为淡紫至紫色；各足基节和腿节与体同色；胫节大部分为褐色，仅端部为黄白色；跗节黄白至黄褐色；复眼深红色，鲜艳；触角柄节和梗节黄色至黄褐色，鞭节紫褐色。

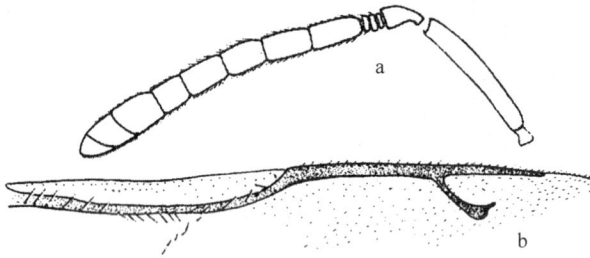

图 233 樟子松奥金小蜂 *Oxysychus pini* Yang (♀)
a. 触角；b. 前翅
（引自杨忠岐）

头部背观宽为长的 2 倍；POL 为 OOL 的 2.14 倍；正面观头高为宽的 1.27 倍；唇基端部稍缩入口缘以内；触角着生位置较高，明显生于复眼下缘连线以上；触角 13 节，细长，式 11353；柄节比索节细，其顶端明显伸达中单眼；3 个环状节大小几乎等同；各索节均长大于宽，第 1、第 2 节等长，长为梗节的 1.25 倍，为末索节长的 1.43 倍；棒节较短，稍膨大，各节斜向相接，长为末 2 索节长度之和的 1.2 倍；索节上的条形感觉器长，灰白色，明显，每节上有 2 排；梗节加鞭节全长为头宽的 1.12 倍。

胸部长为宽的 1.48 倍；前胸盾片宽为侧缘长的 3.13 倍，其后缘明显前凹；中胸盾片宽为长的 1.4 倍，背面平坦，与小盾片背面在同一平

面上；小盾片宽为长的 1.15 倍；后胸盾片及其前沟具网状刻纹。并胸
腹节短，中区隆起，向两侧及后部明显倾斜下降。基窝显著，凹入较
深，底面的网状刻纹浅，部分消失，没有延伸至气门内缘。翅透明，前
翅亚缘脉长为缘脉的 1.43 倍，缘脉长分别为缘前脉、后缘脉和痣脉长
的 1.75 倍、1.75 倍、2.5 倍，后缘脉长于痣脉；翅的基室及其下方的
肘脉上无毛，基脉上毛完整，5～6 根毛；无毛区上部达缘脉基部，下
方开式；肘毛列在无毛区以外存在。前足跗节长为胫节的 1.33 倍，中
足跗节与胫节等长，后足跗节稍短于胫节。腹部长，末端尖，长为宽的
2.56 倍，为头胸部全长的 1.31 倍；宽度比胸部稍宽，但明显比头部
窄；第 1 腹背板后缘仅中部向后突出，第 2、第 3 节后缘略呈弧形突出，
第 7 背板向后尖突，长为基部宽的 1.63 倍，第 5 背板长为腹长的 1/5。
产卵器几乎不外露。

雄：未采到。

寄主：可能寄生为害樟子松树干的六齿小蠹虫；也可能寄生为害榆
树和核桃树的小蠹虫或其他蛀干害虫。

分布：据杨忠岐(1996)记载，分布于黑龙江哈尔滨、陕西杨凌。

33. 璞金小蜂属 *Platygerrhus* Thomson

属征：触角 13 节，式 11263，生于复眼下缘连线的上方，但距口
缘比距中单眼近；触角大多细长，6 索节均长大于宽，棒节略宽于末索
节。唇基端缘中部无齿突；复眼无毛。前胸背板很长，钟罩形，没有横
脊划分出盾片和颈。中胸盾纵沟完整而又深，中胸小盾片具很窄的沟后
部。并胸腹节长，具中脊，无侧褶。前翅透明，有的具烟斑；后缘脉相
当长，明显比缘脉及痣脉长。腹部长，末端尖，通常与胸部等宽，长度
与头胸之和相当，第 1 节腹背板后缘不凹入；腹柄不显著。

(242)云杉小蠹璞金小蜂 *Platygerrhus piceae* Yang，1966(图 234)

雌：体长约 3.5 mm。全体具金属光泽，头胸部和腹部第 1 节背面
及两侧、各足基节蓝绿色，其他部分紫黑色；复眼浅紫色，单眼琥珀
色；触角除柄节基部 2/3 为黄褐色外，其余为紫褐色；足浅黄褐至褐
色；翅透明，前翅在缘脉端部和沿痣脉下方具一斜长方形烟斑。

头部背面观宽为长的 1.93 倍，宽于胸部，整个头部的网状刻纹显
著；POL 分别为 OOL 和 MPOL 的 1.5 倍和 2.4 倍。头正面观宽为高的
1.22 倍；颜面稍隆起，触角洼较浅，其侧区较粗的网状刻纹脊互相连
接，呈弧形向触角窝下方与唇基基部之间的脸区会合，复眼下的颊区向
口缘收缩，二幕骨陷深而显著，以一横沟相连，形成唇基基沟，唇基二

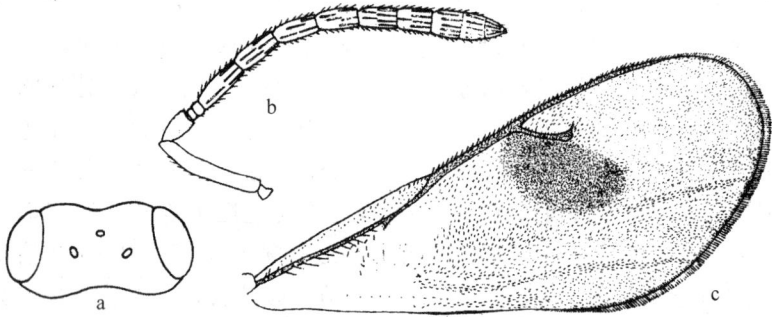

图 234　云杉小蠹璞金小蜂 *Platygerrhus piceae* Yang(♀)
a. 头部背面观；b. 触角；c. 前翅
（引自杨忠岐）

侧沟不显，唇基呈梯形，端缘直。触角着生于复眼下缘连线之上，13
节，式 11263；柄节伸达头顶，细而扁，内侧面端部具细网状刻纹；2
环状节均横宽，第 2 节大，长为第 1 节的 2 倍；索节 6 节均长大于宽，
各节自基向端渐次略微变短，但宽度几乎相等；第 1 索节长为宽的
2.18 倍，为梗节长的 1.25 倍，末索节长为宽的 1.33 倍，为第 1 索节长
的 0.67 倍；棒节与末索节等宽，长为宽的 2.67 倍；各索节具 2 排条形
感觉器，各棒节具 1 排条形感觉器；梗节加鞭节全长为头宽的 1.6 倍。

胸部具显著的网状刻纹；前胸背板长，钟罩形，长为中胸盾片长的
0.67 倍；中胸盾片宽为长的 1.6 倍，中区向前突出，显著隆起，盾纵
沟深而完整；中胸小盾片长为宽的 1.29 倍，在其近后缘处具很窄的沟
后区，小盾片上具 3 对长毛。前翅向后伸达腹末，长为宽的 2.56 倍；
亚缘脉长为缘脉的 1.42 倍，缘脉长分别为缘前脉、后缘脉、痣脉长的
1.73 倍、0.76 倍、2 倍；后缘脉很长，末端距翅的顶角很近，其长分
别为缘脉和痣脉长的 1.32 倍和 2.63 倍；前缘室在翅反面中部有 1 列毛
一直到达端部，在端部 1/2 处增加到 3 列，翅的正面仅在端部 1/3 处的
近前缘生有 1 列毛；基室内上半部有毛 11 根左右，下方基半部开放，
基脉上具毛；基无毛区上部达缘脉基部，下方开放；无毛区外方翅面上
的毛较密。腹部长，具短小的腹柄，腹长为宽的 3.17 倍，为头胸部全
长的 1.23 倍，末端急尖，背面纵凹，宽度几乎与胸部相等；第 1 节背
板后缘中略向后突出，第 6 节背板长为基部宽的 1.29 倍，第 7 节长
为基部宽的 1.42 倍；产卵器外露部分长为第 7 节的 0.82 倍；下生殖板
特别大，后缘位于腹长的 1/2 处，长度与其他腹板长度之和相等，两侧
呈弧形向后突出，中央深凹，端部双叉状。

雄：未采到。

寄主：据杨忠岐（1996）记载，寄主为中穴星坑小蠹；可能还有东北四眼小蠹。

分布：黑龙江伊春。

34. 长体金小蜂属 *Trigonoderus* Westwood

属征：个体较大，具显著的金属光泽。触角 13 节，细长，生于复眼下缘连线的稍上方，但距口缘比距中单眼较近；触角式 11263，各索节均长大于宽；雄虫索节和棒节上无直立的感觉毛。头前面观略呈方形，唇基端部中央具 1 锐齿。中胸盾纵沟深而完整，中胸小盾片具明显的横沟和沟后区。并胸腹节表面光滑。前翅缘脉较短，不足痣脉长的 2 倍，后缘脉相当长，几达翅的顶角，长为缘脉的 1.5 倍以上；痣脉长钩状。前胸背板很长，前胸盾片前缘在中部具弱脊。腹柄不显著，柄后腹第 1 节背板后缘中部刻入或凹入；产卵器微露出。

(243) 水曲柳长体金小蜂 *Trigonoderus fraxini* Yang, 1996（图 235）

雌：体长 6 mm。头胸腹及各足基节和腿节深蓝绿色，具金绿色、古铜色或紫红色等艳丽的金属光泽；足的转节、膝部、胫节和跗节亮黄色，但胫节中部有黑褐色带；触角除柄节大部为亮黄色外，梗节及鞭节黑色；上颚基部、下颚下唇复合体黄色，上颚端部红褐色；前翅中部淡烟色；整个身体上的毛白色，唯有头顶和腹端 2 节及产卵器上的毛为黑色。

头部密被长毛；背观头稍宽于胸，头顶表面具横脊纹；头前缘中部浅凹，后缘中部中度凹入，头顶隆起；头宽为长的 2 倍，OOL 与 POL 等距，POL 为 MPOL 的 2.5 倍。头正面观宽为高的 1.32 倍；脸区在唇基基部有 1 光滑圆凸起包，具尖顶；唇基表面非常光滑，端缘中央具 1 小锐齿；触角着生于复眼下缘连线以上，13 节，式 11263；柄节未伸达中单眼，长为宽的 4.33 倍；梗节很短，长与宽相等；各索节自基向端依次渐短、渐细，第 1 节最长，长为宽的 2.3 倍，为梗节长的 3 倍，第 6 节长为宽的 1.67 倍；棒节短，稍膨大，末端钝，长为宽的 2 倍，为其前 2 索节全长的 0.82 倍。条形感觉器细而密，第 1 索节上有 4 排，其余索节及第 1 棒节上有 3 排，排列均不整齐，索节各节端部还有 1 丛灰白色感觉毛；梗节加鞭节长度之和为头宽的 1.4 倍。

前胸盾片前缘中部具弱脊，前胸背板后缘呈拱形凹入，两侧与中胸盾片前缘间深缢缩；中胸相当隆起，盾纵沟深而完整，中胸小盾片具明显的横沟和沟后区；前胸背板宽为长的 3 倍，中胸盾片宽为长的 1.89

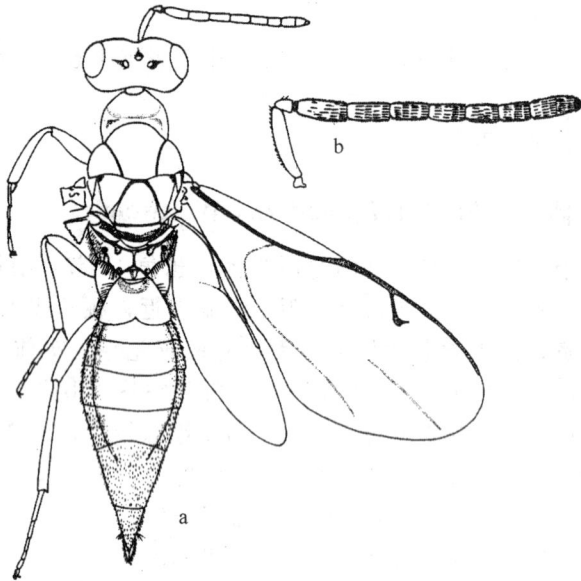

图 235 水曲柳长体金小蜂 *Trigonoderus fraxini* Yang(♀)

a. 整体背面观；b. 触角

（引自杨忠岐）

倍，小盾片长宽相等，后胸盾片宽为长的 5.33 倍。前翅后伸达腹末之外，缘脉长不及痣脉长的 2 倍(1.8 倍)，后缘脉最长，几乎伸达翅的顶角，长分别为亚缘脉、缘前脉、缘脉、痣脉的 1.17 倍、1.59 倍、1.8倍、3.37 倍；前缘室近前缘的一半正反面均具毛，后缘的一半光裸，但在中部光裸区显著加宽；基无毛区仅在基室端部为一窄带，基室下方及后角外下方无毛；肘脉伸达翅端，基脉外下角为一弧形线褐色翅褶。腹部背腹扁平，背面中部凹陷，腹长为宽的 2.42 倍，为头胸长度之和的 1.1 倍，与中胸等宽；第 1 腹背板后缘中央刻入，第 2 节后缘中部向后略突出，第 3 节后缘直，第 4 节后缘呈浅弧形凹入，第 6 节最长，与第 7 节一同向腹末急尖，产卵器微露出，其长为第 7 腹节的 0.6 倍。

寄主：本种采自一株刚死的水曲柳树干上及柞类木材堆上，水曲柳被水曲柳花小蠹和四点象天牛所为害，柞类木材被 1 种材小蠹及几种天牛所为害，因此，这几种害虫可能为其寄主。（杨忠岐 1996）

分布：黑龙江哈尔滨、陕西秦岭林区。

35. 蝶胸肿腿金小蜂属 *Oodera* Westwood

属征：中胸从背面观具一展翅的蝴蝶形图案，即中胸盾纵沟似 2 根触角，三角片似 2 只展开的翅膀，小盾片似腹部，故得此名。本属多为大型种类，深绿色。头前面观两触角洼深凹，之间较突起；触角生于颜面下方复眼下缘连线处；触角 13 节，式 11083，细长呈丝状，棒节很小，比索节细，末端尖。头背面观前缘明显内凹；复眼大而突出，其内缘自上而下明显向外侧叉开；颜面上具粗的网状刻窝。中胸盾纵沟、盾片沟及盾间沟在胸部中央相交于一点，呈放射状，三角片明显前伸；前胸背板极长，长于中胸盾片。前足腿节极膨大，腹面具 1 排很密的刺毛；后足胫节具 2 端距。

(244) 榆蝶胸肿腿金小蜂 *Oodera pumilae* Yang, 1996(图 236)

雌：体长 5.6～6.2 mm。头胸部为金绿色带紫色光泽；腹部紫黑色，背面两侧具金绿色斑；前足基节及腿节金翠绿色，其余各节均为黄褐至褐色；触角紫褐色。

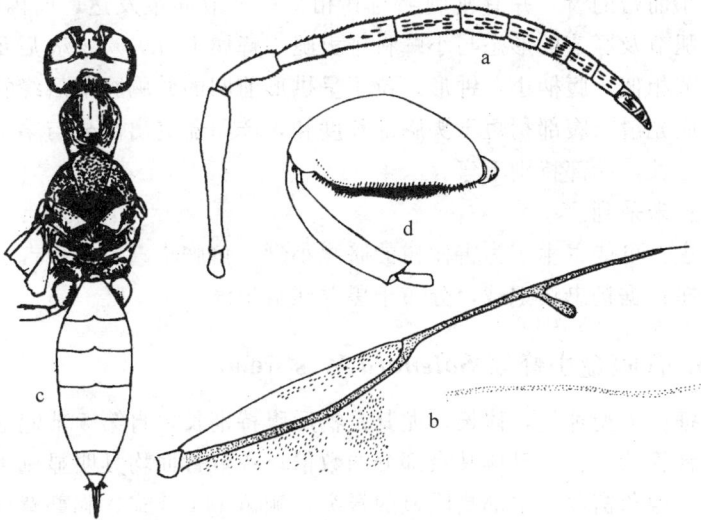

图 236　榆蝶胸肿腿金小蜂属 *Oodera pumilae* Yang(♀)

a. 触角；b. 前翅；c～d. 榆蝶胸肿腿金小蜂属 *Oodera* sp 之属性：

c. 整体背面观；d. 前足腿节及胫节

(c 引自 Boucek & Rasplus；a，b，d 引自杨忠岐)

头部背观前缘深凹，后头中部前凹，头宽为长的 1.42 倍；上颊特别突出，向外圆突，二上颊之间的头宽与复眼之间的头宽相等，长为复眼的 1/2；正面观头高与头宽相等，颚眼距较长，为复眼高的 0.83 倍；额及脸区的粗刻窝内均有细的弱颗粒状小突起；触角洼深陷，二洼之间以圆锥形触角洼间突向上延伸相分隔；触角着生于复眼下缘连线的下方，13 节，细而长，不成棒状，触角式 11083；柄节基部细，上半部较膨大成棒状；无环状节；鞭节中部的 2～3 节比其余各节均粗，各节均长大于宽；棒节 3 节，细而小，末端尖。

前胸背板特别发达呈片状向外延伸，略呈菱形，其上具唱片刻纹状细密脊纹。中胸盾纵沟细沟状，完整，两沟在后部很接近；三角片形态很特殊；小盾片较小，横椭圆形；这三者在中胸背面构成一只形似展翅欲飞的蝴蝶，即盾纵沟似 1 对前伸的触角，三角片似 1 对前翅，小盾片似蝶的腹部；形态逼真，栩栩如生。中胸盾片前方中部的颈圈不鼓起。前翅马刀形，亚缘脉端部没有分出缘前脉；亚缘脉加缘前脉长为缘脉的 1.78 倍，缘脉长分别为后缘脉和痣脉长的 1.09 倍和 3.54 倍；翅痣小，仅在痣脉末端略膨大呈棒状；翅的基室端部外方具小的基无毛区，上达基脉 1/2 高度处；翅的中部具 1 纵褶。前足腿节特别膨大，腹面下方具 1 排小而密的齿，并有密刺毛与其相交；胫节亦很发达，向内弯曲；其前足腿节及胫节的形态与小蜂科中大腿小蜂属 *Brachymeria* 后足的腿节及胫节相似。腹柄小，钟形，位于呈拱形前凹的并胸腹节后缘脊凹区内，表面光滑。腹部稍短于头胸部长度和，产卵器突出部分与第 7 腹背板基本等长，端部特别下弯。

雄：未采到。

寄主：可能寄生于为害榆树的脐腹小蠹、角胸小蠹及 1 种吉丁甲。

分布：据杨忠岐记载，分布于黑龙江哈尔滨。

36. 管腹金小蜂属 *Solenura* Westwood

属征：大型种类，体长、尤其是柄后腹特别长，自第 5 节起显著变细呈长针管状，长为身体其余部分的数倍；各节背面均具明显刻点和密毛。头部触角窝深，中部具明显的脊突，触角 11173 式。胸部背面观盾纵沟、盾片沟及盾间沟不在胸部中央相交于一点上；前足腿节不特别膨大。前翅无透明斑，密被毛。体长 10～20 mm，体兰或兰绿色，具金属光泽。

(245) 安管腹金小蜂 *Solenura ania*（Walker，1846）（图 237）

雌：体大型，长 17 mm。体蓝绿色；各足除后足基节与体同色并具刻点外，其余足节均为红褐色；腹部第 1～4 节具蓝紫色反光；触角褐色。

头前面观头顶平不隆起，触角位于两复眼下缘连线的下缘，触角洼深，其两侧颜面突起，两触角窝间距宽，其间具刻点。触角式 11173，

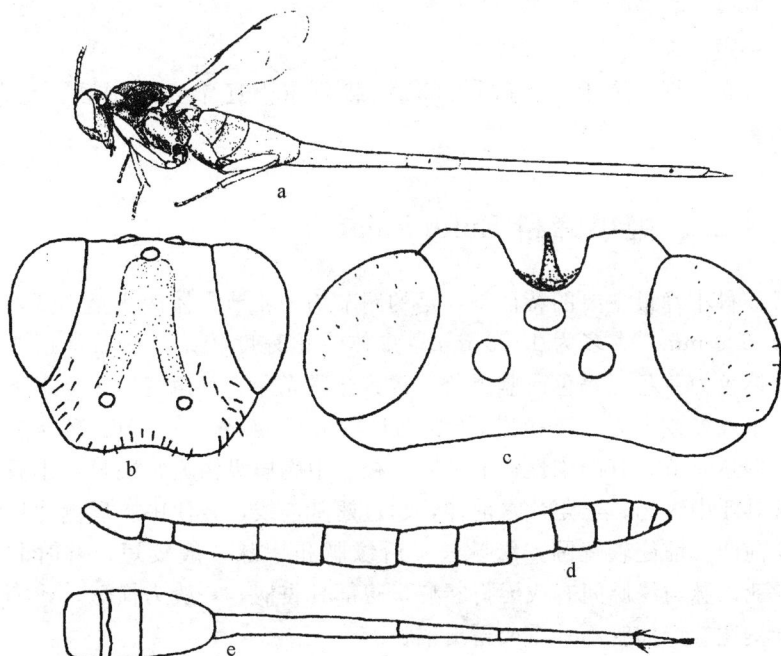

图 237 安管腹金小蜂 *Solenura ania*（**Walker**）（♀）
a. 整体背面观；b. 头前面观；c. 头背面观；d. 触角；e. 柄后腹
（a 引自 Boucek；其余引自黄大卫、肖晖）

柄节伸达中单眼下缘；梗节加索节长之和大于头宽；梗节长为宽的 2 倍；环状节 1 节，长稍大于宽。头背面观具刻点，蓝绿色光泽；头宽为长的 2 倍许，复眼长为宽的 1.1 倍，具微毛；触角洼内具尖脊；无后头脊，中单眼紧接触角洼边缘。

胸部隆起，均具网状刻点和蓝紫色反光。前胸背板前缘无脊，中部宽为长的 8.4 倍；中胸盾片宽为长的 1.15 倍，盾纵沟完整；小盾片长为宽的 1.3 倍，小背板小，具刻点；并胸腹节短且平，具中脊，无侧褶，具粗糙刻点。前翅缘脉长分别为后缘脉和痣脉长的 1.77 倍和 4 倍；翅痣部位具褐色云斑。翅面密布纤毛，缘室上表面前缘具密毛，下表面被毛；基室、基脉均被毛，基室后缘封闭，后部光滑无毛。

腹部无腹柄，腹部显著长于头胸之和，第 5 节以后各节极细长，各节均具网状刻点和短毛。第 1～4 腹节全长与胸长相当，其中以第 4 节最长，以后各节显著细缩呈针管状。

雄：体长 6～6.5 mm。体绿色，柄后腹不细缩，各足基节与体同色，其余红褐色。

寄主：未知。

分布：据黄大卫、肖晖(2005)记载分布于辽宁省绥中县、北京、台湾。

十二、姬小蜂科 Eulophidae

该科小蜂最主要的特征是：足的跗节均为 4 节。体微小至小型，长 0.4～6.0 mm，大多为 1～3 mm。虫体骨化程度较差，死后常扭曲变形。体色为黄色、褐色或蓝黑色，常具金属光泽。触角着生在复眼下缘的水平线处或下方，7～9 节(不包括环状节)，索节 2～4 节，环状节有的可多达 4 节，有的雄性索节具有分枝。中胸盾纵沟通常明显，小盾片上常具亚中纵沟；三角片常前伸，超过翅基连线，致使中胸盾侧片后缘多少前凹。前翅较宽圆；缘脉长；后缘脉和痣脉一般较短，有时非常短；亚缘脉与缘脉间有或无折断痕。腹部具腹柄，一般为横形，或柄长大于柄宽。产卵管不外露或露出很长。

姬小蜂绝大多数种类营寄生性生活，可寄生双翅目、鳞翅目、鞘翅目、膜翅目、同翅目、脉翅目、缨翅目等昆虫以及瘿螨和蜘蛛，尤以隐蔽性(如潜叶性)昆虫的幼虫，寄生最为普遍。寄生方式多种多样，变化很大；昆虫的卵、幼虫和蛹期都有被寄生的，瘿螨和蜘蛛只见卵被寄生；通常为单期寄生，也有卵→幼虫，或幼虫→蛹跨期寄生；大多为内寄生，也有外寄生、容性寄生、抑性寄生；有初寄生，也有重寄生，甚至三重寄生；有的种兼有初寄生和重寄生习性；极少数有捕食性。

姬小蜂科是较大的科，据何俊华教授等(2004)记载，全世界已知有 331 属约 3200 种。本科一般分为 5 个亚科，其中常见的有姬小蜂亚科 Eulophinae，狭面姬小蜂亚科 Elachertinae，凹面姬小蜂亚科 Entedontinae，啮小蜂亚科 Tetrastichinae 4 个亚科。

我国东北地区姬小蜂的种类极为常见，在我们采集的标本中约有 30～40 种，上述 4 亚科均有分布；但由于资料不够齐全等原因，未能全部鉴定到种，此书仅记述 11 属 18 种。

1. 羽角姬小蜂属 *Sympiesis* Foerster

属征：复眼无毛；雌性触角索节多为 4 节，棒节 2 节；雄性触角索节具 3 分枝；无额颜缝；唇基前缘呈横切状，左右上颚末端相遇；前翅亚缘脉几乎与缘脉等长或长于缘脉，后缘脉长为痣脉的 2 倍；中足第 1

跗节较第 2 跗节为长；腹部明显为长，长于头胸之和，长纺锤形。

此属小蜂以鳞翅目幼虫为寄主，营内寄生或外寄生生活。

(246) 长腹羽角姬小蜂 Sympiesis dolichogaster Ashmead，1883

雌：体长 3.5～4 mm。体金属蓝绿色，具铜色光泽。腹部第 1～5 节背板与体同色，以后各节紫黑色有金属光泽；腹部腹面几乎全为黑色。足淡黄色，前足基节基部前侧具褐斑；后足基节基半部与体同色。翅近于透明，翅面具黄褐粗短毛；翅脉黄褐色。口器黄褐色；触角柄节腹面黄白色，背面褐色；梗节以后各节均为褐色。

头部背面观横形，与胸近等宽。头顶、颜面和胸部背面具网状刻纹。复眼大而突出，两侧单眼间距为侧单眼直径的 2 倍，侧单眼与复眼间距与侧单眼直径相等；单眼三角区呈横肾形隆起。触角生于颜面中部之下，由 8 节组成，柄节长达中单眼；索节 4 节，各节均长大于宽；棒节 2 节，不明显膨大。

胸部前胸背板前端收缩呈颈状；中胸盾侧沟仅前端 1/3 呈线痕状；小盾片长大于宽，约为两三角片间距的 2 倍，末端呈角状突出。并胸腹节中脊明显，但不完全，约为并胸腹节长之半。前翅亚缘脉约与缘脉等长；后缘脉长接近痣脉的 3 倍，约为缘脉长的 1/2。腹部细长，长约为头、胸长度之和的 1.8 倍；腹部各节背板向后渐次略增长，末节背板长约为宽的 4～4.5 倍，两侧几乎平行或亚基部稍凹，端部较尖。

雄：体长 3～3.5 mm。金绿色。腹部长袋形，基部窄，端部较宽圆，基部金绿色，至 1/2 处为黄色，以后又为黑褐色。触角具 3 个分枝，有细毛。后足腿节、胫节端部和跗节黑褐色或褐色，余者为黄色；前、中足均为黄色；跗节末端褐色。

寄主：据记载寄生乌桕举肢蛾；还可寄生细蛾科、冠潜蛾科和潜蛾科等害虫。

分布：据记载分布于吉林、北京、河北、浙江、安徽、江西、湖南、台湾、新疆。

2. 狭面姬小蜂属 Stenomesius Westwood

属征：背观后头脊马蹄形，头顶宽，头窄于胸，颊相当长；触角着生在颜面中部的下方，索节 4 节；棒节 2 节或 3 节。前胸相对长，中胸盾纵沟完整；小盾片亦具 1 对纵沟，其后端左右相通。前翅缘脉约为痣脉长的 3 倍，后缘脉长为痣脉的 1.5 倍。腹部具短柄，背面平坦，腹面略隆起，第 1 腹背板长约占腹的一半，产卵器略突出。

本属小蜂主要以小蛾类幼虫营体外聚集寄生。

（247）螟蛉狭面姬小蜂 *Stenomesius tabashii*（**Nakayama，1929**）（**图 238**）

雌：体长 1.6～2.0 mm。体大致黄褐色。头顶中央及其前后斑纹、触角柄节及鞭节、中胸盾片前半、三角片后下端、后胸盾片、并胸腹节大部、中胸侧板后方或连同中胸腹板、腹中部两侧缘、第 4、第 5 腹节背后方中央均黑色；小盾片、三角片及并胸腹节亚中脊两侧各具 1 赤褐色或暗赤色斑。足淡黄褐色，端跗节及爪暗黄褐色。翅透明，翅脉淡黄色。

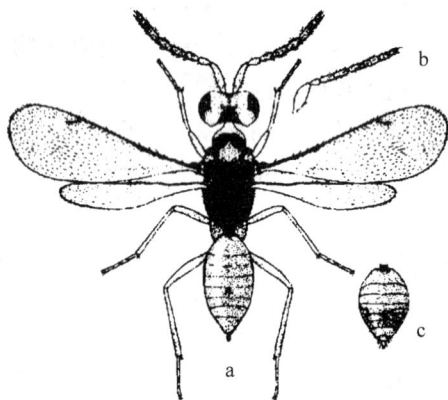

图 238　螟蛉狭面姬小蜂 *Stenomesius tabashii*（Nakayama）
a. 雌性整体图背面观；b. 雄性触角；c. 雄性腹部背面观
（引自何俊华等）

头背面观横宽，后头无缘脊；光滑无刻纹，头顶具浅黄色长刚毛10 余根。单眼呈直角三角形排列。头前面观呈三角形，头顶隆起。触角着生于复眼下缘连线的上方。触角洼略呈凹槽。触角柄节柱状，伸过头顶；环状节 1 节，短小；索节 4 节，第 1～3 节约等长等宽，各节长为宽的 3 倍，第 4 节长为宽的 2 倍；棒节 3 节，稍长于第 1 索节，而宽于索节。上颚钝圆，唇基末端呈横截状。胸部与头等宽，具皮革状刻纹。中胸前半狭，后端平坦，后缘几乎平直；小盾片长于中胸盾片，侧方有浅沟伸达后方。前胸背板、中胸盾片、小盾片及三角片上每侧各具刚毛 2 根。并胸腹节中央有 1 对纵脊。前翅长约为宽的 3 倍；缘脉长约为后缘脉的 2 倍，为痣脉长的 4 倍。足细长，后足胫节末端 2 距均短。腹部卵圆形，扁平，短于胸，后端收缩，产卵管略突出。

雄：体长 1.3 mm。头部色斑较大，有时全部浓褐色；腹部背面后方 3/4 处具黑褐色宽横带。触角柄节扁平膨大，长为宽的 2 倍；索节 4 节，等长，各节长为宽的 2 倍；棒节长为第 1 索节的 1.5～1.7 倍。

　　寄主：据记载寄生于稻螟蛉 *Naranga aenescens* 幼虫体内，为聚寄生。

　　分布：辽宁（沈阳）、吉林（长春、延吉）、江苏、浙江、湖北；朝鲜。

3. 稀网姬小蜂(亦称裹尸姬小蜂)属 *Euplectrus* Westwood

　　属征：体黑并带黄色，头及胸显现油光及长而粗的刚毛。头正面观上宽下窄，较胸部窄。头顶具锐脊，复眼无毛，触角着生在颜面中部的下方，索节 4 节，各节长形。前胸长，比中胸窄，前缘锋锐。中胸盾纵沟细，并胸腹节具中脊。前翅缘脉长几乎为痣脉的 3 倍，后缘脉长于痣脉。足粗大，后足胫节末端具 2 距，一长一短，长者超过基跗节。腹近圆形，具柄，第 1 腹节几乎占腹长之半。

　　本属小蜂以鳞翅目幼虫为寄主，营体外寄生。

　　(248)两色稀网姬小蜂 *Euplectrus bicolor* Swederus slat(图 239)

　　雌：体黑色显油光并具青铜色光泽，口器、触角及触角窝以下颜面处均黄褐色(此色不达触角窝两侧也不上达复眼内缘眼眶)。翅基片、翅脉、足、腹背靠近基部一倒"T"形或三角形的斑纹以及腹面除边缘外，均黄褐色。复眼朱红色，单眼琥珀红色。

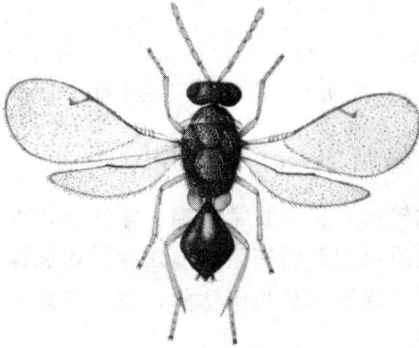

图 239　两色稀网姬小蜂 *Euplectrus bicolor* Swederus slat

(引自廖定熹等)

　　头部横宽，单眼呈矮三角形排列，POL＞OOL，后头缘锋锐，颜额宽超过头宽之半，复眼突出而后颊收缩。头正面观倒三角形，头顶隆起，颜面中间瘪，颊长约为复眼长径之半。触角生于复眼下缘连线上，触角洼不显；柄节长过头顶；梗节长约为端宽的 1.5 倍；环状节 2 节，短小；索节 4 节，均长大于宽，第 1 索节最长，长约为宽的 3 倍，以后各节依次渐短，第 4 节长为宽的 2 倍；棒节 2 节，稍长于第 1 索节。颜面中部光滑，头顶、后头具横向网状刻纹，沿复眼内缘部分颜面具带鬃刻点。唇基呈狭窄的横片状，前端平直。

前胸短，前缘具点刻横脊；中胸宽大于长，稍隆起，盾纵沟显著，中胸盾片具粗网状刻纹及粗长刚毛 3 对，盾侧片及小盾片各具粗长刚毛 2 对，小盾片较中胸盾片为长，长宽大致相等，具纵向网状刻纹，中胸后盾片短呈一横带状，并胸腹节较平坦光滑，具中脊侧褶，其后端相连汇合，但不呈颈状，只具细刻纹，其后紧接腹柄。前翅长大透明，长过腹端甚多；亚缘脉、缘脉、后缘脉、痣脉长度之比为 20：24：9：9。足长大，后足胫节末端具 2 距，内距长于第 1 跗节。

腹短于胸，具腹柄，柄宽大于长，具粗刻点纹，腹光滑，第 1 腹节最长，占腹长 4/5 以上，以后各节多隐蔽。产卵器鞘及尾突略外露。

雄：体长 1.3～1.9 mm。体黑色有油光，头胸并具青铜色光泽。触角柄节、足基节、转节及腿节浅黄色，触角窝以下至口缘部分、翅基片、翅脉、缘毛及足均黄白色或浅黄褐色。腹部末端暗红褐色。形态与雌虫相似，但体较小，体的黄色部分色浅，位于腹近基部的梯形黄斑较大而显著。腹部较雌虫为长。

寄主：据记载寄生于黏虫及山杨麦蛾幼虫。另有记载卷蛾科、尺蛾科、夜蛾科及麦蛾科等均可寄生。

分布：辽宁（沈阳、大连、千山、北镇、朝阳、阜新）、吉林（长春、吉林、延吉、辽源）、黑龙江（哈尔滨、佳木斯、伊春、镜泊湖）、山东。

4. 纹翅姬小蜂属 *Teleopterus* Silvestri

属征：体骨化较弱，头和腹常皱缩。雌性触角索节 4 节，雄性触角简单无分枝。中胸盾纵沟深而完整；前翅缘脉比亚缘脉长很多，此两脉相接处有折断痕，后缘脉明显短于痣脉；翅面有 2 条从痣脉发出的纤毛列。腹柄短不显著。

此属小蜂主要寄生潜叶蝇类幼虫。

(249) 潜蝇纹翅姬小蜂 *Teleopterus erxias* (Walker, 1848)（图 240）

雌：体长 1.0 mm。体紫黑色具蓝绿色金属光泽。触角暗褐色。复眼紫黑色，单眼褐色。各足跗节白色；前、中足基节黑褐色，转节淡褐色，腿节及胫节褐色；后足腿节和胫节颜色较深。翅微烟色，翅脉褐色。腹部基部蓝绿色，其余部分与体同色。

头、胸和腹部均具细刻点。头部长与宽相近，后头脊不明显。触角着生于复眼下缘连线下方；索节 4 节，各节长均略大于宽，但变化较

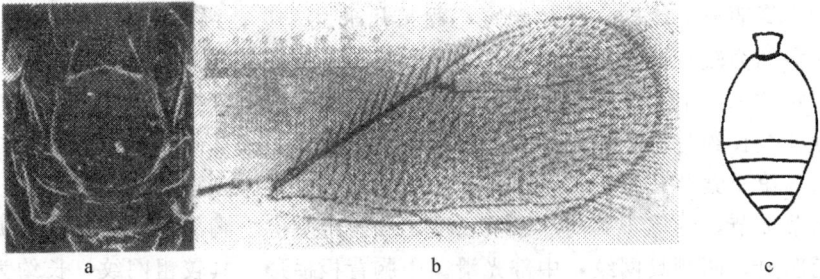

图 240 潜蝇纹翅姬小蜂 *Teleopterus erxias*（Walker）
a. 胸部背面观；b. 前翅；c. 腹部背面观
（a，b. 引自 Takada 等；c. 引自徐志宏）

大。前胸背板无横脊；中胸盾纵沟仅前端 1/3 明显；小盾片后端光滑，具 1 对鬃。并胸腹节光滑，略具微刻纹，无中脊和褶。前翅端部宽圆，翅缨较长；亚缘脉与缘脉相接处有折断痕；缘脉比亚缘脉长很多；后缘脉明显短于痣脉。翅面除散乱分布的纤毛外，尚有 2 行从痣脉伸出的毛列，1 行几乎与翅的前缘平行伸向翅前角，另 1 行弯向翅的外缘。腹柄短小，光滑。腹部长于胸，小于头胸之和，几呈圆形，第 1、第 3 节较长。稀具紫色粗短毛。

寄主：据记载寄生美洲斑潜蝇、豌豆和女贞上的潜叶蝇幼虫。另有记载，本种是豌豆彩潜蝇天敌的优势种之一。

分布：辽宁（沈阳）、浙江、江西。

5. 柄腹姬小蜂属 *Pediobius* Walker

属征：体骨化程度较高，不皱缩。头部具粗刻点，胸部具网纹。复眼多具毛；触角 8 节；环状节 1 节；索节 3 节或 4 节，常呈念珠状；棒节 2 节或 1 节；雄性触角不分枝。中胸盾纵沟不完整，后端消失。前翅缘脉很长，痣脉很短。并胸腹节具 1 对亚中脊，其后端分向两侧成后缘脊，再延伸并与侧脊相连形成 1 对斜方形的环状脊。腹柄显著，腹卵圆形。

本属小蜂多以蛀茎或潜叶性的一些鳞翅目和双翅目为寄主，也有寄生鞘翅目和膜翅目的一些种类。

(250)卷蛾柄腹姬小蜂 *Pediobius facialis*（Girault）

雌：体长约 1.5 mm。体黑色具蓝绿色光泽，颜面具铜色光泽。足黑褐或暗褐色，胫节端部及跗节黄白色，跗节末端褐色。翅透明。

头比胸稍宽。额及颜面具密而细的网纹；侧单眼外侧的凹陷明显，后头脊明显而内凹；后颊颇宽；额叉几乎呈 140°；额窝区中部略隆起，触角间突较宽。复眼不很大，内眼眶直，下部较分开。复眼长径约为颚眼距的 2.5 倍。触角短，着生在复眼下缘的连线上，索节 3 节；鞭节加梗节全长约与额宽相等。柄节细长，稍长于梗节加基部 2 索节之和。梗节与第 1 索节几等长；第 1 索节长稍大于宽或相等，其后各节略横形。棒节 2 节，约等于其前 2 索节长度之和，末端尖。胸部宽；前胸背板侧角明显，两侧具网纹，中部光滑。中胸背板横形，具较粗网纹，长约为宽的 1/2；小盾片略隆起，长宽近相等，基半部网纹似纵条状，端半部几由许多等径的眼网组成。后胸盾极短。并胸腹节的侧中脊间区，前窄后宽；亚中区宽，几呈方形，基缘深陷似沟。褶几等于后缘之长，呈微脊状，其夹角几为 90°。前翅透明斑为一封闭室。痣脉长约与后缘脉相等；缘脉长约为亚缘脉的 1.5 倍。后足胫节距短于第 1 跗节，第 1 跗节比第 2 跗节略短。腹柄横形，密具刻纹，其前缘弓起。腹部短卵圆形，比胸部短，隆起；第 1 腹节超过腹之中部，其背面具微刻纹，后缘直。

雄：体长约 1.2 mm。与雌相似，但体色更鲜，跗节褐色。腹部更短，腹柄方形。触角柄节较短；3 个索节均几呈方形，较分开。

寄主：据记载，在江西寄生于梧桐褐卷叶蛾蛹；在欧洲寄生于小蛾类与一些姬蜂和茧蜂；在日本也寄生于卷叶蛾科，少数寄生于夜蛾和姬蜂。

分布：辽宁(沈阳)、吉林(长白山)、黑龙江(伊春、佳木斯、镜泊湖)、江西；朝鲜、日本、西伯利亚南部、欧洲、北美等地。

6. 灿姬小蜂(亦称凹面姬小蜂)属 *Entedon* Dalman

属征：头胸部具显著的网状刻纹和稀疏粗壮的刚毛；复眼具微毛。触角较短，雌雄触角均为 8 节，环状节 1 节，索节 3 节，棒节 2 节；雌性棒节连接紧密，呈棒状。前胸背板小，明显比中胸窄；中胸盾纵沟后半部不太明显，三角片不明显向前突出；中胸小盾片隆起，无沟；并胸腹节中纵脊明显。前翅缘脉很长，痣脉和后缘脉很短，后两者基本等长。雌性腹部常无柄或具短柄；雄性腹柄显著，一般长大于宽。

本属小蜂寄生钻蛀树干、果实和种子的鞘翅目害虫的幼虫，如窃蠹科、长蠹科、天牛科、象甲科和小蠹科等。

(251)红松小蠹灿姬小蜂 *Entedon yichunicus* Yang, 1996(图 241)

雌：体长 2.3 mm。头胸部紫黑色带暗绿色光泽，密布粗大网状刻纹；腹部除第 1 节背板金绿色外，其余部分紫黑色略具黄色光泽；触角

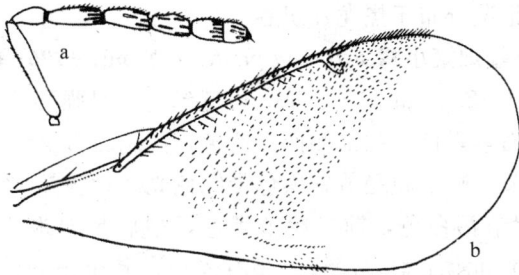

图 241　红松小蠹灿姬小蜂 *Entedon yichunicus* **Yang(♀)**

a. 触角；b. 前翅

（引自杨忠岐）

与体同色，具暗绿色光泽；各足基节和腿节与体同色；转节褐色两端黄白色；各足膝部、前足胫节大部、中足胫节全部、后足胫节端半部为白色；前足胫节内外两侧方各具一褐色纵带，中足胫节基部具一窄褐色圈，中足胫节中部至基部浅褐至褐色；各足跗节浅褐至褐色。

头背面观宽为长的 1.89 倍，其前缘和后头中部均向内凹，后头脊仅中部明显；复眼表面具微毛；OOL 与 MPOL 等距，POL 是 MPOL 的 2.3 倍，是 OPL 的 4.67 倍。头正面观略呈圆形，触角窝至中单眼间距为触角窝至唇基间距的 2.45 倍，为触角窝至复眼间距的 2.7 倍；触角洼较深。唇基端缘不突出，与口侧区平齐。触角细长，着生于两复眼下缘连线上，8 节，触角式 11132；柄节长，伸达中单眼前缘，其腹面平直，背面稍膨起并具细网状刻纹；索节和棒节上的条形感觉器较稀少，感觉毛很短。柄节长为宽的 7 倍；梗节长为端宽的 3 倍；索节 3 节，第 1 节最长，长为宽的 4.66 倍；第 3 节最短，长为宽的 2.75 倍；棒节 2 节，略宽于索节，其长为宽的 3.4 倍。梗节加鞭节长度之和为头宽的 1.23 倍。

前胸背板宽为其中部长的 4.25 倍；中胸盾纵沟端部的凹陷浅；中胸盾片宽为其中部长的 1.6 倍；小盾片宽为长的 0.76 倍；小盾片长为并胸腹节中部长的 3.4 倍。前翅长达腹末之外，长为宽的 1.96 倍；翅脉以缘脉最长，分别为亚缘脉、缘前脉、后缘脉和痣脉长的 1.65 倍、4.4 倍、5.9 倍、8.8 倍；翅面基室、亚缘室光裸；基脉和肘脉上无毛，仅基脉下方的亚肘脉在翅反面具 2 根短毛；翅基无毛区大，上伸至缘脉基部的 1/3 处，下达后缘翅褶端部。腹部长为宽的 3.57 倍，为头胸全长的 1.25 倍，明显窄于头部、胸部；产卵器稍露出腹末。

寄主：据杨忠岐(1996)报道寄生于为害红松的多毛切梢小蠹幼虫。

分布：据记载分布于黑龙江伊春。

(252)榆小蠹灿姬小蜂 *Entedon pumilae* Yang, 1996(图 242)

雌：体长 2～2.3 mm。头、胸、腹蓝绿色，具强烈的金属光泽，但后头、腹部腹面紫黑色，胸部侧面深蓝色，并胸腹节金绿色；各足基节与体同色，转节、腿节和胫节紫黑色带绿色光泽；膝部、胫节端部及中后足第 1～3 跗节污白色，前足跗节褐色，中后足端跗节和爪黑褐色；触角柄节、梗节和第 1 索节深绿色稍有光泽，其余部分紫黑色无光泽。翅透明，翅脉浅黄褐色。

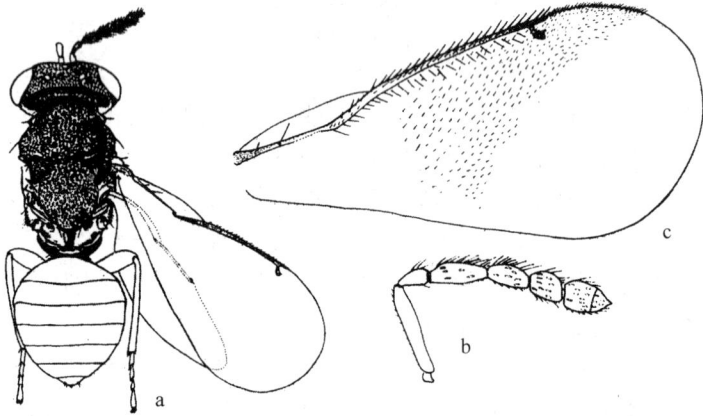

图 242　榆小蠹灿姬小蜂 *Entedon pumilae* Yang(♀)
a. 灿姬小蜂属 *Entedon* sp. 整体背面观；b. 触角；c. 前翅
(a 引自 Boucek；b，c 引自杨忠岐)

头、胸部具显著的网状刻纹和稀疏的鬃毛。头背面观宽大于胸，头宽为长的 2.4 倍；复眼大，其后缘略突出于后头表面以外，表面具微毛；POL 最长，分别为 OOL、MPOL 和 OPL 的 2.85 倍、2 倍及 6.7 倍。头正面观略呈三角形，宽为高的 1.4 倍；触角窝至中单眼间距为触角窝至唇基间距的 1.87 倍，为触角窝至复眼距的 2.5 倍。触角着生于复眼下缘连线以上，柄节柱状，梗节加鞭节全长约为头宽的 0.8 倍左右；索节和棒节上的感觉毛长而密，条形感觉器稀疏并凸出；柄节长为宽的 5.4 倍，梗节长为端宽的 1.8 倍，第 1 索节长为宽的 2.67 倍，第 3 索节长为宽的 1.43 倍，棒节略呈桃形，长为宽的 1.66 倍。

前胸背板宽为长的 4.8 倍，明显分成盾片和颈部，盾片前缘具锐脊；中胸盾片宽为长的 1.78 倍，强度隆起，显著高出后胸及并胸腹节之上，中胸盾纵沟完整，小盾片宽为长的 0.84 倍，并胸腹节中部长为小盾片长的 0.36 倍。前翅缘脉最长，分别为亚缘脉、缘前脉、后缘脉和痣脉长的 2.46 倍、3.76 倍、9.1 倍、12.8 倍，痣脉最短，翅痣头状；翅面前缘室无毛，基室光裸，基脉和肘脉上均无毛；翅基无毛区大，下方开式，上部达缘脉基部处；无毛区外方的纤毛长而密。腹部具短小的腹柄；柄后腹卵圆形，略扁平，长约为宽的 1.2 倍，宽于胸部而窄于头部，长度短于胸部；腹部表面光裸，第 1～3 节背板后缘中部略向后呈弧形突出，第 6 节后缘则向前方凹入；产卵器略外露。

寄主：据报道，自榆树枝条上角胸小蠹坑道中采到的蛹中养出，因此，可能寄生该种小蠹虫幼虫，也可能寄生脐腹小蠹幼虫。

分布：据杨忠岐记载分布于黑龙江哈尔滨。

(253) 榆膨颊灿姬小蜂 *Entedon tumiditempli* Yang, 1996（图 243）

雌：体长 2.3 mm。体色和形态特征与榆小蠹灿姬小蜂相似，但颜色暗而光泽弱。

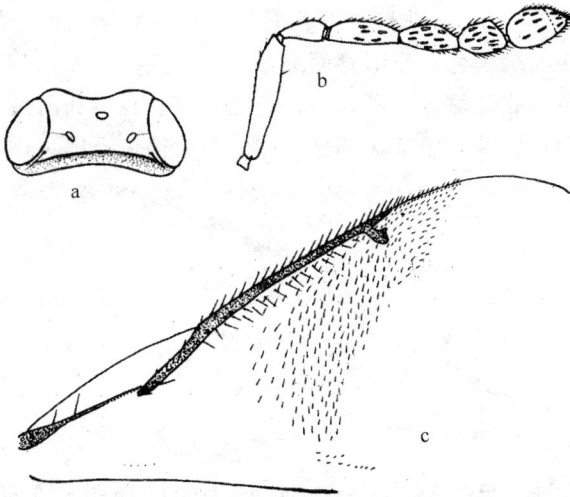

图 243　榆膨颊灿姬小蜂 *Entedon tumiditempli* Yang(♀)
a. 头背面观；b. 触角；c. 前翅
（引自杨忠岐）

头部背面观上颊显著向后突出，颊区膨胀突向后外方；后头上部几乎直，无明显的脊。头宽为长的 2 倍；POL 为 OOL 的 4 倍，为 MPOL 的 2 倍，为 OPL 的 4 倍。头正面观略呈圆形，触角窝至中单眼间距为触角窝至唇基间距的 2 倍。触角梗节加鞭节全长短于头宽；柄节长为宽的 5.4 倍，梗节长为宽的 2 倍，第 1 索节长为宽的 2.7 倍，第 3 索节长为宽的 1.25 倍，棒节长为宽的 1.56 倍。

胸部背面呈半球状隆起；中胸盾纵沟完整，在中后部处向外弯成弧形；前胸背板宽为长的 6 倍，中胸盾片宽为长的 1.85 倍，中胸小盾片宽为长的 0.89 倍，小盾片长为并胸腹节中部长的 2.75 倍。前翅缘脉长分别为亚缘脉、缘前脉、后缘脉和痣脉长的 1.45 倍、2.5 倍、7.25 倍、9.67 倍；翅面在基脉下方翅的反面有毛 5 根左右，基室、前缘室、基脉、肘脉上均无毛；翅基无毛区下方开式，上部达缘脉基部 2/5 长度处。腹柄短小而不显；腹部阔卵圆形，扁平，长为宽的 1.25 倍，宽度显著宽于头部和胸部。

寄主：据杨忠岐(1996)报道，自为害春榆的榆三刺小蠹坑道中采得蛹养出，因此，本种寄生于该种小蠹虫幼虫，也可能寄生为害春榆的小小蠹上。

分布：据记载分布于黑龙江省小兴安岭。

(254)白桦小蠹灿姬小蜂 *Entedon betulae* Yang, 1996(图 244)

雌：体长 2.5 mm。头胸部背面黄铜绿色，具强烈的金属光泽，但胸部侧面和腹面绿黑色；腹部背面除基部 2 节金绿色外，其余各节及腹部腹面紫黑色，腹部侧缘为深绿色；各足基节、腿节和前足胫节外侧面深绿色具光泽；转节和胫节大部分及端跗节为褐色至黑色；各足膝部和

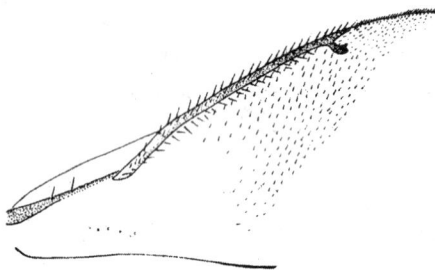

图 244　白桦小蠹灿姬小蜂 *Entedon betulae* Yang(♀)前翅
(引自杨忠岐)

胫节端部及中后足第 1~3 跗节黄白色，但前足胫节端部黄白色呈带状在内侧面延伸至中部，第 1~3 跗节为褐色；单眼无色透明，复眼灰色。

主要特征：触角窝明显位于两复眼下缘连线以上，与连线的距离至少为其横径的 1 倍；唇基多少突出，端缘不与口侧缘齐；上颊消失或极弱，最多为复眼长度(背观)的 0.15 倍；额区无"V"形沟；腹部长度最多为宽度的 2 倍。后头脊显著、锐突，上颊很弱或不发育，颊区不向外方强烈突出，前胸盾片具前缘脊但弱，有时无脊。触角洼深，洼底的光滑中纵线顶部几乎达中单眼前缘，两者间的距离为中单眼直径的 1/2；

小盾片上的网状刻窝明显浅；前翅痣脉内缘与缘脉间的角度大致为 120°。

本种与榆膨颊灿姬小蜂 *E. pumilae* 相似，但本种雌性以下特征可与后者相区别：后头脊锐突，触角洼顶几乎达中单眼，脸区两侧近口缘凹陷处各有 2 根毛，中胸小盾片上的网状刻纹浅，产卵器不外露。

寄主：据记载寄生于为害白桦的白桦小蠹幼虫。

分布：黑龙江省小兴安岭。

7. 凸头姬小蜂属 *Sanyangia* Yang

属征：雌性头胸部具粗网状刻纹，腹部光滑，全体有较强的金属光泽。头部似小蜂科角头小蜂属 *Dirhinus*，头顶前倾，颜面向后倾斜降低；背观头的前方为两个大圆凸包，其间深凹，后头脊在两侧的复眼上方翘起，形成显著的尖角突；复眼具毛；触角着生于复眼下缘连线之上，8 节，环状节 1 节，索节 3 节，棒节 2 节。胸部与灿姬小蜂属 *Entedon* 相似；但本属前胸背板分盾片和颈两部分，前胸盾片有显著的前缘脊。腹部近圆形，无明显的腹柄。

本属姬小蜂寄生为害树木的小蠹虫幼虫和蛹。

(255)榆小蠹凸头姬小蜂 *Sanyangia propinquae* Yang, 1996(图 245)

雌：体长 1.6～1.9 mm。头部黑绿色，胸部黑绿并带深紫色，光泽较弱；腹部基部 2 节背板为鲜亮的蓝绿色，其余各节紫褐色略带铜绿色光泽。各足基节和腿节与体同色，膝部黄白色；前足胫节基部大部分绿

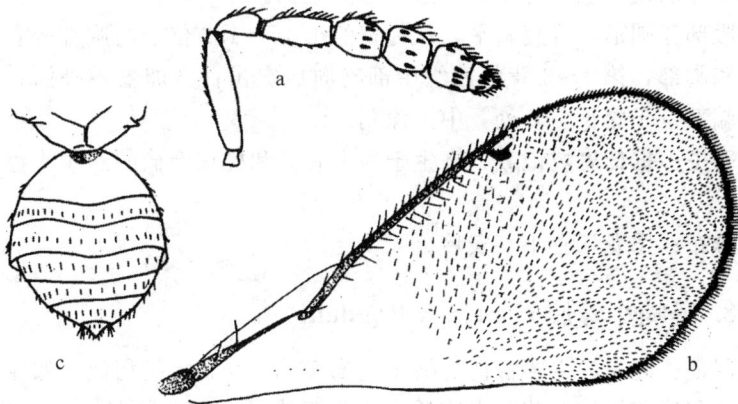

图 245　榆小蠹凸头姬小蜂 *Sanyangia propinquae* Yang(♀)

a. 触角；b. 前翅；c. 腹部背面观

（引自杨忠岐）

褐色，端部小部分黄白色，跗节褐色；中足和后足胫节基部 0.6 以上及端跗节深褐色，胫节端部及第 1～3 跗节黄白色。翅透明，翅脉浅褐色。触角深绿色具光泽。

头胸部具粗的网状刻纹，头顶前倾，颜面向后倾斜降低；背观头前方具两个大圆凸包，两凸包之间深凹，形似小蜂科 Chalcididae 中的角头小蜂 *Dirhinus* spp.；后头脊弱，在两侧的复眼上方翘起，形成一显著的尖角突；后头略呈竖向的平板状向下后方陡峭地倾斜降低；复眼表面具毛。头前面观触角洼深陷，上达中单眼；触角着生于颜面中部，位于复眼下缘连线以上。触角 8 节，式 11132；柄节略侧扁，背侧面上具纵条形网状刻纹，长为宽的 4.67 倍；梗节长为端宽的 1.6 倍；第 1 索节细长，长为宽的 2 倍，第 3 索节长为宽的 1.2 倍，棒节 2 节，长为宽的 2.26 倍，末端具端突。

前胸背板分盾片和颈两部分，前缘具锐脊，两侧各具一大瘤凸，盾片前缘向前倾斜降低，向端部变窄。中胸盾片后半部与小盾片背面平坦；中胸盾纵沟完整，在近后缘处呈弧形浅洼；中胸盾片宽为长的 1.8 倍，并胸腹节中纵脊完整，其两侧有浅沟。前翅透明，伸达腹端之后，长为宽的 2.27 倍，亚缘脉与缘前脉间有折断痕，缘脉显著长，长分别为亚缘脉、缘前脉、后缘脉和痣脉的 1.68 倍、3.17 倍、10.8 倍、10.8 倍，痣脉与后缘脉等长，短而几乎无柄。翅面缘室、基室、基脉、肘脉上均无毛，但基室端部下方的亚肘脉上在翅反面有 4 根毛；翅反面在缘脉下方具 1 行长的邻缘毛；无毛区大，上达缘脉基部 1/3 处，其外方至痣脉下方的翅面上纤毛显著比翅端部的毛长。

腹部亚圆形，背腹扁平，长为宽的 1.16～1.2 倍，与胸部等长，宽于头和胸部，第 1～3 背板后缘中部略向后突出；产卵器不外露；下生殖板端部位于腹长 1/2 处，中央深刻入。

寄主：据杨忠岐记载，寄生于为害春榆和栓皮春榆的三刺小蠹幼虫和蛹。

分布：黑龙江省小兴安岭。

8. 奥啮小蜂属 *Oomyzus* Rondani

属征：此属的主要特征与啮小蜂属 *Tetrastichus* 很相似，如雌性触角索节和棒节均为 3 节；中胸盾纵沟深而完整，其中叶具 1 条中纵沟；中胸小盾片具 1 对纵沟；前翅无后缘脉；腹部圆，无腹柄，产卵器不伸出等。主要区别是：本属中胸盾片中叶无中纵沟；小盾片上的 1 对纵沟微弱，2 纵沟间的距离较纵沟至边缘间的距离为短。

此属小蜂主要以小蛾类的蛹及一些茧蜂的茧为寄主。

(256)菜蛾奥啮小蜂 *Oomyzus sokolowskii* Kurdumov，1912

雌：体长 1～1.5 mm。体蓝绿黑色而有光泽。触角黑褐色。翅脉褐色。足基节及腿节中部黑褐色，转节、腿节两端、胫节及跗节黄白色，端跗节黄褐色。

头前面观三角形，与胸部等宽。触角着生于颜面中部；柄节较短，不伸达中单眼；梗节略长于第 1 索节，二者均长大于其宽；第 2、第 3 索节大致等长而稍短于第 1 索节；棒节长卵圆形，明显较索节宽大且不短于末 2 索节合并之长；第 1 棒节较第 2 节为长，第 3 棒节长为第 1 棒节的 2/3，末端具 1 刺突，刺突长约为端棒节的 2/3。中胸盾片及小盾片均隆起，具细网状刻纹，并带紫铜色油光而非金属光泽；中胸盾纵沟完整，无中纵沟或仅其后端隐约可见，其两侧具刚毛 2 对；翅基片及小盾片上各具 1 对白色刚毛，小盾片的 1 对纵沟微弱，纵沟间距较纵沟与边缘间之距离为短。前翅亚缘脉与缘脉相接处有折断痕，缘脉长；缘前脉上面中部具 1 根刚毛和 1 个小瘤，下面则具细小的刚毛若干根。并胸腹节有中脊，两侧区具细网状刻纹，左右后侧方有陷窝 1 对。

腹部与胸部大致等长而狭于胸部，卵圆形。产卵管起自腹中部之前，不突出腹端。

寄主：据记载寄生小菜蛾 *Plutella xylostella* 蛹及从菜蛾盘绒茧蜂 *Cotesia plutellae*、粉蝶盘绒茧蜂 *C. glomerutus* 和微红盘绒茧蜂 *C. rubecula* 等菜地蜂茧中育出。聚寄生。

分布：辽宁（沈阳、阜新、朝阳、千山）、北京、山西、河南、江苏、上海、福建、台湾、湖北、湖南、广西、云南。

9. 啮小蜂属 *Tetrastichus* Haliday

属征：雌性触角索节和棒节均为 3 节，环状节 2～3 节，呈薄片状；雄性柄节不膨大；索节 4 节，多数具长毛。前胸短；中胸盾纵沟深而完整，中胸盾片中叶具 1 条中纵沟，小盾片上具 1 对纵沟；并胸腹节较长，中纵脊显著，侧褶至少在后半部存在。前翅亚缘脉背面具刚毛 1 根，缘脉长，痣脉发达，无后缘脉或甚短。腹卵圆形，无柄；产卵器隐蔽或微突出。

此属姬小蜂以鳞翅目、双翅目、膜翅目、鞘翅目等多个目的幼虫或蛹及卵等为寄主，营内寄生或外寄生，或捕食卵、幼虫、蛹及成虫。但也有少数种类为植食性的。

(257)卡拉啮小蜂 *Tetrastichus chara* Kostjukov，1978(图 246)

雌：体长 0.9 mm。体黄褐至暗褐色，前胸背板、小盾片、腹部端半及后足基节基部黑褐色。

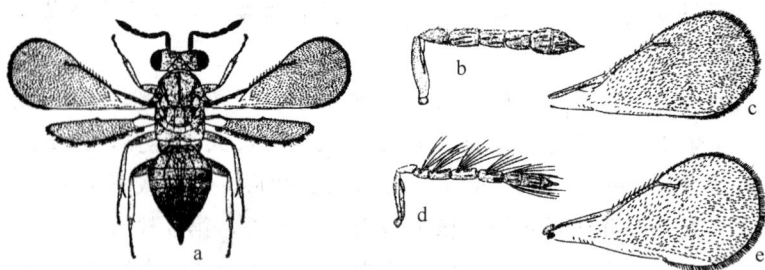

图 246　卡拉啮小蜂 *Tetrastichus chara* Kostjukov

a. 雌性整体背面观；b. 雌性触角；c. 前翅；d. 雄性触角；e. 前翅

（引自徐志宏）

触角柄节长为宽的 3.2 倍；索节 3 节等长，长均为宽的 1.5 倍；棒节 3 节，末端尖。雄性触角索节 4 节，具长毛。前胸背板短，中胸盾片具中纵沟，小盾片具 1 对侧沟，并胸腹节具 1 中纵脊。前翅缘脉与亚缘脉交接处有折断痕，两脉等长，长为痣脉的 4 倍，亚缘脉上具 1 根毛，后缘脉消失，翅面透明斑内具毛。腹部长过胸部。产卵管不外露。

寄主：据记载寄生豌豆彩潜蝇。

分布：辽宁(沈阳)、黑龙江(佳木斯)、浙江。

(258)刺角卵腹啮小蜂 *Tetrastichus clavicornis* Yang，1996(图 247)

雌：体长 1.3～2.1 mm。体深蓝绿色带紫色光泽，各足基节与体同色，转节、腿节深褐色，但后足腿节带蓝色光泽，足的膝部及胫节黄色，跗节淡黄色，前跗节褐色；翅透明，翅脉黄褐色；触角柄节黄褐

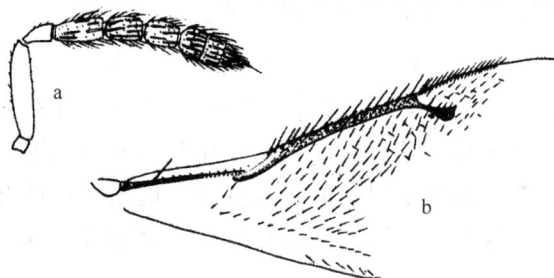

图 247　刺角卵腹啮小蜂 *Tetrastichus clavicornis* Yang(♀)

a. 触角；b. 前翅

（引自杨忠岐）

色，梗节和鞭节褐色。

头背观略呈亚铃形，宽为长的 2.4 倍，与胸等宽；上颊长为复眼长的 0.1 倍；POL 为 OOL 的 1.85 倍，单眼较大，OOL 为 OD(侧单眼直径)的 1.16 倍。头正面观宽为高的 1.2 倍；复眼表面具稀疏的纤毛，两复眼间距为复眼高的 1.38 倍，颚眼距为复眼高的 0.77 倍，口区宽为颚眼距的 1.25 倍；触角索节 3 节，棒节 3 节；柄节长大于眼高，梗节加鞭节全长为头宽的 1.2 倍；梗节长为端宽的 2 倍，第 1 索节长为宽的 2.8 倍，第 2 节长为宽的 2 倍，第 3 节长为宽的 1.28 倍；棒节长为宽的 2.75 倍，与第 2、第 3 索节之和等长，末端具 1 长刺突，其上有 1 根长刚毛。

胸部粗短，长为宽的 1.3 倍。前胸背板长为宽的 0.2 倍；中胸盾片长为宽的 1.2 倍，中纵沟浅，前方 1/3 消失，侧缘具 4～5 根毛；中胸小盾片长宽相等，亚中沟相互远离而接近盾片侧沟，亚中沟间区长为宽的 2 倍；小盾片上前后各具 1 对刚毛。后胸盾片很短；并胸腹节中部明显比两侧长，长为后胸盾片长的 3 倍，中纵脊、侧褶和邻气门沟脊均十分突出。前翅缘脉长为痣脉的 4.1 倍，无后缘脉。前足跗节较长，接近胫节长的 0.9 倍。腹部卵圆形，长为宽的 1.85 倍，稍短于头胸之和；产卵器仅达腹端，不外露。

寄主：据记载，可能重寄生于为害柳树的脐腹小蠹、角胸小蠹的初寄生者广肩小蜂幼虫。

分布：分布于黑龙江哈尔滨。

(259)隆胸小蠹啮小蜂 *Tetrastichus thoracicus* Yang，1996(图 248)

雌：体长 1.7～2.1 mm。体蓝绿色具金属光泽，胸部背面带古铜色光泽。各足基节、转节和腿节与体同色，其余足节黄褐色至褐色；触角各节均为褐色，但有时柄节为黄褐色。

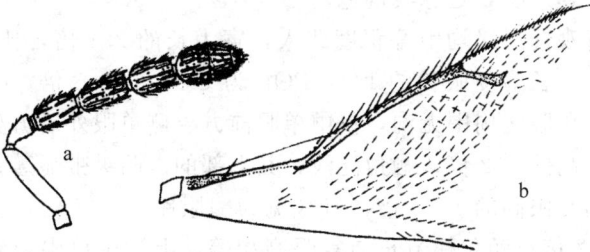

图 248　隆胸小蠹啮小蜂 *Tetrastichus thoracicus* Yang(♀)

a. 触角；b. 前翅

(引自杨忠岐)

　　头部背面观宽为长的 2.3 倍，比胸部窄，上颊长为复眼长的 0.1 倍；POL 为 OOL 的 2.1 倍，OOL 为 OD(侧单眼直径)的 1.2 倍。头正面观宽为高的 1.2 倍；触角洼浅，但微凸纵带十分显著；额中部两复眼间距为复眼高的 1.27 倍，颚眼距为复眼高的 0.73 倍，口区宽为颚眼距的 1.16 倍。触角索节 3 节，棒节 3 节；柄节长短于复眼高，梗节加鞭节全长分别为头宽和胸宽的 1.2 倍和 1.1 倍；梗节、索节第 1、第 2、第 3 节及棒节长分别为各自宽度的 1.8 倍、2.16 倍、2.3 倍、1.84 倍、2.37 倍，第 2 索节长于相邻的 2 索节，棒节长为第 2 索节和第 3 索节全长的 0.7 倍。

　　胸部近似卵圆形，背面显著隆起，长为宽的 1.16 倍。中胸盾片中区宽为长的 1.2 倍，中纵沟深而完整，侧缘具 6 根刚毛；中胸小盾片宽略大于长，前方的 1 对刚毛位于中部稍后处；亚中沟宽而深，两沟之间相互远离而近于盾片侧沟，亚中沟间区长为宽的 2.45 倍。并胸腹节中部短而两侧长，后缘中部呈倒"V"形刻入，中纵脊、侧褶及后缘中部脊突出，中部长为后胸盾片的 1.4 倍。中胸前侧片上的承腿凹长，一直延伸至中足基节前方；中足胫节端距与基跗节等长。前翅缘脉长为痣脉的 3.67 倍，无后缘脉。腹部卵圆形，末端尖，长为宽的 1.85 倍，为胸长的 1.3 倍，与头胸部全长相等；腹部窄于胸部，末节背板长宽相等；产卵器稍露出。

　　寄主：寄生为害榆树的脐腹小蠹、角胸小蠹幼虫(杨忠岐 1996)。

　　分布：黑龙江(哈尔滨、佳木斯)。

　　(260)枫桦小蠹啮小蜂 *Tetrastichus aponiusi* Yang，1996(图 249)

　　雌：体长 2.2～2.4 mm。体深蓝绿色带古铜色金属光泽；触角柄节污黄色，但端部背面褐色，梗节及鞭节褐色；各足基节、转节和腿节深褐色，但后足腿节上具蓝绿色金属光泽，膝部、胫节及跗节亮黄色，前跗节褐色；翅透明，翅脉浅褐色。

　　头部背观前后缘均中等程度凹入，宽为长的 2.1 倍，比胸部稍窄，上颊较突出，长为复眼长的 1/4，POL 为 OOL 的 1.5 倍，OOL 为 OD 的 1.3 倍，单眼区周围无沟，仅中单眼前方、侧单眼外后方处凹下；正面观头宽为高的 1.2 倍；触角洼浅，其上部的微凸纵带显著；额中部两复眼间距为复眼高的 1.38 倍；口区宽为颚眼距的 1.2 倍，颚眼距为复眼高的 0.77 倍；触角柄节长与复眼高相等，上达中单眼前缘。触角柄节中部明显加宽，长为宽的 3.25 倍；梗节、索节第 1、第 2、第 3 节及棒节长分别为宽的 1.6 倍、1.83 倍、1.43 倍、1.8 倍、1.0 倍，棒节长稍短于第 2～3 索节长度之和，梗节加鞭节长度之和与头宽近相等。

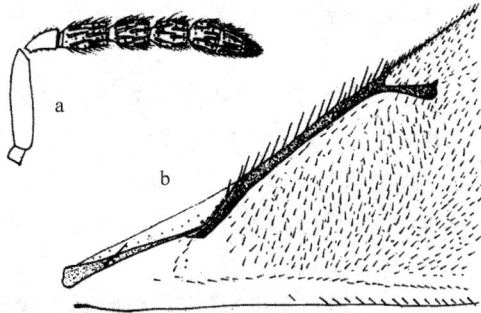

图 249　枫桦小蠹啮小蜂 *Tetrastichus aponiusi* Yang(♀)
a. 触角；b. 前翅
（引自杨忠岐）

　　胸部长为宽的 1.4 倍，整个胸部背面的刻纹弱，近于光滑。中胸盾片中区宽稍大于长，中纵沟弱，仅后部 1/2 可见；侧缘具 4～6 根刚毛；中胸小盾片长宽相等，亚中沟浅而直，两沟间相互远离而近于盾片侧沟，沟间区长为宽的 2.8 倍。后胸盾片较长，表面具明显的网状刻纹。并胸腹节后缘中部呈倒"V"形刻入，中部较短而两侧长，中部长为后胸盾片的 1.66 倍；除气门沟外的表面均具显著的细网状刻纹。中胸前侧片上的承腿凹很浅，下延至中足基节之前。前翅缘脉长为痣脉的 3.4 倍，具很短的后缘脉，前缘室反面有 1 行稀疏的纤毛。腹部卵圆形，各节背板后缘呈浅弧形向后突出；腹部宽于胸部，长为宽的 1.47 倍，为头胸部全长的 0.92 倍，腹末节很短，长为宽的 0.6 倍；产卵器不外露。

　　寄主：寄生于为害枫桦和硕桦的小蠹幼虫。

　　分布：据记载分布于黑龙江省大、小兴安岭。

　　以上参考杨忠岐(1996)

　　(261)吉丁啮小蜂 *Tetrastichus jinzhouicus* Liao，1987

　　雌：体长 2.2～2.8 mm。体黑色，具紫铜色光泽。触角柄节黄褐色，其余各节黑褐色。各足腿节端部以下黄色，端跗节暗。翅透明，翅脉淡黄色。

　　头与胸等宽，额凹浅。触角生于复眼中下部的水平上，柄节略膨大，长为宽的 2.5 倍；梗节较细，长为宽的 2 倍；索节 3 节，第 1 索节长为宽的 2.8 倍，为梗节长的 1.54 倍，第 2 索节与第 1 索节等长并略宽；棒节 3 节，长为宽的 3 倍，短于第 2～3 索节长度之和；梗节加鞭节之和为头宽的 1.2 倍。前翅长为宽的 2.3 倍，亚缘脉短于缘脉，背面具 1 根刚毛，缘脉长为痣脉的 4 倍多。中胸盾片略宽于长，中纵线清晰，每侧有 4 根刚毛；小盾片长宽几相等。并胸腹节有分叉的中脊和在气门后有分叉的侧脊。腹纺锤形，长约为宽的 2 倍，与头胸之和等长，末端尖，产卵器略突出。

雄： 体长约 2 mm。触角柄节和其他各节均为黑褐色。触角索节 4 节，第 1 节长为宽的 2 倍，以后各节逐节延长，第 4 节长为宽的 2.5 倍；棒节 3 节，长为宽的 4 倍。腹部长椭圆形，与胸等长，末端钝。

寄主： 据记载可寄生于花椒窄吉丁、核桃黄斑吉丁、沙柳窄吉丁虫。

分布： 分布于辽宁（沈阳、黑山）、吉林（辽源）、陕西。

10. 周氏啮小蜂属 *Chouioia* Yang

属征： 雌性触角 11 节，索节和棒节均为 3 节，棒节端部具 1 端刺突；环状节小，3 节，分节不很明显。雄性触角 12 节，式 11253；柄节极为膨大，腹面具有端部开口的沟槽或瓢形凹陷。中胸盾纵沟深而直，伸达近后缘；中胸小盾片上无任何纵沟。前翅后缘脉消失，在亚缘脉与缘前脉间有一断裂。本属雄性的头部有以下特征可与其他各属相区别：口腔开式；在唇基的位置处形成一缺口，使唇基分裂成左右两片；上颚基部紧靠复眼下方，端部无齿；下颚及下唇复合体特化成一很小的块状柔软构造缩于后头下方。本属雄性触角柄节膨大且腹面具有沟槽，此特征与 *Melittobia* 属相似，但本属柄节形状大致成半球状的勺形，而后者的柄节则从基部向端部逐渐加宽、膨大，至端部最宽；而且后者的复眼消失或退化成为一眼点及翅退化呈短翅型，两者易于区别。

本属姬小蜂寄生于美国白蛾、榆毒蛾等鳞翅目食叶性害虫的幼虫或蛹，也可重寄生于这些害虫为寄主的寄蝇科 Tachinidae 的幼虫或蛹。

(262) 白蛾周氏啮小蜂 *Chouioia cunea* Yang，1989（图 250）

雌： 体长 1.1~1.5 mm。体红褐色略带光泽，但头部、前胸及腹部色深，尤其头及前胸几乎成黑褐色，并胸腹节、腹柄节及腹部第 1 节色淡，带黄色；触角各节褐黄色；上颚、单眼褐红色；胸部侧板、腹板浅红褐色带黄色；足及下颚、下唇复合体均为污白色；翅透明，翅脉褐黄色。

头横宽，触角生于复眼下缘连线上。柄节柱状，长为宽的 3 倍多，并等于梗节与前 2 索节长度之和；梗节长为宽的 2 倍，略长于第 1 索节；3 索节均长于其宽，第 3 节较短；棒节 3 节，略膨大，与后 2 索节几等长。中胸盾片的刚毛密，但三角片上无毛；小盾片长宽近相等，两侧具 4 根长刚毛。前翅长为宽的 2 倍，亚缘脉、缘脉与痣脉长度之比为 12：19：5。足的腿节外方、胫节及跗节密生刚毛。并胸腹节具中脊，

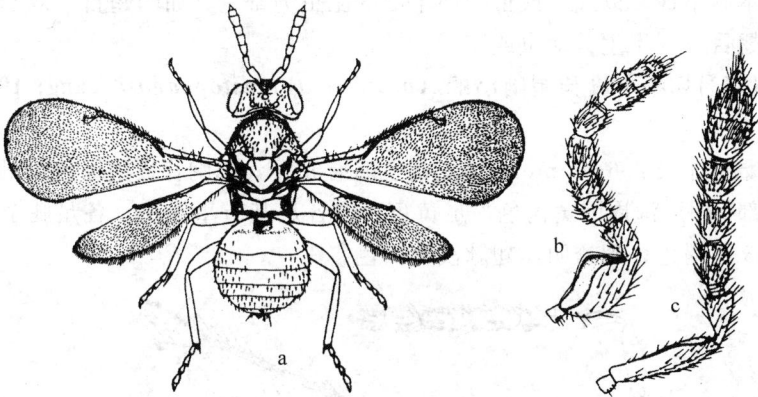

图 250　白蛾周氏啮小蜂 *Chouioia cunea* Yang
a. 成虫背面观；b. 雄性触角；c. 雌性触角
（引自杨忠岐）

腹柄短而宽。腹部圆形，明显比胸宽，但略短于胸；除第 1 节前半部无毛外，其余各节均散生稀疏刚毛。腹末每个臀突上具 3 根鬃毛，其中有 1 根特长，是其他 2 根毛的 2 倍。产卵器不突出腹末。

雄：体长约 1.4 mm。体近黑色。并胸腹节色较淡，腹柄、第 1 腹节基部淡黄褐色，触角及唇基黄褐色；足的基节黄褐，其余各节污白色。头正面观显著宽于高，在颜面上倒 "V" 形缺口两侧各着生相向生长的刚毛数根。触角柄节膨大，长不足最宽处的 1.5 倍；索节 4 节，各节近方形。颜面呈叶状扩大，几与复眼纵径等长，非常特殊。各足胫节的距均与第 1 跗节等长。腹部卵圆形，宽与长均显著小于胸部，背腹两面密生短刚毛。

寄主：寄生美国白蛾幼虫或蛹中，均在寄主的蛹期羽化出蜂；另据记载还可寄生大袋蛾、杨小舟蛾、榆毒蛾、追寄蝇等。目前沈阳农业大学林学院，正在开展利用柞蚕蛹人工大量繁殖白蛾啮小蜂，大面积防治美国白蛾等林业害虫的研究工作，现已取得初步成果。

分布：辽宁（沈阳、大连、丹东、抚顺、鞍山、铁岭、黑山等）、北京、陕西。

11. 长尾啮小蜂属 *Aprostocetus* Westwood

属征：本属与啮小蜂属 *Tetrastichus* 极为近似，但产卵器突出不短于腹长的 1/5。触角索节 3 节，均长大于宽。足的胫节及跗节均细长。腹长，末端细；产卵器露出约为腹长的 1/3。

本属小蜂多以蛀干或虫瘿中生活的昆虫为寄主，如鞘翅目、双翅目及膜翅目等，寄生其幼虫或卵。

(263)切梢小蠹长尾啮小蜂 *Aprostocetus blastophagusi* Yang，1996 (图 251)

雌：体长2.6～3 mm。体黑褐色略有光泽，中胸背板墨绿色；触角及额部"Y"形沟周围黄褐色；足黄色，但各足基节墨绿色，各足腿节基部2/3为褐色；翅透明，翅脉浅黄褐色。

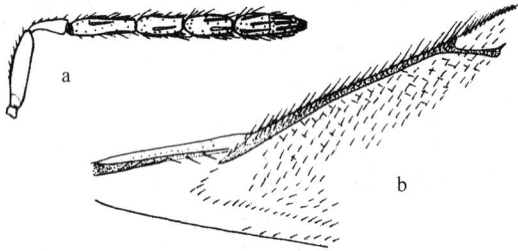

图251　切梢小蠹长尾啮小蜂 *Aprostocetus blastophagusi* Yang(♀)

a. 触角；b. 前翅

（引自杨忠岐）

头背面观宽为长的2.2倍，窄于胸宽，单眼区周围具浅沟，POL长为OOL的2倍。头正面观表面具稀疏的纤毛；触角洼深，上与"Y"形沟相连，触角窝下方有一显著的细缝伸达唇基；唇基前缘二齿状，脸部无放射状脊纹，上颚具3齿。触角索节3节，环状节片状，第1索节最长，第2、第3索节等长；棒节3节，末节极小，全长为第2、第3索节长度之和的0.7倍，各索节和棒节具少数条形感觉器。

前胸背板钟形，宽为长的2.4倍；中胸盾片具中纵沟，但较浅，仅在盾片后部3/5存在，盾片长宽大体相等，其表面具浅凹脊网状刻纹；盾片侧缘具4根刚毛，排成一行；中胸小盾片圆凸，背面具2条亚中沟；小盾片宽大于长，宽为长的1.2倍，亚中沟浅，相互远离而近于侧沟；具2对刚毛，第1对位于小盾片中部稍后处。后胸盾片较宽而长，中部长为小盾片长的0.4倍。并胸腹节中部很短而两侧较长，表面具弱的网状刻纹；中纵脊显著加宽，与后缘脊相连成"X"形。前翅后缘脉不发达很短，仅为痣脉长的0.4倍；缘脉很长，长为痣脉的4.3倍；亚缘脉上具7根刚毛，缘脉前缘具13根刚毛；翅面上密被褐色纤毛。腹部长，末端尖，长为宽的3倍，为头胸全长的1.5倍；末腹节背板长为宽的1.9倍；腹的中部凹陷，各节背板表面具网状刻纹；产卵器外露，露出部分为腹长的 0.1 倍。

寄主：据杨忠岐记载寄生于为害红松的多毛切梢小蠹及落叶松八齿小蠹幼虫。

分布：黑龙江大、小兴安岭。

十三、广肩小蜂科 Eurytomidae

体长 1.5～6 mm；通常黑色；少数带有黄色斑纹或微具金属光泽。体上常具明显刻纹。触角洼深，触角 11～13 节，大多为 12 节，着生颜面中部；雄蜂触角鞭节各节常具轮生长毛（图 13）。前胸背板明显宽大，长方形，故名"广肩小蜂"。中胸背板常有粗而密的顶针状刻点，盾纵沟深而完全。并胸腹节常具网状刻纹。前翅缘脉一般长于痣脉；痣脉有时很短。足的跗节 5 节；后足胫节端部具 2 距。腹部光滑；雌蜂具短腹柄，腹部常侧扁，末端延伸呈犁头状，产卵管略伸出；雄蜂腹部圆形，具较长的腹柄。另外，此类小蜂虫体死后常有"梗脖子"的特点，即头部下垂，脖子伸长，胸部拱起，故较易识别。

本科小蜂食性较杂，主要是寄生性，为瘿蜂和其他虫瘿昆虫的外寄生蜂，也寄生于双翅目、鞘翅目、同翅目和直翅目昆虫；有些种是或间作重寄生蜂；还有一些种类是捕食性；已知有 12 属植食性种类，危害植物茎或种子；有的危害甚为严重，成为重要林业害虫。

本科是比较大的一个类群，广布全世界，全北区发现较多。分为 3 亚科约 70 属 1 100 种，但绝大部分种类属于广肩小蜂亚科 Eurytominae 我国广为分布，但尚无系统研究。本书记述我地区的 3 属 10 种。

1. 广肩小蜂属 *Eurytoma* Illiger

属征：头、胸、腹全部黑色，无黄色斑。触角生于颜面中部，索节均长大于宽，通常 5 节（少数为 3 节），棒节 3 节（少数 2 节）。颜面常凹陷。胸部相当长，背面显著隆起，具载毛脐状刻窝；前胸盾片宽大，比中胸盾片稍短。并胸腹节显著倾斜，具网状皱纹。前翅透明，缘脉常长于痣脉，翅面无烟色斑。腹部略侧扁且末端尖，向上翘起呈犁头状，产卵器略伸出。雄虫腹圆形，腹柄较雌性长；触角具长毛，索节 5 节，各节只腹面相连、背面隆起，呈具柄的香蕉状。

(264) 刺蛾广肩小蜂 *Eurytoma monemae* Ruschka，1918（图 252）

雌：体长 3～4 mm。体黑色。口器红褐色。触角柄节和梗节黄褐色，其余部分暗褐色。翅基片和翅脉黄褐色，翅面半透明。各足基节黑色，腿节黄褐色，胫节和跗节黄白色。产卵器黄褐色。体毛白色。

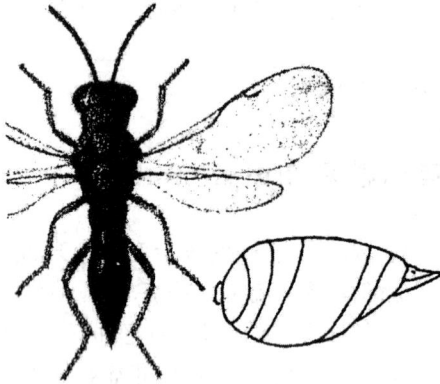

图 252　刺蛾广肩小蜂 *Eurytoma monemae* Ruschka
a. 整体图；b. 腹部侧面观
（a 引自廖定熹等；b 引自何俊华等）

头部约与胸部等宽，头顶和颜面具粗刻点，后头脊不明显。触角细长，索节 5 节，各节均长大于宽，几乎等宽，第 1 索节最长，以后各节依次略渐短；棒节长略大于其前节长的 1.5 倍，不显著膨大。胸部具粗刻点，上具网纹。盾侧沟明显。小盾片椭圆形，后部倾斜较平缓，端部圆形，无延展部。前翅亚缘脉长；缘脉较粗大，长于后缘脉；后缘脉长于痣脉。并胸腹节坡状下跌，具粗刻点，其背面中央凹陷呈瓦片状纵槽，槽中央有 2 条不明显的纵脊。后足胫节末端具 2 枚端距，内侧的小，外侧的较大。腹部椭圆形，表面光滑，稍侧扁，末端尖，最宽处在腹中部稍前。腹柄宽大于长，有棱状脊。腹部第 2、第 3、第 5、第 6 节背板约等长，第 4 节背板最长，显著长于其他各节，且第 3～6 节背板两侧有细微的刻纹。

寄主： 自黄刺蛾 *Cnidocampa flavescens* 越冬虫茧中育出。

分布： 辽宁（沈阳）、天津、浙江、江西。

(265) 黏虫广肩小蜂 *Eurytoma verticillata*（Fabricius，1798）（图 253）

雌： 体长 2.8～3 mm。体黑色。前足腿节末端、中后足腿节两端、前中足胫节、后足胫节两端及各足跗节黄褐色。翅透明，翅脉褐色。头胸部及翅上刚毛浅黄褐色。

头、胸部均有较粗大的刻点。头部上宽下窄，颜面上端略下陷成触角注。触角着生在颜面中部稍上方，位于复眼中部连线上。触角柄节长达头顶；索节 5 节，除末节外均长大于宽；第 1 索节长，接近宽的 2

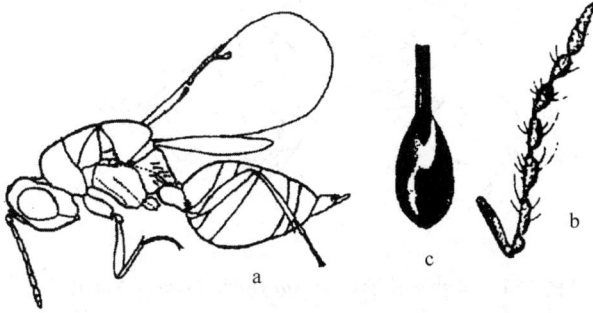

图 253　黏虫广肩小蜂 *Eurytoma verticillata*（Fabricius）
a. 整体侧面观（♀）（引自 Зерова）；b. 雄性触角；c. 雄虫腹部
（引自何俊华等）

倍；棒节 3 节，不膨大，末端钝圆。中胸侧板前端不弯曲。并胸腹节梯形，倾斜，上宽下窄；中央有纵沟槽，槽底有不明显的纵脊。前翅缘脉长于痣脉而与后缘脉大致等长。腹部侧扁，与胸约等长，光滑。第 4 腹节略长于第 3 腹节。侧观以第 2、第 3 节最厚，以下逐渐收缩，末端延伸略呈犁头状。腹柄呈方形，有皱纹。

雄：体长 2～2.5 mm。体色、形态与雌虫大致相同。但触角柄节短而宽，黄褐色；索节 5 节，具长毛，各节只腹面相连，背面隆起，各节之间呈细柄状。腹柄长，长于后足基节；腹短小，末端不尖锐；第 1、第 2 节覆盖腹之大部。

寄主：寄主范围很广。据记载有毒蛾科、尖蛾科、鞘蛾科、茧蜂科、姬蜂科、螯蜂科、寄蝇科等。

分布：辽宁（沈阳）、黑龙江、吉林、北京、河北、河南、陕西、江苏、浙江、安徽、江西、湖北、湖南、福建、四川、广西、贵州、云南。

（266）落叶松种子小蜂 *Eurytoma laricis* Yano（图 254）

雌：体长 1.8～2.5 mm。体黑色，无金属光泽。复眼赭褐色。足的基节黑色、腿节及胫节或多或少呈现黑褐色外褐至黄褐色；跗节褐黄色，末端黑褐色。翅透明，翅脉褐色。腹部略带红褐色，愈至末端（包括产卵器鞘）色变愈深，呈红黑褐色。

头横宽，后头缘圆滑无脊。单眼呈矮三角形排列；MPOL 与 OOL 等距，约为单眼直径的 1.5 倍，POL 约为 OOL 的 2 倍。颜面除开放的触角洼稍凹陷外略微隆起，并具银白色羽状长刚毛。复眼不大，表面光

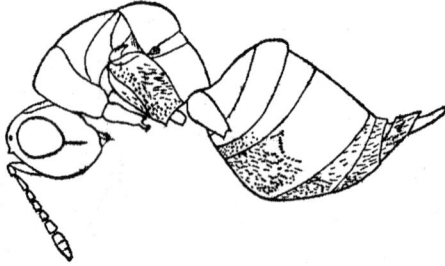

图 254　落叶松种子小蜂 *Eurytoma Laricis* Yano(♀)
(引自 Zerova)

滑无毛。触角生于颜面中部，位于两复眼下缘连线的上方。柄节柱状，长不达头顶；梗节长略大于其端宽；索节 5 节，均长大于宽，第 1 索节最长，长为宽的 1.5 倍，以后各节依次变宽，第 4、第 5 节近方形；棒节 3 节，较末索节膨大，分节不甚清晰，其长超过末 2 索节全长而短于末 3 索节之和。

胸部前胸略窄于中胸，相当长，长于中胸盾片 2/3 以上；中胸盾纵沟完整；小盾片显著隆起，呈卵圆形；并胸腹节陡斜，中央凹陷略呈浅纵槽状，槽缘内外并具网状皱纹。前翅长大过腹，长约为宽的 2.5 倍，缘脉长约为痣脉的 2 倍，为后缘脉的 1.5 倍，痣脉末端呈鸟首状，缘前脉与缘脉交接处有一段无色，翅面均匀分布纤毛。头、胸部均具脐状刻点，每一刻点中央均具 1 根刚毛。

腹部长于头、胸之和，显著侧扁。第 4 腹节最长，第 6、第 7 节向后延伸，第 7 节显著长大于宽，产卵器鞘突出与腹末数节共同形成略微上翘的犁状突起。

雄：缺标本。据记载体较雌虫小，体长 1.2～2.2 mm。触角柄节膨大，索节 5 节亦膨大呈柄状相连，鞭节上具长毛；腹椭圆形，具长柄。

分布：据记载分布于黑龙江；俄罗斯中亚及远东滨海地区、蒙古、日本。

(267) 兴安小蠹广肩小蜂 *Eurytoma xinganensis* Yang，1996(图 255)

雌：体长 2.6～3.9 mm。体黑色，前足腿节端半部、胫节和跗节黄褐色，其余部分黑色；中足腿节基部、膝部和跗节黄褐色，其余部分黑色；后足膝部、胫节端部和跗节黄色；翅基片黑色，翅透明，翅脉黄褐色；触角除柄节基部 1/3 及环状节黄褐色外，其余部分黑色。

头背观宽为长的 1.86 倍，宽于胸部；上颊为复眼长的 0.3 倍；POL 为 OOL 的 2 倍。头正面观宽为高的 1.24 倍；触角洼深，颜面上

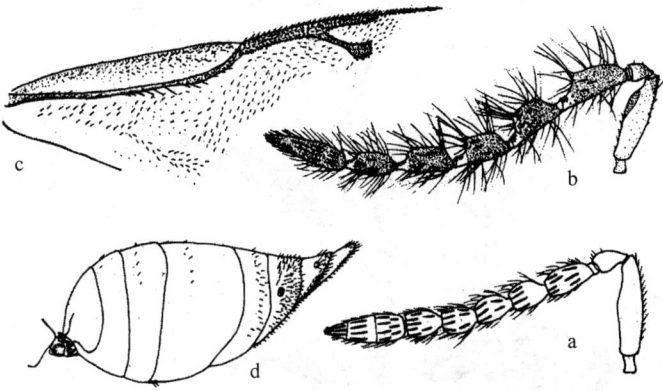

图 255 兴安小蠹广肩小蜂 *Eurytoma xinganensis* Yang

a. 雌性触角；b. 雄性触角；c. 雌性前翅；d. 雌性腹部侧面观

（引自杨忠岐）

的脐状刻窝密，颚眼距为复眼高的 3/4；触角着生于复眼下缘连线的稍上方，11 节，式 11153；柄节圆柱状，上伸达中单眼前缘；第 1 索节最长，第 2～5 节大小和形状基本一致；棒节稍宽于末索节，比末 2 索节长度之和稍长；梗节加鞭节长度之和稍大于头宽。

胸部长为宽的 1.9 倍；中胸盾片长大于宽，长为宽的 1.56 倍，中胸盾纵沟深而完整；中胸小盾片长为宽的 1.1 倍多，圆隆；小盾片基部弧形，两三角片相距较远；并胸腹节倾斜，长为小盾片的 0.69 倍。前翅缘脉与亚缘脉间有一折断痕；缘脉长为痣脉的 1.4～1.8 倍，为后缘脉长的 1.2～1.4 倍；翅的基室内毛较密，翅基无毛区很窄；前缘室反面毛稀，正面近前缘有 2 行毛，其上方还有 1 行（约 5 根）毛。腹部具很短的腹柄，柄后腹侧扁，背面宽而腹面窄，十分光滑，稍长于头胸部长度之和；腹部的"尾突"长为第 1～6 节背板全长的 0.3 倍，为后足胫节长的 0.5 倍。

雄：体长 2.5～2.8 mm，与雌相似；触角各索节仅腹面相连，背面膨大，各节间呈细柄状，各节具轮生长毛；触角为褐色，但各节间色浅。腹柄较雌性长。

寄主：据记载寄生多毛切梢小蠹、云杉八齿小蠹幼虫。

分布：辽宁（千山）、吉林（长春）、黑龙江（佳木斯、伊春）。

(268)榆平背广肩小蜂 *Eurytoma esuriensi* Yang, 1996（图 256）

雌：体长 2.4～3.8 mm。体漆黑色，头胸部无光泽，腹部表面光滑略具光泽；复眼深红色，单眼无色透明；触角除柄节暗黄色外，均为紫褐色；各足基节黑色；其余各节暗黄色，局部略带黑褐色；翅的缘脉深褐色，其下方及端部晕斑很窄，约为后缘脉宽的 1/2；痣脉上也有晕斑。

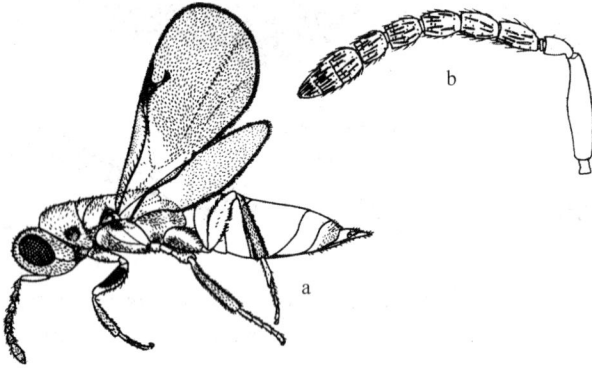

图 256 **榆平背广肩小蜂 *Eurytoma esuriensi* Yang**
a. 雌性整体侧面观；b. 雌性触角
（引自杨忠岐）

身体背面平坦，头顶、前胸背板、中胸盾片及小盾片处在同一水平上；头胸部具脐状载毛刻窝。头顶隆起，中单眼位于隆起上，处于复眼背观长的 1/2 处，自中单眼后开始向下后方倾斜；背观头部半圆形，头宽为长的 1.84 倍；POL 为 OOL 的 2.7 倍；正面观头宽为头高的 1.3 倍；触角洼中部不收缩，触角窝间突与触角窝直径相等；上颚基部至复眼下缘高度的颊脊突出，但口区两侧无斜凹槽。触角明显着生于复眼下缘连线的上方；柄节长，伸达中单眼，长为宽的 4 倍；梗节长为端宽的 2 倍；索节 5 节，各节均长大于宽；第 1 节最长，长为宽的 1.8 倍，为梗节长的 1.25 倍，末索节长为宽的 1.08 倍；棒节 3 节，膨大，长为宽的 2.7 倍。

前胸背板宽为长的 1.5 倍，中胸盾片宽为长的 1.8 倍，中胸小盾片长宽相等，胸部在中胸盾片处最宽；中胸盾纵沟仅前方 1/3 深陷成槽，后部 2/3 不显，盾纵沟由 1 列紧密排列的脐状刻窝组成。前翅缘脉与后缘脉等长，长为痣脉的 1.5 倍；缘脉基部窄，端部宽，端宽为基部的 1.6 倍；翅的前缘室正面端部近前缘有 2 列纤毛。后足胫节长为跗节的 1.3 倍。腹柄短小，柄后腹长为宽的 2.5 倍，比胸部稍长，背面在第 1 腹节后缘与稍外露的产卵器鞘端部处在同一水平上。

雄：未采到。

寄主：据杨忠岐(1996)记载，寄生春榆、榆树上的脐腹小蠹、三刺小蠹、小小蠹幼虫及蛹，还寄生为害核桃树枝条的黄须球小蠹幼虫。

分布：黑龙江、陕西。

(269)小蠹圆角广肩小蜂 *Eurytoma scolyti* Yang，1996(图 257)

雌：体长 2.3~3.9 mm。体黑色，颜面在口区上缘具一锈黄色横带；前胸盾片前侧角处具黄色斑，腹部侧方和腹面及产卵器鞘深黄褐色；前中足基节和各足腿节、胫节大部黑褐色，后足基节黑色，其余部分黄褐色；触角柄节基半部黄白色，端部及梗节黄褐色，鞭节锈褐色。

头背观明显向前凸出，后缘不凹入，宽为长的 1.8 倍，比中胸略宽，上颊长为复眼长的 0.23 倍，POL 为 OOL 的 2 倍。正面观头宽为高的 1.26 倍，触角洼深，洼顶远离中单眼；脸区的刻窝脊放射状向唇基会聚；触角窝下缘位于复眼下缘连线的稍上方；触角梗节加鞭节全长为头宽的 1.14 倍；索节除第 1 节较长外，其余各节近等长；棒节较长，圆筒形，端部圆钝，长与末 2 索节全长相等。

胸部长为宽的 1.8 倍。前胸盾片呈鼓形，比中胸盾片窄而长，中胸盾片宽为长的 1.77 倍；盾纵沟完整，小盾片长大于宽，圆隆。前翅缘脉宽度为后缘脉宽的 2.5~3 倍，基部端部宽度一致，缘脉短于后缘脉，长为痣脉的 1.3~1.5 倍。腹柄短，柄后腹侧扁，稍长于头胸部之和，"尾突"长，长为后足胫节的 0.65 倍，为第 1~6 节背板全长的 0.36 倍。

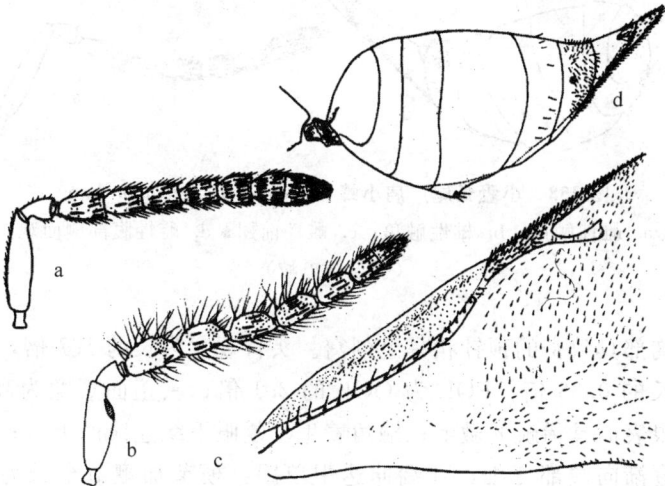

图 257　小蠹圆角广肩小蜂 *Eurytoma scolyti* Yang

a. 雌性触角；b. 雄性触角；c. 雌性前翅；d. 雌性腹部侧面观

(引自杨忠岐)

雄：与雌相似；体长 2.2~2.9 mm，触角柄节腹面中部具褐色胝，索节 5 节，各节具轮生长毛；腹柄长，长为腹长之半。

寄主：据杨忠岐(1996)记载寄生于为害杏、李树的多毛小蠹和为害榆树的脐腹小蠹、角胸小蠹幼虫。

分布：黑龙江、内蒙古。

(270)小蠹长尾广肩小蜂 *Eurytoma longicauda* Yang, 1996(图 258)

雌：体长 3.3~3.8 mm。体黑色；但腹部第 4 背板基部之前各背板两侧下缘及腹板浅黄色，产卵器鞘端部和第 7 节背板端部土黄色；各足基节、前中足腿节背面大部、后足腿节胫节和中足胫节除两端外的大部分为黑色；各足转节、腿节基部、膝部、跗节、前中足腿节内侧、前足胫节、中后足胫节两端为污黄色，各足端跗节褐色；下颚下唇复合体和触角柄节淡黄色；梗节及鞭节黑色；翅透明，翅面上的纤毛褐色；颜面上的毛金黄色，身体其他部位的毛白色。

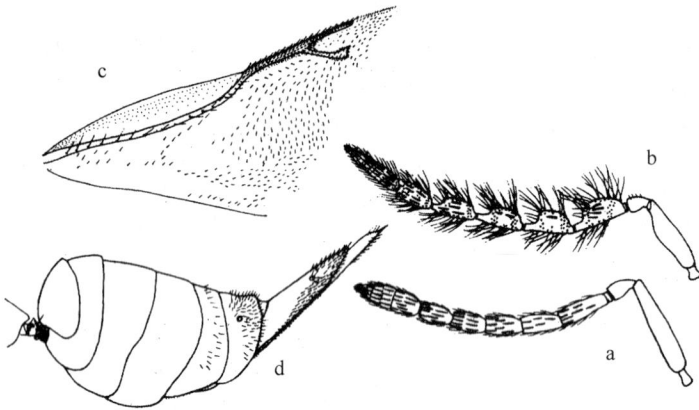

图 258 小蠹长尾广肩小蜂 *Eurytoma Longicauda* Yang
a. 雌性触角；b. 雄性触角；c. 雌性前翅；d. 雌性腹部侧面观
(引自杨忠岐)

头胸部具致密的顶针状具毛刻窝。头背观宽为长的 1.7 倍，上颊长为复眼长的 0.33 倍；POL 为 OOL 的 2.1 倍；头正面观宽为高的 1.2 倍，复眼表面具稀疏的微毛；触角着生于复眼下缘连线的上方；柄节基部粗，逐渐向端部变细，顶端伸达中单眼，梗节加鞭节全长为头宽的 1.35 倍；第 1 索节最长，长为端宽的 3 倍，为梗节长的 1.87 倍，末索节长为宽的 2 倍；棒节不显著膨大，长为宽的 3.8 倍。

胸部拱形，以中胸盾片处隆起最高，后胸背板及并胸腹节在突出的小盾片末端急剧下跌，与头部脸面在同一水平上。前胸与中胸间有不太深的缢缩；中胸盾纵沟完整；中胸盾片长为宽的 0.64 倍，小盾片长为宽的 1.3 倍，比中胸盾片和前胸稍长，隆起显著。前翅后伸达第 7 腹节末端，未盖住产卵器；缘脉长分别为后缘脉和痣脉的 1.44 倍和 1.53 倍，缘脉明显加宽，缘前脉与缘脉间有弱的断痕。前缘室反面具密毛，正面在端部近前缘处有 1 行稀疏的毛，基室内约有 6 根毛；基室端部及下部均封闭；基无毛区窄，下方闭式，其外方的翅面密布纤毛。腹部具极短的腹柄，柄后腹侧扁，第 7 背板锥形，与突出的产卵器一起显著伸向腹背之上的后上方，第 7 节与产卵器全长几乎与后足胫节等长，为第 1~6 腹节全长的一半有余；侧面观整个腹长（不含产卵器）显著长于头胸部长度之和。

雄：体比雌略小，触角 5 个索节香蕉形，各节轮生长毛，与雌显著不同。

寄主：可能为多种小蠹的幼虫。

分布：据杨忠岐（1996）记载分布于黑龙江省小兴安岭、陕西、甘肃、云南。

2. 种子广肩小蜂属 *Bruchophagus* Ashmead

属征：本属形态与广肩小蜂属极为相似，唯前翅缘脉常短于痣脉。腹部卵圆形，其长度往往短于胸部。腹部各节长度大致相等。雄虫触角形态与广肩小蜂属相似，但索节大多为 4 节，仅少数有 5 节的情况，因此 Boucek 认为 *Bruchophagus* 与 *Eurytoma* 应是同一个属。但廖定熹（1987）则沿袭传统的概念仍将该两属同时并存。

(271)刺槐种子小蜂 *Bruchophagus philorobiniae* Liao, 1979（图 259）

雌：体长 1.8~2.6 mm。体黑色。口缘、足关节、胫节末端及跗节黄色，爪垫黑色，触角柄节及梗节末端红褐色，翅脉淡黄褐色。

触角生于颜面中部；柄节柱状，伸达中单眼；索节 5 节，第 1 节长为梗节与环状节之和，第 2~5 节长宽相等；棒节 3 节，略长于第 4、第 5 索节之和。头、胸具短毛，密布脐状刻点。胸部隆起，中胸盾纵沟明显；小盾片弧状膨起，末端圆，长宽相等。并胸腹节垂直，无中脊或沟，侧面具脐状刻点，中部有接近纵向的皱纹。前翅长为宽的 1.8 倍，缘脉短于痣脉，痣脉短于后缘脉；腹柄短，腹卵圆形，长等于头胸之和。腹光滑，自第 2 节以后背板两侧具刻点及白毛。产卵器略突出。

雄：体长 1.5~2.6 mm。体色与刻纹与雌虫相似，唯触角及腹部与雌不同。触角较长，黄褐色，鞭节具束状长毛；柄节较短宽，近末端处

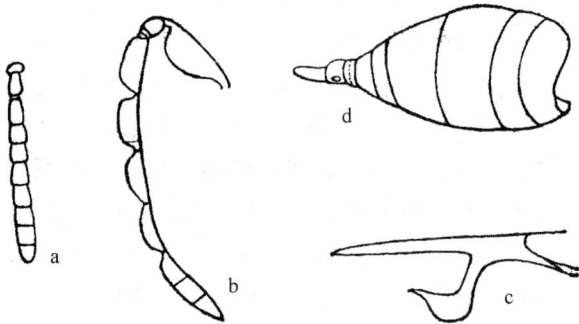

图 259 刺槐种子小蜂 *Bruchophagus philorobiniae* Liao
a. 雌性触角；b. 雄性触角；c. 雌性前翅翅脉；d. 雌性腹部侧面观
（引自廖定熹等）

膨大；梗节梨形，长略大于宽；4 索节各长为宽的 2 倍，略侧扁，第 1
节具束状长毛 3 环，其余各节具长毛 2 环；棒节 3 节，与后 2 索节之和
等长，较索节细。腹柄扁平，长大于宽，较后足基节略短；腹较胸
短小。

寄主：刺槐种子。

分布：辽宁（沈阳）、河北、河南、山东、山西、陕西、甘肃、宁
夏、湖北、江西。

3. 小蠹广肩小蜂属 *Ipideurytoma* Boucek et Novicky

属征：体呈显著的拱形弯曲。头正面观横形，宽大于高，上宽下
窄，颊后具明显的后颊片。头顶和后头与平坦的前胸背板背面基本处在
同一水平上，仅在后头处稍凹陷。触角生于复眼下缘连线上，柄节较
短，端部伸达中单眼，雌雄索节均为 5 节，雌虫棒节 3 节，紧密相连，
稍膨大。中胸盾纵沟完整、深陷，中胸盾片和小盾片稍隆起；并胸腹节
陡峭的跌下，背面凹陷中部具纵槽。整个胸部表面具有载毛的脐状刻
窝。前翅缘脉不显著变宽，缘脉长于痣脉。腹部不明显侧扁，第 4 腹节
最长；产卵器短，末端不外露。

(272) 六齿小蠹广肩小蜂 *Ipideurytoma acuminati* Yang, 1996 (图 260)

雌：体长 3 mm。全体为黑色稍带光泽，尤其腹部表面非常光滑；
腹面黄色；前胸背板两侧角具一大黄斑；触角柄节基部黄至黄褐色，端
部背方黑褐色；梗节和环状节红褐色，索节和棒节黑褐色；下颚和下唇
复合体黄色；上颚和各足转节及腿节基部、胫节端部和跗节为污黄色，

但前足和中足腿节与胫节外方为黑褐色，后足除转节外均为黑褐色；产卵器鞘土黄色；翅透明，翅脉黄褐色；缘脉痣脉上带有晕斑。

头部背观宽为长的 1.85 倍，前方呈弧形突出；侧单眼外侧后方的颗粒状刻点明显大，具光泽；整个脸部具粗的斜脊，向唇基端倾斜收缩；上颊明显短于复眼长径；POL 为 OOL 的 1.5 倍。正面观头顶平，头宽为高的 1.54 倍；两触角窝间显著突出；触角着生于复眼下缘连线上，11 节，触角式 11153；柄节中下部膨大，长为宽的 3.28 倍；梗节长为端宽的 1.8 倍；索节 5 节；第 1 索节与梗节等长，长为宽的 1.5 倍；第 2 索节长宽相等；第 3～5 节宽大于长；棒节 3 节，紧密相连，膨大，长为宽的 1.7～1.88 倍，端突显著；第 1 索节具 2 排条形感觉器，其余各索节和各棒节均具 1 排条形感觉器。

前胸背板前缘直，后缘中部略前凹，宽为长的 1.48 倍；中胸盾片与前胸背板等宽，长为前胸背板的 0.65 倍；中胸小盾片圆形，长宽相等，表面稍隆起，具明显的基沟；并胸腹节具明显的中纵凹，凹的两侧呈粗大的隆起并向后突出。前翅长，后伸达腹末之外；缘脉长分别为痣脉和后缘脉的 1.36 倍、1.15 倍，缘前脉与缘脉间呈折断状；翅面上纤毛密，基脉和肘脉上有稀毛；基室内无毛，端部仅具 1 根毛，翅基无毛区下方闭式。后足基节大，近球形，具网状刻纹。腹部具短的腹柄，柄宽为长的 1.5 倍；腹部与前胸等宽，长度（含腹柄）稍短于胸，柄后腹第 4 节最长，后缘中部凹入，第 1～5 背板非常光滑；产卵器微露。

雄：体长 2.2 mm，与雌相似，但触角索节仅腹面相连，节与节之间呈柄状，各节具轮生长毛和条形感觉器；柄节中部膨大；梗节球形；第 1 索节最长，长为第 2 节的 1.23 倍，第 2～5 节基本等长；棒节较短，长约为末索节的 2 倍；腹柄显著比雌性长，长为宽的 2.91 倍，长于后足基节，侧观腹部明显比胸短。

寄主：据记载寄生于红松上的六齿小蠹幼虫。

分布：黑龙江省小兴安岭。

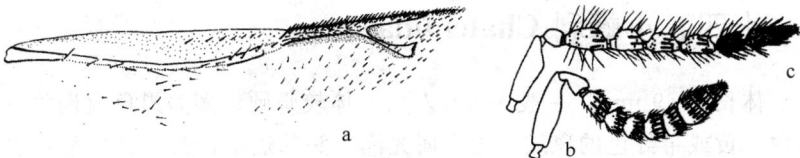

图 260　六齿小蠹广肩小蜂 *Ipideurytoma acuminati* Yang

a. 雌性前翅；b. 雌性触角；c. 雄性触角

（引自杨忠岐）

(273)八齿小蠹广肩小蜂 *Ipideurytoma subelongati* Yang, 1996(图 261)

雌：本种形态特征与六齿小蠹广肩小蜂 *I. acuminati* 相似。头背面观宽为长的 1.88 倍；复眼长为上颊长的 2.33 倍；侧单眼外缘有一明显的浅凹窝；POL 为 OOL 的 1.89 倍。正面观头宽为高的 1.5 倍；触角窝位于复眼下缘连线的上方；唇基端部中央仅浅凹。复眼下方具 1 短的纵刻窝，颚眼距为复眼宽的 0.75 倍。柄节长为宽的 3.7 倍；梗节长为宽的 1.6 倍；第 1 索节长为宽的 1.14 倍，第 2～5 索节等长，均宽大于长，棒节稍膨大，长为宽的 1.89 倍，端突不明显。

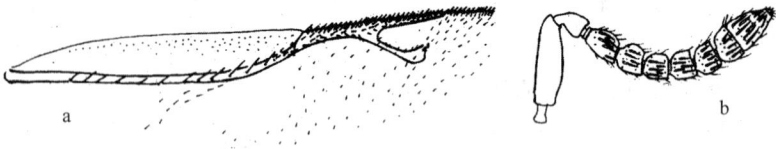

图 261　八齿小蠹广肩小蜂 *Ipideurytoma subelongati* Yang

a. 雌性前翅；b. 雌性触角

（引自杨忠岐）

前胸宽为长的 1.45 倍，前胸背板两侧角的大黄斑在侧面未伸达后缘，中胸盾片宽为长的 2.15 倍；中胸小盾片的脐状刻窝较深而密，呈粗糙的鲨皮状。并胸腹节中凹浅，端部不具短柄，中凹两侧具网状刻纹，刻纹脊相连成整齐的放射状斜纵条纹。前翅翅脉淡黄色，翅面上的纤毛稀而短，黄白色，很不显；前缘室在正面光裸，或仅具 1 根毛；缘脉长分别为痣脉和后缘脉长的 1.43 倍、1.1 倍。腹部略长于胸部，腹柄很短，产卵器微露出。

寄主：据杨忠岐（1996）记载，寄生于兴安落叶松上的八齿小蠹幼虫。

分布：黑龙江省大兴安岭。

十四、小蜂科 Chalcididae

体长 2～9 mm，一般 5 mm 左右。体较坚硬；多为黑色或褐色，并有白、黄或带红色的斑纹，无金属光泽。头部短小，头、胸部常具粗糙刻点；触角 11～13 节，一般为 13 节，其中棒节 1～3 节，少数具 1 环状节。胸部膨大，盾纵沟明显。翅宽阔，不纵褶；痣脉短。后足基节长，圆柱形；后足腿节特别膨大，在外侧腹缘具齿列；后足胫节向内呈弧形弯曲；足的跗节 5 节(图 8)。腹部一般卵圆形或椭圆形，有短的或长的腹柄。产卵管不伸出。

所有种类均为寄生性，寄生于各种昆虫的老熟幼虫和蛹，主要寄生于鳞翅目和双翅目，少数寄生于鞘翅目、膜翅目和脉翅目，也有寄生于捻翅目和粉蚧的报道。寄生双翅目和膜翅目的，有一部分属重寄生。一般均为内寄生，每个寄主体内只出 1 头蜂。

小蜂科是中等大小的科、分布全世界，但多数在热带地区，目前已知截胫小蜂亚科 Haltichellinae、角头小蜂亚科 Dirhininae、脊柄小蜂亚科 Epitraninae、小蜂亚科 Chalcidinae 和 Smicromorphinae 5 亚科，70 余属 1000 余种。过去常见的大腿小蜂亚科 Brachymeriinae 现已并入小蜂亚科作为一族。我国已知前 4 亚科的 20 属 166 种(刘长明，1996)。

作者在东北采集到的标本中有截胫小蜂亚科、角头小蜂亚科和小蜂亚科各若干种，但由于缺乏系统的研究，因此本书只记述小蜂亚科大腿小蜂属 Brachymeria 中的 5 种。

1. 大腿小蜂属 *Brachymeria* Westwaod

属征： 个体粗壮，多为大型种类。体黑色，足常具黄或棕红色斑。头正面观宽大于高；复眼大，卵圆形。触角短粗，生于复眼下缘连线的水平上，13 节，环状节 1 节，有的长度与索节相似；索节 7 节，各节大多宽大于长；棒节分节常不清，末端不膨大。头及胸部具脐状刻点，前胸背板横宽，后缘略向前凹；中胸盾纵沟完整，小盾片隆起，末端略显缺切状或具 2 齿状突，并胸腹节具大的网状刻纹，两侧常具齿。后足腿节特别膨大，腹缘具 8～15 个齿；胫节细并呈弧形弯曲。前翅后缘脉及痣脉均相当发达。腹柄不明显，腹卵圆形，少数腹末尖。

(274)麻蝇大腿小蜂 *Brachymeria minuta* (Linnaeus，1767)(图 262)

雌： 体长 4.6～7 mm。体黑色；触角黑色或褐色；翅基片黄色；翅透明，前翅翅脉褐色，后翅翅脉淡黄色；前足和中足的腿节端部、胫节基部和端部为浅黄色，跗节为黄褐色，胫节基部和中部为黑色或红褐色，跗节为黄褐色。

头部具密集刻点；眶前脊明显；眶后脊发达，向后伸达颊区后缘；触角粗短，柄节不达中单眼；相对测量值为：头宽 61，头高 44，胸宽 65，复眼长 31，复眼宽 20，复眼间距 33，柄节长 18，眼颊距 12；OOL：POL 为 4∶15。触角柄节长于环状节与第 1～3 索节之和；相对测量长度为：柄节 37，鞭节 92，梗节 11，环状节 3，第 1 索节 12，第 2 索节 11，第 3 索节 10，棒节 19。胸部小盾片长宽接近，末端 2 齿突出。前

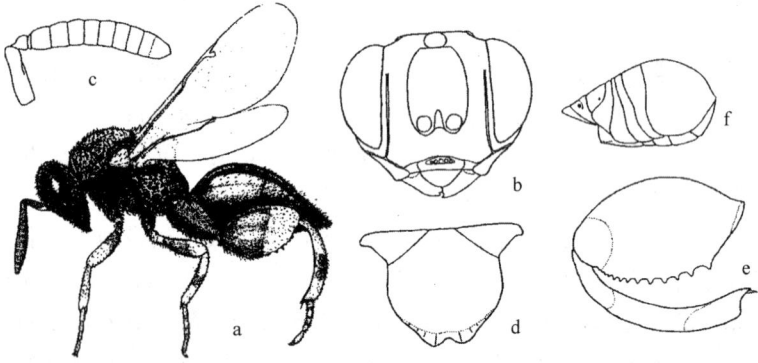

图 262 麻蝇大腿小蜂 *Brachymeria minuta* (Linnaeus)（♀）

a. 雌性整体图；b. 头部；c. 雌性触角；d. 小盾片；e. 后足腿节和胫节；

f. 腹部侧面观

（a 引自 Gauld and Bolton；其余刘长明图）

翅相对测量值为：亚缘脉 112，缘前脉 7，缘脉 37，后缘脉 17，痣脉 6。后足腿节腹缘内侧近基部具 1 尖小的齿突。腹部向后端尖细，长于胸；第 1 腹节背板光滑发亮，略短于柄后腹的 1/2。

雄：体长 4.1～5.6 mm。

寄主：据记载，寄主为双翅目麻蝇科和丽蝇科的一些种类；也可寄生鳞翅目和脉翅目昆虫，如山楂粉蝶等。

分布：辽宁（沈阳、大连、阜新、黑山、北镇）、吉林（长春、延吉）、黑龙江（伊春、佳木斯、镜泊湖）、河北、北京、山西、河南、陕西、内蒙古、宁夏、甘肃、新疆、江苏、湖北、福建、台湾、广东、广西、贵州、云南。

（275）红腿大腿小蜂 *Brachymeria podagrica*（Fabricius，1787）（图 263）

雌：体长 4.4～6.4 mm。体黑色；触角柄节红褐色，有时基部为黄色，触角鞭节黑褐色或黑色；翅基片黄白色；翅透明，前翅翅脉褐色，后翅翅脉淡黄色；前足和中足的基节、腿节和胫节暗红色，但腿节端部、胫节两端为黄白色；后足基节和胫节一般为暗红色，后足腿节为相对较浅的红色，腿节端部及胫节亚基部和端部具黄白色斑块；各足跗节为黄褐色；腹部腹面两侧带红褐色。

头部具较大较深的刻点，刻点间隙窄、明显隆起；眶前脊明显；眶后脊发达，向后伸达颊区后缘；相对测量值为：头宽 61，头高 45，胸宽 65，复眼长 29，复眼宽 19，复眼间距 37，柄节长 20，眼颚距 13；

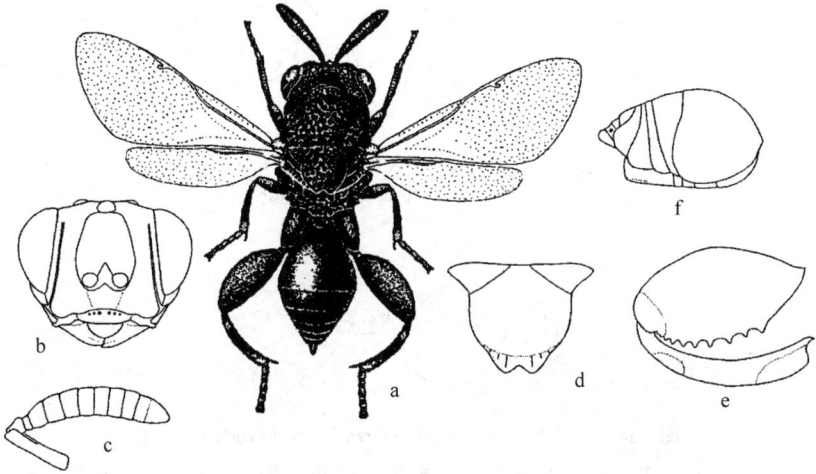

图 263 红腿大腿小蜂 *Brachymeria podagrica*（Fabricius）（♀）

a. 整体图；b. 头正面观；c. 触角；d. 小盾片；e. 后足腿节和胫节；f. 腹部侧面观

（a 引自何俊华等；其余刘长明图）

OOL：POL 为 1：2。触角柄节长与环状节加第 1～4 索节之和约相等；相对测量长度为：柄节 41，鞭节 89，梗节 11，环状节 4，第 1 索节 10，第 2 索节 10，第 3 索节 10，棒节 21。胸部小盾片长宽接近，后缘平展且略上折，末端 2 齿突出。前翅相对测量值为：亚缘脉 125，缘前脉 6，缘脉 49，后缘脉 16，痣脉 8。后足腿节长为宽的 1.9 倍，背面略呈角状拱起，腹缘内侧近基部具 1 小齿突。腹部向后端尖细，明显长于胸部；第 1 腹节背板光滑发亮，略短于柄后腹的 1/2。

雄：体长 4～4.5 mm。

寄主：主要为双翅目的蝇类，也寄生鳞翅目蛾类的蛹。

分布：辽宁（沈阳、鞍山、大连、北镇、阜新）、黑龙江（佳木斯）、吉林（吉林）、内蒙古、河北、北京、山东、河南、陕西、甘肃、安徽、浙江、江西、台湾、福建、广东、广西、贵州、香港。

(276)广大腿小蜂 *Brachymeria lasus*（Walker，1841）（图 264）

雌：体长 4.5～7 mm。体黑色，但下列部位黄色：翅基片、前中足腿节、胫节（除中部具 1 小块黑斑外）和跗节、后足腿节端部、胫节（除基部和腹缘外）和跗节。前、后翅翅面密布浅褐色毛，透明，翅脉褐色。有些标本的上述黄色部位被红色所取代。

头与胸几乎等宽；眶前脊仅具很弱的上半段或不明显；眶后脊明显；触角柄节伸达中单眼；相对测量值为：头宽 78，头高 60，胸宽 77，

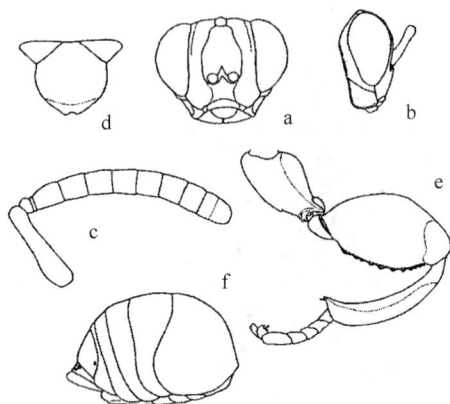

图 264　广大腿小蜂 *Brachymeria lasus*（Walker）（♀）
a. 头正面观；b. 头侧面观；c. 触角；d. 小盾片；e. 后足；f. 腹部
（刘长明图）

复眼长 43，复眼宽 28，复眼间距 36，柄节长 28，眼颚距 15；OOL：
POL 为 2：7。触角有些粗短，不呈棒状；柄节基半部膨大，长于第 1～
3 索节之和；相对测量长度为：柄节 56、鞭节 126、梗节 7、环状节 2、
第 1 索节 17、第 2 索节 15、第 3 索节 15、棒节 20。胸部具密集刻点；
小盾片略拱，长宽约等，末端具 1 对弱齿，略呈凹缘。前翅相对测量值
为：亚缘脉 65、缘前脉 5、缘脉 38、后缘脉 11、痣脉 4。后足基节腹面
内侧近后端处有 1 较小但明显的瘤突；后足腿节长为宽的 1.8 倍。腹部
与胸部的长度接近或略短；第 1 腹背板光滑发亮，长约占柄后腹的
2/5。

雄：体长 3.7～5.5 mm。

寄主：据记载寄主可达 100 多种昆虫，主要寄生鳞翅目，也可寄生
膜翅目的茧蜂、姬蜂和双翅目的寄蝇等。一般营初寄生，也有重寄生。

分布：辽宁（沈阳、千山、大连、医巫闾山、阜新、黑山）、吉林
（吉林、长春、长白山）、黑龙江（哈尔滨、佳木斯、镜泊湖）、北京、天
津、河北、河南、陕西、江苏、浙江、上海、安徽、江西、湖北、湖
南、四川、福建、台湾、广东、海南、广西、贵州、云南。

（277）次生大腿小蜂 *Brachymeria secundaria*（Ruschka，1922）（图 265）

雌：体长 3.2～4 mm。体黑色；触角黑色或略带红褐色；翅基片黄
色，但基部暗红褐色；足的基节和转节黑色有光泽，后足转节微红色；
前、中足腿节暗红褐色，端部黄色；后足腿节黑色，颇亮，端部黄色；
前足胫节暗红褐色，端部、基部和外侧淡黄色；中足胫节黑红褐色，端

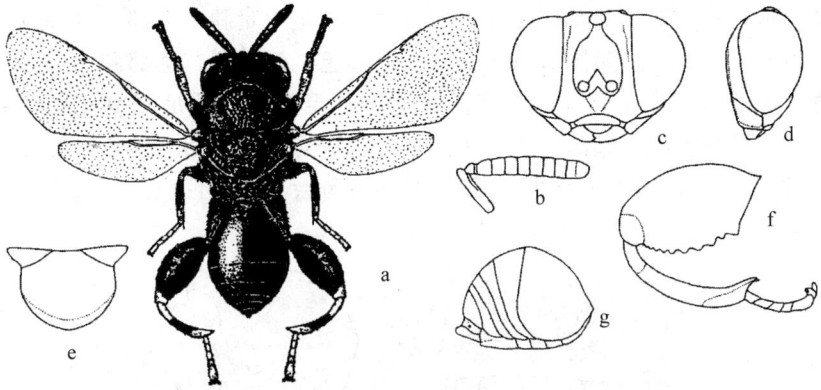

图 265　次生大腿小蜂 *Brachymeria secundaria*（Ruschka）（♀）
a. 整体图；b. 触角；c. 头正面观；d. 头侧面观；e. 小盾片；f. 后足；
g. 腹部侧面观
（a 引自何俊华等；其余刘长明图）

部和基部淡黄色；后足胫节黑色，微红，基部和端部黄色，但部分略带褐色。各足跗节黄色。翅透明，翅脉褐色。

头与胸几乎等宽，着生浓密的银白色绒毛；下脸具光滑无刻点的中区；眶前脊十分弱；眶后脊发达，向后伸达颊区后缘；触角柄节不达中单眼；相对测量值为：头宽 51，头高 36，胸宽 49，复眼长 30，复眼宽 22，复眼间距 21，柄节长 15，眼颊距 8；OOL：POL 为 1：7。触角柄节约与第 1～4 索节等长或略短；相对测量长度为：柄节 32、鞭节 69、梗节 6、环状节 2、第 1 索节 9、第 2 索节 8、第 3 索节 7、棒节 14。胸部小盾片拱起如球面，明显向后倾斜，长宽比为 0.8 左右，末端圆钝，无凹缘。前翅亚缘脉与缘前脉相交处有些缢缩；相对测量值为：亚缘脉 93、缘前脉 7、缘脉 37、后缘脉 15、痣脉 6。后足腿节长为宽的 1.8 倍。腹部与胸部等长或略长于胸部；第 1 腹背板具一些很弱的刻纹或刻点，但仍光滑发亮，略长于柄后腹的 1/3。

雄：体长 2.4～4.1 mm。

寄主：本种多为鳞翅目寄生蜂的重寄生蜂，可寄生多种茧蜂和姬蜂。

分布：辽宁（沈阳、千山、大连、阜新、黑山）、内蒙古、北京、山西、江苏、浙江、江西、湖南、四川、福建、广东、海南、广西、贵州、云南。

（278）粉蝶大腿小蜂 *Brachymeria femorata*（Panzer，1810）（图 266）
雌：体长 4.7～5.3 mm。体黑色，有时鞭节黑褐色或棒节褐色；翅基片黄色；前翅略呈烟褐色，翅脉褐色；前足中足腿节端部、胫节及跗节为黄色，前、中足腿节基部为黑色或褐色；后足腿节基部和端部为黄色，中部为黑色，但有时中部黑斑缩小甚至消失；后足胫节和跗节黄色，后足胫节腹缘具黑色带；足上的黑色斑与黄色斑相交处有时为红色（这种标本腹部一般为红色），有时身体黄斑会变成红色。

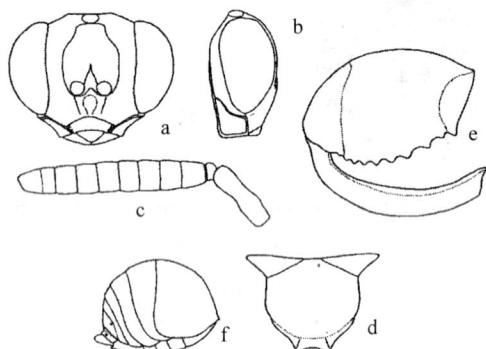

图 266 粉蝶大腿小蜂 *Brachymeria femorata* (Panzer)(♀)
a. 头部；b. 头部侧观；c. 触角；d. 小盾片；e. 后足；f. 腹部侧面观
（刘长明图）

头与胸几乎等宽；下脸的中区光滑隆起；无眶前脊；眶后脊发达，弯曲，向后伸达颊区后缘；触角柄节未达中单眼；相对测量值为：头宽 65，头高 46，胸宽 66，复眼长 35，复眼宽 23，复眼间距 34，柄节长 21，眼颚距 11；OOL∶POL 为 5∶13。触角柄节短于第 1～4 索节之和；相对测量长度为：柄节 42、柄节最宽处 12、鞭节 99、梗节 6、环状节 1、第 1 索节 12、第 2 索节 12、第 3 索节 12、棒节 19。胸部小盾片长宽接近，末端 2 齿突出，呈凹缘，近后端处具密集银白色毛。前翅相对测量值为：亚缘脉 125，缘前脉 8，缘脉 51，后缘脉 27，痣脉 9。后足腿节长为宽的 1.7 倍；腹缘外侧一般具 10 齿，有时更多，以基部第 1 齿和中部的齿较大，近后端齿较小。腹部明显短于胸部；第 1 腹节背板光滑发亮，占柄后腹的 1/2。

雄：体长 5.3 mm。

寄主：本种主要寄生于粉蝶科昆虫的蛹，如山楂粉蝶、菜粉蝶和大菜粉蝶等；也能寄生斑蛾科、眼蝶科、蛱蝶科等鳞翅目昆虫。

分布：辽宁（沈阳、大连、阜新、千山、医巫闾山）、吉林（长春、辽源）、山西、陕西、江苏、浙江、上海、江西、湖北、湖南、新疆、福建、台湾。

第 2 章

青蜂总科 Chrysidoidea

    青蜂总科的主要特征是：触角节数雌雄两性相同，通常为 10 节、12 节或 13 节，少数为 15～39 节(短节蜂科)；前胸背板突通常伸达翅基片，但有时被一明显的间隙分开，后背缘通常浅凹，后侧缘有叶突覆盖刚刚显出的气门，腹侧缘端部宽阔分开；后胸后背板短，横形，与并胸腹节愈合，有时露出，但中央不向后扩大；翅脉退化，前翅通常 3 个闭室或更少(偶有 8 个)，后翅 1 个闭室或无(偶有 3 个)；后翅无轭叶；腹部第 1～2 腹板不因缢缩而分开；雌性第 2 生殖器突宽，基节内部近基部有关节；产卵器特化成 1 螫针，在静止时隐蔽，不外露；无羽状毛；性二型程度不等；雄性长翅，偶有短翅或无翅；雌性通常长翅，但常无翅或偶有短翅。

    以上特征，最重要的是：

    (1)长翅、短翅或无翅；长翅种类的翅脉退化，前翅有 1～3 个封闭的翅室，后翅无封闭翅室，或仅有 1 个封闭的翅室；

    (2)触角 10 节、12 节或 13 节，少数 15～39 节(短节蜂科)；

    (3)后翅无轭叶；

    (4)产卵器隐藏于腹内不外露；

    (5)第 2 生殖基节分为 2 节。

    现今青蜂总科共包括 7 个科，即：青蜂科 Chrysididae、肿腿蜂科 Bethylidae、螯蜂科 Dryinidae、梨头蜂科 Embolemidae、短节蜂科 Sclerogibbidae、毛角蜂科 Plumariidae、菱板蜂科 Scolebythidae。我国已知有前 5 个科，后 2 科在我国尚未发现。此书记述分布在本地区的前

4 个科，26 种，其中螯蜂科 22 种。寄生于丝足蚁的短节蜂科在东北地区尚未发现。

一、螯蜂科 Dryinidae

小型，体长 2.5～5 mm，雄蜂全都有翅 2 对；雌蜂有翅或无翅，或为短翅型；无翅者外观颇似蚁。翅的一般形态见（图 267）。雌雄触角均为 10 节，着生在接近唇基的上缘，线状或末端稍粗。雌蜂前胸背板甚长；中、后胸和并胸腹节成一圆柱形，从隐约凹痕和气门位置仍略可划分，其侧缝均向后倾斜。前足比中、后足稍大；基节、转节甚长，腿节基半部膨大，而至末端细瘦；第 5 跗节与 1 只爪特化形成螯（常足螯蜂亚科 Aphelopinae 和拜螯蜂亚科 Biaphelopinae 除外）；螯的一般形态构

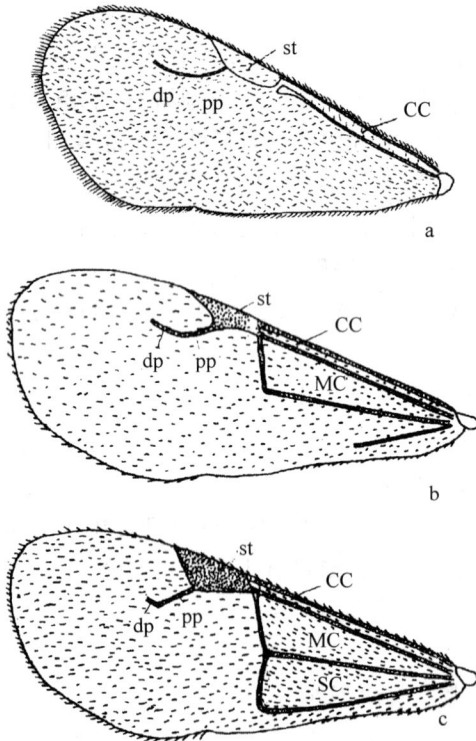

图 267 螯蜂科前翅的一般形态特征

a. 常足螯蜂亚科前翅；b. 裸爪螯蜂亚科前翅；c. 单爪螯蜂亚科前翅

（引自何俊华、许再福）

dp. 端段；pp. 基段；st. 翅痣；CC. 前缘室；MC. 中室；SC. 亚中室

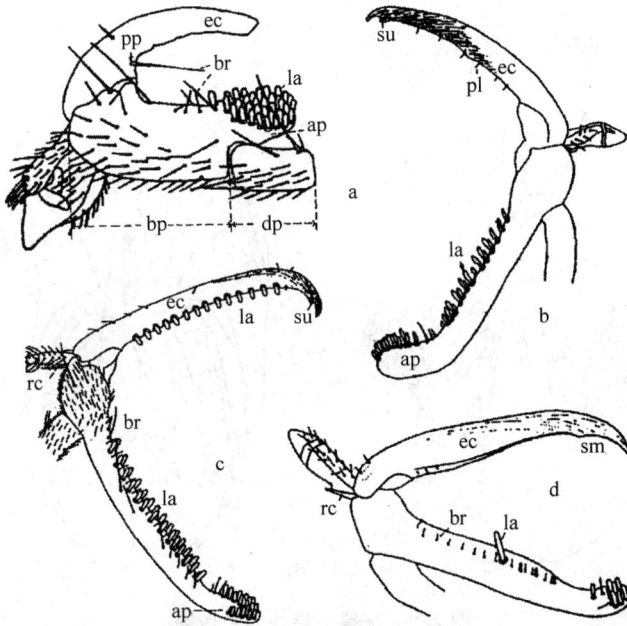

图 268　螯蜂科的螯(♀)

a. 丛叶单爪螯蜂(*Anteon confertilaminarum* Xu, He et Olmi)的螯；b. 等脉新螯蜂(*Neodryinus isoneurus* Xu et He)的螯；c. 毛双距螯蜂(*Gonatopus capillus* Xu et He)的螯；d. 晶额双距螯蜂(*Gonatopus crystallinus* Xu et He)的螯。

ap. 端部(apex)；bp. 基段(basal part)；br. 鬃(bristle)；dp. 端段(distal part)；ec. 变大爪(enlarged claw)；la. 叶状突(lamellae)；pl. 钉状毛(peg-like hair)；pp. 基突(proximal prominence)；rc. 基爪(rudimentary claw)；sm. 小齿(small tooth)；su. 亚端齿(subapical tooth)

造见(图 268)。腹部纺锤形或长椭圆形,有或近于有腹柄；产卵管针状,从腹末伸出,但不明显。雄蜂前胸背板很短,从背面几乎看不到；盾纵沟甚明显,常呈"V"字形或"Y"字形；前足比中后足稍小,不呈螯形；前翅具矛形或卵圆形翅痣,有亚前缘室和 2 个基室,缘室开放；后翅有臀叶,在沿前缘 2/3 有前缘脉；腹部较细瘦；雄性外生殖器的一般形态构造见(图 269)。

本科蜂类是同翅目头喙亚目角蝉总科、叶蝉总科和蜡蝉总科约 15 个科的若虫或成虫的寄生蜂,致使被寄生的寄主昆虫因营养耗尽而死亡,此外,多数雌蜂还能捕食其寄主而造成更大的伤亡；因此,是自然界中一类有益的昆虫,在害虫自然控制和生物防治中有着重要的作用。

螯蜂科经 M. Olmi 整理,全世界现存种已知 10 个亚科 150 多属约

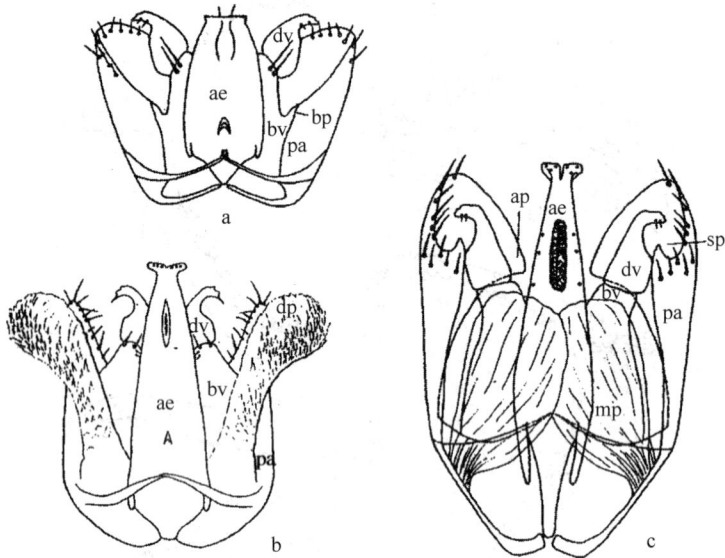

图 269 螯蜂的雄性外生殖器

a. 斑唇常足螯蜂（*Aphelopus maculiclypeus* Xu，He et Olmi）的外生殖器；b. 稻虱红单节螯蜂（*Haplogonatious apicalis* R. C. L. Perkins）的外生殖器；c. 黄黑单爪螯蜂（*Anteon flavoniger* Xu，He et Olmi）的外生殖器

ae. 阳茎（aedeagus）；ap. 端内突（apical inner process）；bp. 叉突（an outer basal process）；br. 鬃（bristle）；bv. 阳基腹铗基（basivolsella）；dp. 背突（dorsal process）；dv. 阳基腹铗端（distivolsella）；mp. 基膜突（proximal membranous process）；pa. 阳基侧铗（paramere）；sp. 亚端内突（subapical inner process）

1200 余种。我国何俊华、许再福两位教授于 2002 年记述中国螯蜂科 16 属 193 种；分别隶属于常足螯蜂亚科 Aphelopinae 单爪螯蜂亚科 Anteoninae、双距螯蜂亚科 Gonatopodinae、裸爪螯蜂亚科 Conganteoninae、螯蜂亚科 Dryininae 和栉爪螯蜂亚科 Bocchinae 6 个亚科。东北地区已知有 5 个亚科 6 属 22 种；分别记述如下。

注：此科记述的各种螯蜂引用的形态特征图，除少数署名者外，余者均引自何俊华、许再福两位教授。

1. 常足螯蜂属 *Aphelopus* Dalman

属征：雌虫长翅；触角末端膨大；上颚有 4 齿，由 2～3 个大齿和 1～2 个小基齿组成；颚唇须节比 5/2；唇基较窄；口上沟远离围角片；后头脊完整；前翅只有 1 个前缘室；径脉成弧状弯曲，约与翅痣等长；头、中胸盾片、小盾片和后胸背板常布满颗粒状刻点，无网皱；前足正常，第 5 跗节和爪不特化成螯；胫节距式 1，1，2。即前、中足胫节各具 1 个端距，后足胫节具 2 个端距。雄蜂特征同雌蜂，但触角末端不膨大。

寄主：叶蝉科 Cicadellidae 中的小叶蝉亚科 Typhlocybinae。

(279) 何氏常足螯蜂 *Aphelopus hei* Xu et Lou，1996（图 270）

雄：体长 2 mm；长翅。触角第 1~2 节褐黄色，第 3~10 节褐色；上颚、唇基和脸褐黄色；额的前端 2/5 褐黄色，后端 3/5 黑褐色；头顶和上颊黑褐色；胸部包括并胸腹节黑色；翅基片灰黄色；足褐黄色；腹部黑褐色。

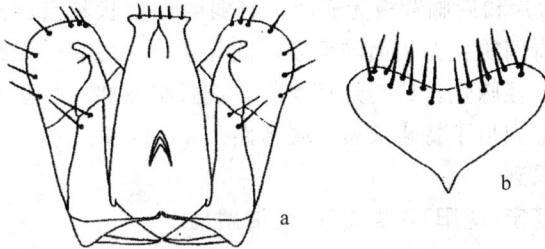

图 270　何氏常足螯蜂 *Aphelopus hei* Xu et Lou（holotype）
a. 雄外生殖器；b. 第 9 腹片

头部无光泽，有颗粒状刻点；触角线状，末端不膨大，各节长度比例 2：2：2：3：3.2：3.5：3：3：3：4.3；额线几乎伸达唇基；POL = 3.5；OL = 2；OOL = 2；OPL = 2.5；TL = 1.7；中单眼宽 1.3；后头脊完整；下颚须 5 节；下唇须 2 节。中胸盾片无光泽，有颗粒状刻点；盾纵沟伸达中胸盾片长度的 0.5；小盾片和后胸背板无光泽，有颗粒状刻点；并胸腹节背表面有网皱；背表面与后表面间有 1 条强的横脊；后表面有 2 条纵脊；中区光滑，仅周缘有网皱；侧区有网皱。前翅透明，无色斑；径脉短，与翅痣等长，成弧状弯曲；径室开放。足的胫节距式 1，1，2。腹部略侧扁；第 9 腹片后缘缺切。外生殖器的阳基侧铗比腹铗稍长，比阳茎稍短；阳基腹铗基的顶部不分叉，有 2 根鬃；阳茎端部较粗，顶部向两侧突出，顶缘较平坦，有 5 根鬃。

雌：未采到。

分布：吉林（长春）。

注：OOL = 侧单眼与复眼间距离；MPOL 或 OL = 中、侧单眼间距离；POL = 2 侧单眼间距离；OPL = 侧单眼与后头脊间距离；TL = 复眼与后头脊间距离。

(280)娄氏常足螯蜂 *Aphelopus loui* Xu, He et Olmi, 2002

雌: 体长 1.6 mm; 长翅。头黑褐色; 触角第 1～2 节和第 8～9 节褐黄色, 第 3～7 节褐色; 上颚、唇基、脸、额和颊褐黄色; 中胸盾片黑褐色, 仅近翅基片部分褐黄色; 小盾片、后胸背板和胸部侧板黑色; 并胸腹节黑色; 足褐黄色; 腹部黑色。

头部无光泽, 有颗粒状刻点; 触角末端膨大, 各节长度比例 5:5:5:6:5:5:5:4.5:4.5:9(第 10 节已断); 额线完整; POL=7; OL=4.5; OOL=5; OPL=5; TL=5; 后头脊完整; 下颚须 5 节; 下唇须 2 节。中胸盾片无光泽, 有颗粒状刻点; 盾纵沟伸达中胸盾片长度的 0.5; 小盾片和后胸背板无光泽, 有弱的颗粒状刻点; 并胸腹节背表面和后表面有网皱; 背表面与后表面间无横脊; 后表面无纵脊。前翅透明, 无色斑; 径脉短, 约与翅痣等长, 成弧状弯曲; 径室开放。前足正常, 第 5 跗节和爪不特化成螯; 胫节距式 1, 1, 2。

雄: 未采到。

分布: 辽宁(沈阳), 黑龙江(镜泊湖)。

2. 栉爪螯蜂属 *Bocchus* Ashmead

属征: 雌虫长翅或短翅; 颚唇须节比 6/3; 上颚具 1 齿、2 齿、3 齿或 4 齿; 4 齿种类的上颚由 3 个大齿和 1 个小基齿组成, 小基齿位于第 1 个大齿之后; 后头脊完整; 前足变大爪至少有 1 齿; 前足前跗节内缘仅有 1 个亚端叶状突; 前胸背板突伸达翅基片; 长翅种类的前翅有由黑化翅脉包围形成的前缘室、中室和亚中室; 胫节距式 1, 1, 1。

雄虫长翅, 颚唇须节比 6/3; 上颚具 1 齿、2 齿、3 齿或 4 齿; 3 齿或 4 齿种类的几个齿不是由小到大整齐排列; 上颊明显; 前翅有由黑化翅脉包围形成的前缘室、中室和亚中室; 胫节距式 1, 1, 2。

寄主: 瓢蜡蝉科 Issidae。

(281)华栉爪螯蜂 *Bocchus sinensis* Xu et He, 1997(图 271)

雄: 体长 2.3 mm; 长翅。体黑色, 上颚褐色; 下颚须和下唇须黄色; 翅基片褐色; 前足基节、转节和腿节黑色, 胫节和跗节黄色; 中、后足基节、转节、腿节和胫节黑色, 跗节黄色。

头部多毛, 无光泽, 有颗粒状刻点; 触角多毛, 末端不膨大, 各节长度比例 4:2.5:3.2:3.2:3.2:3.2:3:3:3:4.3; 额中脊伸达唇基; POL=2.8; OL=1.8; OOL=2.8; OPL=1.8; TL=2.5; 中单眼宽 1.2; 后头脊完整; 下颚须 6 节; 下唇须 3 节。胸部多毛, 中胸盾片无光泽, 有颗粒状刻点; 盾纵沟完整, 后端分离, 最短间距 2.8;

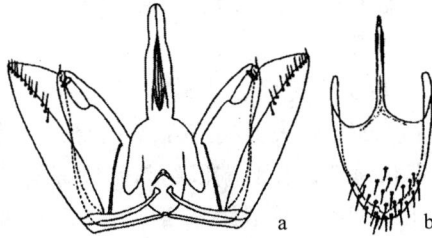

图 271　华栉爪螯蜂 *Bocchus sinensis* Xu et He（holotype）
a. 外生殖器；b. 第 9 腹片

小盾片和后胸背板无光泽，有颗粒状刻点；并胸腹节背表面和后表面有网皱；背表面和后表面间无横脊；后表面无纵脊。前翅透明，无褐色的带状横斑，径脉端段比基段稍短(4∶4.5)，两者间成弧状弯曲；径室开放。足的胫节距式 1，1，2。腹柄短；第 9 腹片和雄外生殖器见（图 271）。

雌：未采到。

分布：辽宁(阜新)、吉林(长白山)、黑龙江(伊春)。

(282)娄氏栉爪螯蜂 *Bocchus loui* Xu，He et Olmi，2002(图 272)。

雄：体长 2.1 mm；长翅。体黑色；上颚黑褐色；前足基节、转节、腿节和第 5 跗节黑褐色，胫节和第 1~4 跗节褐黄色；中、后足黑褐色，仅第 1~4 跗节黄褐色。

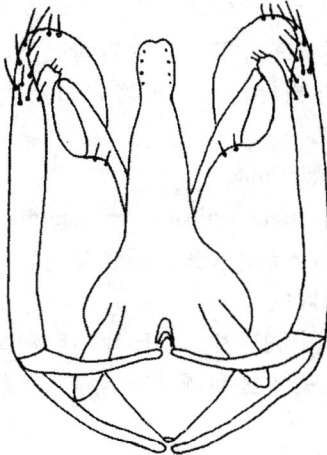

图 272　娄氏栉爪螯蜂 *Bocchus loui* Xu，He et Olmi 外生殖器(holotype)

头部、中胸盾片、小盾片、后胸背板及中后胸侧板，具颗粒状刻点，无光泽；后胸背板、并胸腹节的背表面及其后表面的中区和侧区具网皱。触角线状，末端不膨大，各节长度比例 12：7.5：10：10：10：10：9.5：9.5：8.5：13；额线完整；POL＝9.5；OL＝5；OOL＝9.5；OPL＝5；TL＝7.5；后头脊完整。中胸盾纵沟完整，后端分离，最短间距9；并胸腹节背表面与后表面间有1条横脊；后表面有2条纵脊。前翅透明，无褐色带状横斑；径脉端段约与基段等长(15：16)，两者间成弧状弯曲；径室开放。足的胫节距式1，1，2。腹柄较短；外生殖器见(图272)。

雌：未采到。

分布：辽宁(沈阳、阜新)。

3. 单爪螯蜂属 *Anteon* Jurine

属征：雌虫长翅，极少短翅；触角末端膨大；颚唇须节比6/3；后头脊完整；并胸腹节背表面与后表面间常有1条强的横脊；长翅型种类的前翅有由黑化翅脉包围形成的前缘室、中室和亚中室；前翅径脉端段比基段短很多；偶尔前翅径脉端段比基段稍短，或一样长，或稍长，在这种情况下，并胸腹节的背表面与后表面间必有1条强的横脊；变大爪的基突上有1根长鬃；前跗节内缘有一些叶状突；胫节距式1，1，2。

雄虫长翅；触角末端不膨大；触角上的毛长至多与触角宽度相等；颚唇须节比6/3；侧单眼后面常无短脊与后头脊相接；后头脊完整；并胸腹节背表面与后表面间常有1条强的横脊；前翅有前缘室、中室和亚中室；翅痣的长宽比小于4；径脉的端段比基段短很多；偶尔径脉端段比基段稍短，或一样长，或稍长，在这种情况下，并胸腹节的背表面与后表面间必有1条强的横脊；外生殖器的阳基侧铗没有端内突包住阳茎；胫节距式1，1，2。

寄主：叶蝉科 Cicadellidae。

(283) 鞍单爪螯蜂 *Anteon ephippiger* (Dalman, 1818) (图273)

雌：体长 1.9～2.4 mm；长翅。体黄褐色，并胸腹节背表面中央有1条褐色纵带；腹柄黑褐色。

头部、前胸背板、中胸盾片、小盾片和后胸背板光滑，有光泽；并胸腹节背表面及后表面的中区和侧区有网皱。触角末端膨大，各节长度比例 6.5：2.5：3：4.5：4：3：3.5：3.5：5.5；额线很短，仅在中单眼前可见；POL＝3；OL＝3；OOL＝3；OPL＝3；TL＝3.5；中单眼宽1.5；后头脊完整；下颚须6节；下唇须3节。盾纵沟伸达中胸盾片长度的0.4；并胸腹节的背表面与后表面间有1条强的横脊；后表面有2条纵脊。前翅透明，无褐色的带状横斑，径脉端段比基段短(2：

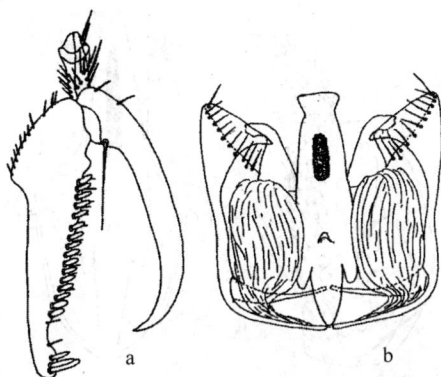

图 273 鞍单爪螯蜂 *Anteon ephippiger* (Dalman)
a. 螯(♀)；b. 外生殖器(♂)

6)，两者间成钝角弯曲；径室开放。前足第 1 跗节比第 4 跗节稍短；第 2 跗节成钩状；变大爪的基突上有 1 根长鬃；前跗节的端段长是基段长的 2 倍，内缘有 17 个叶状突排成 1 行，端部有 3 个叶状突成丛状；胫节距式 1，1，2。

雄：体长 1.7～2.4 mm；长翅。体黑色；触角褐色；上颚黄色；翅基片褐黄色；足褐黄色，仅后足基节黑褐色。

形态特征与雌性基本相似，但触角线状，末端不膨大；前足正常，末端不特化成螯。雄外生殖器有基膜突；阳基侧铗有 1 个尖的端内突。

寄主：据记载寄主有顶带叶蝉 *Mocydia crocia*，角顶叶蝉 *Deltocephalus pulicaris*，光二叉叶蝉 *Macrosteles laevis*，六点叶蝉 *Macrosteles sexnotatus*，*Opsius lethierryi*，*Opsius stactogalus*，条沙叶蝉 *Psammotettix striatus* 和广头叶蝉 *Macropsis* sp.。

分布：辽宁(沈阳、阜新、大连)、吉林(长白山)、黑龙江(伊春、镜泊湖)。

(284)久单爪螯蜂 *Anteon jurineanum* Latreille，1809(图 274)
雌：体长 2.3～2.4 mm；长翅。体黑色；触角褐黄色；齿黄褐色；翅基片褐黄色；足红棕色。

头部有颗粒状刻点，无光泽；触角末端膨大，各节长度比例 15：5.5：5：5：5：5：5：5：5：8；额线完整；额有 2 条额侧脊，伸达触角窝；POL＝10；OL＝6；OOL＝9；OPL＝5；TL＝5；中单眼宽 3；后头脊完整；下颚须 6 节；下唇须 3 节。前胸背板有颗粒状刻点和网皱，无光泽；前胸背板短，几乎被头部所覆盖；前胸背板比中胸盾片短

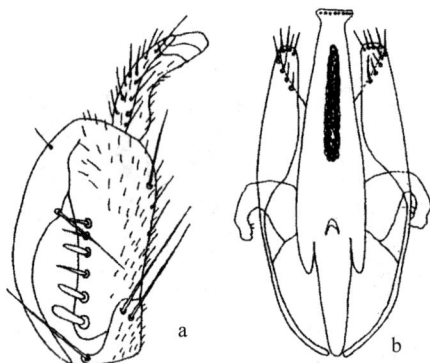

图 274　久单爪螯蜂 *Anteon jurineanum* Latreille
a. 螯(♀)；b. 外生殖器(♂)

(4：26)；中胸盾片无光泽，前半有颗粒状刻点和弱的网皱，后半有颗粒状刻点；盾纵沟伸达中胸盾片长度的 0.2；小盾片和后胸背板光滑，有光泽；并胸腹节背表面有多条纵脊，背表面与后表面间有 1 条强的横脊；后表面无纵脊，有颗粒状刻点。前翅透明，无褐色带状横斑；径脉端段比基段短(2：13)，两者间成钝角弯曲；径室开放。前足跗节各节长度比例 7.5：3：3：3：12；变大爪的基突上有 1 根长鬃；前跗节端段比基段短(4：8)，内缘有 4 个叶状突和 2 根鬃一直延伸到端部；胫节距式 1，1，2。

雄：体长 1.5～2 mm；长翅。体黑色；触角、上颚、翅基片黄褐色，足褐色。

头部有颗粒状刻点，无光泽；触角线状，末端不膨大，各节长度比例 13：7：7：8：8：8：8：8：8：8：11.5；额线完整；额有或无额侧脊；POL＝9；OL＝6；OOL＝7.5；OPL＝2.5；TL＝3.5；中单眼宽 2.5；后头脊完整；下颚须 6 节；下唇须 3 节。中胸盾片无光泽，前端 1/3 有颗粒状刻点和网皱，后端 2/3 有颗粒状刻点；盾纵沟伸达中胸盾片长度的 0.2；小盾片和后胸背板光滑，有光泽；并胸腹节背表面有网皱；背表面与后表面间有 1 条强的横脊；后表面无纵脊，有颗粒状刻点。前翅透明，无带状横斑；径脉端段比基段短(2：13)，两者间成钝角弯曲；径室开放。胫节距式 1，1，2。外生殖器无基膜突；阳基侧铗无端内突。

寄主：据记载寄主有皱叶蝉 *Oncopsis flavicollis*，杨阔头叶蝉 *Oncopsis tristis* 和铲头叶蝉 *Hecalus* sp. 。

分布：辽宁(沈阳、阜新)、山东。

（285）北方单爪螯蜂 *Anteon septentrionale* **Xu，He et Olmi，2002（图 275）**

雌：体长 2.2 mm；长翅。头部黑色；触角第 1、第 2 节黄色，第 3～10 节褐色；上颚褐黄色；唇基褐色；胸部包括并胸腹节黑色；足褐黄色；腹部褐色。

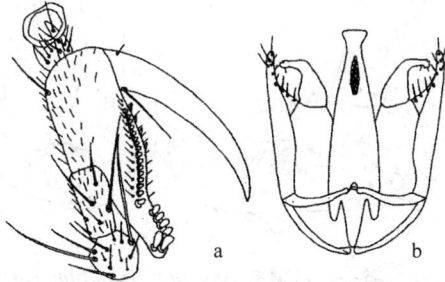

图 275　北方单爪螯蜂 *Anteon septentrionale* Xu，He et Olmi
a. 螯（♀）；b. 外生殖器（♂）

头部多毛，有光泽，光滑，有刻点，仅上颊和单眼三角区后的头顶部分有网皱；触角末端膨大，各节长度比例 7.5：4.5：5.5：5.5：5.5：5.5：5.5：5.5：5.5：7；额有 1 条中脊和 2 条侧脊，中脊伸达唇基，侧基伸达触角窝；POL＝4；OL＝2.5；OOL＝4；OPL＝2.5；TL＝2.5；后头脊完整；下颚须 6 节；下唇须 3 节。前胸背板有光泽，前表面有网皱，后表面较光滑；前胸背板后表面横形，比中胸盾片短（3：10）；前胸背板突伸达翅基片；中胸盾片、小盾片和后胸背板有光泽，光滑，有刻点；盾纵沟伸达中胸盾片长度的 0.5；并胸腹节背表面有网皱；背表面与后表面间有 1 条强的横脊；后表面有 2 条纵脊；中区和侧区有网皱。前翅透明，无褐色的带状横斑；径脉端段比基段短（2：7）；两者间成钝角弯曲；径室开放。前足跗节各节长度比例 6：1.5：1.5：3：9.5；第 3 跗节成钩状；变大爪的基突上有 1 根长鬃；前跗节的端段约与基段等长，内缘有 16 个叶状突和 4 根钉状毛排列成 2 行，还有 24 根（14＋10）鬃，端部有 7 个叶状突成丛状；胫节距式 1，1，2。

雄：体长 2 mm；长翅。体色及形态特征基本上与雌性相似，但触角线状，多毛，末端不膨大；前足跗节末端不特化成螯。外生殖器无基膜突；阳基侧铗无端内突。

分布：吉林（长春）。

（286）皱头单爪螯蜂 *Anteon reticulatum* **Kieffer，1905（图 276）**

雌：体长 3.9～4.2 mm；长翅。体黑色；触角第 1～5 节黄褐色，第 6～10 节褐色；上颚黄褐色，齿红褐色；翅基片黄色；前、中足黄褐色；后足基节基半褐色，端半褐黄色；转节、腿节、胫节和跗节黄褐色。

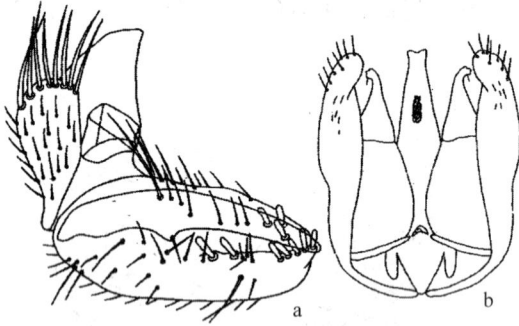

图 276　皱头单爪螯蜂 *Anteon reticulatum* Kieffer
a. 螯(♀)；b. 外生殖器(♂)
(a 引自许再福；b 引自 Olmi)

头部被毛，有光泽；额及头顶有强的网皱；颊较光滑，无网皱；触角末端膨大，各节长度比例 8.2：4：4.7：4：4：4：4：4：4：3.7：4.5；额有 1 条中脊和 2 条侧脊，中脊伸达唇基，侧脊伸达触角窝；POL＝4.5；OL＝2.8；OOL＝2.8；OPL＝3.6；TL＝2.8；中单眼宽 2，有 1 条强的短脊与后头脊相接；上颊明显；后头脊完整；下颚须 6 节；下唇须 3 节。前胸背板宽 15，有光泽，有网皱；前胸背板前表面长 2.5，后表面长 5.5；前胸背板突伸达翅基片；中胸盾片长 11.5，有光泽，光滑，有刻点；盾纵沟伸达中胸盾片长度的 0.35；小盾片和后胸背板有光泽，光滑，有稀疏刻点；并胸腹节背表面有网皱；背表面与后表面间有 1 条强的横脊；后表面有 2 条强的纵脊；中区有网皱和多条横脊；侧区有网皱；并胸腹节背表面与后表面的长度比 7：12。前翅透明，无带状横斑；径脉端段比基段短(2：6.5)，两者间成钝角弯曲；径室开放。前足跗节各节长度比 7.5：1.3：1.3：1.8：6；第 3 跗节成钩状；变大爪的基突上有 1 根长鬃；爪间垫粗大，约与变大爪等长(5：6)；前跗节端段比基段短(0.5：5.5)，内缘有 2 个叶状突和排成两行的 7 根(3＋4)鬃，端部内缘一侧明显凸起，有 8 个叶状突；胫节距式 1，1，2。

雄：体长 2.5～3 mm；长翅。体黑色；触角褐色，上颚黄褐色，翅基片黄色，足的基节、转节和腿节褐色，胫节和跗节黄褐色。

形态特征与雌性基本相同；但触角明显较长，末端不膨大。POL＝9；OL＝4；OOL＝7；OPL＝5.5；TL＝5。前足正常、无螯。外生殖器无基膜突；阳基侧铗有 1 个钝圆的端内突。

分布：吉林（长白山）。

(287)阿赫单爪螯蜂 *Anteon achterbergi* Olmi，1989（图 278）

雌：体长 3.3 mm；长翅。头黑色；触角第 1～9 节黄褐色，第 10 节褐色；上颚黄褐色；胸部包括并胸腹节黑色；腹部黑褐色。

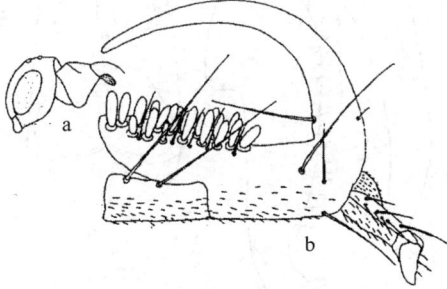

图 277　阿赫单爪螯蜂 *Anteon achterbergi* Olmi

a. 头胸部侧观；b. 螯

（a 引自 Olmi；b 引自许再福）

头部有光泽，有弱的网皱；头顶有弱的网皱和颗粒状刻点；触角末端膨大。各节长度比例 27：9：11.5：9：9：10：9：8：8：11.5；额线完整；额有 2 条额侧脊，伸达触角窝；POL=12；OL=9；OOL=10；OPL=9；TL=10；中单眼宽 2；后头脊完整；下颚须 6 节，下唇须 3 节。前胸背板有光泽，光滑，在前表面与后表面间有 1 条横形的隆脊；前胸背板后表面比中胸盾片短（12：28）；中胸盾片有光泽，光滑；盾纵沟伸达中胸盾片长度的 0.25；小盾片和后胸背板有光泽，光滑；并胸腹节背表面和后表面无光泽，有网皱；背表面与后表面间有 1 条强的横脊；后表面无纵脊。前翅透明，有 2 个褐色带状横斑；径脉端段比基段短（3：12），两者间成钝角弯曲；径室开放。前足跗节各节长度比例 9.5：3：4：9.5：21.5；变大爪的基突上有 1 根长鬃；前跗节的端段约与基段等长，内缘有 19 个叶状突一直延伸到端部；胫节距式 1，1，2。

雄：未采到。

分布：辽宁（沈阳、大连）。

(288)阿卜单爪螯蜂 *Anteon abdulnouri* Olmi，1987（图 278）

雌：体长 1.5～2 mm；长翅。体黑色；触角、上颚、翅基片和足黄褐色。

头部被毛，有光泽，有刻点；触角末端膨大，各节长度比例 9：4：

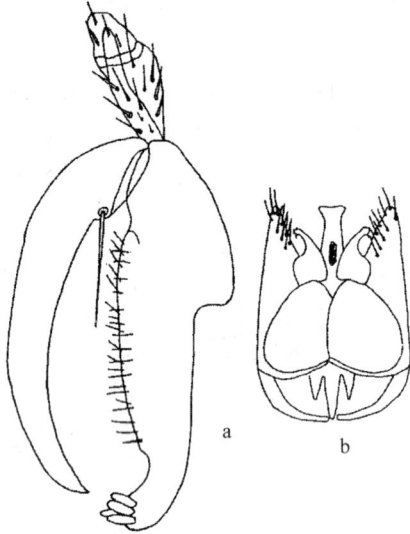

图 278　阿卜单爪螯蜂 *Anteon abdulnouri* Olmi
a. 螯(♀)；b. 外生殖器(♂)
(a 引自 Olmi；b 引自许再福)

3：2.5：2.5：3：3：3：3：3：5；额线完整；POL＝4；OL＝2.5；OOL＝4；OPL＝3；TL＝5；后头脊完整；下颚须 6 节，下唇须 3 节。前胸背板有光泽；前胸背板后表面比中胸盾片短(5：9)；前胸背板突伸达翅基片；中胸盾片有光泽，光滑，有刻点；盾纵沟伸达中胸盾片长度的 0.4；小盾片和后胸背板有光泽，光滑，无刻点；并胸腹节背表面有网皱；背表面与后表面间有 1 条强的横脊；后表面无纵脊。前翅透明，无带状横斑；径脉端段比基段短(2.5：5)，两者间成钝角弯曲；径室开放。前足跗节各节长度比例 5：2：2.5：4：9；变大爪的基突上有 1 根长鬃；前跗节的端段比基段长(5.5：3.5)，内缘有 26 个钉状毛排成 2 行；端部有 4 个叶状突成丛状；胫节距式 1，1，2。

雄：体长 1.5～1.6 mm；长翅。体色及形态特征与雌性相似；但触角较长，线状，多毛，末端不膨大；前足跗节末端不特化成螯。外生殖器无基膜突，阳基侧铗无端内突，有 1 个较钝的亚端内突。

寄主：据记载寄生 *Aconurella prolixa* 和黑脉叶蝉 *Exitianus capicola*。

分布：辽宁(朝阳)。

(289) 日本单爪螯蜂 *Anteon japonicum* Olmi，1984(图 279)
雌：体长 2.9～3.3 mm；长翅。头部、胸部包括并胸腹节为黑色；

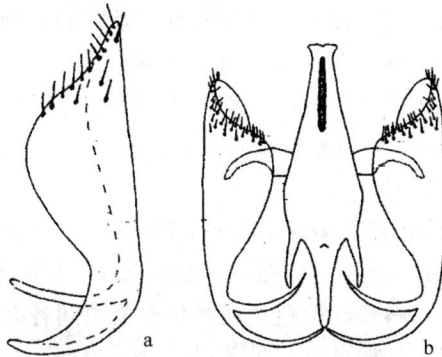

图 279　日本单爪螯蜂 *Anteon japonicum* Olmi

a. 螯（♀，holotype）；b. 外生殖器（♂）

（a 引自 Olmi；b 引自许再福）

触角第 1~2 节、上颚及各足为黄褐色；触角第 3~10 节及腹部为褐色。

头部有光泽；额的前端 1/3、头顶和单眼区有网皱；额的后端 2/3 光滑，有小刻点；触角末端膨大，各节长度比例 13：6：10：8：8：7：7：6：6：7；额线完整；POL=4；OL=3；OOL=5；OPL=6；TL=6；后头脊完整；下颚须 6 节，下唇须 3 节。前胸背板无光泽，有强的网皱，仅后缘较光滑和有光泽；前胸背板后表面比中胸盾片短（12：18）；中胸盾片、小盾片和后胸背板有光泽，光滑，有小刻点；盾纵沟伸达中胸盾片长度的 0.7；并胸腹节背表面有网皱；背表面与后表面间有 1 条强的横脊；后表面有 2 条纵脊；中区同侧区有网皱。前翅透明，无带状横斑；径脉端段比基段短（8：11）；两者间成钝角弯曲；径室开放。前足跗节各节长度比例 8：3：4：10：21；变大爪的基突上有 1 根长鬃；前跗节的端段比基段长（14：7），内缘有 20 个叶状突排成 2 行，端部有 5 个叶状突成丛状；胫节距式 1，1，2。

雄：体长 3.1~3.3 mm；长翅。体黑色；触角、上颚、翅基片黄褐色；足黄褐色，仅后足基节基部黑褐色。

头部被毛，无光泽，有强的网皱；触角被灰白色短毛；触角线状，末端渐细，各节比例 6：3：5：5.3：5.3：5.3：5：4.5：4.5：5.6；额线很短，仅在中单眼前可见；POL=2.8；OL=1.8；OOL=3；OPL=2.8；TL=4.2；中单眼宽 1.5；上颊明显；后头脊完整；下颚须 6 节，下唇须 3 节。胸部被毛；前胸背板短，有网皱，背板突伸达翅基片；中胸盾片无光泽，前半有网皱，后半有较粗的刻点；盾纵沟伸达中胸盾片长度的 0.3；小盾片和后胸背板有光泽，光滑，有小刻点；并胸腹节背表面有网皱；背表面与后表面间有1条强的横脊，后表面有2条纵脊，中区和侧区有网皱；背表面与后表面长度比5.5：6。前翅透明，无横斑；径脉端段比基段短(2.5：6)，两者间成钝角弯曲；径室开放。胫节距式1，1，2。外生殖器有基膜突；阳基侧铗无端内突。

分布：辽宁(沈阳)。

(290)竹野单爪螯蜂 *Anteon takenoi* Olmi，1995(图280)

雌：体长4 mm；长翅。体黑色；触角第1～2节黄褐色，第3～10节褐色；上颚黄色；唇基红棕色；在触角和复眼间各有1红棕色斑；在两个触角窝间还有1红棕色斑；足黄褐色。

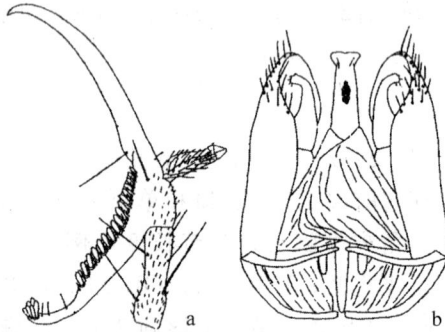

图280 竹野单爪螯蜂 *Anteon takenoi* Olmi
a. 螯(♀)；b. 外生殖器(♂)

头部被毛，无光泽；额的前半有弱的网皱和刻点；额的后半较光滑，有刻点；头顶有刻点；触角末端膨大，各节长度比例19：9：15：15：15：12.5：11：10：10：15；额线完整；POL＝9.5；OL＝7；OOL＝12；OPL＝11.5；TL＝11；中单眼宽3.5；后头脊完整；下颚须6节，下唇须3节。前胸背板前表面无光泽，有网皱，后表面有光泽、有横脊，仅后缘较光滑；前胸背板后表面比中胸盾片短(18：25)；前胸背板突伸达翅基片；中胸盾片有光泽，光滑，有刻点；盾纵沟伸达中胸盾片长度的0.35；小盾片和后胸背板有光泽、光滑、无刻点；并胸腹节背表面有网皱，背表面与后表面间有1条强的横脊，后表面有2条强的纵脊，中区和侧区有网皱。前翅透明，无横斑；径脉端段比基段短(5：20)，两者间成钝角弯曲，径室开放。前足跗节各节长度比例10.5：5：7.5：17：37.5；变大爪的基突上有1根长鬃；前跗节的端段比基段长(26：11.5)，内缘有32个(17＋15)叶状突排成2行，端部有7个叶状突成丛状；胫节距式1，1，2。

雄：体长2.5～2.8 mm；长翅。体色与雌性相同；头部被毛，无光泽，有强的网皱和弱的刻点；触角线状，多毛，末端不膨大，各节长度比例 15.5：10.5：15：15：15：15：14.5：14.5：13.5：17；额线完整，但细弱；POL＝10；OL＝6；OOL＝10.5；OPL＝6.5；TL＝6；中单眼宽 3；后头脊完整；下颚须 6 节，下唇须 3 节。前胸背板突伸达翅基片；中胸盾片有光泽、光滑、有刻点；盾纵沟伸达中胸盾片长度的0.35；小盾片和后胸背板有光泽、光滑、无刻点；并胸腹节背表面有网皱；背表面与后表面间有 1 条强的横脊；后表面有 2 条强的纵脊；中区同侧区有网皱。前翅透明，无横斑；径脉端段比基段短（5：18），两者间成钝角弯曲；径室开放。胫节距式 1，1，2。外生殖器有基膜突，阳基侧铗无端内突。

分布：辽宁(沈阳)。

(291) 毛角单爪螯蜂 Anteon pubicorne（Dalman，1818）(图 281)

雌：体长 2.2～2.4 mm；长翅。头部、胸部包括并胸腹节及腹部黑色；触角第 1～2 节、上颚、唇基及各足黄褐色；触角第 3～10 节褐色。

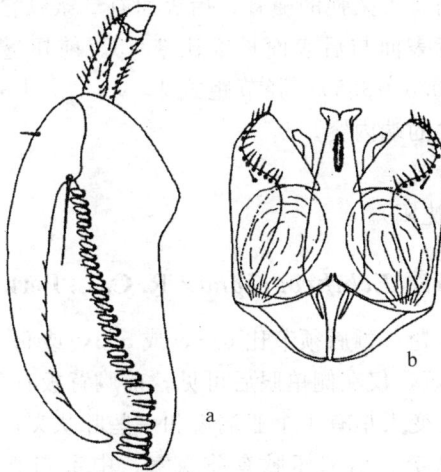

图 281 毛角单爪螯蜂 *Anteon pubicorne* (Dalman)
a. 螯(♀)；b. 外生殖器(♂)

头部有光泽，光滑，有小刻点；触角末端膨大，各节长度比例 18：9.5：16：13.5：13：11.5：10：10：10：14；额线完整；POL＝7；OL＝10；OOL＝13；OPL＝11.5；TL＝14.5；后头脊完整；下颚须 6节，下唇须 3 节。前胸背板有光泽，有横脊，仅后缘较光滑，其后表面比中胸盾片短(22：26)；中胸盾片、小盾片和后胸背板有光泽，光滑；盾纵沟伸达中胸盾片长度的 0.5；并胸腹节背表面有网皱，背表面与后表面间有 1 条横脊，后表面有 2 条纵脊，中区和侧区有网皱。翅透明，无横斑；径脉端段比基段短(6∶18)，两者间成钝角弯曲；径室开放。前足跗节各节长度比例 9.5∶4.5∶7∶15.5∶36；变大爪的基突上有 1 根长鬃；前跗节的端段比基段长(25∶11)，内缘有 24 个(11＋13)叶状突排成 2 行，还有 26 根(11＋15)鬃排成 2 行，端部有叶状突成丛状；胫节距式 1，1，2。

雄：体长 1.8～1.9 mm；长翅。体黑色；触角第 1 节、上颚、翅基片及各足黄褐色；触角第 2～10 节红褐色。

触角被灰白色短毛，毛长约与触角宽相等；触角线状，末端不膨大，各节长度比例 3.3∶2.3∶3∶3∶3∶3∶3∶3∶3∶3∶4；额线缺；POL＝1.8；OL＝1.5；OOL＝2.5；OPL＝1.7；TL＝2；中单眼宽 0.8；上颊明显；后头脊完整；下颚须 6 节，下唇须 3 节。前胸背板短，伸达翅基片；中胸盾片有光泽，有稀疏小刻点；盾纵沟伸达中胸盾片长度的 0.55；小盾片和后胸背板有光泽，光滑；并胸腹节背表面有网皱；背表面与后表面间有 1 条强的横脊；后表面有 2 条纵脊；中区同侧区有网皱。并胸腹节背表面与后表面长度比 3∶5。前翅透明，无横斑；径脉端段比基段短(0.8∶3.5)；胫节距式 1，1，2。外生殖器有基膜突；阳基侧铗有 1 个尖的端内突。

寄主：多种叶蝉。

分布：辽宁(沈阳)。

4. 食虱螯蜂属 *Echthrodelphax* R. C. L. Perkins

属征：雌虫长翅；颚唇须节比 6/3，或 5/3，或 5/2，或 4/2，或 3/2；后头脊缺或很短，仅在侧单眼后可见；前胸背板有 1 条深的横凹痕；盾纵沟完整；前足变大爪有 1 个亚端齿和一些叶状突；前足前跗节内缘和端部有一些叶状突；前翅翅脉有前缘室、中室和亚中室；胫节距式 1，0，1。雄虫长翅；颚唇须节比 6/3，或 5/2，或 4/2；上颊明显，后头脊完整，头顶后缘成弧状凹入；前翅翅脉有前缘室、中室和亚中室；胫节距式 1，1，2；外生殖器的阳基侧铗有背突。

寄主：飞虱科 Delphacidae 和叶蝉科 Cicadellidae。

(292) 两色食虱螯蜂 *Echthrodelphax fairchildii* R. C. L. Perkins, 1903(图 282)

雌：体长 2～2.8 mm；长翅。头、触角第 1～2 节及第 7～10 节、前胸、翅基片及各足为黄色；中胸盾片和小盾片、后胸背板、并胸腹节及腹柄为黑色；单眼周围褐色；触角第 3～6 节黄褐色；腹部第 1～2 节褐色，其余各节黄褐色。

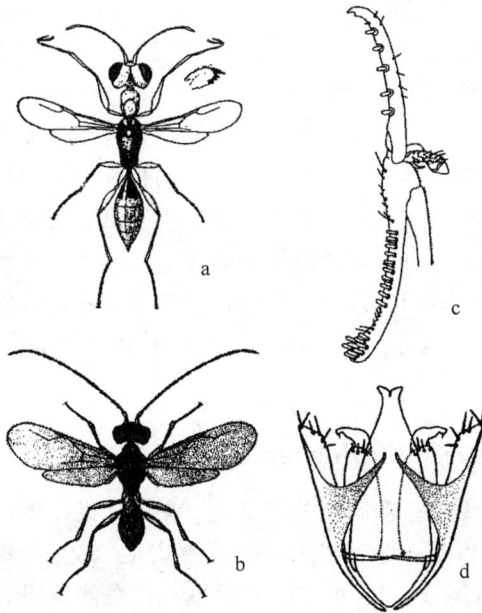

图 282　两色食虱螯蜂 *Echthrodelphax fairchildii* R. C. L. Perkins

a. 雌(整体图)；b. 雄(整体图)；c. 螯(♀)；d. 外生殖器(♂)

(a，c，d 引自许再福；b 引自江崎悌三等)

头有光泽，光滑；额凹陷；触角末端稍膨大，各节长度比例 2.5：1.5：3.2：2：1.8：1.5：1.8：1.8：2：3.8；额线不伸达唇基；POL=0.3；OL=1.2；OOL=1.8；中单眼宽 0.5；侧单眼位于两复眼后缘连线前；上颊明显；后头脊缺，后头光滑；下颚须 4 节，下唇须 2 节。前胸背板有光泽，有 1 个横凹痕；颈光滑，中域有刻点；中胸盾片有光泽，光滑；盾纵沟完整，后端几乎汇合；小盾片有光泽、光滑；后胸背板很短，并胸腹节背表面和后表面有网皱和多条横脊；前翅透明，无斑；径脉端段比基段长(7.5：2)，两者间成弧状弯曲，径室开放。前足转节长是宽的 5 倍；前足各跗节长度比 10：2：3：10：13；第 3 跗节成钩状；变大爪有 1 个亚端齿、1 鬃和 4～5 个叶状突排成 1 行；前跗节端段比基段长(10.5：2.5)，内缘有 9～12 个叶状突排成 1 行，端部有 6～10 个叶状突成丛状；胫节距式 1，0，1。

雄：体长 1.4～1.5 mm；长翅。头及腹部褐色，胸部包括并胸腹节黑色，翅基片和足黄色，上颚及触角第 1～2 节黄褐色，触角第 3～10 节褐色。

触角细长，末端不膨大，各节长度比例 2∶2∶3.8∶4∶4∶4∶4∶4∶3.8∶5；第 3 节长约为宽的 6 倍；额中脊伸达唇基；POL＝1.5；OL＝1；OOL＝1.8；TL＝2.3，与复眼几乎等长；中单眼宽 0.5；上颊明显；后头脊完整；头顶后缘成弧状凹入。胫节距式 1，1，2；前足跗节末端无螯。胸部及前翅等特征与雌性相似。外生殖器的阳基侧铗的背突基部宽，逐渐向端部变细；阳基腹铗基的顶部有 2 根鬃。

寄主：据记载有灰飞虱、白背飞虱、褐飞虱、长绿飞虱、甘蔗扁角飞虱、飞虱 *Aloha ipomeae* 和黑尾叶蝉等。

分布：辽宁（阜新）、吉林、黑龙江、江苏、浙江、安徽、福建、江西、河南、湖北、湖南、广东、广西、海南、四川、云南、陕西、台湾。

5. 单节螯蜂属 *Haplogonatopus* R. C. L. Perkins

属征：雌虫无翅；颚唇须节比 2/1；前胸背板无横凹痕或很弱；变大爪有 1 个亚端齿和一些叶状突；胫节距式 1，0，1。雄虫长翅；颚唇须节比 2/1；上颊明显，后头脊缺或很短，仅在侧单眼后可见；前翅有由黑化翅脉包围形成的前缘室、中室和亚中室；胫节距式 1，1，2；外生殖器的阳基侧铗有背突。

寄主：飞虱科和叶蝉科昆虫。

(293) 稻虱红单节螯蜂 *Haplogonatopus apicalis* R. C. L. Perkins，1905（图 283）

雌：体长 2.1～2.5 mm；无翅。头黄褐色；触角第 1 节黄白色，第 2、第 3、第 10 节黄色，第 4～9 节褐色；上颚、唇基、脸、颊及额的前缘黄白色；颚的前端至头顶，由浅褐到黄褐色；上颊黑褐色；后头褐色；胸部包括并胸腹节红褐色或黄褐色，仅前胸背板后缘褐色；足黄褐色；腹柄黑色；腹部红褐或黄褐色。

头无毛、有光泽，有弱的刻点；额凹陷；触角末端膨大，各节长度比例 3.5∶2.5∶4.5∶2.5∶2∶2∶2∶2∶2∶4；额线完整；POL＝1；OL＝1；OOL＝4；中单眼长 0.5；侧单眼位于两复眼连线前；上颊明显；后头脊缺；头顶后缘成弧状凹入；下颚须 2 节，下唇须 1 节。前胸背板光滑，无横凹痕；中胸盾片长 3.5，宽 3，无光泽，有粗刻点；小盾片长 2.5，宽 2，有光泽，光滑；中后胸侧板沟缺；后胸背板无光泽，有横脊；后胸＋并胸腹节背面前端 2/5 光滑或有少许细刻点，后端 3/5 有横脊；中胸侧板、后胸＋并胸腹节侧板有横脊。前足跗节各节长度比例 6.5∶1∶1.5∶4.5∶7；变大爪有 1 个亚端齿、1 根鬃和 4～5 个叶状

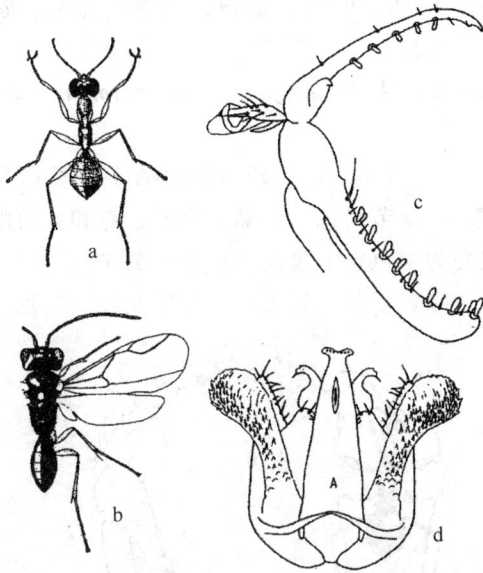

图 283　稻虱红单节螯蜂 *Haplogonatopus apicalis* R. C. L. Perkins
a. 雌(整体图)；b. 雄(整体图)；c. 螯(♀)；d. 外生殖器(♂)

突排成 1 行；前跗节端段比基段长(5.5：1.5)，内缘有 9 个(7+2 或
6+3)叶状突排成 2 行，端部有 3～4 个叶状突成丛状；胫节距式 1，
0，1。

雄：体长 1.8～2.5 mm；长翅。头黑色；胸部含并胸腹节黑褐或黑
色；腹部褐色。触角褐色。有的个体第 1～2 节黄褐色；上颚黄白色；
翅基片黄色；足除基节褐色外，其余各节为黄色。

触角线状，末端不膨大，各节长度比例 2.5：2.5：4.5：4.5：4：
4：3.5：3.5：3.5：4.5；第 3 节长是宽的 4 倍；额线缺或很短，仅在
中单眼前可见；POL＝3，OL＝1，OOL＝1；中单眼长 1.3；后头脊
缺；头顶后缘弧状凹入；下颚须 2 节，下唇须 1 节。胸部被毛，中胸盾
片无光泽，有刻点；盾纵沟完整，后端汇合成“Y”字形或“V”字形，或
后端几乎汇合；小盾片和后胸背板有光泽，光滑；并胸腹节背表面有网
皱；背表面与后表面间无横脊；后表面无纵脊。前翅透明，无色斑；径
脉端段比基段长(8：5)，两者间成弧状弯曲；径室开放。胫节距式 1，
1，2。外生殖器阳基侧铗的背突端部宽大，有锯齿状顶缘；阳基腹铗基
的顶部有 4 根鬃。

寄主：褐飞虱、灰飞虱、白背飞虱、二条黑尾叶蝉、电光叶蝉等。

分布：辽宁(沈阳、阜新)、黑龙江(伊春)、河南、浙江、江西、湖

北、湖南、广东、广西、四川、贵州、上海、江苏、安徽、山东、陕西、云南、福建、台湾。

(294)黑腹单节螯蜂 *Haplogonatopus oratorius*（Westwood，1833）（图 284）

雌：体长 2.1～2.7 mm；无翅。触角第 1 节黄白色，第 2、第 3、第 10 节黄色，第 4～9 节褐色；上颚、唇基、颊和脸眼眶黄色；额的前端至头顶由黄褐变为褐色；上颊褐色；后头黄褐色；胸部含并胸腹节褐色，但前胸背板后缘黄褐色；足黄色；腹柄及腹部黑色。

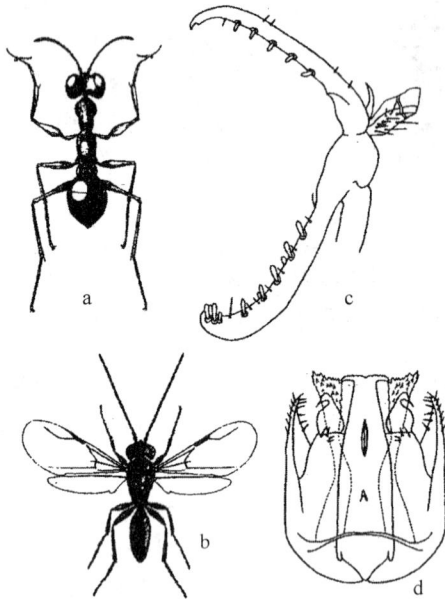

图 284　黑腹单节螯蜂 *Haplogonatopus oratorius*（Westwood）
a. 雌（整体图）；b. 雄（整体图）；c. 螯（♀）；d. 外生殖器（♂）

头无毛，较光滑，而单眼区和额线两侧有刻点；额凹陷；触角末端膨大，各节长度比例 3.5∶2∶3.5∶2.5∶2∶2∶2∶2∶2∶4；额线几乎伸达唇基；POL＝1；OL＝1；OOL＝3；中单眼长 0.5；侧单眼位于两复眼后缘连线前；上颊明显，后头脊缺；头顶后缘成弧状凹入；下颚须 2 节，下唇须 1 节。前胸背板有光泽，光滑，无横凹痕；中胸盾片长 30，宽 3.5，无光泽，有刻点，有的还有纵刻线；小盾片长 1.5，宽 2.5，有光泽；中胸侧板沟缺；后胸背板长 1.5，有横脊；后胸＋并胸腹节背表面前半光滑或少许细刻点，后半有横脊；中胸侧板、后胸＋并胸腹节侧板有横脊。前足跗节各节长度比例 5.5∶1∶1.5∶4∶6；变大

爪有 1 亚端齿，1 根鬃和 4～5 个叶状突排成 1 行；前跗节端段比基段长
(5：1)，内缘有 7～9 个(4～6+2～3)叶状突排成 2 行，端部有 3～4 个
叶状突成丛状；胫节距式 1，0，1。

　　雄：体长 2.2～2.3 mm；长翅。头黑褐色，胸部含并胸腹节黑色，
腹部褐色；触角第 1 节腹面黄褐、背面褐色，第 2～10 节褐色；上颚黄
色；唇基黄褐色；翅基片黄色；足除基节褐色外均为黄色。

　　头被毛，有刻点，无光泽；触角线状，末端不膨大，各节长度比例
3：2.5：4.5：4.5：4：4：4：4：3.5：4.5；第 3 节长是宽的 4.5 倍；
额线很短，仅在中单眼前可见；POL＝3.5；OL＝1；OOL＝1；中单眼
长 1.2；上颊明显；后头脊缺；头顶后缘成弧状凹入；下颚须 2 节，下
唇须 1 节。胸部被毛，中胸盾片有刻点，无光泽，盾纵沟完整，后端汇
合成"V"字形；小盾片和后胸背板有光泽；并胸腹节背表面和后表面有
网皱，背表面与后表面间无横脊，后表面无纵脊。前翅透明，无色斑，
径脉端段比基段长(9.5：3.5)，两者间成弧状弯曲，径室开放；胫节距
式 1，1，2。外生殖器阳基侧铗的背突中部细，两端粗，端部有锯齿状
内缘和顶缘；阳基腹铗基的顶部有 4 根鬃。

　　寄主：褐飞虱、灰飞虱、白背飞虱等多种飞虱。

　　分布：辽宁(沈阳)、黑龙江、北京、山东、陕西、江苏、浙江、上
海、安徽、河南、江西、湖南、湖北、福建、贵州、广东、广西、四
川、台湾、云南、新疆。

6. 双距螯蜂属 *Gonatopus* Ljungh

　　属征：雌虫无翅；颚唇须节比 6/3，或 5/3，或 5/2，或 4/3，或 4/
2，或 3/2；前胸背板有 1 条深的横凹痕，少数无或很弱；横凹痕无或
弱的种类，或者颚唇须节比不为 5/2，或者无亚端齿，两者不会兼而有
之；变大爪端部尖，有 1 个亚端齿或无亚端齿，无叶状突；有 1 个亚端
齿的种类其变大爪的内缘常有一些叶状突，少数无叶状突，有一些鬃毛
或钉状毛；无亚端齿的种类其变大爪内缘纵槽的远端有 1 个小齿或无，
内缘有一些鬃毛或钉状毛，少数有一些叶状突；前足前跗节内缘有一些
叶状突；胫节距式 1，0，1。

　　雄虫长翅；颚唇须节比 6/3，或 5/3，或 5/2，或 4/3，或 4/2，或
3/2；上颚有 3 齿，由小到大整齐排列；上颊常明显；后头脊缺或很短，
不会伸达上颊；头顶后缘成弧状凹入；盾纵沟完整或不完整；前翅有前
缘室、中室和亚中室；胫节距式 1，1，2。外生殖器的阳基侧铗有
背突。

寄主：飞虱科、叶蝉科、扁蜡蝉科、短足蜡蝉科、峻翅蜡蝉科、蛾蜡蝉科、象蜡蝉科、瓢蜡蝉科、脉蜡蝉科。

（295）扑双距螯蜂 *Gonatopus pulicarius* Klug，1810（图 285）

雌：体长 1.6～2.6 mm；无翅。体黄色或黄褐色；腹柄黑色，腹部褐色。

头部有光泽，光滑；额凹陷；触角末端膨大，各节长度比例 5∶3∶3.5∶3∶2∶3∶2.5∶3∶3∶4；额线缺；POL＝1；OL＝1；OOL＝6；

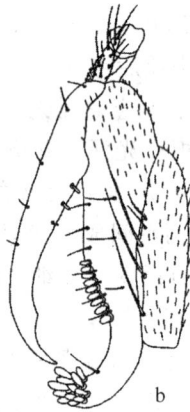

图 285　扑双距螯蜂 *Gonatopus pulicarius* Klug
a. 雌（整体图）；b. 螯
（a 引自 Olmi）

上颊明显；后头脊缺；下颚须 3 节，下唇须 2 节。前胸背板有光泽，光滑；无横凹痕；中胸盾片有光泽，光滑；中后胸侧板沟缺；后胸背板有光泽，光滑；后胸＋并胸腹节背面前端 4/5 光滑，有弱的刻点，后端 1/5 有弱的横脊；后胸＋并胸腹节侧面有弱的横脊。前足跗节各节长度比例 9.5∶2∶3∶10∶15；变大爪无亚端齿，仅有 1 个小齿位于纵槽远端，还有 3～5 个钉状毛；前跗节内缘有 10～15 个叶状突排成 1 行，端部有 4～9 个叶状突成丛状，胫节距式 1，0，1。

雄：未采到。

寄主：黑脉叶蝉 *Exitianus capicola*，*Adarrus taurus* 和二室叶蝉 *Balclutha pellucens*。

分布：辽宁（阜新）、黑龙江（镜泊湖）。

（296）酒井双距螯蜂 *Gonatopus sakaii*（Esaki et Hashimoto，1933）（图 286）

雌：体长 2.4～2.6 mm；无翅。触角第 1～2 节黄色，第 3～4 节黄褐色，第 5～10 节褐色；上颚、唇基、颊和脸眼眶黄色；额、头顶、上颊和后头褐或黑褐色；胸部含并胸腹节褐或黑褐色；足黄或黄褐色；腹柄黑色，腹部褐或黑褐色。

头部有光泽；额稍凹陷，光滑；头顶有颗粒状刻点；触角末端膨大；额线很短，仅在中单眼前可见；POL＝1；OL＝1；OOL＝3.5；中

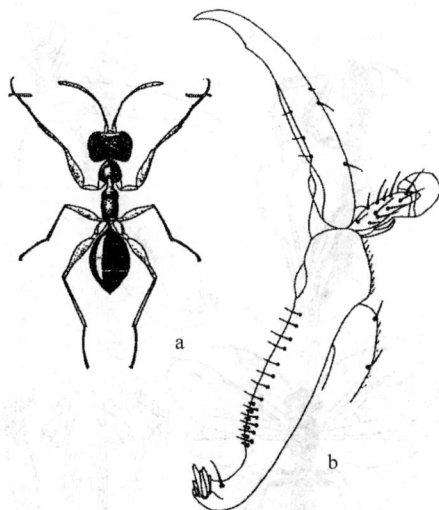

图 286 酒井双距螯蜂 *Gonatopus sakaii* (Esaki et Hashimoto)
(整体图，Epigonatopus sakaii et Hashimoto Holotype 原图)；b. 螯(♀)
(a 引自 Esaki et Hashimoto)

单眼宽 0.5；上颊明显；下颚须 2 节，下唇须 2 节。前胸背板有光泽，有弱的刻点，有 1 条浅的横凹痕；中胸盾片长 2，宽 1.8，无光泽，有刻点；中胸侧板有刻点；中后胸侧板沟缺；后胸背板长 2.5，有横脊；后胸＋并胸腹节背面前端 4/5 有刻点，后端 1/5 有横脊；后胸＋并胸腹节侧板前端 4/5 有刻点，后端 1/5 有横脊。前足跗节各节长度比例 5.5：1：1.5：4：6.7；第 3 跗节成钩状；变大爪有 1 小齿和 3 根鬃；前跗节端段比基段长(5.5：1.2)，内缘有 6 个小的叶状突和 11 根鬃排成 2 行，端部有 6 个叶状突成丛状；胫节距式 1，0，1。

雄：未采到。

寄主：黑尾叶蝉、二条黑尾叶蝉、二点黑尾叶蝉。

分布：辽宁(阜新)、浙江、江西、湖北、台湾、广东、四川、贵州、安徽。

(297)步双距螯蜂 *Gonatopus pedestris* Dalman，1918(图 287)

雌：体长 2.8～3 mm；无翅。头部褐或黑色，触角黄至黄褐色；上颚、唇基及额的前半黄或黄褐色；胸部含并胸腹节及腹部黑色；足黄色。

头部无光泽，有刻点；额稍凹陷，上颊明显，后头脊缺；下颚须 2～4 节，下唇须 2 节；前胸背板有光泽，有弱的刻点，无横凹痕；中胸盾片无光泽，有刻点；中后胸侧板沟缺；后胸背板有 1 个半环形的

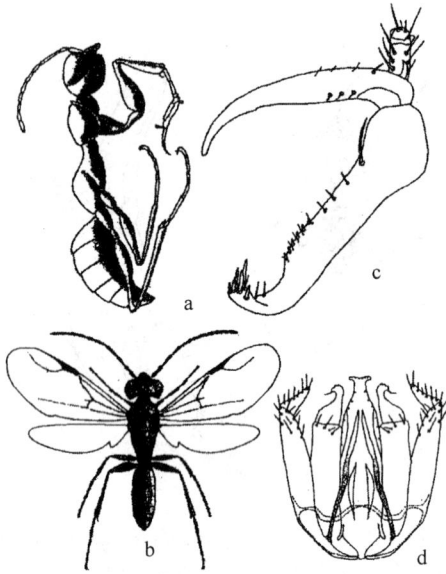

图 287　步双距螯蜂 *Gonatopus pedestris* Dalman
a. 整体图(♀)；b. 整体图(♂)；c. 螯(♀)；d. 雄外生殖器
(a，b 引自 Olmi)

脊；后胸＋并胸腹节背面前半有刻点和 1 个弱的中凹槽，后半有横脊。前足变大爪有 1 小齿位于纵槽的远端；前跗节内缘有 2～7 个叶状突排成 1 行，端部有 4～9 个叶状突成丛状；胫节距式 1，0，1。

雄：体长 2.1～2.8 mm；长翅。头和腹部黑褐色，胸部含并胸腹节黑色；各足基节和转节黑色；前足腿节褐色，胫节和跗节黄色；中后足腿节黑褐色，胫节和跗节褐色。触角除第 1 节与第 2 节和第 2 节与第 3 节连接处黄褐色外，为黑褐色；上颚黄色；翅基片黑褐色。

头部少毛，无光泽，有刻点；触角线状，末端不膨大，各节长度比例 2：1.8：4.3：4.3：4：4：3.5：3.5：3：4.2；第 3 节长约为宽的 4 倍；额线很短，仅在中单眼前可见；POL＝3.2；OL＝1.5；OOL＝1.5；中单眼宽 1；上颊明显；头顶后缘成弧状凹入；下颚须 3 节，下唇须 2 节。中胸盾纵沟完整，后端分离；中胸盾片、小盾片和后胸背板无光泽，有刻点；并胸腹节背表面和后表面有网皱；背表面与后表面间的中央有 1 个小面积光滑的纵带区。前翅透明，无色斑；径脉端段比基段长(7：2.7)，两者间成钝角弯曲；径室开放。胫节距式 1，1，2。外生殖器阳基侧铗的背突细长；腹铗基的顶部有 3 根鬃。

寄主：二叉叶蝉、四点二叉叶蝉等。

分布：吉林、浙江。

（298）奔双距螯蜂 Gonatopus dromedaries（A. Costa，1882）（图 288）

雌：体长 3.3 mm；无翅。体黄褐色，腹柄黑色。

头部有光泽，光滑；额凹陷；触角末端膨大，各节长度比例 10：5.5：10：7：6.5：6：5.5：5.5：5：10；额线完整；POL＝2；OL＝3；OOL＝11；后头脊缺；下颚须 4 节，下唇须 2 节。前胸背板有光泽，有弱的刻点，有 1 条深的横凹痕，中胸盾片无光泽，有刻点；后胸背板有横脊，两侧突出；中后胸侧板沟明显且完整；中胸侧板有横脊；后胸＋并胸腹节背面前半有弱的刻点，后半有横脊；后胸＋并胸腹节侧板有横脊。前足跗节各节长度比例 12：3：5：15.5：24.5；变大爪有 1 亚端齿和 11 个叶状突排成 1 行；前跗节内缘有 15 个叶状突排成 2 行，端部有 9 个叶状突成丛状；胫节距式 1，0，1。

雄：体长 1.6～2 mm；长翅。体黑色；触角褐色，上颚和唇基黄褐色。

头部无光泽，有刻点；触角细长，末端不膨大，各节长度比例 5：4：6：5：5：5：5：5：5：7；第 3 节长宽比为 3.5；POL＝5；OL＝2.5；OOL＝3；后头脊缺；下颚须 4 节，下唇须 2 节。中胸盾纵沟伸达中胸盾片长度的 0.6；中胸盾片和小盾片无光泽，有刻点；后胸背板有

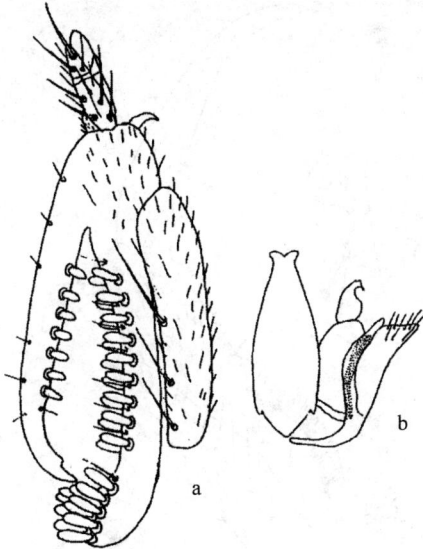

图 288　奔双距螯蜂 Gonatopus dromedaries（A. Costa）

a. 螯（♀）；b. 外生殖器（♂）

（a 引自 Olmi）

光泽，光滑；并胸腹节背表面和后表面无光泽，有网皱。翅透明，无色斑；径脉端段比基段长；径室开放。足的胫节距式1，1，2。外生殖器的阳基侧铗有背突，背突较细长。

寄主：蜡蝉、包瓢蜡蝉、白瓢蜡蝉、瓢蜡蝉、额叉飞虱、灰飞虱、大飞虱、黄脊飞虱、黑边黄脊飞虱等。

分布：辽宁（沈阳）。

(299) 显双距螯蜂 *Gonatopus distinguendus* Kieffer，1905（图289）

雌：体长4 mm；无翅。头、前胸、腹的前半部及足为红褐色；中胸盾片黄色；小盾片、后胸、并胸腹节及腹柄黑色；腹的端半部黑褐色；触角黄褐色，仅第10节端半部褐色。

头部有光泽，光滑；额凹陷；触角末端膨大，各节长度比例10：8：24.5：14：12：10.5：9.5：9：9：13；额线完整；POL=1.5；OL=3；OOL=13；上颊明显；后头脊缺；后头无光泽，有刻点；下颚须4节，下唇须2节。前胸背板、中胸盾片、小盾片及后胸背板无光泽，有颗粒状刻点；前胸背板有1深的横凹痕；后胸背板有横脊；中后胸侧板沟缺；后胸＋并胸腹节背面前端3/5有刻点，后端2/5有弱的横脊；胸部侧板和并胸腹节侧面有刻点。前足跗节各节长度比例23：3.5：6.5：21：31.5；变大爪在纵槽远端有1小齿，内缘还有2个叶状突；前跗节

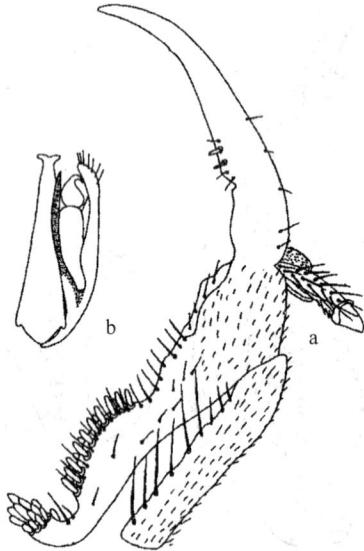

图289 显双距螯蜂 *Gonatopus distinguendus* Kieffer

a. 螯（♀）；b. 外生殖器（♂）

（b 引自 Olmi）

内缘有 16 个(10+6)叶状突排成 2 行，还有 1 排 16 根鬃，端部有 12 个叶状突成丛状；胫节距式 1，0，1。

雄：体长 2.3 mm；长翅。体黑色；触角和足褐色；上颚黄褐色。

头部无光泽，有刻点；触角细长，末端不膨大，各节长度比例 3.5：4.5：7.5：7：6.5：7：6.5：6.5：6.5：9；触角第 3 节长宽比小于 3；额线缺；POL=5；OL=2.5；OOL=4；后头脊缺；下颚须 4 节，下唇须 2 节。中胸盾片、小盾片和后胸背板无光泽，有刻点；盾纵沟完整，后端分离，最短间距 4；并胸腹节背表面和后表面有网皱；并胸腹节背表面中央有 1 个中凹槽。前翅透明，无色斑；径脉端段比基段长，两者间成弧状弯曲；径室开放。胫节距式 1，1，2。外生殖器的阳基侧铗有背突；背突细长。

寄主：据记载有 *Rhopalopyx elongatus*，*Neoaliturus dubiosus*，*Adarrus taurus*，*Araldus propinquus*，*Diplocolenus frauenfeldi*，平顶叶蝉 *Mocuellus collinus*，头沙叶蝉 *Psammotettix cephalotis*，沙叶蝉 *P. confenis* 和条沙叶蝉 *P. striatus* 等。

分布：黑龙江(镜泊湖)。

(300)霍氏双距螯蜂 *Gonatopus horvathi* Kieffer，1906(图 290)

雌：体长 3～3.3 mm；无翅。体黑色；触角第 1～3 节、上颚和唇基、额的前半部、各足转节、胫节和跗节为黄色；触角第 4～10 节、各足的基节和腿节褐色。

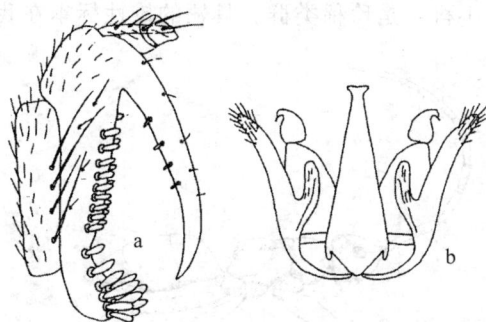

图 290　霍氏双距螯蜂 *Gonatopus horvathi* Kieffer

a. 螯(♀)；b. 外生殖器(♂)

头部有光泽，有弱的刻点；触角末端膨大；额线完整；下颚须 4 节，下唇须 2 节。前胸背板有 1 条深的横凹痕；中胸盾片无光泽，有刻点和一些纵脊；中后胸侧板沟缺；中胸侧板和后胸背板有横脊；后胸和并胸腹节侧面有横脊。前足第 1 跗节长约为第 4 跗节的 2 倍；变大爪有

1 小齿位于纵槽的端部，还有 6 个钉状毛排成 1 行；前跗节内缘有 16 个叶状突排成 2 行，端部有 10 个叶状突成丛状。胫节距式 1，0，1。

雄：体长 2.6～3.3 mm；长翅。体黑色；触角和足褐色；上颚黄褐色。

头部无光泽，有刻点；触角线状，末端不膨大，各节长度比例 5：4：10：10：9：9：8：7：7：10；额线完整；POL＝6；OL＝3；OOL＝2；中单眼宽 4；下颚须 4 节，下唇须 2 节。中胸盾片无光泽，有刻点；盾纵沟伸达中胸盾片长度的 0.5；小盾片和后胸背板、并胸腹节背表面和后表面有光泽，光滑。前翅透明，无色斑；径脉端段比基段长（23：10），两者间成弧状弯曲；径室开放。胫节距式 1，1，2。外生殖器的阳基侧铗有背突，背突较短。

寄主：二室叶蝉 *Balclutha* sp. 和条沙叶蝉 *Psammotettix striatus*。

分布：黑龙江（伊春）。

二、梨头蜂科 Embolemidae

体长 2～5 mm。雄性常翅发达，雌性无翅或短翅。雌雄触角均为 10 节，着生于颜面一明显突起上，远离唇基（图 291）。上颚着生于头部腹面，位于复眼之后。复眼明显为小。雌性前足跗节及爪不呈螯状，雄性前翅具弯曲的径脉，从翅痣发出；后翅无翅室，具十分明显的臀叶。

该科是一个小科，是珍稀类群。具翅的雄性标本在我国用网扫偶尔

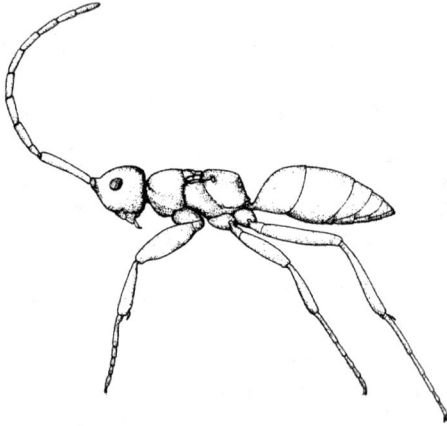

图 291 梨头蜂 *Embotemus* sp.

（引自 Gauld and Bolton）

也可采到，而无翅的雌性仍未发现（作者曾采到2头，因玻片未干而流失）。寄主：仅知安梨头蜂寄生于颖蜡蝉科 Achilidae 若虫体上。

全世界已知2属33种（包括2化石种）。我国已知2属6种，但东北仅记录1种。

（301）佩克梨头蜂 *Embolemus pecki* Olmi，1997

雌：不知。

雄：翅完整。体长 2.18～4.31 mm。头黑色或褐色，唇基和上颚黄褐色；触角黄褐色或褐色；胸部完全褐黄色或前胸背板和中胸盾片褐色，小盾片和后胸背板褐黄色，或并胸腹节黑色。腹部褐色或黄褐色。足黄褐色。

触角矩形，不呈膝状，端部不粗，无角纵沟；触角窝远离唇基；触角各节长度之比为 10∶3∶32∶31∶30∶28∶26∶25∶23∶24；头部光滑，具很细刻点，点间无刻纹，有短细毛；头背方隆肿；后头脊完整；单眼明显；POL=3；OL=2.5；OOL=7；OPL=8；TL=13；额仅在中单眼前方和近触角窝处可见中沟痕迹；复眼大，明显短于头长（13∶29）；额在唇基至触角窝之间有2条完整的中纵沟，此沟在近触角窝处更靠近些；颚须6节；唇须2～3节。前胸背板很短，部分隐被在后头脊之后，有1完整的中纵沟；前胸背板瘤伸至翅基片；中胸盾片和小盾片光滑，具细刻点，点间无刻纹，被有短毛；盾纵沟不完整，约伸至盾片的0.2处；后胸背板很短，中央具皱；并胸腹节毛粗具皱，无纵脊或横脊；中胸侧板和后胸侧板光滑，无纵脊或细刻点。前翅透明，无暗色横带，前缘室、基室、亚缘室和第1盘室完全被着色翅脉所包围；缘室开放；翅脉端段长于基段。胫距1，2，2。外生殖器有1基膜突，基膜突端部有若干乳状突。

分布：辽宁（沈阳）、吉林、湖北、浙江、台湾、福建、广东、广西、贵州。

以上引自何俊华等（2004）的描述。

三、肿腿蜂科 Bethylidae

小至中型，体长 1～10 mm。一般为金属青铜色。体多少扁平。雄性大多具翅，少数具短翅；雌性具翅，也有短翅或无翅的；无翅者形似蚂蚁，故过去有"蚁形蜂"之称。有性二型现象。有时雌雄性差别非常大，某些种的同一性别中甚至都有不同形态的个体。头部大多延长且扁平，也有横形或亚球形者。头部多为显著的前口式，唇基上常具1中纵脊，向上延伸至2触角间。触角12节或13节，雌雄性节数相同，着生处接近唇基。复眼常很小，内缘平行。上颚强大。具翅个体的前胸背板伸达翅基片。足大多数粗壮。前翅翅脉减少，具1个盘室或无盘室；具前缘室、基室和亚基室，或仅具前缘室和基室，或全无；翅痣有或无，径脉(也有称痣脉的)一般比较显著，但也有极度缩短甚至消失；当径脉存在则通常为游离状，没有其他翅脉与其相交。后翅无闭室，有臀叶。腹部多为纺锤形、有柄，可见7～8个腹节。

肿腿蜂科寄生的寄主，通常是生活在隐蔽性场所，如卷叶中、树皮下、腐烂的木质碎屑中及土室内、或粮库中的多种蛾类和甲虫类幼虫。营外寄生、单寄生或聚寄生。雌蜂一旦找到合适寄主，即行刺螫一次或几次，使其迅速麻醉，或当即死亡。不少种类在抑制害虫方面具有一定的作用。

该科全世界已知有6亚科104属约1840种(含化石种)。我国仅知有中沟肿腿蜂亚科 Mestiinae、肿腿蜂亚科 Bethylinae、锉角肿腿蜂亚科 Pristocerinae 和寄甲肿腿蜂亚科 Epyrinae4 亚科约16属34种；另外的2亚科在我国尚未发现。近年来，浙江大学何俊华、徐志宏教授，华南农业大学许再福教授正在从事这方面的研究，已有一些新种发表和将陆续发表。

(302) 管氏硬皮肿腿蜂 *Sclerodermus guani* Xiao et Wu，1988 (图292)

雌蜂体长3～4 mm，分无翅型个体和有翅型个体；雄蜂97%以上的个体为有翅型。

无翅雌蜂：体长约3.5 mm，形似蚂蚁。头部褐色；复眼黑色；触角黄色，柄节基部2/3黄褐色。上颚除端缘外和唇基红褐色。胸部红褐色，中胸背板前缘褐色。腹部褐黑色，第4～5节，第5～6背板节间色较淡。足黄褐色，腿节两侧的条纹黑色；跗节黄色。

体无刻点，略具光泽，体背柔毛稀疏。头部扁平，长椭圆形，前口式。头长为宽的1.1倍；复眼小，眼长仅为额宽的0.58倍；眼后至后头距离为眼长的1.7倍；无单眼。唇基前缘呈圆形凹入，具倒"V"字形脊突；上颚前缘具3明显齿。触角较短，共13节，无环状节，除基部两节和末节长大于宽外，其余各节均宽稍大于长。前胸背板比头窄，稍长于其最宽处；中胸背板长为宽的0.6倍；后胸逐渐收缩。前足腿节粗大呈纺锤形，稍长于胫节；中足腿节与胫节等长；后足腿节稍短胫节；各足胫节末端有2距。跗节5节，末跗节端部有2爪。腹部长椭圆形，末端尖，明显宽于头部和胸部，也稍长于头胸之和。

有翅雌蜂：体长约3.2 mm。体黑褐色，较雄蜂色深。触角黄褐色，

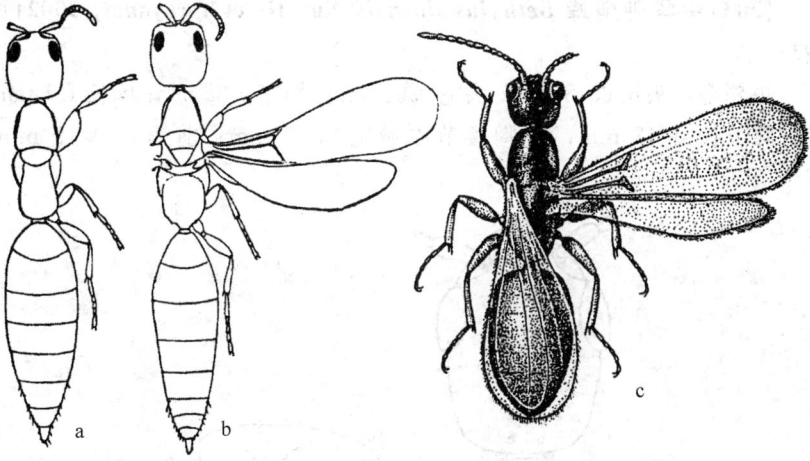

图 292　管氏硬皮肿腿蜂 Sclerodermus guani Xiao et Wu

a. 无翅型雌蜂；b. 有翅型雌蜂；c. 有翅型雄蜂

（a，b 引自何俊华等；c 引自张仲信等）

第 1 节基部 2/3 带褐色；复眼黑色；唇基、上颚除端缘外红褐色。后胸背板具两大块黄褐色圆斑。足褐色，腿节、胫节端部及跗节黄色。翅透明，端半部密布短毛；翅脉黄色。

　　头部特征与无翅雌蜂相似，但有翅雌蜂头部有单眼。胸部背板长是其最宽处的 2.3 倍；前、中足腿节稍长于胫节，后足腿节稍短胫节；胫节和跗节具较密集的短刺。翅基脉与横中脉之比为 2∶3；亚中脉缺如，仅留残痕。

　　有翅雄蜂：作者未采到标本。何俊华记述：体长 2.1 mm。体褐黑色至黑色。上颚端部红褐色；触角褐色，第 1 节大部近黑褐色；足和翅颜色同有翅雌蜂。头长与宽之比为 17∶16，额宽与眼前之比为 13∶7，眼后至后头长之比为 6∶7。唇基前缘较平截，其上有一倒 "V" 字形脊突；上颚具 4 齿；复眼格外突出。具单眼。触角第 1~4 节长之比为 3∶2∶1.3∶1.1。中胸背板长与宽之比为 3∶4；翅横中脉的比率同有翅雌蜂。中足胫节周缘具有较稀疏短刺。腹部粗短，末端圆钝，翅与腹末等长或超出。

　　寄主：粗鞘双条杉天牛、青杨天牛、榆虎天牛、咖啡虎天牛及家茸天牛等。

　　分布：辽宁（沈阳）、河北、北京、山东、山西、陕西、河南、湖南、江苏、浙江、福建、广东等。

(303) 中华肿腿蜂 *Bethylus sinensis* Xu, He et Terayama, 2002 (图 293)

短翅型：头长 0.78 mm；头宽 0.62 mm；额宽 0.38 mm；胸长 1.1 mm；并胸腹节长 0.42 mm；并胸腹节中域宽 0.35 mm；前翅长 0.19 mm；体全长 3.56 mm。

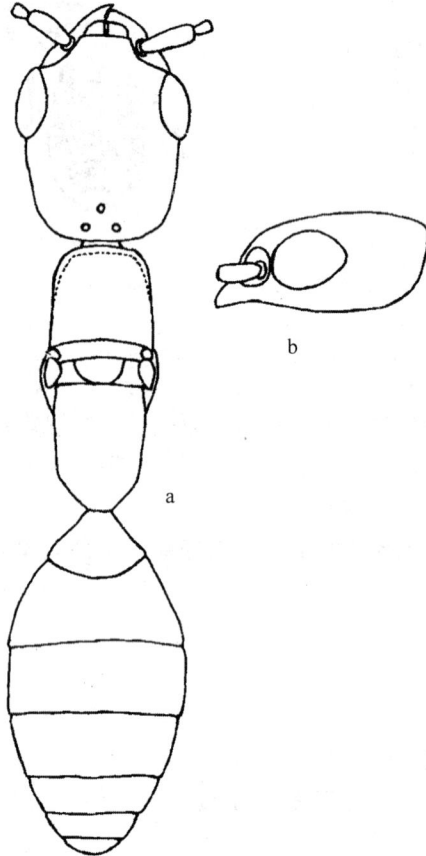

图 293 中华肿腿蜂 *Bethylus sinensis* Xu, He et Terayama

a. 体背面观；b. 头部侧观

(引自许再福等)

体黑色；上颚黑色，具红褐色齿；触角褐黄色，柄节端半部红褐色，翅基片褐色；足暗褐色，胫节和跗节褐黄色。

头部有光泽，具微细的网状刻纹；正面观长为宽的 1.31 倍，后缘直，后角为弧形；上颚具 4 齿；唇基前缘显著突出；触角 12 节，各节长度之比依次为：7∶3∶2.7∶3∶3∶3∶3∶3∶3∶3∶3∶3；第 2 节长为宽的 1.5 倍，第 3 节长为宽的 1.6 倍；复眼长 0.28 mm，无毛；单眼小，三角形排列。POL=5；WOT=7；OL=3；OOL=11.5；DAO=1。

前胸背板和侧板有光泽，布满细网纹；前胸盾长宽近等，两侧边缘几乎平行；中胸背板和侧板有光泽，布满细网状纹，中胸盾长为宽的 0.3 倍；小盾片长宽近相等。

翅极其短小，前翅卵形，仅伸达并胸腹节的前缘，约为并胸腹节长的 1/4；并胸腹节的背表面和后表面有明显的隆脊与侧面隔开；并胸腹节的背表面和后表面有光泽和弱的细网纹；并胸腹节的侧面有光泽和细网纹。

腹部有光泽，光滑，被有很弱的刻点。

雄：未采到。

寄主：未知。

分布：辽宁(沈阳东陵)。

四、青蜂科 Chrysididae

体中等大小，也有小型种类，长 2～18 mm。体壁很坚硬，具显著的刻窝和刻纹，体上具强烈的青、蓝、紫或红色等金属光泽。头与胸等阔。触角短，12～13 节，着生处接近口器。胸部大。前胸背板一般不达翅基片。小盾片发达，常向后伸至腹基部。并胸腹节侧缘常有锋锐的隆脊或尖刺。足细，爪 2 分叉或还有腹齿 2～6 个。前翅翅脉稍退化，有 1 条弯曲而游离的痣脉从翅痣上发出；后翅较小，无闭室，有臀叶；蜡青蜂亚科的雌虫常短翅或无翅。腹部无柄，背板 2～5 节；青蜂亚科通常 3～4 节，虫体死后腹部常向腹方鬈曲折叠成圆球状；其他亚科则不能折叠。腹末节背板后缘完整或有齿，背板后缘前方有一列凹窝或无。产卵器管状，粗大或针状，能收缩。

该科的性二型现象不明显，雌雄个体通常从外部形态上难以区分。

青蜂科全为寄生性。据 Kimsiy et Bohart (1990) 研究，本科分 4 亚科：青蜂亚科 Chrysidinae(占该科已知种总数的 90％以上)、尖胸青蜂亚科 Cleptinae、叶腿青蜂亚科 Loboscelidiinae 和蜡青蜂亚科 Amiseginae，现已知 82 属 2423 种。该科全世界分布，在我国还没有系统地研究过，据 Simsey 等记载，已知 4 亚科 13 属 84 种。

(304)上海青蜂 *Praestochrysis shanghaiensis* (Smith，1874)(图 294)

体长 9～11 mm。雌：体黑色，背面有强烈的绿、紫、蓝色金属光泽，腹面蓝绿色。颜面、头顶中央至后头绿色有光泽；单眼黄色，单眼

图 294　上海青蜂 *Praestochrysis shanghaiensis*（Smith）整体侧面观

（引自 Kimsey et Bohart）

三角区紫黑色；复眼赭色；触角基部绿色，其余黄褐色。前胸背板绿色；中胸盾片中央深紫色，侧叶内缘紫色，外缘绿色；翅基片黑色有金属光泽。腹部无腹柄，第 2 腹背板基部和第 3 背板大部分有紫色纹，后缘绿色。翅带黄色，翅脉黑褐色。足有绿色金属光泽，但跗节黄褐色。产卵管伸出部分黄褐色。头、胸部具粗刻点；触角鞭状，13 节。中胸盾纵沟明显，小盾片及后盾片突出。腹部背面 3 节，密布小刻点；第 3 背板后缘有 5 个小齿。产卵管明显伸出。

雄：腹的大部分呈紫蓝色，余同雌蜂。

寄主：自黄刺蛾 *Cnidocampa flavescens* 越冬虫茧中育出；在沈阳 5 月中下旬至 6 月初羽化。

分布：辽宁（沈阳、鞍山）、吉林（长春）、江苏、浙江、上海、江西、湖北、湖南、台湾。

主要参考文献

[1] 陈泰鲁，庞雄飞．赤眼蜂属新种记述[J]．昆虫学报，1986，29(1)：89－90.

[2] 陈泰鲁，庞雄飞．杉卷赤眼蜂新种记述[J]．动物学研究，1981，2(4)：333－336.

[3] 陈泰鲁，庞雄飞．中国的赤眼蜂属 *Trichogramma* 记述[J]．昆虫学报，1974，17(4)：441－454.

[4] 何俊华，陈樟福，徐嘉生．浙江省水稻害虫天敌图册[M]．杭州：浙江人民出版社，1979.

[5] 何俊华，庞雄飞．水稻害虫天敌图说[M]．上海：上海科技出版社，1986.

[6] 何俊华，徐志宏．与松毛虫有关的大腿小蜂[J]．森林病虫通讯，1987(1)：36－39.

[7] 何俊华，许再福．中国动物志：昆虫纲 第二十九卷 膜翅目 螯蜂科[M]．北京：科学出版社，2002.

[8] 何俊华．浙江蜂类志[M]．北京：科学出版社，2004.

[9] 胡红英，林乃铨．新疆邻赤眼蜂属种类记述[J]．昆虫分类学报，2005，26(4)：299－306.

[10] 湖北省农业科学院植物保护研究所．棉花害虫及其天敌图册[M]．武汉：湖北人民出版社，1980.

[11] 湖北省农业科学院植物保护研究所．水稻害虫及其天敌图册[M]．武汉：湖北人民出版社，1978.

[12] 湖南省林业厅．湖南林业昆虫图鉴[M]．长沙：湖南科技出版

社，1992.

[13] 黄大卫，廖定熹. 北京楔缘金小蜂属纪要（膜翅目：金小蜂科）[J]. 昆虫分类学报，1988，10（1-2）：19-21.

[14] 黄大卫，廖定熹. 金小蜂科一新属一新种（膜翅目：小蜂总科）[J]. 昆虫学报，1988，31（4）：426-428.

[15] 黄大卫，刘仲仁. 剑腹金小蜂属一新种（膜翅目：小蜂总科，金小蜂科）[J]. 动物分类学报，1993，18（3）：370-372.

[16] 黄大卫，肖晖. 中国动物志：昆虫纲 第四十二册 膜翅目 金小蜂科[M]. 北京：科学出版社，2005.

[17] 黄大卫. 金小蜂科（膜翅目）一新属新种[J]. 昆虫学报，1992，35（3）：350-352.

[18] 黄大卫. 克氏金小蜂属一新种（膜翅目：小蜂总科，金小蜂科）[J]. 昆虫学报，1988，31（3）：321-322.

[19] 黄大卫. 中国经济昆虫志：第四十一册 膜翅目 金小蜂科（一）[M]. 北京：科学出版社，1993.

[20] 黄大卫. 中国矩胸金小蜂属记述（膜翅目：金小蜂科）[J]. 动物分类学报，1991，16（1）：82-85.

[21] 黄大卫. 中国丽金小蜂属 *Lamprotatus* Westwood（膜翅目：金小蜂科：柄腹金小蜂亚科）[J]. 动物分类学报，1991，16（2）：214-222.

[22] 黄大卫. 中国茜金小蜂属（膜翅目：金小蜂科，柄腹金小蜂亚科）[J]. 昆虫学报，1992，35（2）：230-233.

[23] 黄建，徐志宏，李学骝. 福建省柑橘蚧虫寄生蜂名录及二种中国新记录种（膜翅目：小蜂总科）[J]. 福建农学院学报，1991，20（1）：54-62.

[24] 黄建. 中国蚜小蜂科分类（膜翅目：小蜂总科）[M]. 重庆：重庆出版社，1994.

[25] 姜德全. 寄生白蜡虫的跳小蜂及一新种的描述（膜翅目：跳小蜂科）[J]. 动物分类学报，1982，7（2）：179-186.

[26] 李保聚，娄巨贤. 舞毒蛾卵平腹小蜂的观察[J]. 生物防治通报，1992（3）：144.

[27] 李成德，柴如松. 中国缺缘跳小蜂属一新种记述（膜翅目：跳小蜂科）[J]. 昆虫分类学报，2008，30（3）：196-198.

[28] 李成德，李珏闻. 阔柄跳小蜂属一新种及二中国新记录种记述（膜翅目：跳小蜂科）[J]. 昆虫分类学报，2008，30（2）：131-139.

[29] 李成德，马凤林. 多胚跳小蜂属一新种记述（膜翅目：跳小蜂

科)[J]. 昆虫分类学报，2007，29(1)：63－65.

[30] 李成德，张爽．中国蚜小蜂属一新种及一新记录种(膜翅目：蚜小蜂科)[J]. 昆虫分类学报，2005，27(1)：69－73.

[31] 李成德，赵绥林．蚜小蜂属一新种[J]. 昆虫分类学报，1998，20(2)：150－152.

[32] 廖定熹，陈泰鲁．中国大腿小蜂属九新种(膜翅目：小蜂总科：小蜂科)[J]. 昆虫分类学报，1983，5(4)：267－277.

[33] 廖定熹，李学骝，庞雄飞，等．中国经济昆虫志：第三十四册 膜翅目 小蜂总科(一)[M]. 北京：科学出版社，1987.

[34] 林乃铨．中国赤眼蜂分类(膜翅目：小蜂总科)[M]. 福州：福建科学技术出版社，1994.

[35] 林乃铨．中国发现柄腹柄翅缨小蜂及一新种描述(膜翅目：柄腹柄翅缨小蜂科)[J]. 昆虫分类学报，1994，16(2)：120－126.

[36] 娄巨贤，曹天文，丛斌．赤眼蜂科四新种记述(膜翅目：小蜂总科)[J]. 沈阳农业大学学报，1997，28(3)：186－190.

[37] 娄巨贤，丛斌，袁静．断脉赤眼蜂属二新种记述(膜翅目：赤眼蜂科)[J]. 东北师大学报：自然科学版，1997(1)：74－77.

[38] 娄巨贤，丛斌，袁静．中国东北地区赤眼蜂科分类研究(I)(膜翅目：小蜂总科)[G]. 东北三省首届昆虫学者学术讨论会论文集．沈阳：辽宁科学技术出版社，1994.

[39] 娄巨贤，丛斌．中国大棒缨小蜂属二新记录种(膜翅目：缨小蜂科)[G]. 东北三省首届昆虫学者学术讨论会论文集．沈阳：辽宁科学技术出版社，1994.

[40] 娄巨贤，丁秀云，王小奇．赤眼蜂科三新种记述(膜翅目：小蜂总科)[J]. 沈阳农业大学学报，1996，27(1)：39－44.

[41] 娄巨贤，宋龙范，金文渊，等．吉林省延吉地区玉米螟寄生蜂的调查初报[J]. 昆虫知识，1977(1)：8－9.

[42] 娄巨贤，王东昌．中国东北地区赤眼蜂科二新种(膜翅目：小蜂总科)[J]. 动物分类学报，2001，26(3)：351－354.

[43] 娄巨贤，于兴国，丛斌．中国东北地区缨小蜂科分类研究(I)(膜翅目：小蜂总科)[J]. 沈阳农业大学学报，1994，25(1)：34－43.

[44] 娄巨贤．天幕毛虫卵寄生蜂的调查研究[J]. 沈阳农业大学学报，1998，19(4)：23－27.

[45] 娄巨贤．中国断脉赤眼蜂一新种记述(膜翅目：赤眼蜂科)[J]. 昆虫分类学报，1991，13(4)：299－301.

[46] 罗维德，廖定熹．中国圆翅赤眼蜂属一新种记述（膜翅目：小蜂总科：赤眼蜂科）[J]．动物分类学报，1994，19(4)：490－493.

[47] 庞雄飞，王野岸．缨翅缨小蜂属新种记述（膜翅目：缨小蜂科）[J]．昆虫分类学报，1985，7(5)：175－184.

[48] 陕西林业科学研究院，湖南林业科学研究院．林虫寄生蜂图志[M]．陕西杨陵：天则出版社，1990.

[49] 盛金坤，田淑贞．小蜂科两中国新记录种[J]．江西农业大学学报，1991，13(2)：137－139.

[50] 盛金坤，钟玲，吴强．江西省豌豆潜叶蝇寄生蜂及其 9 个中国新记录种的记述[J]．江西农业大学学报，1989，11(2)：22－31.

[51] 吴国艳，徐志宏，娄巨贤．辽宁蚧虫寄生蜂二新种（膜翅目：跳小蜂科）[J]．昆虫分类学报，2001，23(4)：296－330.

[52] 徐志宏，陈伟，余虹，等．中国木虱跳小蜂属二新种（膜翅目：跳小蜂科）[J]．林业科学，2000，36(4)：39－41.

[53] 徐志宏，陈学新，荣璐琪，等．蔬菜地潜叶蝇寄生蜂种类研究(Ⅰ)：羽角姬小蜂亚科 Eulophinae 和狭面姬小蜂亚科 Elachetinae [J]．华东昆虫学报，2001，10(2)：5－10.

[54] 徐志宏，陈学新，荣璐琪，等．蔬菜地潜叶蝇寄生蜂种类研究(Ⅱ)：凹面姬小蜂亚科 Entedontinae 和啮小蜂亚科 Tetrastichinae [J]．华东昆虫学报，2001，10(2)：11－16.

[55] 徐志宏，陈学新，荣璐琪，等．蔬菜地潜叶蝇寄生蜂种类研究(Ⅲ)：金小蜂科 Pteromalidae 和大痣细蜂科 Megaspilidae[J]．华东昆虫学报，2001，10(2)：17－21.

[56] 徐志宏，何俊华，朱志建，等．竹类害虫的六种寄生蜂及二新种记述（膜翅目：跳小蜂科）[J]．昆虫分类学报，1996，18(1)：69－73.

[57] 徐志宏，何俊华．中国大痣小蜂食植群记述（膜翅目：长尾小蜂科）[J]．昆虫分类学报，1995，17(4)：243－253.

[58] 徐志宏，何俊华．中国大痣小蜂属食植群种类特征及检索[J]．森林病虫通讯，1996(2)：12－14.

[59] 徐志宏，黄建．中国蚧壳虫寄生蜂志[M]．上海：上海科学技术出版社，2004.

[60] 徐志宏，李学骝，万益锋．湘西白蜡虫寄生蜂名录及一新种记述[J]．中南林学院学报，1991，11(1)：71－74.

[61] 徐志宏，李学骝．中国扁角跳小蜂一新种（膜翅目：跳小蜂科）[J]．昆虫分类学报，1991，13(3)：219－221.

［62］徐志宏，林祥海．艾菲跳小蜂族三中国新记录属三新种（膜翅目：跳小蜂科）[J].昆虫分类学报，2004，26(3)：211－215.

［63］徐志宏，娄巨贤．粉蚧寄生蜂一新记录属二新种（膜翅目：跳小蜂科）[J].浙江大学学报：农业与生命科学版，2000，26(2)：215－218.

［64］徐志宏，娄巨贤．四突跳小蜂亚科三新记录属及三新种记述（膜翅目：跳小蜂科）[J].昆虫分类学报，2004，26(2)：136－143.

［65］徐志宏，娄巨贤．中国花翅跳小蜂族二新记录属和二新种（膜翅目：跳小蜂科）[J].动物分类学报，2002，25(2)：199－203.

［66］徐志宏，娄巨贤．中国跳小蜂科二新记录属三新种（膜翅目：跳小蜂科）[J].华东昆虫学报，2000，9(1)：1－6.

［67］徐志宏，吴国艳，娄巨贤．介壳虫寄生蜂二中国新记录属及三新种（膜翅目：跳小蜂科）[J].昆虫分类学报，2000，22(4)：283－289.

［68］徐志宏．浙江省蜡蚧属的寄生蜂及五种中国新记录（膜翅目：小蜂总科）[J].浙江农业大学学报，1985，2(4)：411－420.

［69］许再福，何俊华，娄巨贤．中国单爪螯蜂属两新记录种（膜翅目：螯蜂科）[J].沈阳农业大学学报，1996，27(3)：205－206.

［70］许再福，何俊华，芮开宁．单爪螯蜂属二新种（膜翅目：螯蜂科）[J].昆虫分类学报，1996，18(3)：213－215.

［71］许再福，何俊华．单爪螯蜂属四新种（膜翅目：螯蜂科）[J].昆虫分类学报，1999，21(3)：217－222.

［72］许再福，何俊华．单爪螯蜂属一新种描述[J].动物学研究，1997，18(2)：183－184.

［73］许再福，何俊华．寄生于贵州省稻田飞虱的螯蜂种类初报（膜翅目：螯蜂科）[J].昆虫天敌，1996，18(3)：124－130.

［74］许再福，何俊华．裸爪螯蜂属一新种（膜翅目：螯蜂科：单爪螯蜂亚科）[J].昆虫学报，1998，41(2)：179－181.

［75］许再福，何俊华．西天目山单爪螯蜂属二新种[J].昆虫分类学报，1997，19(3)：223－226.

［76］许再福，何俊华．新螯蜂属一新种（膜翅目：螯蜂科）[J].动物学研究，1996，17(1)：30－32.

［77］许再福，何俊华．新疆双距螯蜂属一新种（膜翅目：螯蜂科）[J].华东昆虫学报，1996，5(2)：7－8.

［78］许再福，何俊华．浙江古田山螯蜂二新种（膜翅目：螯蜂科）[J].武夷科学，1994(11)：132－135.

［79］许再福，何俊华．中国螯蜂科七新记录种[J].昆虫分类学报，

1999，21(2)：128.

[80] 许再福，何俊华 . 中国单节螯蜂属种类记述（膜翅目：螯蜂科）[J]. 浙江农业大学学报，1995，21(6)：593－598.

[81] 许再福，何俊华 . 中国矛螯蜂属三新种记述（膜翅目：螯蜂科）[J]. 武夷科学，1994(11)：126－131.

[82] 许再福，何俊华 . 中国直脉螯蜂属二新种（膜翅目：螯蜂科：常足螯蜂亚科）[J]. 昆虫分类学报，1996，18(4)：307－310.

[83] 许再福，娄巨贤 . 常足螯蜂属一新种（膜翅目：螯蜂科）[J]. 沈阳农业大学学报，1996，27(2)：174－176.

[84] 杨忠岐，谷亚琴 . 大兴安岭落叶松毛虫的卵寄生蜂[J]. 林业科学，1995，31(3)：223－232.

[85] 杨忠岐 . 金小蜂科中国三新记录种及一新种记述[J]. 昆虫分类学报，1986，8(1－2)：45－52.

[86] 杨忠岐 . 秦岭华山松大小蠹 Dendroctonus armandi Tsai et Li 寄生蜂初志并记述三新种——中国新记录（膜翅目：金小蜂科）[J]. 昆虫分类学报，1987，9(3)：175－184.

[87] 杨忠岐 . 陕西寄生于小蠹虫的金小蜂一新种及二其他种记述（膜翅目：小蜂总科：金小蜂科）[J]. 昆虫分类学报，1989，11(1－2)：97－103.

[88] 杨忠岐 . 中国小蠹虫寄生蜂[M]. 北京：科学出版社，1996.

[89] 袁静，丛斌，娄巨贤 . 中国赤眼蜂科二新种及一新记录属新记录种（膜翅目：小蜂总科）[J]. 东北师大学报：自然科学版，1997(4)：62－66.

[90] 张荆，王金玲 . 赤眼蜂属两新种[J]. 昆虫分类学报，1982，4(1－2)：49－52.

[91] 张彦周，黄大卫 . 中国跳小蜂科（膜翅目：小蜂总科）一新属一新种[J]，动物分类学报，2005，30(1)：150－154.

[92] 中国科学院，浙江农业大学 . 天敌昆虫图册[M]. 北京：科学出版社，1978.

[93] GAULD I, BOLTON B. 膜翅目[M]. 杨忠岐，译 . 香港：香港天则出版社，1992.

[94] HU H Y, LIN N Q. A new species of the genus *Aenictus* Shuckard (Hymenoptera：Trichogrammatidae) from Xinjiang [J]. Entomotaxonoma, 2005，27(2)：149－156.

[95] HU H Y, LIN N Q. A new species of the genus *Zagella* Girault

(Hymenoptera: Trichogrammatidae) from China [J]. Entomot-axonoma, 2005, 27(1): 61—64.

[96] HU H Y, LIN N Q. The genus *Epoligosita* from Xinjiang, with descriptions species (Hymenoptera: Trichogrammatidae) [J]. Entomotaxonoma, 2006, 28(4): 286—292.

[97] LIN N Q, LIN J. A new species of *Hispidophila* and description of the female of *Ufens rimatus* (Hymenoptera: Trichogrammatid-ae), parasitoids *Sophonia* leafhoppers (Homoptera: Cicadellidae) [J]. Acta Zootaxonomica Sinica, 2002, 27(2): 347—350.

[98] LOU J X, CAO T W, LOU M. Two new species of *Alaptus* in Northeastern China (Hymenoptera: Chalcidoidea: Mymaridae) [J]. Acta Zootaxonomica Sinica, 1999, 24(4): 429—432.

[99] LOU J X, YUAN J. A new genus and a new species of Tri-chogrammatidae (Hymenoptera: Chalcidoidea) from China [J]. Entomologia Sinica, 1998, 5(1): 22—25.

[100] LOU J X, YUAN J. A new species of *Soikiella* Nowicki (Hyme-noptera: Trichogrammatidae) from China [J]. Entomologia Sini-ca, 1997, 4(3): 235—237.

[101] XU M, LIN N Q. A Taxonomic study on the Genus *Ac-mopolynema* Ogloblin (Hymenoptera: Mymaridae) from China [J]. Entomotaxonomia, 2002, 24(2): 141—150.

[102] XU Z F, HE J H, TERAYAMA M. The genus *Bethylus* Latreil-le, 1802 from China with description of a new species (Hymenop-tera: Bethylidae) [J]. Acta Entomologica Sinica, 2002, 45 (Suppl.): 112—114.

[103] XU Z H, CHEN J H, HUANG J. Notes on two genera of En-cyrtids newly recorded from China with descriptions of three new species (Hymenoptera: Encyrtidae) [J]. Acta Zootaxonomica Sinica, 2005, 30(3): 609—612.

[104] XU Z H, HE J H, LOU J X. Note on two new species of *Dis-codes* Foerster (Hymenoptera: Encyrtidae) [J]. Entomotaxono-mia, 1997, 19(3): 217—221.

[105] XU Z H, HE J H. A new species of *Coelopencyrtus* Timberlake (Hymenoptera: Encyrtidae) from China [J]. Entomotaxonomia, 1999, 21(1): 61—63.

[106] XU Z H, ZHANG J G. Two newly recorded genera of Microteryini from China with descriptions of two new species (Hymenoptera: Encyrtidae) [J]. Acta Zootaxonomica Sinica, 2004, 29(3): 538—540.

[107] ZHANG Y Z, ZHU C D, HUANG D W. First record of Cynipencyrtus (Hymenoptera, Tanaostigmatidae) from China [J]. Acta Zootaxonomica Sinica, 2006, 31(4): 867—869.

[108] ANNECKE D P, DOUTT R L. The genera of the Mymaridae (Hymenoptera: Chalcidoidea) [J]. S. Afr. Dept. Agr. Techn. Serv. , Ent. Mem. , 1961(5): 1—71.

[109] ANNECKE D P. The genus *Mimar* Curtis (Hymenoptera: Mymaridae) [J]. Sth. Afr. J. Agric. Sci. , 1961(4): 543—552.

[110] DEBAUCHE H R. Etud sur les Mymarommidae et les Mymaridae de la Belgique (Hymenoptera: Chalcidoidea) [J]. Mem. Mus. r. Hist. Nat. Belg. , 1948(108): 1—248.

[111] Debauche H R. Mymaridae (Hymenoptera: Chalcidoidea) [J]. Explor. Parc. Nat. Albert Miss. G. F. de Witte. , 1949(49): 1—105.

[112] DOUTT R L, VIGGIANI G. The classification of the Trichogrammatidae (Hymenoptera: Chalcidoidea) [J]. Proc. Calif. Acad. Sci. (4th ser.), 1968(35): 447—586.

[113] GORDH G, DUNBAR D M. A new *Anagrus* important in the biological control of *Stephanitis takeyai* and a key to the North American species [J]. Florida Entomologist, 1977, 60(2): 85—95.

[114] HAYAT M, SUBBA RAO B R. The Chalcidoidea of India and the adjacent countries. Part 2. Catalogues, Family Trichogrammatidae [J]. Oriental Insects, 1986(20): 193—208.

[115] HAYAT M, VIGGIANI G. A preliminary catalogue of the Oriental Trichogrammatidae [J]. Boll. Lab. Ent. agr. Portici, 1984 (41): 23—52.

[116] HAYAT M, VIGGIANI G. The genus *Epoligosita* from India, with descriptions of two new species (Hymenoptera: Trichogrammatidae) [J]. Boll. Lab. Ent. agr. Portici, 1981(38): 119—124.

[117] HUBER J T. Systematics, biology, and hosts of the Mymaridae and Mimarommatidae (Insecta: Hymenoptera): 1758—1984 [J]. Entomography, 1986(4): 185—243.

[118] HUBER J T. The species groups of *Gonatocerus* Nees in North America with revision of the sulphuripes and ater groups (Hyenoptera: Mymaridae) [J]. Mem. Ent. Soc. Can. , 1988(141): 1—109.

[119] KRYGER J P. The European Mymaridae comprising the genera known up to c. 1930 [J]. Entomol. Medd. , 1950(26): 1—97.

[120] NOWICKI S. Descriptionsof new genera and species of the family with notes supplement [J]. Zeit. Angew Ent. Berlin, 1940(26): 624—663.

[121] NOWICKI S. Descriptionsons of new genera and species of the family Trichogrammatidae from the Palearctic region, with notes 1 [J]. Zeit. Angew. Ent. Berlin, 1935, 566—596.

[122] PECK O Z B, Hoffer A. Keys to the Chalcidoidea of Czechoslovakia (Insecta: Hymenoptera) [J]. Mem. Ent. Soc. Can. , 1964 (34): 1—120.

[123] SUBBA RAO B R, HAYAT M. The Chalcidoidea of India and the adjacent countries Ⅰ. Reviews of families and keys to families and genera [J]. Oriental Insects, 1985(19): 163—310.

[124] SUBBA RAO B R, HAYAT M. The Chalcidoidea of India and the adjacent countries Ⅱ. Catalogues [J]. Oriental Insects, 1986 (20): 193—207.

[125] TAGUCHI H. Mymaridae of Japan. 1 (Hymenoptera: Chalcitoidea) [J]. Trans. Shikoku Ent. Soc. , 1971, 11(2): 49—59.

[126] TAGUCHI H. Records of twoMymar species from Japan and Taiwan (Hymenoptera: Mymaridae) [J]. Ibid. , 1974, 12(1): 22.

[127] TAGUCHI H. Two newChaetomymar species from Japan and Taiwan [J]. Ibid. , 1975, 12(3—4): 111—114.

[128] TAGUCHI H. Two new species of the genusCamptoptera from Taiwan (Hymenoptera: Mymaridae) [J]. Ibid. , 1977, 13(3—4): 143—146.

[129] TAGUCHI H. A new species of the genus *Stephanods* from Japan and Taiwan (Hymenoptera: Mymaridae) [J]. Ibid. , 1978, 14(1—2): 73—76.

[130] YOSHIMOTO C M. A review of the genera of New World Mymaridae(Hymenoptera: Chalcidoidea). Flora & Fauna Handbook 7 [M]. Gainesville, Florida: Sandhill Crane Press, INC. , 1990.

英文摘要

ENGLISH SUMMARY

CHALCIDOIDEA AND CHRYSIDOIDEA FAUNA
IN THE NORTHEAST CHINA

This book deals with the systemtic studies of Chalcidoidea and Chrysidoidea in the northeast of China. In the part of Chalcidoidea, 278 species of 14 families are described and illustrated, in which there are 4 new species, 17 new record to China, 1 revised genus and 1 new combination. In the part of Chrysidoidea, in total 26 species of 4 families are described and illustrated.

Superfamily Chalcidoidea

1. Family Trichogrammatidae

72 species in 28 genera are described, including 1 new species, 8 new record to China, 1 revised genus and 1 new combination.

(16) *Epoligosita bicolor* Hayat et Viggiani, new record to China(fig. 35)

(17) *Epoligosita nudipennis* (Kryger), new record to China (fig. 36)

(21) *Uscana senex* (Grese), new record to China (fig. 40)

(33) *Bloodiella andalusica* Nowicki, new record to China (fig. 52)

(39) *Oligosita pallida* Kryger, new record to China (fig. 58)

(40) *Oligosita podolica* Nowicki, new record to China (fig. 59)

(41) *Oligosita sanguinea* (Girault), new record to China (fig. 60)

(42) *Oligosita gracilior* Nowicki, new record to China (fig. 61)

(53) *Japania anomalifuniculata* Lou et Yuan, sp. nov. (fig. 72)

Holotype, ♀, Liaoning, Shenyang, 1991. Ⅷ. 5. Paratypes: 1♀, Liaoning, Shenyang, 1994. Ⅵ. 11.

Diagnostic note: This new species is similar to *Japania trachy-*

phloia Lin, but differs from the latter in the combination of the following characters: second funicular segment very short; marginal fringe of fore wings obviously longer than latter, about 1/4 as long as width of fore wings.

(57)*Monorthochaeta multiciliatus* **(Lin), nov. comb. (fig. 76)**

Revise the species *Densufens multiciliatus* Lin to *Monorthochaeta multiciliatus* (Lin).

2. Family Mymaridae

21 species in 9 genera are described, including 3 new species and 9 new record to Chian.

(77)*Anagrus hei* **Lou et Yu, sp. nov. (fig. 96)**

Holotype, ♀, Jilin, Liaoyuan, 1991. Ⅶ. 25.

Diagnostic note: This new species is similar to *Anagrus delicates* Dozier. Both of them have long ovipositors, but can be differentiated from the latter by structure of funicular segments and fore wings. In *Anagrus delicates* Dozier, second funicular segment 6 times as long as wide; third funicular segment shorter than fourth to fifth funicules combined; fore wings with 3 rows cilia at maximum width; body yellow brown. In *Anagrus hei*, second funicular segment 4. 2 times as long as wide; third to sixth funicular segments nearly equal in length; fore wings with 8 to 9 rows cilia at maximum width; body black brown.

(78) *Anagrus griseous* **Lou et Yu, sp. nov. (fig. 97)**

Holotype, ♀, Liaoning, Shenyang, 1991. Ⅴ. 16.

Diagnostic note: This new species is similar to *Anagrus epos* Grault in antennae, wings, and ovipositors. The latter with yellow white body; third to fourth funicular segments without sensillum; near parapsidal groove with 2 bristles. The new one with griseous body; each one of third to fourth funicular segments with 1 sensillum; near parapsidal groove without bristle.

(79) *Anagrus atomus* **(Linnaeus), new record to China (fig. 98)**

(80) *Anagrus similis* **Soyka, new record to China (fig. 99)**

(81) *Anagrus incarnatus* **Haliday, new record to China (fig. 100)**

(84) *Stethynium triclavatum* **Enock, new record to China (fig. 103)**

(85) *Gonatocerus litoralis* **(Haliday), new record to China (fig. 104)**

(86) *Gonatocerus longicornis* **Nees, new record to China (fig. 105)**

(87) *Gonatocerus acuminatus* (Walker)，new record to China (fig. 106)

(91) *Stephanodes orientalis* Taguchi，new record to China (fig. 110)

(92) *Parallelaptera panis* Enock，new record to China (fig. 111)

(93) *Camptoptera fui* Lou，sp. nov (fig. 112)

Holotype，♀，Jilin，Changchun，1991. Ⅷ. 15.

Diagnostic note：This new species is similar to *Camptoptera japonica* (Taguchi，1971)，but can be differentiated each other by structure of antenna and mesoscutum. In *Camptoptera japonica* (Taguchi)，venter of scape enlarged，2. 5 times as long as wide；scutellum narrow，with irregular sculpture；In *Camptoptera fui*，scape not enlarged，3. 58 times as long as wide；scutellum wide and without sculpture.

3. Family Mymarommatidae

2 species in 1 genus are described.

4. Family Aphelinidae

21 species in 13 genera are described.

5. Family Encyrtidae

58 species in 43 genera are described.

6. Family Eupelmidae

7 species in 4 genera are described.

7. Family Ormyridae

1 species in 1 genus is described.

8. Family Eucharitidae

1 species in 1 genus is described.

9. Family Perilampidae

2 species in 1 genus are described.

10. Family Torymidae

5 species in 4 genera are described.

11. Family Pteromalidae

55 species and 1 subspecies in 36 genera are described.

12. Family Eulophidae

18 species in 11 genera are described.

13. Family Eurytomidae

10 species in 3 genera are described.

14. Family Chalcididae

5 species in 1 genus are described.

Superfamily Chrysidoidea

1. Family Dryinidae

22 species in 6 genera are described.

2. Family Embolemidae

1 species in 1 genus is described.

3. Family Bethylidae

2 species in 2 genera are described.

4. Family Chrysididae

1 species in 1 genus is described.

中名索引

学名索引